系统科学与装备工程系列丛书

故障预测与健康管理技术及应用案例分析

刘宁 罗坤 张成名 编著

电子工业出版社
Publishing House of Electronics Industry
北京·BEIJING

内 容 简 介

故障预测与健康管理（PHM）技术可实现对保障对象的状态监控、故障综合诊断、故障预测、健康管理和全寿命预测等。本书通过分析当前故障预测与健康管理技术的发展现状，介绍机械设备、电子设备故障预测与健康管理的常用方法和具体应用案例，梳理美国政府及军事领域故障预测与健康管理相关的项目、技术和文件，为我国故障预测与健康管理技术的发展提供理论指导和有益借鉴。

本书内容丰富、重点突出、注重实用性，可供相关企业及从事故障预测与健康管理的研究人员、管理人员等借鉴参考。

未经许可，不得以任何方式复制或抄袭本书之部分或全部内容。
版权所有，侵权必究。

图书在版编目（CIP）数据

故障预测与健康管理技术及应用案例分析 / 刘宁，罗坤，张成名编著. —北京：电子工业出版社，2022.9
（系统科学与装备工程系列丛书）
ISBN 978-7-121-44539-2

Ⅰ. ①故… Ⅱ. ①刘… ②罗… ③张… Ⅲ. ①武器装备－故障检测②武器装备－设备管理 Ⅳ. ①E92

中国版本图书馆 CIP 数据核字（2022）第 213538 号

责任编辑：李　敏　　　　特约编辑：朱　言
印　　刷：天津千鹤文化传播有限公司
装　　订：天津千鹤文化传播有限公司
出版发行：电子工业出版社
　　　　　北京市海淀区万寿路 173 信箱　邮编：100036
开　　本：720×1 000　1/16　印张：17　字数：436 千字　彩插：46
版　　次：2022 年 9 月第 1 版
印　　次：2022 年 9 月第 1 次印刷
定　　价：129.00 元

凡所购买电子工业出版社图书有缺损问题，请向购买书店调换。若书店售缺，请与本社发行部联系，联系及邮购电话：(010) 88254888，88258888。
质量投诉请发邮件至 zlts@phei.com.cn，盗版侵权举报请发邮件至 dbqq@phei.com.cn。
本书咨询联系方式：010-88254753 或 limin@phei.com.cn。

前　言

多年来，美军持续研究先进维修理论和最佳维修技术，以期准确预测故障、实施精准维修，使装备最大限度地发挥作战效能。尤其是随着新型复杂装备大量列装部队，装备复杂程度不断提高，传统的预防性维修与修复性维修日益暴露出很多局限性，难以满足新型复杂装备的使用和维修需求。新型复杂装备一般都包含复杂电子系统，自动化、智能化程度越来越高，原来针对机械化装备的修复性维修和预防性维修等已不完全适用。在这一背景下，故障预测与健康管理（Prognostics and Health Management，PHM）技术应运而生。PHM技术是美国针对自身庞大而先进的装备提出的一种维修保障技术，可实现对装备的状态监控、故障综合诊断、故障预测、健康管理和全寿命预测等。PHM技术的研究和应用体现了多学科交叉和融合的特性，涉及工程科学、可靠性、管理、计算机等学科，成为当下既重要又具有较大挑战性的研究领域和研究方向之一。

本书通过分析当前故障预测与健康管理技术的发展现状，介绍机械设备和电子设备的故障预测与健康管理的常用算法和具体应用案例，梳理美国政府及军事领域的有关故障预测与健康管理的项目、技术和文件，希望能为读者提供一些研究和应用参考。全书分4部分，共8章。

第1部分：故障预测与健康管理的基本概况，包括1章内容。详细介绍故障预测与健康管理的概念、背景、应用、算法，以及故障预测与健康管理的优势和面临的挑战，旨在对当前故障预测与健康管理的现状进行概括。

第2部分：机械设备的故障预测与健康管理，包括2章内容，分别为基于物理模型的机械设备故障预测与健康管理、数据驱动的机械设备故障预测与健康管理。基于物理模型的机械设备故障预测与健康管理介绍了非线性最小二乘法、贝叶斯方法、粒子滤波在机械设备故障预测与健康管理领域的应用，并给出了基于物理模型的故障预测方法的优点和不足。数据驱动的机械设备故障预测与健康管

故障预测与健康管理技术及应用案例分析

理介绍了高斯过程和神经网络在机械故障预测与健康管理领域的应用，给出了数据驱动的故障预测方法面临的挑战。

第3部分：电子设备的故障预测与健康管理，包括3章内容。首先，介绍了现有较先进的、商业上可用的传感器系统，同时给出了上述系统的性能特点，并预测了传感器系统技术的发展新趋势。其次，描述了基于物理模型的电子设备故障预测方法，利用传感器数据与模型相结合的方法，评估系统在实际应用条件下的可靠性，同时对产品与预期正常运行条件的偏差或退化情况进行现场评估。最后，总结了可用于故障预测与健康管理的各种数据驱动模型和方法，讨论了统计的、基于使用的、状态估计及一般模式识别等形式的模型和方法。

第4部分：应用案例，包括2章内容。分别介绍了机械设备和电子设备的故障预测与健康管理的应用案例。机械设备的故障预测与健康管理应用案例列举了对转动关节磨损量的预测、对裂纹扩展参数的预测、加速寿命试验数据在故障预测中的实际应用，以及对轴承的故障预测。电子设备的故障预测与健康管理应用案例列举了基于核学习的电子部件健康评估、基于模型滤波的剩余使用寿命预测、锂离子电池的故障预测与健康管理，以及适用于发光二极管的故障预测与健康管理方法。

本书由刘宁、罗坤、张成名共同编著，全书由刘宁负责统稿、张成名负责校对。裴承新担任本书主审，李力钢、宋剑波、刘志农、王福亮等对本书的编写提出许多宝贵的意见，在此表示诚挚的谢意。

本书在编著过程中，参考了大量国内外书刊、资料、学术论文等理论成果，在此对原作者致以深深的敬意和谢意。另外，研究室的各位同事对本书编著给予了大力支持和帮助，特别是孙茂盛主任、仲妍副主任等全程把关，在此表示衷心的感谢。

故障预测与健康管理是一个新兴的交叉研究方向，很多理论方法还不成熟，应用研究更是比较欠缺，加之编著者水平有限，书中难免存在疏漏及不妥之处，敬请读者予以指正。

编著者
2021年12月

目 录

第1部分　故障预测与健康管理的基本概况

第1章　绪论···002
1.1　故障预测与健康管理概念···002
1.2　故障预测与健康管理背景···006
1.3　故障预测与健康管理应用···009
1.4　故障预测与健康管理方法···011
1.5　故障预测与健康管理优势···015
　　1.5.1　降低全寿命周期的成本··016
　　1.5.2　优化系统设计的流程···017
　　1.5.3　提升生产过程的质量···018
　　1.5.4　增强系统运行的效果···019
　　1.5.5　保障后勤维修的优势···020
1.6　故障预测与健康管理面临的挑战··021

第2部分　机械设备的故障预测与健康管理

第2章　基于物理模型的机械设备故障预测与健康管理······································026
2.1　基于物理模型的机械设备故障预测简介··027
2.2　非线性最小二乘法··029
2.3　贝叶斯方法···037
　　2.3.1　马尔可夫链蒙特卡罗抽样方法··037
　　2.3.2　电池故障预测贝叶斯方法的MATLAB实现··042

2.4 粒子滤波 ··· 047
　2.4.1 序列重要性重采样过程 ·· 048
　2.4.2 电池故障预测的粒子滤波方法的 MATLAB 实现 ··· 053
2.5 基于物理模型的故障预测方法的实际应用 ·· 058
　2.5.1 问题定义 ·· 058
　2.5.2 针对裂纹扩展示例的代码修改 ··· 060
　2.5.3 结果 ··· 062
2.6 基于物理模型的故障预测方法的优点和不足 ·· 064
　2.6.1 模型充分性 ··· 064
　2.6.2 参数估计 ·· 066
　2.6.3 退化数据质量 ··· 066

第 3 章　数据驱动的机械设备故障预测与健康管理 ·· 067

3.1 数据驱动的机械设备故障预测简介 ·· 067
3.2 高斯过程回归 ··· 071
　3.2.1 高斯过程模拟 ··· 074
　3.2.2 基于高斯过程的电池故障预测的 MATLAB 实现 ··· 086
3.3 神经网络 ·· 090
　3.3.1 前馈神经网络模型 ·· 091
　3.3.2 基于神经网络的电池故障预测的 MATLAB 实现 ··· 103
3.4 数据驱动的故障预测方法的实际应用 ·· 107
　3.4.1 问题定义 ·· 107
　3.4.2 裂纹扩展示例的 MATLAB 代码 ·· 109
　3.4.3 结果 ··· 111
3.5 数据驱动的故障预测方法存在的问题 ·· 112
　3.5.1 模型形式充分性 ·· 112
　3.5.2 最优参数估计 ··· 113
　3.5.3 退化数据的质量 ·· 114

第 3 部分　电子设备的故障预测与健康管理

第 4 章　故障预测与健康管理的传感器系统 ··· 119

4.1 传感器和传感原理 ··· 119

		4.1.1 热传感器 ··· 120
		4.1.2 电传感器 ··· 121
		4.1.3 机械传感器 ·· 122
		4.1.4 湿度传感器 ·· 122
		4.1.5 生物传感器 ·· 123
		4.1.6 化学传感器 ·· 124
		4.1.7 光学传感器 ·· 125
		4.1.8 磁传感器 ··· 126
	4.2	故障预测与健康管理传感器系统的运行 ·· 127
		4.2.1 需要监测的参数 ·· 128
		4.2.2 传感器系统的性能 ··· 128
		4.2.3 传感器系统的物理属性 ·· 129
		4.2.4 传感器系统的功能属性 ·· 129
		4.2.5 成本 ··· 134
		4.2.6 可靠性 ·· 134
		4.2.7 可用性 ·· 135
	4.3	传感器选择 ·· 135
	4.4	故障预测与健康管理实现的传感器系统示例 ··································· 137

第 5 章　基于物理模型的电子设备故障预测与健康管理 ························ 141

5.1	硬件配置 ·· 142
5.2	载荷 ·· 142
5.3	故障模式、机制及影响分析 ·· 143
5.4	应力分析 ·· 147
5.5	可靠性评估和剩余使用寿命预测 ·· 147
5.6	基于物理模型的故障预测与健康管理方法的输出 ································ 151

第 6 章　数据驱动的电子设备故障预测与健康管理 ································ 152

6.1	参数统计方法 ·· 154
	6.1.1 似然比检验 ·· 154
	6.1.2 最大似然估计 ··· 155
	6.1.3 Neyman-Pearson 准则 ·· 155
	6.1.4 期望值最大化 ··· 156

6.1.5 最小均方差估计 156
   6.1.6 最大后验概率估计 157
   6.1.7 Rao-Blackwell 估计 157
   6.1.8 Cramer-Rao 下界 157
 6.2 非参数统计方法 158
   6.2.1 基于最近邻的分类 158
   6.2.2 Parzen 窗（核密度估计） 159
   6.2.3 Wilcoxon 秩和检验 159
   6.2.4 Kolmogorov-Smirnov 检验 160
   6.2.5 卡方拟合优度假设检验 160
 6.3 机器学习方法 161
   6.3.1 有监督分类 164
   6.3.2 无监督分类 169
 6.4 本章小结 174

第 4 部分　应用案例

第 7 章 机械设备故障预测与健康管理应用案例 176

 7.1 现场测量与关节磨损预测 176
   7.1.1 动机和背景 176
   7.1.2 磨损模型和磨损系数 177
   7.1.3 曲柄滑块机构关节磨损的现场测量 179
   7.1.4 贝叶斯方法用于预测关节渐进磨损 182
   7.1.5 磨损系数识别与磨损量预测 185
   7.1.6 结论 191
 7.2 不同噪声和偏差条件下使用贝叶斯方法识别模型参数 191
   7.2.1 动机和背景 191
   7.2.2 损伤增长模型和测量不确定度模型 192
   7.2.3 贝叶斯方法用于损伤特性描述 195
   7.2.4 结论 201
 7.3 加速寿命试验数据在故障预测中的实际应用 202
   7.3.1 动机和背景 203

7.3.2　问题定义 204
　　　7.3.3　加速寿命试验数据的应用 205
　　　7.3.4　结论 214
　7.4　基于特定频域中熵变的轴承故障预测方法 214
　　　7.4.1　动机和背景 214
　　　7.4.2　退化特征的提取方法和属性 216
　　　7.4.3　故障预测 224
　　　7.4.4　方法通用性讨论 228
　　　7.4.5　结论和未来工作的建议 230
　7.5　其他应用示例 231

第8章　电子设备故障预测与健康管理应用案例 235
　8.1　基于核学习的电子部件健康评估 235
　　　8.1.1　基于核的学习方法 235
　　　8.1.2　健康评估方法 237
　　　8.1.3　实施结果 243
　8.2　基于模型滤波的剩余使用寿命预测 257
　　　8.2.1　故障预测问题 258
　　　8.2.2　电路退化建模 259
　　　8.2.3　基于模型的故障预测方法 261
　　　8.2.4　试验结果 265
　8.3　锂离子电池的故障预测与健康管理 274
　　　8.3.1　充电状态估计 274
　　　8.3.2　锂离子电池故障预测 289
　　　8.3.3　结论 295
　8.4　发光二极管的故障预测与健康管理 295
　　　8.4.1　发光二极管芯片级的建模和故障分析 296
　　　8.4.2　发光二极管封装级的建模和故障分析 303
　　　8.4.3　发光二极管系统级的建模和故障分析 307
　　　8.4.4　结论 309

附录A　美国政府及军事领域中的故障预测与健康管理 311
　A.1　美国国家航空航天局 311

  A.1.1 故障预测与健康管理方法 ·················· 312
  A.1.2 相关出版物 ·················· 313
 A.2 美国桑迪亚国家实验室 ·················· 314
  A.2.1 故障预测与健康管理方法 ·················· 314
  A.2.2 相关出版物 ·················· 315
 A.3 美国陆军 ·················· 315
  A.3.1 故障预测与健康管理方法 ·················· 315
  A.3.2 扩展的基于状态的维修 ·················· 317
  A.3.3 美国陆军装备系统分析局 ·················· 317
  A.3.4 美国陆军研究实验室车辆技术局 ·················· 319
  A.3.5 相关出版物 ·················· 323
 A.4 美国海军 ·················· 327
  A.4.1 故障预测与健康管理方法 ·················· 327
  A.4.2 相关出版物 ·················· 329
 A.5 美国空军 ·················· 329
  A.5.1 故障预测与健康管理方法 ·················· 330
  A.5.2 相关出版物 ·················· 332

附录 B 故障预测与健康管理相关的期刊和会议清单 ·················· 333
 B.1 期刊 ·················· 333
 B.2 会议论文集 ·················· 334

参考文献 ·················· 336

第 1 部分

故障预测与健康管理的基本概况

  现代装备设计采用更多的新材料、新技术、新工艺、新结构,以减轻装备质量、满足极限载荷、实现复杂功能等,是科学技术、装备效率、保障能力的大比拼。对于新装备,维修保障尤为重要。早期装备采用传统的基于浴盆曲线的故障模型,以及以定期全面翻修为主的预防维修思想。这种根据使用时间进行的预防性维修,工作量大、周期长,不能充分发挥装备的使用效能,难以适应复杂装备的维修保障要求,同时耗费大量时间和成本。在此背景下,故障预测与健康管理(Prognostics and Health Management,PHM)技术诞生了。PHM 技术萌芽于 20 世纪 40 年代末期,起步于 20 世纪 60 年代,20 世纪 90 年代在发达国家获得迅猛发展。故障预测与健康管理是美国针对自身庞大而先进的装备提出的一种先进维修保障技术,通过整合传感技术、故障物理学、机器学习、现代统计和可靠性工程等学科的知识,在系统的实际工作条件下进行装备的状态监控、故障综合诊断、故障预测、健康管理和全寿命预测等工作。该技术使工程师能够将数据和健康状态转换为信息,提高对系统的认识,并提供一种策略,使系统保持其预期功能。故障预测与健康管理起源于航空航天工业,它现在也被广泛地应用于制造业、汽车工业、铁路、能源和重工业。

第 1 章

绪 论

本章给出了对产品和系统进行故障预测与健康管理的基本理解,介绍了故障预测与健康管理的概念、背景、应用、方法,以及故障预测与健康管理的优势和面临的挑战。

1.1 故障预测与健康管理概念

故障预测与健康管理是一种新的工程方法,通过整合传感技术、故障物理学、机器学习、现代统计和可靠性工程等学科的知识,在系统的实际工作条件下进行实时健康评估,并基于最新信息来预测系统的未来状态。故障预测与健康管理作为一项技术,其范围覆盖测试、诊断等领域,主要包括传统诊断、增强诊断、状态监控、故障预测、健康管理等内容。从信息流程看,故障预测与健康管理包括信息获取、特征提取、故障诊断、故障预测、综合评估、决策支持;从设计流程看,故障预测与健康管理设计活动包括需求分析、需求分解、设计实现、功能集成、分析评价、熟化成长、验证确认等过程。

故障预测与健康管理可以在系统运行期间预测系统的实际剩余寿命,且其支持视情维修(这是一种新的维修策略,可以只修理/更换实际损伤的部件),所以其能够降低全寿命周期成本。故障预测与健康管理由自动化的硬件系统和软件系统组成,可以监视、检测、隔离和预测设备性能及其退化情况,而不会中断系统的正常运行。在故障预测与健康管理中,系统/部件的维修是基于设备的实际状况进行的,而不是在发生故障之后进行维修或定期维修。故障预测是故障预测与健康管理的关键技术,其可为及时做出维护决策提供支持。

随着时间的推移,每个系统都因其运行中的压力或负载而产生性能下降,

第1章　绪　论

因此，应对系统进行维修，以确保系统在全寿命周期内保持令人满意的可靠性水平。最早的是修复性维修（Corrective Maintenance），也称为被动性维修、计划外维修或故障维修，其只在故障已经发生时才进行维修，因此其性质是被动的。修复性维修通常被称为第一代维修，自人类制造机器以来就已存在。修复性维修是在系统使用寿命全部消耗后才进行的，因此没有维修准备时间，除非已经有可更换的部件，否则该类维修需要的维修时间很长，并且强制停机的成本也很高。由于很难预测系统何时会发生故障，所以系统的可用性很差。当然，修复性维修也并非只有缺点，因为它只更换那些实际损坏的部件，所以可更换部件的数量最少[①]。

其后出现的一种维修技术是基于时间的预防性维修，也称为计划维修或第二代维修，其设置一个周期间隔来防止故障，而不考虑系统的实际健康状态。这是最常用的维修策略，大多数部件的更换都是预先安排的。预防性维修最重要的问题是成本，因为预防性维修要求定期更换所有同类部件，即使其中可能包含许多不需要更换的部件。如果所有部件预计在同一时间发生故障，那么预防性维修是经济有效（Cost-Effective）的。然而，当只有一小部分部件失效时，预防性维修是低效的，因为其要求强制更换许多尚未失效的部件。

为了说明维修浪费的问题，这里以飞机避免裂纹的修复维修为例。美国联邦航空局（Federal Aviation Administration）规定，在每6000个飞行周期进行的C型检查中更换/修复长度为0.1英寸[②]（约2.54mm）的裂纹。这一规定是根据可靠性评估而制定的，以确保飞机机身可靠性水平的量级保持在10^{-7}，这意味着千万分之一的故障率。如果存在长度为0.1英寸的裂纹，裂纹在接下来的6000个飞行周期中发生扩展并变得不稳定的概率在10^{-7}量级。因此，在进行C型检查时，如果检查到长度为0.1英寸的裂纹，则必须进行修复；如果检查到多条裂纹，则必须更换壁板。这是一个典型的预防性维修示例。但是，假设出现极端情况，如果在一架飞机上有1000万条长度为0.1英寸的裂纹，其中只有1条裂纹会扩展并变得不稳定，然而，为了保证飞机的安全，这1000万条裂纹都要修复，这会带来巨大的维修成本。

随着科技的飞速发展，现代系统变得越来越复杂，同时又需要保持更高的可靠性，这就导致了维修成本的提高。最终，预防性维修费用成为许多工业公司

---

① 金南昊，等（N. H. Kim, et al.）. 工程系统故障预测与健康管理[J]. DOI: 10.1007/978-3-319-44742-1_1.

② 1英寸≈2.54cm。

故障预测与健康管理技术及应用案例分析

的一项主要支出。为了降低维修成本，同时保持所需的可靠性和安全性水平，故障预测与健康管理已经成为一种有前景的解决方案。

图 1-1 显示了维修策略与维修成本的关系。当故障部件的数量非常少时，采用修复性维修是经济有效的，因为只有少量的部件需要维修。当故障部件的数量较多时，也就是说当大部分部件都会失效时，进行预防性维修会更有效。然而，在大多数工程应用中，采用视情维修会更加经济有效。

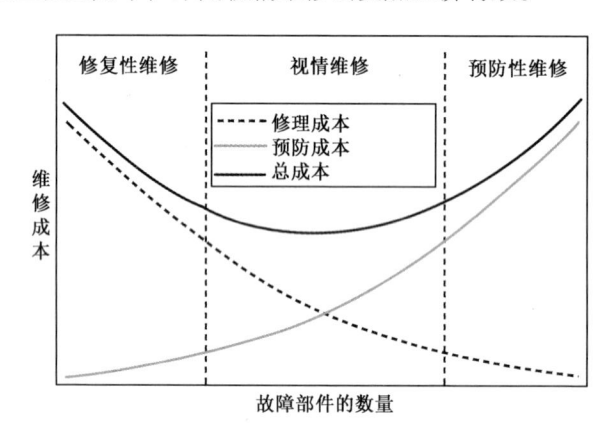

图 1-1　维修策略与维修成本的关系

对于先前介绍的飞机壁板裂纹的情况，视情维修仅修理那些实际上会扩展并变得不稳定的裂纹，因此视情维修可以显著降低维修成本。即使故障预测与健康管理能够与修复性维修同等程度地减少维修或更换的壁板数量，其仍然存在维修准备时间不足，以及因为部件供应体系延迟而导致维修时间过长的问题。为了充分发挥故障预测与健康管理的优势，有必要将其与视情维修进行集成，通过预测裂纹在未来的扩展情况，安排适当的维修时间。因此，将视情维修和故障预测与健康管理结合起来，可以同时获得修复性维修和预防性维修的优势。

图 1-2 显示了维修策略的演变过程，其说明了维修从修复性（计划外、被动的）和预防性（计划的、主动的）维修策略转变为视情（预测的、主动的）维修策略。

故障预测与健康管理的主要步骤是数据采集、故障诊断、故障预测、健康管理，如图 1-3 所示。第 1 步是数据采集，即收集状态监控数据，并对其进行处理，提取有用的特征用于故障诊断；第 2 步是故障诊断，在其中对任何异常进行故障检测，将检测到的故障进行隔离，以确定哪个部件发生了故障，并确定相对于故障阈值的严重程度；第 3 步是故障预测，即预测在当前工作条件下要多

第1章 绪 论

长时间才会发生故障；第 4 步是健康管理，即以最佳方式管理维修计划和后勤保障。其中，故障预测是最为关键的，其可以在实际的寿命周期条件下评估系统的可靠性。换句话说，故障预测可以预测系统或部件不再能够执行其预期功能的时间点，从而使用户能够降低系统级风险，同时延长部件使用寿命。

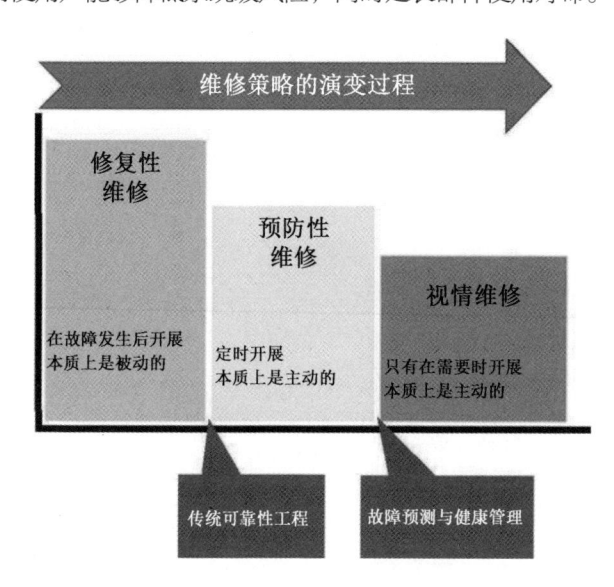

图 1-2 维修策略的演变过程

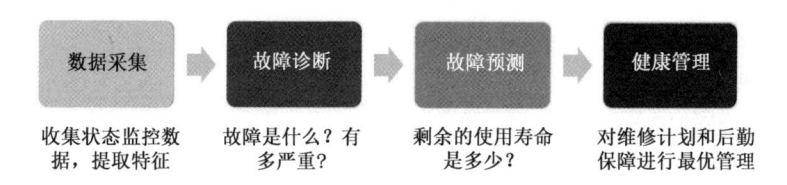

图 1-3 故障预测与健康管理的主要步骤

多个组织提出了多种不同的故障预测定义（Sikorska, et al., 2011）。其中，国际标准 ISO 13381-1 对故障预测进行了最全面的描述，将其定义为"对一种或多种现有或未来故障模式的失效时间（Time to Failure）和风险的估计"（ISO 13381-1: 2015）。

人们还提出了故障预测与健康管理过程的标准或架构（Architecture）。其中，视情维修的开放系统架构（OSA/CBM）最为流行，其包括 6 层：数据采集层、数据操纵层、状态监测层、健康管理层、故障预测层和自动决策推理层。第 1 层是数据采集层，该层主要使用各种传感器进行测量数据的采集；第 2 层是数据

005

操纵层,该层进行原始数据处理,然后将数据反馈给第 3 层——状态监测层,后者计算状态指标(Condition Indicator)并为异常情况提供报警能力;第 4 层是健康管理层,该层使用状态指标来确定健康状态,以定量的方式描述其受损程度;第 5 层是故障预测层,该层对未来进展进行评估,得到剩余使用寿命;第 6 层是自动决策推理层,该层根据前一层的数据生成适当的更换措施和维修活动。一个概念性的故障预测与健康管理系统功能架构给出了这 6 层的说明,如图 1-4 所示(Callan, et al., 2006)。与故障预测与健康管理的主要步骤相比,该架构的前两层相当于数据采集,接下来两层相当于故障诊断,最后两层相当于故障预测和健康管理。

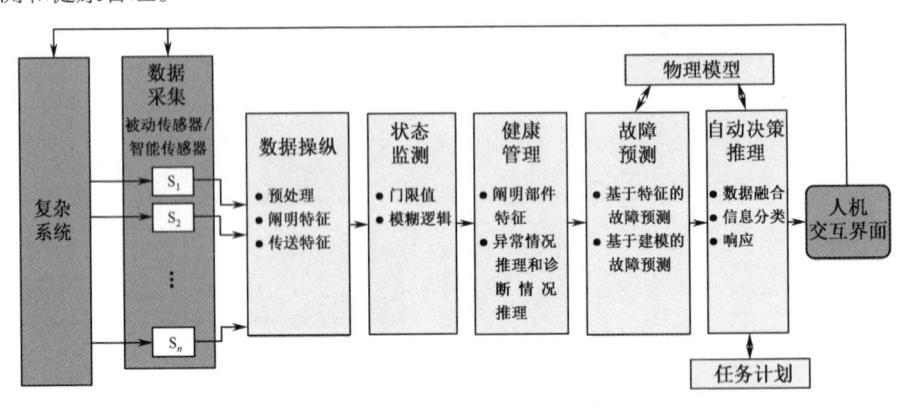

图 1-4 概念性故障预测与健康管理系统功能架构

1.2 故障预测与健康管理背景

故障预测与健康管理最早由英国民用航空局(Civil Aviation Authority,CAA)于 20 世纪 80 年代开始推行,旨在降低直升机事故率,并于 20 世纪 90 年代在健康与使用监测系统的基础上进一步发展,用于监测直升机的健康状态及性能。在现役直升机上安装"健康与使用监测系统"取得了良好的效果,直升机事故率降低了超过 50%,如表 1-1 所示。

20 世纪 90 年代,飞行器故障监测(Vehicle Health Monitoring)的概念被美国国家航空航天局(National Aeronautics and Space Administration,NASA)应用到航空航天研究中,即对外层空间飞行器的健康状态进行监测。然而,它很快被一个更通用的术语——综合飞行器故障监测(Integrated Vehicle Health Management)或系统健康管理(System Health Management)取代,这些术语纳入了各种空间系统的故障预测（Pettit, et al., 1999）。

表 1-1　1991—2000 年英国大陆架近海直升机安全记录

时间段	每 10 万飞行小时		每 10 万飞行区段（飞行阶段）	
	导致乘员死亡的事故发生率	未导致乘员死亡的事故发生率	导致乘员死亡的事故发生率	未导致乘员死亡的事故发生率
1981—1990 年	5.61%	2.24%	2.39%	0.96%
1991—2000 年	1.13%	0.82%	0.49%	0.35%

21 世纪初，美国国防高级研究计划局（Defense Advanced Research Projects Agency，DARPA）开发了结构完整性故障预测系统（Structural Integrity Prognosis System，SIPS）和增强型故障预测与健康管理系统（Space Daily，2003），两者具有相同的目的。故障预测与健康管理这一名称，首次被用在联合攻击战斗机（Joint Strike Fighter，JSF）开发项目中（联合攻击战斗机项目办公室，2016），如图 1-5 所示。美国国防部要求国防采办系统的运行从 2003 年起必须采用故障预测与健康管理系统（美国国防部指示 DoDI 5000.2，2003），其中规定"项目主任应通过可负担的、集成的嵌入式诊断与预测、嵌入式训练与测试、序列化项目管理（Serialized Item Management，SIM）、自动识别技术（Automatic Identification Technology，AIT）、迭代技术更新（Iterative Technology Refreshment，ITR）来优化战备状态"。

从 2003 年起，故障预测与健康管理技术在各个方面经历了快速的发展，包括故障物理学的基础研究、传感器发展、特征提取、故障诊断（故障检测和分类）及故障预测，这些技术已经被广泛探索并应用到各个行业。

故障预测与健康管理解决方案在制造业取得了成功，同时，提供了一些可供我们参考的经济数据。例如，美国国家科学基金会（National Science Foundation，NSF）资助了工业/大学合作研究中心（Industrial/University Cooperative Research Centre，I/UCRC）的独立经济影响研究，并调查了智能维修系统中心的 5 个工业成员（主要是制造应用公司），基于成功实施的预测性监测及故障预测与健康管理解决方案，这 5 个工业成员实现了超过 8.55 亿美元的成本缩减。

从几年前开始，故障预测与健康管理相关的技术协会陆续成立，以收集各个研究领域的知识。故障预测与健康管理协会是一个典型代表，该协会自 2009 年

故障预测与健康管理技术及应用案例分析

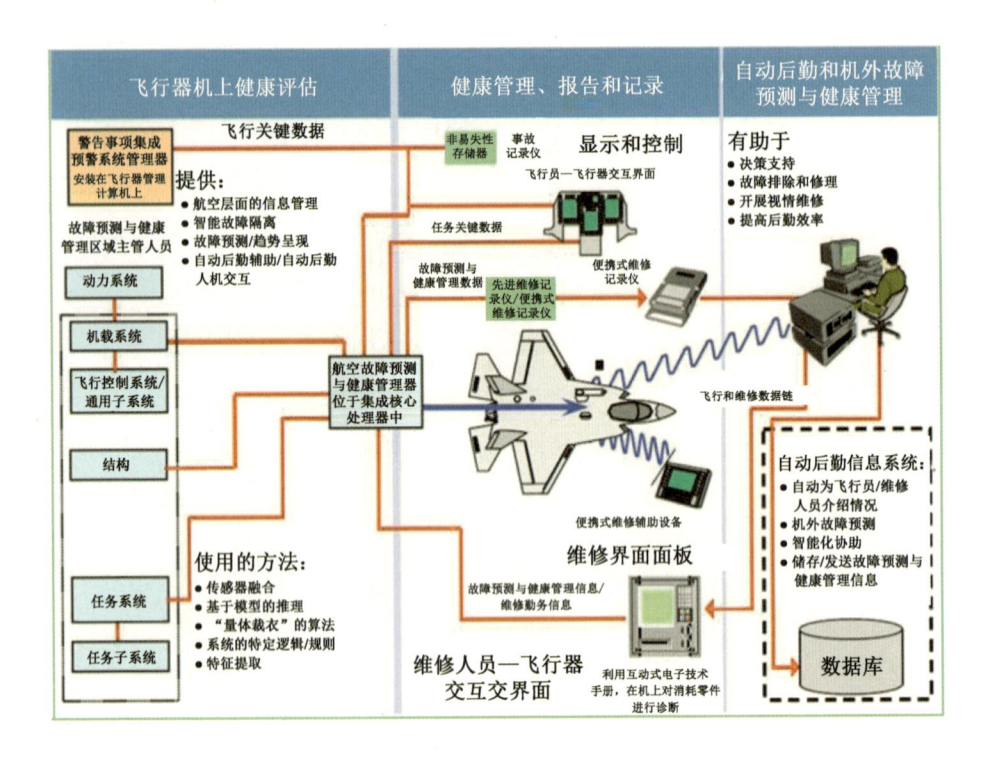

图 1-5　故障预测与健康管理架构和实现技术（来自联合攻击战斗机项目办公室）

成立以来，每年都会举办年会，并出版了期刊《国际故障预测与健康管理》（International Journal of Prognostics and Health Management，IJPHM）。此外，IEEE 可靠性学会（IEEE Reliability Society）自 2011 年起每年都召开故障预测与健康管理国际学术会议。目前，故障预测与健康管理研究由不同的机构主导开展，这里简要介绍其中一些机构。

1. 智能维修系统中心

智能维修系统（Intelligent Maintenance Systems，IMS）中心成立于 2001 年，由美国辛辛那提大学、密歇根大学和密苏里科技大学共同建立，作为美国国家科学基金会的产学研合作研究中心（Industry/University Cooperative Research Center）。该中心专注于工业系统寿命周期性能的预测分析和工业大数据（Industrial Big Data）建模研究，并为 e-维护应用创建了"Watchdog Agent®"故障预测工具和设备到业务（Device-to-Business，D2B）电子预测平台（Predictronics Platform）。

2. 高级生命周期工程中心

高级生命周期工程中心（Center for Advanced Life Cycle Engineering，CALCE）于 1986 年在美国马里兰大学成立，被公认为是基于物理故障分析的电子产品可靠性评估的领导者。该中心积极开展电子应用的故障预测与健康管理研究，包括消耗性设备的使用、故障发生前兆的监测和推理、寿命消耗的建模。

3. 卓越诊断学中心

卓越诊断学中心（Prognostics Center of Excellence，PCoE）位于美国宇航局艾姆斯研究中心，为故障预测技术的发展提供了巨大支持，特别是航空和航天探索应用领域的故障预测技术。该中心主要研究运输类飞机的安全关键型执行器（Safety-Critical Actuators）的损伤扩展机制、飞机布线绝缘的损伤机制，以及航电设备中关键电气和电子元件的损伤扩展机制。

4. 科学技术实验室

科学技术实验室（FEMTO-ST）是一家联合研究机构，于 2004 年在法国通过合并 5 个当地实验室成立，后来重组为 7 个部门。其自动控制部门的故障预测与健康管理团队开发了先进的算法，可用于燃料电池老化、复合材料和传感器网络观测等问题的分类、预测和决策。

5. 综合飞行器故障监测中心

在波音公司的支持下，综合飞行器故障监测（Integrated Vehicle Health Management，IVHM）中心于 2008 年在英国克兰菲尔德大学（Cranfield University）成立，并发展成为飞机故障预测与健康管理研究领域的世界领先的研究中心。从那时起，该中心开设了世界上第一门"综合飞行器故障监测"理科硕士课程，并培养了几名研究 IVHM 在不同领域应用的博士生。

1.3 故障预测与健康管理应用

故障预测与健康管理的开发基于航空航天和国防工业，在开发过程中须考虑其至关重要的安全性和高维修成本方面的独特要求，同时还要考虑其发展历史。经过多年的发展，该技术在业界得到了广泛的应用并逐渐发展成熟。在过去的 10 年里，各种文献中展示了许多不同角度的评论和综述。Sun 等（2012）在其论文中调查了一些故障预测与健康管理实践和案例研究,涵盖了其在很多领域的应用,包括国防、航空航天、风力发电、民用基础设施、制造和电子。Yin 等(2016)在其出版物中设置了一个专门的章节介绍故障预测与健康管理在工业电子中的应用。

在航空航天和国防系统中,故障预测与健康管理技术已经在部分应用中取得了重要的进展。"健康与使用管理系统"是旋翼飞行器故障预测与健康管理解决方案的一个例子,其可以检测到从"轴不平衡"到"齿轮和轴承退化"等问题(UTC Aerospace Systems, 2013)。Vachtsevanos 等(2006)采用故障预测来预测直升机 UH-60A 的行星齿轮板裂纹的情况及其剩余使用寿命,如图 1-6 所示。普惠公司(Pratt and Whitney)已经在 F135 多用途战斗机的发动机上安装了先进的故障预测与健康管理系统。通用电气航空公司(General Electric Aviation)已经对飞机发动机进行了超过 15 年的监测,并提供故障诊断服务,以便在停机前检测到发动机可能存在问题的早期症状。故障预测技术也在美国陆军后勤综合局的武器平台项目,以及海军航空系统司令部直升机 SH-60 的变速器中得到应用。

在重工业和能源工业中,故障预测与健康管理技术应用于燃气涡轮发动机(Gas Turbine Engine),如劳斯莱斯工业(Li and Nikitsaranont, 2008)。

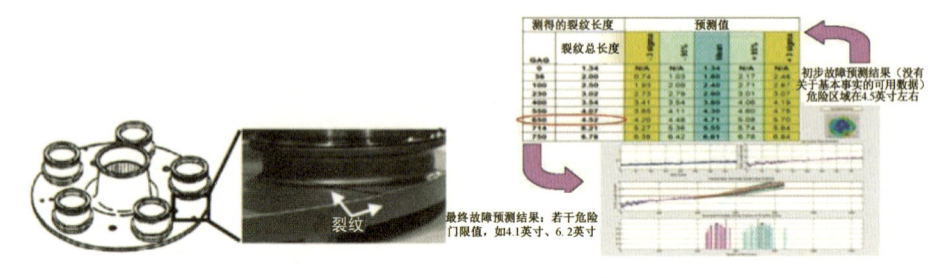

(a)行星齿轮板裂纹　　　　　　(b)裂纹扩展预测

图 1-6　直升机 UH-60A 的行星齿轮板裂纹故障预测结果

小松(Komatsu)公司和卡特彼勒(Caterpillar)开发了先进的数据分析算法,可以在早期阶段发现车辆问题(Wang, et al., 2007)。在可再生能源领域,应用了故障预测与健康管理技术的风力涡轮机传动系统取得了较好的效果,如图 1-7 所示。

制造业领域主要关注如何缩短停机时间,大量的综述集中于在制造应用方面故障预测与健康管理技术的最新发展(Jardine, et al., 2006;Lee, et al., 2014;Peng, et al., 2010)。一些具体应用包括:制造设备的健康监测,如旋转机械主轴轴承（Liao and Lee，2010）、刀具状态监测（Kao, et al., 2011）等；空气压缩机喘振（Sodemann, et al., 2006）及工业机器人车队健康（Siegel, et al., 2009）；感应炉（Induction Furnace）的侵蚀（Christer, et al., 1997）；利用水泵振动数据对水泵故障进行预测。

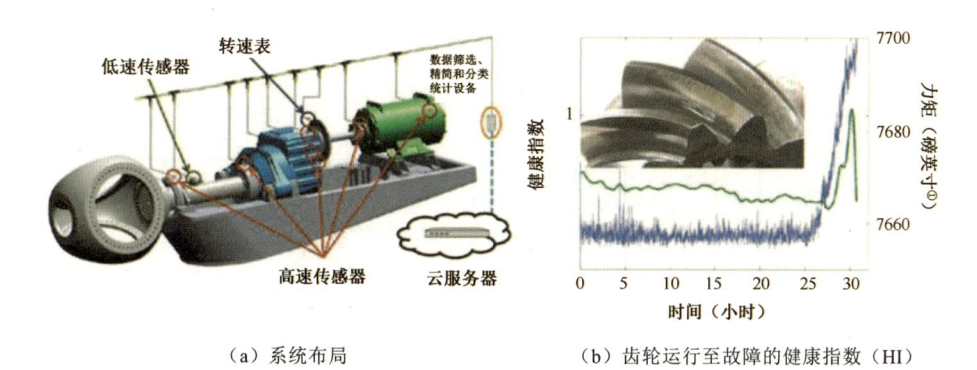

（a）系统布局　　　　　（b）齿轮运行至故障的健康指数（HI）

图 1-7　故障预测与健康管理技术在风力涡轮机传动系统中的应用示例

在电子行业，进行故障预测与健康管理研究最活跃的是高级生命周期工程中心（CALCE），如笔记本电脑的故障预测（Vichare, et al., 2004）、航电中使用的电力电子设备（IGBT）的故障预测（Saha, et al., 2009）。

最近，一些专业协会发起了标准制定活动。IEEE 中可靠性协会讨论了故障预测与健康管理的标准，并发表了相关文章（Vogl, et al., 2014）。在制造业方面，美国国家标准与技术研究院（National Institute of Standards and Technology，NIST）也进行了类似活动，并发布了报告（Sheppard, et al., 2009）。

1.4　故障预测与健康管理方法

1.3 节中介绍的故障预测与健康管理应用，可以基于各种数据分析技术来实现。本节介绍故障预测与健康管理方法，这也是本书的重点。故障预测是根据测量的损伤数据，预测在役系统（Inservice System）未来的损伤/退化和剩余使用寿命。

总的来说，根据信息的使用情况，故障预测方法可以分为基于物理模型的故障预测方法、数据驱动的故障预测方法和混合方法，如图 1-8 所示。在基于物理模型的故障预测方法中，假设有一个描述退化行为的物理模型可用，并将物理

---

① 1 磅英寸≈0.113N·m。

模型与测量数据、使用条件（Usage Condition）结合起来，以识别模型参数并预测未来行为。这种方法需要在模型中捕捉失效的物理参数，并将失效的物理参数与其影响联系起来，因此需要对问题进行深入的理解。

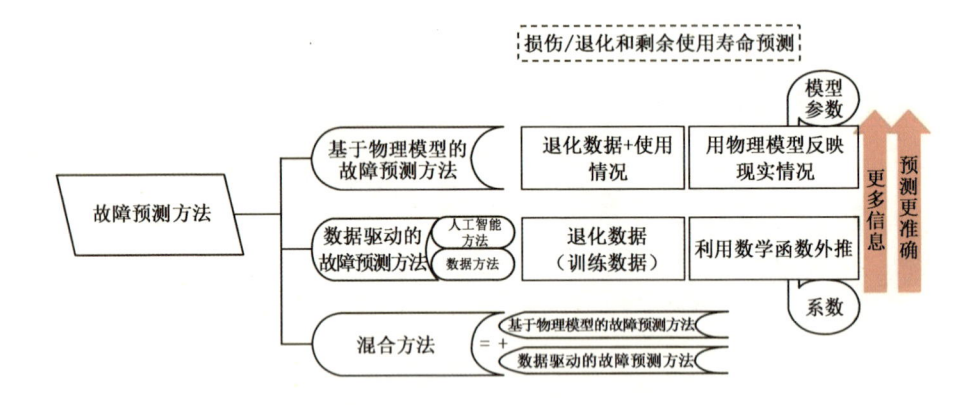

图 1-8　故障预测方法的分类

基于物理模型的故障预测方法的最大优点是，其结果往往是直观的，因为它们是基于现象来建立的物理模型。此外，一旦开发了物理模型，就可以通过调整模型参数，将其用于不同的系统或不同的设计中。如果在系统设计过程中足够早地引入该方法，就可以确定传感器需求，即增加或移除传感器。通常认为，与数据驱动的故障预测方法相比，基于物理模型的故障预测方法计算效率更高。然而，基于物理模型的故障预测方法也存在一些缺点。例如，在开发模型时需要对系统有全面的理解；如果遗漏了任何重要的物理现象，则可能导致退化行为的预测失败。此外，高保真模型，特别是数值模型，可能是计算密集型（Computationally Intensive）的。

数据驱动的故障预测方法利用在当前和以往使用条件下收集的数据（称为训练数据）来识别当前测量的退化状态的特征，并预测未来的趋势。对数据驱动的故障预测方法的一个概念性理解是，其是基于识别系数的数学函数外推。这种方法只是简单地拟合数据的趋势，不能保证外推一定是有意义的，因为从当前状态往后的故障发展情况可能与之前的故障并没有关系。数据驱动的故障预测方法的成功，依赖收集统计信息以建立失效与当前状态的函数，但是这个过程需要大量数据，如果不全面了解系统，就很难知道成功的故障预测究竟需要多少数据。

从实用性的角度来看，数据驱动的故障预测方法实现起来简便快捷。事实上，已经有一些现成的软件包可以用于数据挖掘和机器学习。通过收集足够多的数据，可能可以识别以前没有考虑到的关系。此外，数据驱动的故障预测方法使用客观数据，可以考虑所有的关系，而不带有任何偏见。然而，数据驱动的故障预测方法需要大量数据，以涵盖相同或类似系统的所有可能故障模式。由于不涉及物理知识，所以其结果可能是反直觉的，在不了解其原因的情况下直接接受结果是危险的。数据驱动的故障预测方法在分析和实现方面可能都是计算密集型的。

两种方法的应用范围可以从物理模型的可靠性和可用数据数量两个方面进行说明，如图 1-9 所示。当有高度可靠的物理模型时，基于物理模型的故障预测方法在只有少量可用数据存在的情况下也能很好地工作。如果物理模型的可靠性高且有大量可用数据，则这两种方法都适用。在物理模型的可靠性较低时，如果有大量可用数据，那么数据驱动的故障预测方法更适用。然而，如果物理模型的可靠性低且可用数据也很少，则不存在可靠的故障预测方法，此时进行健康评估就不可靠。

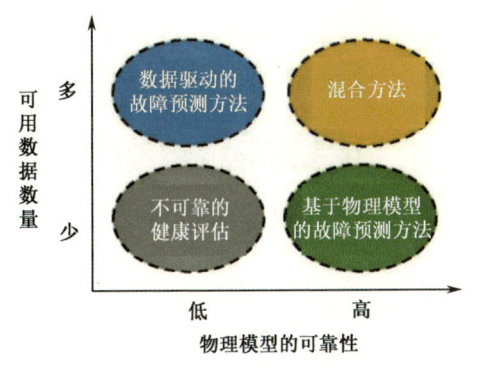

图 1-9　基于物理模型的故障预测方法和数据驱动的故障预测方法的应用范围

基于物理模型的故障预测方法和数据驱动的故障预测方法有两个主要区别：①可用性，包括两者的使用条件；②使用训练数据来识别损伤状态的特征。基于物理模型的故障预测方法比数据驱动的故障预测方法需要更多的信息（关于物理模型），因此其可以进行更准确、更长期的预测。但是，物理退化模型在实际中非常少见，且考虑时间和成本，获得多组退化数据并不容易，此时应该使用数据驱动的故障预测方法。

混合方法（Hybrid Approach）综合了基于物理模型的故障预测方法和数据驱动的故障预测方法的优点，以提高预测能力。对于实际的复杂系统，单独使用基于物理模型的故障预测方法或数据驱动的故障预测方法可能效果并不好，而一起使用这两种方法，可以使预测能力最大化。例如，在数据驱动的故障预测方法中，关于物理知识可以用来确定数学模型（如确定多项式或指数函数的阶数），还可以将数据驱动的系统模型与基于物理知识的故障模型结合使用。

图 1-10 描述了故障预测的一个简单示例，其中 Paris（Paris and Erdogan）模型是基于物理模型的故障预测方法，而多项式函数则是数据驱动的故障预测方法。尽管给定的信息各不相同，但二者的预测过程几乎是相同的：根据损伤数据来识别参数，并将识别出的参数替换到相应物理退化模型或数学函数中来预测未来的损伤。在 Paris 模型中，损伤的增长取决于模型参数（m、C）和使用条件（$\Delta\sigma$）。同样地，在数据驱动的故障预测方法中，系数（β_i）对应模型参数。然而，使用条件在数据驱动的故障预测方法中不是必需的，但可以在多项式函数中作为输入变量加以利用。

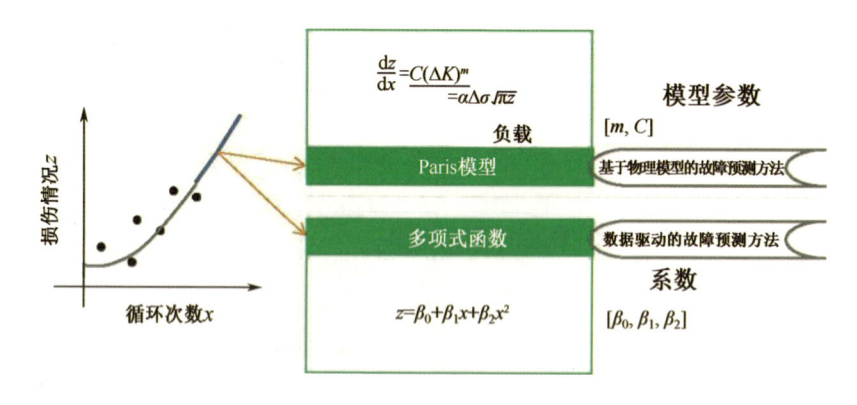

图 1-10 故障预测的简单示例

两种方法相比较而言，基于物理模型的故障预测方法仅涉及参数识别算法，而数据驱动的故障预测方法取决于数学函数的类型及如何利用各种给定信息。事实上，基于物理模型的故障预测方法涉及算法都可以用于数据驱动的故障预测方法，只须将物理模型替换为一般的数学函数。然而，由于在基于物理模型的故障预测方法中可使用的数学函数仅限于多项式函数或指数函数，因此这两种方法的算法有典型的分类。

在基于物理模型的故障预测方法中，损伤行为取决于模型参数，因此参数识别是预测未来损伤行为的重要问题。由于使用条件的不确定性和数据中的噪声，大多算法基于贝叶斯推断（Bayes and Price，1763）将模型参数识别为概率分布，而不是确定值。贝叶斯推断是一种统计方法，其中观测值以概率密度函数的形式被用于估计和更新未知模型参数。在基于物理模型的故障预测方法中，最典型的方法是粒子滤波（Doucet, et al., 2001; An, et al., 2013），其基于序贯贝叶斯更新（Sequential Bayesian Updating），利用多个粒子及其权重来表示参数分布。卡尔曼滤波（Kalman, 1960）也是一种基于序贯贝叶斯更新的滤波方法，其给出了带有高斯噪声的线性系统的精确后验分布（Posterior Distribution）。其他卡尔曼滤波器系列技术，如扩展/无迹卡尔曼滤波器（Ristic, et al., 2004; Julier and Uhlmann, 2004）也已经得到开发，并用于改进非线性系统的性能。贝叶斯更新也可以同时进行，本书称之为贝叶斯方法（Choi, et al., 2010）。另外，在基于物理模型的故障预测方法中，经常会使用非线性最小二乘法（Gavin, 2016），这是最小二乘法的非线性版本，在这种方法中，参数用确定性值及其方差来进行估计。

在数据驱动的故障预测方法中，最常见的方法是人工神经网络（神经网络）（Chakraborty, et al., 1992; Ahmadzadeh and Lundberg, 2013; Li, et al., 2013）。这是一种人工智能方法，在这种方法中，一个网络模型通过对给定的输入（如时间和使用条件）做出反应，来学习一种方法以产生期望输出，如退化水平（Level of Degradation）或寿命。此外，高斯过程回归（Mackay, 1998; Seeger, 2004）是基于回归的数据驱动的故障预测方法中的常用方法之一，这是一种类似于最小二乘法的线性回归（Bretscher, 1995），其中假设回归函数与数据之间的误差是相关的。除高斯过程回归外，还有各种各样的方法，如模糊逻辑（Zio and Maio, 2010）、相关向量机/支持向量机（RVM/SVM; Tipping, 2001; Benkedjouh, et al., 2015）、Gamma 过程（Pandey and Noortwijk, 2004）、维纳过程（Si, et al., 2013）、隐马尔可夫模型（Liu, et al., 2012）等。

1.5 故障预测与健康管理优势

视情维修（On Condition Maintenance，OCM）是一种能够适应现代军事装备保障需求的新的维修方式，其根本目的是在正确的时间对正确的部件进行正确的维修。OCM 是当前前沿维修技术的代表，作为 OCM 的重要技术手段，故障预测与健康管理具有极高的应用价值与优势，可缩短不必要停机时间，降低维护成本和故障风险，提高装备的任务可靠性，解决传统维修方式所带来的维修不足和维修过剩等问题。本节将详细分析故障预测与健康管理的优势。

1.5.1 降低全寿命周期的成本

故障预测与健康管理在多个方面具有优势，其最大的优势可能是降低了全寿命周期的成本，具体如下所述。

1. 降低运行成本

复杂系统的维修成本可能非常大，通过故障预测与健康管理可以大幅降低成本。具体地说，故障预测与健康管理通过两种方式实现了成本的降低：第一种是故障预测与健康管理实践；第二种是自动化维修和后勤保障系统。为了理解故障预测与健康管理，设想一个简单的例子——给你的汽车更换机油。旧的方法是在一个特定的时期更换机油，如每行驶 300～500 千米，这是一个预防性维修的例子。然而，通过传感器读数来持续监测机油的健康状况，则仅在需要时更换机油。自动化维修和后勤保障系统将有助于实现一个更为及时（Just-in-Time）的维修环境，可以提前订购备件，并在需要时提前进行维修，而不是在发生灾难性故障之后再维修，这将为日益复杂的保障系统节省更多的成本。自动化维修和后勤保障系统涉及的联网机（Connected Machine）或物联网（IoT）比故障预测与健康管理概念更为广泛，通用电气声称，在如图 1-11 所示的 5 个主要行业中，通过联网机提升 1%的效率就能创造 2760 亿美元的价值（Evans and Annunziata，2012）。

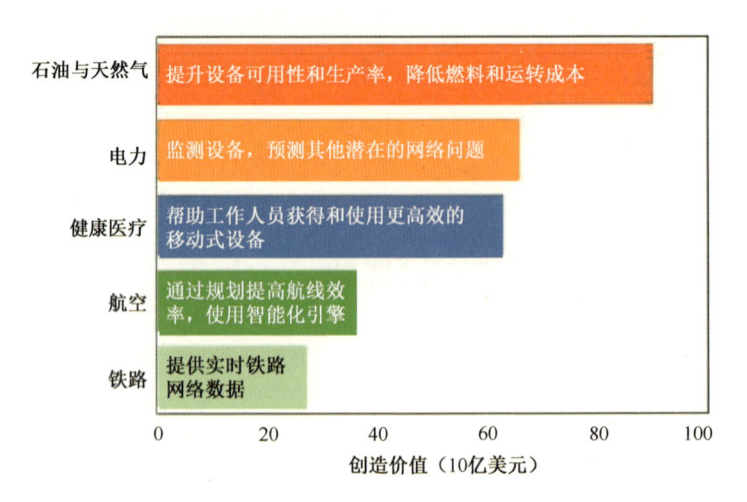

图 1-11　5 个主要行业通过联网机器提升 1%的效率创造的价值

2. 增加收益

故障预测与健康管理可以增加业务的收益，虽然并不是直接增加。如果一名产品销售者可以提供一个更为可靠的产品，并为他的客户提供故障预测与健康管理服务，那他将获得更大的市场份额，从而增加收益。事实上，这种情况正发生在通用电气的飞机发动机和小松公司的采矿机械上。他们不仅销售自己的产品，还为买方公司提供故障预测与健康管理服务，从中获得更多的收益。

如图 1-12 所示，故障预测与健康管理系统被嵌入小松公司的采矿机械中（Murakami, et al., 2002）。

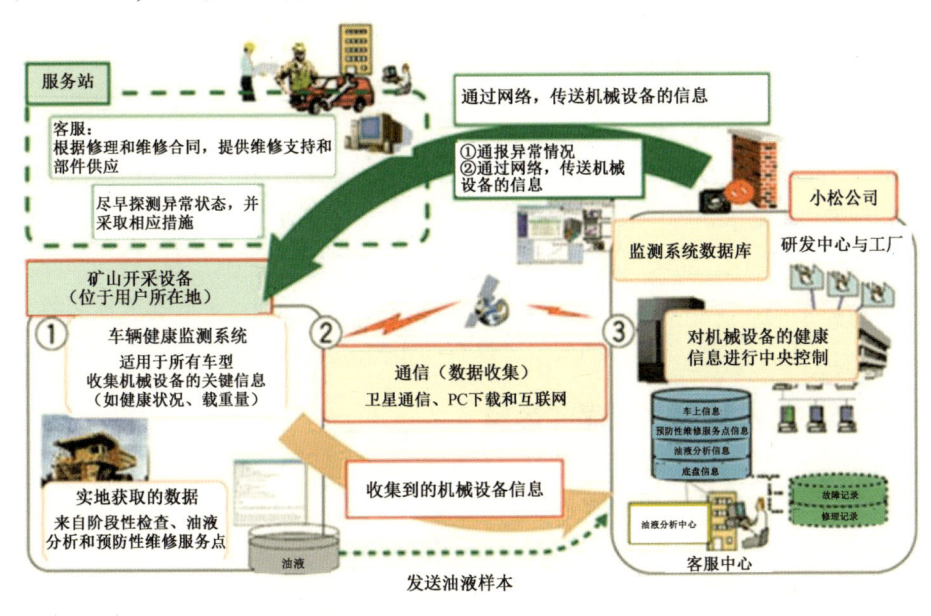

图 1-12　小松公司的采矿机械中嵌入的故障预测与健康管理能力

1.5.2　优化系统设计的流程

1. 最优系统设计

在开发一种新系统时，需要进行大量的试验，包括加速寿命试验（Accelerated Life Test）等，这些试验不仅费时，而且成本高昂，却仍然不能真正代表实际情况。故障预测可以从整个系统寿命周期的实际工况中获得这些信息。这些信息可以用于改进和优化系统的设计，从而大大降低成本。此外，如果新系统具有故障预测与健康管理能力，就安全性和可靠性而言，该新系统可以不用考虑停机维修或定期检测，因为其故障预测与健康管理系统能够监视故障并防止失效的发生。

2. 改进可靠性预测

可靠性预测在安全关键型系统的设计中非常重要。传统的方法基于手册数据库，如 MIL-HDBK-217 及其衍生物，但其往往被证明是误导，无法做出正确的寿命预测。相比之下，故障预测与健康管理收集的数据反映了系统的实际寿命周期状况，有助于获得更准确的损伤情况和剩余使用寿命（Remaining Useful Life，RUL）评估结果，从而实现更准确的可靠性预测。

3. 改善后勤保障系统

一般来说，在开发一个新系统时，其后勤保障系统是同时设计的，这对系统整个寿命周期成本有很大的影响。故障预测与健康管理可以帮助构建这个系统。例如，在电子系统中，人们一直认为电子故障是无法预料的，只能在故障发生后加以处理，这导致了供应资源的大量增加和分散的备件仓库及其管理问题，这是造成成本增加的一大因素。通过故障预测与健康管理，可以提前预测故障时间和发生故障的电子器件的数量，这有助于显著降低物流成本。

1.5.3 提升生产过程的质量

1. 更好的过程质量控制

在实践中，当机械加工设备的参数偏离其标称值或最优值时，其质量就会下降，如刀具性能的逐渐下降。与传统的质量控制相比，对制造设备状态（如振动、强度、功率和运行模式），以及磨损或故障状态的监测和预测，可以提供更多关于设备本身的信息，从而提升质量控制过程的管理能力和质量保障能力。

2. 原始设备制造商（Original Equipment Manufacturer，OEM）集成维修开发

用于高层级系统故障预测与健康管理的大部分信息来自其组件和子系统。首先，系统设计人员有必要与供应商一起定义要监测的变量，并为高效的故障预测与健康管理开发算法。然后，供应商为系统制造商提供组件或子系统层级的故障预测解决方案。通过共享和集成故障预测与健康管理信息，系统制造商可以在实践中实施视情维修。

1.5.4 增强系统运行的效果

1. 提高系统安全性

故障预测技术提供了预测系统发生灾难性故障的能力，该能力能够更准确地管理系统健康状况。图 1-13 给出了根据故障预测能力提前发出故障预警的示例，预测距离（Prognostic Distance）是提前故障预警时间（Advance Failure Warning Time）与预测故障发生时间（Estimated Failure Time）之间的间隔。故障发生前所需的提前时间从几秒到几年不等。在美国的航天飞机上，宇航员在起飞时有 4 秒的逃生窗口时间。在飞机上，预测报警可以确保几个小时的部件更换提前时间（Lead Time），而腐蚀维护的提前时间则为几个月。

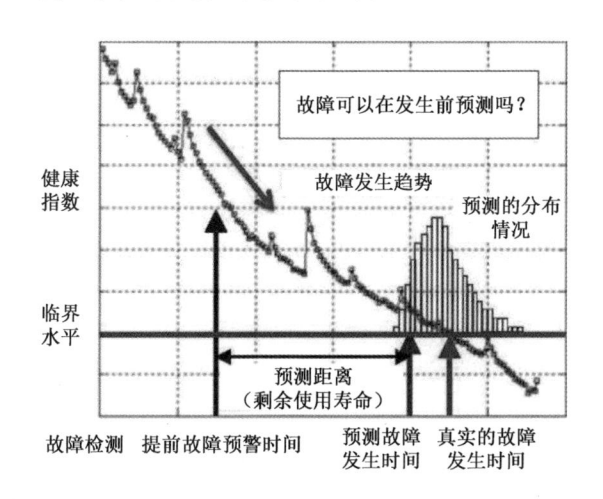

图 1-13 根据故障预测能力提前发出故障预警

2. 提高运行可靠性

从原始意义上讲，只要设计得当，并且生产过程控制有效，系统的固有可靠性就可以得到保证。然而，在实际运行条件下，环境和运行负载有时可能与系统设计有很大的不同，并将影响系统的运行可靠性。在这种情况下，在预期使用情况下具有预期可靠性和使用寿命的系统，在使用条件恶劣时将面临故障风险。如图 1-14 所示，故障预测与健康管理的监测能力能够在不同的使用条件下采取适当的行动，从而延长系统的使用寿命，同时保持预期可靠性，最终实现任务的成功执行。

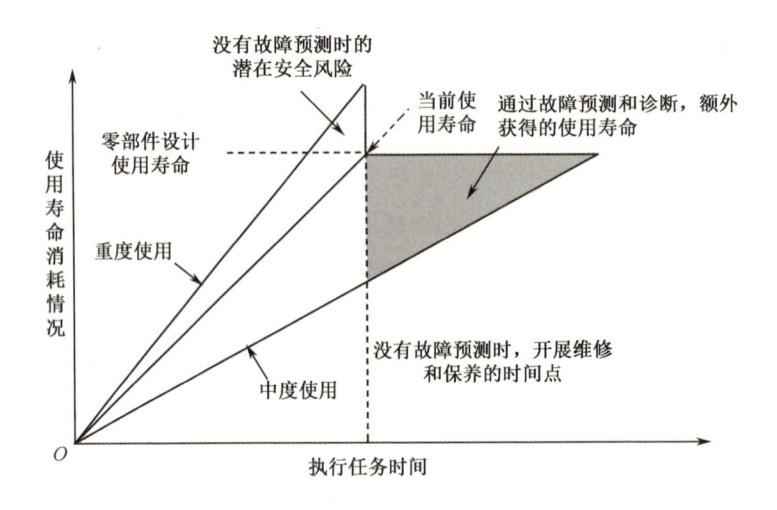

图 1-14　通过故障预测提高运行可靠性

1.5.5 保障后勤维修的优势

1. 视情维修

正如前面提到的，故障预测与健康管理的主要优势是其支持视情维修，故障预测与健康管理最小化了计划外维修、消除了冗余检查、减少了修复性维修次数、延长了修理间隔期，最重要的是其降低了总体维修成本。此外，它还增强了识别故障部件的能力，有助于提前进行维修准备。例如，飞机在飞行时，在地面就可以准备维修任务。有报道称，联合攻击战斗机（Joint Strike Fighter，JSF）的故障预测系统预计将减少 20%～40%的维修人力，用于保障飞机的机械后勤人力将减少50%（Scheuren, et al., 1998）。

2. 改进编队范围内的决策支持

当故障预测与健康管理在大量系统（编队）中被使用时，其带来的优势不仅是单个系统的效益倍增。故障预测与健康管理将为编队的每个组成部分提供更详细的运行信息，可以在各种不同的情况下做出更有针对性的决定。在何处、何时部署维修人员，需要订购多少备件，在何处进行机会维修（Opportunistic Maintenance），这些还只是编队范围内众多优势中的一小部分。应用于编队决策的优化技术，能够帮助运用故障预测与健康管理的系统获得更大的整体系统效益。

3. 优化物流供应链

故障预测支持预测性物流，这可以改善对供应链活动的计划、调度和控制。其主要的优势是：操作员可以根据部件的剩余使用寿命信息，在它们即将失效的时候再购买相应备件。通过对预测信息的利用，备件的需求量比以前更少，并且备件能够及时交付，降低了库存水平，从而大大优化了物流供应链。

4. 减少维修引发故障

当机械师对系统进行维修或更换某个部件时，可能会意外地造成另一个部件损伤，这被称为维修引发故障（Maintenance-Induced Fault）。如果没有注意到这一点，就可能会导致系统意外停机，甚至可能发生灾难性故障。故障预测能够减少系统中的维修活动需求，从而减少了维修引发故障等人为问题的发生。

1.6 故障预测与健康管理面临的挑战

虽然故障预测与健康管理有如此多的优势，但在未来的研究中仍面临许多挑战，具体如下。

1. 实现最优传感器选择和位置确定

数据采集是故障预测的第一步，也是必不可少的一部分。这通常需要使用传感器系统来测量系统的环境参数、运行参数和性能参数。如果选择不恰当的传感器和不合适的位置则会导致不准确测量，从而降低预测性能。传感器应该能够准确地测量与关键故障机理（Failure Mechanism）相关的参数变化，传感器的可靠性及失效的可能性也必须考虑在内。已经有研究人员提出了一些提高传感器可靠性的策略，例如，使用多个传感器监测同一个系统（冗余），以及进行传感器验证以实现传感器系统的完整性，并在必要时对其进行调整或纠正（Cheng, et al., 2010）。

2. 特征提取（Feature Extraction）

为了获得有意义的预测结果，收集与损伤直接相关的数据非常重要。然而，在许多情况下很难或不可能收集到与损伤直接相关的数据。例如，轴承座圈中的裂纹实际上是不可能测量的，因为轴承在不断旋转。在这种情况下，需要测量与损伤相关的系统响应，以间接估计损伤程度。例如，在轴承附近安装加速度计，以测量裂纹引起的振动程度。在这种情况下，从振动信号中提取损伤特征就非常关键。由于系统振动包含了包括噪声在内的整个系统响应，因此很难提取出与损伤相关的信号。特别是对于复杂系统，损伤只是系统的一小部分，相对于系统响应的相关信号，与损伤相关的信号往往非常小。因此，要从较大的噪声中提取出与损伤相关的小信号具有很大的挑战性。

3. 故障预测方法的条件

一般来说，故障预测算法可以分为基于物理模型的故障预测方法和数据驱动的故障预测方法，这在 1.4 节已有提到。基于物理模型的故障预测方法利用系统的故障机理模型或一些其他现象描述模型，来评估系统的寿命终点。其优点是利用少量的数据就能准确预测系统的剩余使用寿命，但是，这需要关于故障模式的足够多的信息。例如，在裂纹扩展模型中，材料、几何形状、运行状态和环境加载条件都是必需的。在复杂的系统中，这些信息可能很难获得。此外，建立模型需要深入了解导致故障的物理过程，但在复杂的系统中很难构建这样的物理模型，这是基于物理模型的故障预测方法的局限性之一。数据驱动的故障预测方法使用来自观测数据的信息来识别退化过程的特征，并在不使用任何特定物理模型的情况下预测未来的状态，因此剩余使用寿命的预测结果的准确性很大程度上取决于所获得的数据，即训练数据。通常需要大量的训练数据（特别是临近故障的数据）来识别退化过程，但考虑到时间和成本，从在役系统中获取大量的训练数据是一个挑战。总之，我们建议开发新的混合方法，利用各种方法的优点来弥补单一方法的局限性。本书介绍了基于物理模型的故障预测方法和数据驱动的故障预测方法的属性，这有助于理解每种方法的内在特征，并在之后开发新的混合方法。

4. 处理故障预测的不确定性并评估其准确性

故障预测与健康管理的另一个主要挑战是，开发能够处理现实世界不确定性（这也将导致不准确预测）的方法。图 1-15 给出了在故障预测中经常遇到的不确定性来源，通常分为 3 类：由载重量和材料特性引起的物理不确定性；由数据过于零散、测算时出现的错误和误差引起的测量和数据不确定性；由模型简化、对物理环境的有限元分析和替代模型引起的模型不确定性。这些不确定性会导致预测结果与实际情况的显著偏差。所以很重要的是，需要开发可用于描述预测的不确定性界（Uncertainty Bound）和置信度的方法。用以评估"预测准确性"的方法，对于建立和量化预测系统的置信度也是必要的。事实上，模型的预测寿命表示为一种分布，虽然目前还没有一个合适的、可接受的指标来评估预测的性能，但已有研究人员提出了一些方法。Leão 等（2008）提出了一套评估预测算法性能的指标，包括预测命中率、虚警率、漏报率、正确拒绝率、预测有效性等。Saxena 等（2009）也提出了一系列指标，以评估剩余使用寿命预测的关键方面，如预测范围（Prognostic Horizon）、预测散布（Prediction Spread）、相对精度、收敛性、范围/精度（Horizon/Precision Ratio）等，如图 1-16 所示。学者们已经做了相当多的工作来满足大多数故障预测与健康管理要求，随着故障预测技术的成熟，预计未来在概念和定义上会有进一步的改进。

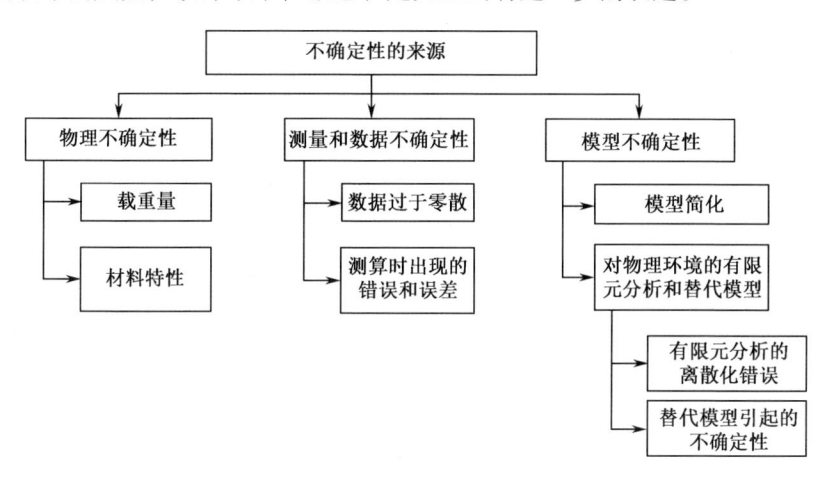

图 1-15 在故障预测中经常遇到的不确定性来源

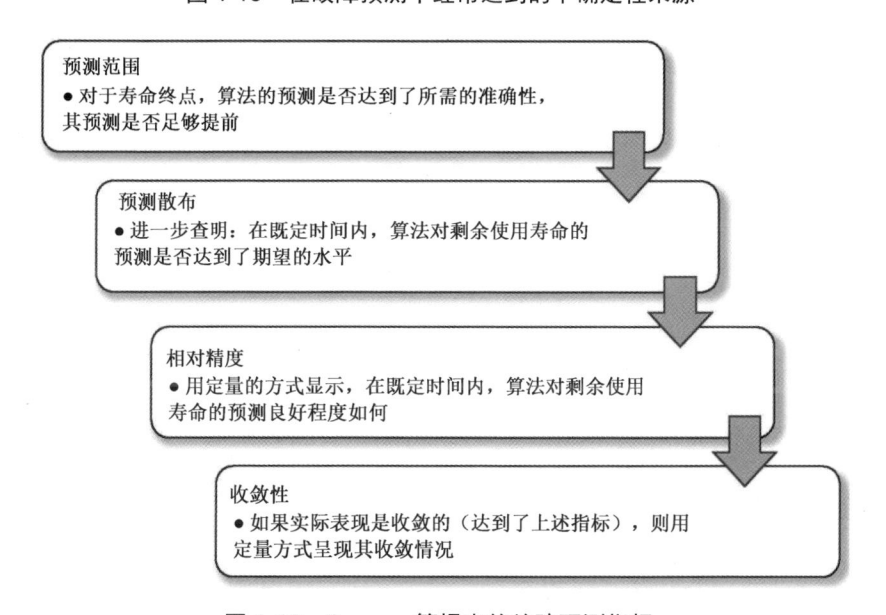

图 1-16 Saxena 等提出的故障预测指标

第 2 部分

机械设备的故障预测与健康管理

随着机械设备结构和功能日益复杂,以及自动化程度日益提升,使用者对设备安全性和可靠性的要求越来越高,事后维修和定期维修在很多领域已经不能满足维修保障要求。故障预测与健康管理技术可以提高机械设备的安全性、可靠性,并节约维修保障成本。本部分介绍了机械设备的故障预测与健康管理常用的方法,详细描述了非线性最小二乘法、贝叶斯方法、粒子滤波等基于物理模型的机械设备故障预测与健康管理方法及应用,以及高斯过程模拟和神经网络等数据驱动的机械设备故障预测与健康管理方法及应用。

第 2 章介绍了基于物理模型的故障预测方法,如非线性最小二乘法、贝叶斯方法(Bayesian Method)和粒子滤波(Particle Filter)。基于物理模型的故障预测方法的主要思路是利用测量数据来识别模型参数,并利用这些模型参数来预测剩余使用寿命。本章的重点是如何提高退化模型的准确性,以及纳入未来的不确定性。本章最后讨论基于物理模型的故障预测方法的优点和不足,包括模型充分性、参数估计和退化数据的质量。

虽然基于物理模型的故障预测方法是强大的,但是许多复杂的系统没有一个可靠的物理模型来描述其损伤或退化。第 3 章介绍了数据驱动的故障预测方法,其使用来自观测数据的信息来识别退化过程的模式,并在不使用物理模型的情况下预测未来的状态。本章以高斯过程(Gaussian Process)回归模型和神经网络(Neural Network)模型作为代表性方法进行了介绍。数据驱动的故障预测方法与基于物理模型的故障预测方法也存在一些相同的问题,如模型形式的充分性、最优参数的估计和退化数据的质量等方面。

第 2 章

基于物理模型的机械设备
故障预测与健康管理

本章将讨论基于物理模型的故障预测方法。基于物理模型的故障预测方法的基本假设是存在一个描述损伤或退化演化的物理模型。因此，物理模型通常被称为退化模型，基于物理模型的故障预测也通常被称为基于退化模型的故障预测。本章的目的是介绍基本的基于物理模型的故障预测方法，并讨论在实践中应用这些方法面临的挑战。如果存在一个精确的物理模型，其能够将损伤退化描述为一个时间函数，这基本上就完成了故障预测，因为损伤的未来行为完全可以由退化模型在未来时间的演进确定。但在实际应用中，退化模型并不完备，未来的使用条件也不确定，因此，基于物理模型的故障预测面临的关键问题是如何提高退化模型的准确性，以及纳入未来的不确定性。在实际应用中，所有部件的尺寸都是有限的，并且处于其他零件的约束边界条件下，这将导致模型本身可能存在一些误差（认知上的不确定性）。因此，故障预测的决策过程应该包括这些不确定性来源，并且决策过程应该基于损伤退化的保守估计。

基于物理模型的故障预测过程如图 2-1 所示。退化模型表示为使用（或加载）条件 L、经历循环或时间 t、模型参数 θ 的函数。虽然不确定性的最主要来源是未来的未知用途而导致的使用条件的不确定，但为了发展物理模型，通常假设使用条件和经历循环或时间是确定的。在这种假设下，本章的重点是识别物理模型参数和预测未来的退化行为。

即使物理模型参数可以从实验室测试中获得，但与系统中实际使用的物理模型参数相比也会存在误差，例如，不同批次的材料有可能具有不同的性能。因此，实验室测试的材料可能与系统中使用的材料具有不同的性能。为了表示不同批次和不同企业的材料性能的可变性，材料手册通常会给出材料性能的广泛可变性。例如，材料手册显示，钢的杨氏模量可变性约为18%，然而，系统中实际使用的钢在材料性能上的可变性可能要小得多。因此，识别系统使用的实际材料性能是很重要的，特别是，有些物理模型参数的不确定性会显著影响故障预测的准确性。物理模型参数的不确定性主要来自认知的不确定性。在结构健康监测（Structural Heal Monitoring）中，使用搭载式传感器和执行器来测量损伤增长。基于物理模型的故障预测的基本思路是，利用测量来降低退化模型参数的不确定性，这也是本章的主要关注点。通常，可以基于贝叶斯框架利用测量数据来降低退化模型参数的不确定性，大多数基于物理模型的故障预测方法都是以贝叶斯推断为基础的。

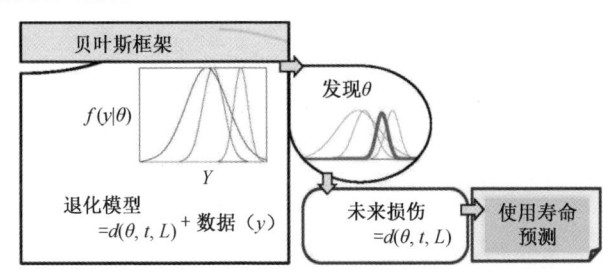

图 2-1 基于物理模型的故障预测过程

2.1 基于物理模型的机械设备故障预测简介

本节将电池退化模型作为物理模型的示例进行介绍。严格意义上说，目前还没有一个具有明确定义的物理模型能够将电池退化描述为变量"充放电循环次数"的函数。当对使用条件进行一定假设时，经验退化模型得到了广泛应用。众所周知，在电池退化过程中，蓄电池（如锂离子电池）的容量随着使用次数而下降，当蓄电池容量下降到了额定值的70%时定义为失效阈值。

经验退化模型的一个简单形式为指数增长模型（Exponential Growth Model）（Goebel, et al., 2008），即

$$y = a\exp(-bt) \qquad (2.1)$$

式中，a 和 b 是模型参数；t 是时间或循环次数；y 是电池内部性能，如电解液电阻 R_E 或转移电阻（Transfer Resistance）R_{CT}。当电池的使用条件为完全充放电循环时，时间 t 可被视为充放电循环次数。电池内部性能通常以容量来衡量。

此外，$R_E + R_{CT}$ 通常与 $C/1$ 容量（标称额定电流为 1A 时的容量）成反比。在本例中，将指数 $-b$ 更改为 b 不会改变模型形式，仅更改指数符号，对模型没有影响，因为参数 b 可以为正或为负。因此，本章中假设式（2.1）代表了容量退化行为，而测量数据以 $C/1$ 容量的形式给出。a 是初始退化状态（当 $t=0$，$y=a$ 时），且初始退化状态对退化速率有显著影响。然而，失效阈值是一个相对值，且与 a 无关，因此假定初始退化状态为已知值。考虑 $C/1$ 容量，假设给定 $a=1$。最终，式（2.1）可以改写为

$$z_k = \exp(-bt_k) \tag{2.2}$$

式中，z_k 是退化水平，即时间步 k 下的 $C/1$ 容量。

每 5 次充放电循环测得的 $C/1$ 容量数据如表 2-1 所示。数据是通过以下步骤生成的：①假设真实模型参数为 $b_{true}=0.003$；②根据式（2.2）计算给定时间步的真实 $C/1$ 容量；③向真实 $C/1$ 容量数据中添加高斯噪声 $\varepsilon \sim N(0, 0.02^2)$。参数的真值仅用于生成观测数据，而故障预测的目标是利用这些数据估计 b。如图 2-2 所示，电池的寿命终点（EOL）为 118 次循环。如果第 45 次循环（最后测量的数据点）为当前时间，则剩余使用寿命为 118-45=73 次循环。

表 2-1 每 5 次充放电循环测得的 $C/1$ 容量数据

时间步（k）	初始（1）	2	3	4	5	6	7	8	9	10
时间（t）（循环次数）	0	5	10	15	20	25	30	35	40	45
退化水平 z_k（$C/1$ 容量）	1.00	0.99	0.99	0.94	0.95	0.94	0.91	0.91	0.87	0.86

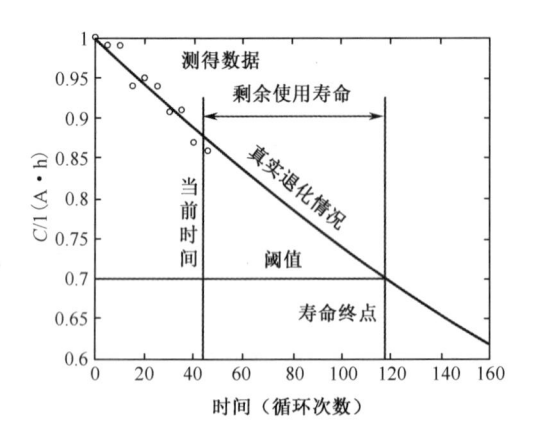

图 2-2 具有 10 个实测数据的电池退化模型

2.2 非线性最小二乘法

当退化模型可以写成未知模型参数的线性组合时，寻找未知模型参数的回归过程称为（线性）最小二乘法。当退化模型是模型参数的非线性函数时，如式（2.2）所示，该回归过程称为非线性最小二乘法（NLS）。换言之，当退化模型对模型参数/系数的偏导数是模型参数的函数时，该回归过程是非线性最小二乘法。式（2.2）相对 b 的偏导数为 $\partial z(t;b)/\partial b = -t\exp(-bt)$，其中，偏导数还取决于式（2.2）右侧的参数 b。

与最小二乘法一样，非线性最小二乘法通过最小化平方误差和（SS_E）得到模型参数，但加权平方误差和（$SS_{E,W}$）是非线性最小二乘法的一般方法：

$$SS_{E,W} = \sum_{k=1}^{n_y}\frac{(y_k-z_k)^2}{w_k^2} = \{y-z\}^T W\{y-z\} \qquad (2.3)$$

式中，w_k^2 是测量点 y_k 处的权重；W 是以权重的倒数 $1/w_k^2$ 作为对角元素的对角矩阵；z_k 是退化模型的仿真输出。当所有测量值的权重相同时，W 可以看作一个常数，并且可以忽略，因为它对求取参数的最小化过程没有任何影响。本节假设 w_k^2 是一个常数。

另外，对于非线性最小二乘法，式（2.3）中的 z 不再是未知参数的线性组合，零导数条件也不再表示为线性方程组。在这种情况下，必须使用基于优化技术的迭代过程来确定参数。相应的算法有多种，本章采用的是结合梯度下降法和高斯-牛顿法的 Levenberg-Marquardt（L-M）方法（Gavin，2016）。本书没有详细介绍该优化过程，而是使用了 MATLAB 函数 "Lsqnonlin"，使用 L-M 方法进行参数估计的过程将在后文用 MATLAB 函数进行说明。

一般来说，优化过程是确定性的，这意味着该过程将产生单一一组使 $SS_{E,W}$ 最小的参数值。然而，最佳参数取决于测量数据，其中包括测量误差。因此，如果使用不同的数据集，则可能改变参数的优化结果。也就是说，估计参数具有不确定性。在非线性最小二乘法中，模型参数的不确定性可基于其方差进行估计，方差在式（2.4）中给出：

$$\Sigma_{\hat{\theta}} = \left[J^T W J\right]^{-1} \qquad (2.4)$$

式中，J 是雅可比矩阵 $\left[\partial z(t_k;\boldsymbol{\theta})/\partial\boldsymbol{\theta}\right]_{n_y n_p}$，为了简化后续计算，假设所有测量点的误差大小相同。然后，将 w_k^2 设置为常数，即

$$w_k^2 = \hat{\sigma}^2 = \frac{SS_E}{n_y - n_p} = \frac{\{y-z\}^T \{y-z\}}{n_y - n_p} \quad (2.5)$$

最终，式（2.4）可以改写为

$$\Sigma_{\hat{\theta}} = \hat{\sigma}^2 \left[J^T J \right]^{-1} \quad (2.6)$$

一旦获得了模型参数及其方差，就可以基于多元 t-随机数来获得参数的分布。对于雅可比矩阵，在没有解析表达式的情况下，可采用数值近似（Numerical Approximation）的方法进行计算。本书利用了由 MATLAB 函数 "Lsqnonlin" 提供的雅可比矩阵。根据估计参数生成的样本，进行退化和剩余使用寿命的预测。在后文中将利用 MATLAB 代码[NLS]，对基于非线性最小二乘法的总体预测过程进行介绍。

MATLAB 代码[NLS]分为 3 个部分：①用户特定应用的问题定义；②使用非线性最小二乘法进行预测；③结果显示后处理。其中，第 2 部分可以用不同的算法来替代，这将在后面的部分进行讨论。针对不同的应用，只须修改问题定义部分，该部分进一步分为 2 个子部分：变量定义和模型定义。一旦完成了这 2 个子部分，用户就可以得到参数估计、退化预测和剩余使用寿命预测等结果。在下面的内容中，"行"（Line）或"多行"（Lines）表示本节最后一部分中给出的 MATLAB 代码的行号，MATLAB 代码中的 i、j 和 k 分别是样本、参数和时间的指数，这一约定同样适用于贝叶斯方法和粒子滤波。下面以电池退化模型为例，详细介绍 MATLAB 代码[NLS]的使用方法。

1. 问题定义（第 5~14 行、第 48 行）

对于电池退化模型示例，Battery_NLS 作为 "WorkName"，这也将是结果文件的名称。每 5 次循环测量一次 $C/1$ 容量，因此 $C/1$ 容量（$C/1$ Capacity）和循环次数（Cycles）分别作用退化单元（DegraUnit）和时间单元（TimeUnit）。时间数组（ArrayTime）包括测量时间和未来时间，应该足够长，以便进行剩余使用寿命预测。表 2-1 中的 $C/1$ 容量数据存储在 y 中，y 是一个 $n_y \times 1$ 数组。时间数组的长度（Size）应该大于 y 数组的长度。根据 2.1 节中失效阈值的定义，"thres" 采用 0.7（$C/1$ 容量的 70%）。"ParamName" 是待估计未知参数（模型参数 b 和测量噪声标准差 s）的名称。

```
WorkName='Battery_NLS';
DegraUnit='C/1 Capacity';
TimeUnit='Cycles';
time=[0:5:200];
y=[1.00 0.99 0.99 0.94 0.95 0.94 0.91 0.91 0.87 0.86];
thres=0.7;
ParamName=['b'; 's'];
thetaTrue=[0.003; 0.02];
signiLevel=5;
ns=5e3;
```

在实际中，观测数据的可变性往往是未知的，在参数估计过程中也必须对其进行估计。对于 MATLAB 代码[NLS]，观测数据的可变性不在参数估计过程中计算；相反，它在参数估计之后进行计算。但是，它包含在"ParamName"中，以便问题定义与其他算法相一致。

虽然"ParamName"是一个字符串数组，但在 MATLAB 中使用 eval( )函数的代码中，它将作为实际的变量名。因此，参数名称必须满足 MATLAB 中变量名的要求。在确定参数名称时，有 3 个注意事项：①用户可以为参数名称定义任何内容，但参数名称的长度应彼此相同，在指定一个字母的名称时，注意不要使用 i、j、k，因为它们已经在代码中被使用；②表示模型参数的参数名称应该在第 48 行中作为模型方程加以使用；③测量误差标准差的参数名称应放在最后一行。

当参数的真值可用时，"thetaTrue"可以作为一个 $n_p \times 1$ 数组；如果参数的真值不可用，则将"thetaTrue"保留为空数组。其余所需参数包括显著性水平（signiLevel）和样本数（ns）。显著性水平用于计算置信区间（Confidence Interval，CI）或预测区间（Prediction Interval，PI）；5、2.5 或 0.5 显著性水平的值表示 90%、95%或99%的区间。通常，ns 选取 1000~5000 个样本。在本例中，显著性水平和样本数分别设置为 5 和 5000 个。

损伤模型方程为

$$z = \exp(-b.t)$$

在损伤模型中，时间 t_k 在脚本中表示为 t。此外，模型参数 b 和退化状态 z_k 分别表示为 b（如第 11 行中定义）和 z。请注意，参数名称 b 与 ParamName 中定义的字符串相同。代数表达式应该使用分量方式运算（Componentwise Operations；使用符号"."），因为退化状态是一个带有 ns 个样本的向量。

2. 故障预测（第 17~32 行）

如前所述，"Lsqnonlin"函数被用来估计电池退化模型的参数 b。为了使用

L-M 方法，第 19 行的设置是必须的[①]。在第 20 行执行优化过程，其从初始参数（theta0）开始，最终使得目标函数（FUNC）最小。在目标函数"FUNC"（第 39～43 行）中，给定模型参数的残差向量 $\{y-z\}$ 在所有 ny 个测量数据点处进行计算。为了计算模型参数，使用了函数"MODEL"（第 44～50 行）。MATLAB 函数"Lsqnonlin"利用残差向量建立目标函数"平方误差和"（SS_E）并使其最小化。作为过程的输出，得到了参数的确定性估计（thetaH）、估计参数的残差（resid）及雅可比矩阵（J）。这些结果被用来预测未来的损伤行为，以及估计参数的不确定性。

以样本形式获得参数不确定性的过程可简要总结为：①计算数据的平方误差和 SS_E 和标准差（第 21～23 行）；②从参数的协方差矩阵（第 24 行）获得参数的标准差（第 25 行）；③将确定性结果与 t 随机样本与标准差的乘积相加而得到分布（第 26、27 行）。为了计算数据的标准差，在第 22 行中使用命令 dof = ny − np + 1，因为 np 包括标准差，而标准差在估计过程中没有使用。数据的标准差（sigmaH）是基于估计参数的确定性估计，它也包含在最终的采样结果（第 28 行）中，以便与其他预测算法保持一致。

若使用 ns 个样本估计模型参数的分布，就可以利用模型方程（第 30 行）中的结果进行退化预测，该方程反映了参数（或模型）的不确定性，并与置信区间有关。另外，数据中的误差被添加到"degraPredi"（第 31 行）中，后者是最终的退化预测结果。退化行为的预测是通过在其他的未来时间（直到第 8 行给出的最后时间）重复此过程来获得的（第 29 行），由此可以计算出预测区间。

MATLAB 函数"Lsqnonlin"中的 L-M 算法用于寻找局部最优解，因此参数识别结果依赖初始参数。在调用 MATLAB 代码[NLS]时，希望用户提供参数的初始值。要运行 MATLAB 代码[NLS]，须在命令窗口中输入以下代码（在本例中，theta0=0.01）。

```
[thetaHat,rul]=NLS(0.01);
```

虽然有两个参数 b 和 s，但在调用 MATLAB 代码[NLS]时只需要对 b 进行初始估计，因为测量数据的标准差不用于 MATLAB 代码[NLS]。

[①] 第 19 行中的数字 0.01 是 L-M 参数 λ 初始值的默认值。当 λ 较小时，高斯-牛顿更新在 L-M 方法中占据主导性；相反的情况则是梯度下降更新更加重要。另外，当参数接近最优结果时，更新方法由梯度下降更新变为高斯-牛顿更新。因此，L-M 参数 λ 在更新过程中会发生改变。有关 L-M 方法的更详细说明，请参见 Gavin 于 2016 年发表的文章，有关优化过程中的其他选项，请参见 MATLAB 手册。

3. 后处理（第 34～37 行）

一旦确定了模型参数并预测了退化，就可以使用 MATLAB 代码[POST]（第 36 行）来获得它们的图形结果，以及剩余使用寿命预测结果。最后，所有结果都将保存在以 WorkName 和当前循环次数命名的结果文件中。在本例中，保存的文件名是"Battery_NLS at 45.mat"。

在 MATLAB 代码[POST]中，绘制了已识别参数的分布及退化预测结果（第 6～20 行）。将频率（frq）除以分布区域：(ns/(val(2) – val(1)))，可以从第 8 行的直方图结果中获得第 9 行中参数的概率密度函数 PDF。这种缩放使得直方图与概率密度函数相一致。尽管代码[NLS]不计算测量数据标准差的分布，也将其绘制为一个常量，即噪声方差的算术平方根。

应根据退化预测结果 degraPredi（第 21～33 行）来计算剩余使用寿命。参数 i0（第 21 行）用于计算未达到阈值的样本数量，这在第 26 行显示。这意味着预测的结束时间不够长，或者剩余使用寿命被预测为无限寿命（Infinite Life）。因此，当有许多样本未达到阈值时（i0 相对于 ns 较大，如大于 ns 的 5%），需要延长结束时间（代码[NLS]的第 8 行）或用更多数据去更新模型参数。退化行为可以单调增大（如裂纹尺寸）或者减小（如电池容量），系数 coeff（第 22 行）反映了这种差异：coeff=-1 表示退化减小，coeff=1 表示退化增大。

对每个样本执行剩余使用寿命预测（第 23 行），以找到退化预测满足阈值的时间/循环位置。首先，一个样本 degraPredi(:, i)的退化预测第一次达到阈值的时间/循环位置，被保存在 loca 中（第 24 行）。当 loca 为空时，意味着特定样本的退化在时间结束之前不会达到阈值（第 25 行和第 26 行），而"loca==1"意味着当前时间/循环位置是寿命终点，因此剩余使用寿命为零（第 27 行）。剩余使用寿命计算的一般情况见第 28～30 行，其中使用阈值前后的两个退化水平进行插值，得到精确的剩余使用寿命。对所有 ns 样本重复此过程，为所有样本计算剩余使用寿命后，将计算剩余使用寿命的 3 个（第 5 行给出）百分位数（第 33 行），并显示剩余使用寿命的概率密度函数（第 34～39 行）及其百分位数（第 40～42 行）。

如果参数的真值在代码[NLS]的第 12 行中给出，则真实参数（第 44～47 行）和真实退化行为（第 49～52 行）将与其预测结果一起绘制。同样地，计算真实的剩余使用寿命（第 54～56 行），并与预测结果一起绘制（第 57 行）。代码[POST]也适用于本书其他算法。

电池退化模型预测结果如图 2-3 和图 2-4 所示。将保存的结果用 Name（代码[NLS]中第 37 行）加载后，在命令窗口中键入 POST(thetaHat, zHat, degraTrue)，即可再次绘制电池退化预测结果。确定性地获得数据的标准差 s 为 0.0125，相对于真值 ((thetaHat(2,1) – thetaTrue(2)) / thetaTrue(2)*100) 而言，其具有 37.26% 的误差。在这些图中，星形标识表示真值。

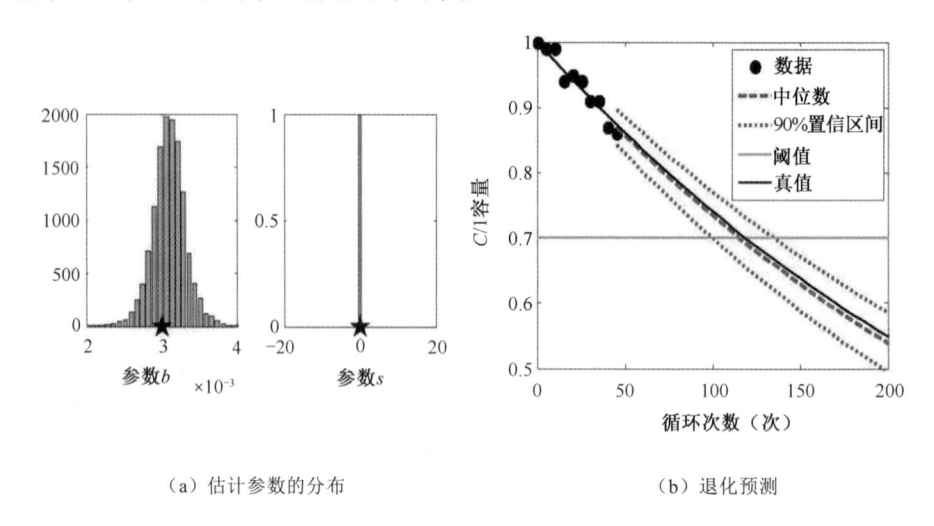

（a）估计参数的分布　　　　　　　　　　（b）退化预测

图 2-3　电池退化模型预测结果：非线性最小二乘法

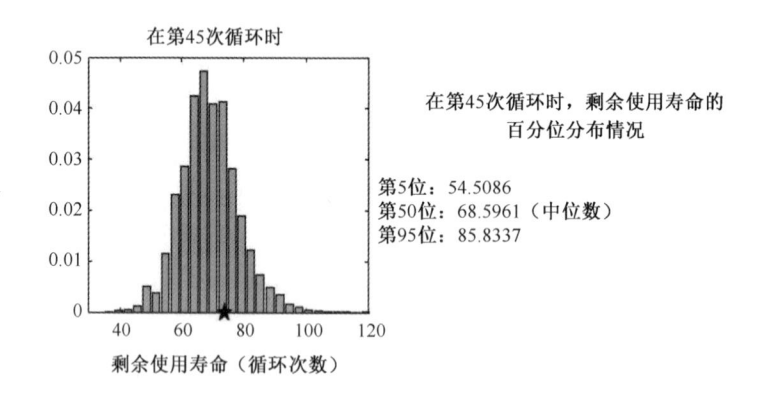

图 2-4　电池退化模型剩余使用寿命的预测结果：非线性最小二乘法

[NLS]：非线性最小二乘法的 MATLAB 代码

```
1   function [thetaHat,rul]=NLS(theta0)
2   clear global; global DegraUnit TimeUnit ...
3   time y thres ParamName thetaTrue signiLevel ns ny nt np
4   %=== PROBLEM DEFINITION 1 (Required Variables) ==============
5   WorkName=' ';              % work results are saved by WorkName
6   DegraUnit=' ';                        % degradation unit
7   TimeUnit=' ';              % time unit (Cycles, Weeks, etc.)
8   time=[ ]';         % time at both measurement and prediction
9   y=[ ]';                              %[nyx1]: measured data
10  thres= ;                    % threshold (critical value)
11  ParamName=[ ];     %[npx1]: parameters' name to be estimated
12  thetaTrue=[ ];       %[npx1]: true values of parameters
13  signiLevel= ;       % significance level for C.I. and P.I.
14  ns= ;                         % number of particles/samples
15  %===========================================================
16  %%% PROGNOSIS using NLS
17  ny=length(y); nt=ny;
18  np=size(ParamName,1);           %% Deterministic Estimation
19  Optio=optimset('algorithm',{'levenberg-marquardt',0.01});
20  [thetaH,~,resid,~,~,~,J]=lsqnonlin(@FUNC,theta0,[],[],Optio);
21  sse=resid'*resid;                    %% Distribution of Theta
22  dof=ny-np+1;
23  sigmaH=sqrt(sse/dof);             % Estimated std of data
24  W=eye(ny)*1/sigmaH^2; thetaCov=inv(J'*W*J);
25  sigTheta=sqrt(diag(thetaCov));    % Estimated std of Theta
26  mvt=mvtrnd(thetaCov,dof,ns);             % Generate t-dist
27  thetaHat=repmat(thetaH,1,ns)+mvt.*repmat(sigTheta,1,ns);
28  thetaHat(np,:)=sigmaH*ones(1,ns);  %% Final Sampling Results
29  for k=1:length(time(ny:end));      %% Degradation Prediction
30    zHat(k,:)=MODEL(thetaHat,time(ny-1+k));
31    degraPredi(k,:)=zHat(k,:)+trnd(dof,1,ns)*sigmaH;
32  end;
33  %%% POST-PROCESSING
34  degraTrue=[];                            %% True Degradation
35  if ~isempty(thetaTrue); degraTrue=MODEL(thetaTrue,time); end
36  rul=POST(thetaHat,degraPredi,degraTrue); %% RUL & Result Disp
37  Name=[WorkName ' at ' num2str(time(ny)) '.mat']; save(Name);
38  end
39  function objec=FUNC(theta)
40    global time y ny
41    z=MODEL(theta,time(1:ny));
42    objec=(y-z);
43  end
44  function z=MODEL(theta,t)
45    global ParamName np
46    for j=1:np-1; eval([ParamName(j,:) '=theta(j,:);']); end
47  %===== PROBLEM DEFINITION 2 (model equation) ==============
48
49  %===========================================================
50  end
```

[POST]：RUL 预测和结果显示的 MATLAB 代码

```matlab
1   function rul=POST(thetaHat,degraPredi,degraTrue)
2   global DegraUnit ...
3   TimeUnit time y thres ParamName thetaTrue signiLevel ns ny nt
4   np=size(thetaHat,1);
5   perceValue=[50 signiLevel 100-signiLevel];
6   figure(1);                          %% Distribution of Parameters
7   for j=1:np; subplot(1,np,j);
8    [frq,val]=hist(thetaHat(j,:),30);
9    bar(val,frq/ns/(val(2)-val(1)));
10   xlabel(ParamName(j,:));
11  end;
12  figure(2);                          %% Degradation Plot
13  degraPI=prctile(degraPredi',perceValue)';
14  f1(1,:)=plot(time(1:ny),y(:,1),'.k'); hold on;
15  f1(2,:)=plot(time(ny:end),degraPI(:,1),'--r');
16  f1(3:4,:)=plot(time(ny:end),degraPI(:,2:3),':r');
17  f2=plot([0 time(end)],[thres thres],'g');
18  legend([f1(1:3,:); f2],'Data','Median',...
19           [num2str(100-2*signiLevel) '% PI'],'Threshold')
20  xlabel(TimeUnit); ylabel(DegraUnit);
21  i0=0;                               %% RUL Prediction
22  if y(nt(1))-y(1)<0; coeff=-1; else coeff=1;end;
23  for i=1:ns
24   loca=find(degraPredi(:,i)*coeff>=thres*coeff,1);
25   if isempty(loca); i0=i0+1;
26    disp([num2str(i) 'th not reaching thres']);
27   elseif loca==1; rul(i-i0)=0;
28   else rul(i-i0)=...
29    interp1([degraPredi(loca,i) degraPredi(loca-1,i)], ...
30            [time(ny-1+loca) time(ny-2+loca)],thres)-time(ny);
31   end
32  end;
33  rulPrct=prctile(rul,perceValue);
34  figure(3);                          %% RUL Results Display
35  [frq,val]=hist(rul,30);
36  bar(val,frq/ns/(val(2)-val(1))); hold on;
37  xlabel(['RUL ' ('  TimeUnit ')']);
38  titleName=['at ' num2str(time(ny)) ' ' TimeUnit];
39  title(titleName);
40  fprintf(['\n Percentiles of RUL at %g ' TimeUnit], time(ny))
41  fprintf('\n %gth: %g,   50th (median): %g,   %gth: %g \n', ...
42  perceValue(2),rulPrct(2),rulPrct(1),perceValue(3),rulPrct(3))
43  if ~isempty(degraTrue)              %% True Results Plot
44   figure(1); % parameters
45   for j=1:np; subplot(1,np,j); hold on;
46    plot(thetaTrue(j),0,'kp','markersize',18);
47   end;
48   figure(2); % degradation
49   sl=0; if ~isempty(nt); sl=ny-nt(end); end
50   f3=plot(time(sl+1:sl+length(degraTrue)),degraTrue,'k');
51   legend([f1(1:3,:); f2; f3],'Data','Median', ...
52          [num2str(100-2*signiLevel) '% PI'],'Threshold','True')
53   figure(3); % RUL
54   loca=find(degraTrue*coeff>=thres*coeff,1);
55   rulTrue=interp1([degraTrue(loca) degraTrue(loca-1)], ...
56                   [time(sl+loca) time(sl+loca-1)],thres)-time(ny);
57   plot(rulTrue,0,'kp','markersize',18);
58  end
59  end
```

2.3 贝叶斯方法

本节将采用整体贝叶斯方法（BM）来估计模型参数的概率密度函数 PDF，即使用目前为止的所有测量数据，当前参数的后验分布由一个公式给出，该公式将当前步之前的测量数据的所有似然函数相乘。

共轭分布，即先验分布和后验分布具有相同的分布类型，可以从标准概率分布中生成样本。对于单参数估计，也可以使用网格近似方法的逆 CDF 法来生成样本。然而，这些方法在实际工程应用中还不能通用，其主要原因是在实际工程应用中，后验分布可能不遵循标准的概率分布，或者由于多个参数之间的相关性，后验分布很复杂。在这种情况下，有必要使用能够从任意后验分布中生成样本的抽样方法。几种抽样方法可以使用，如网格近似法（Gelman, et al., 2004）、拒绝抽样（Rejection Sampling）法（Casella, et al., 2004）、重要性抽样法（Glynn and Iglehart, 1989）和马尔可夫链蒙特卡罗法（Andrieu, et al., 2003）。本节中介绍了马尔可夫链蒙特卡罗法，这是一种有效的抽样方法。一旦从后验分布中获得参数样本，就可以将其代入退化模型中以预测退化行为，并计算退化水平达到阈值的时间，从而确定剩余使用寿命。

2.3.1 马尔可夫链蒙特卡罗抽样方法

马尔可夫链蒙特卡罗抽样方法是基于随机游走（Random Walk）马尔可夫链模型开发的，如图 2-5 所示。其从任意初始样本（旧样本）开始，从以旧样本为中心的任意建议分布中提取新样本。

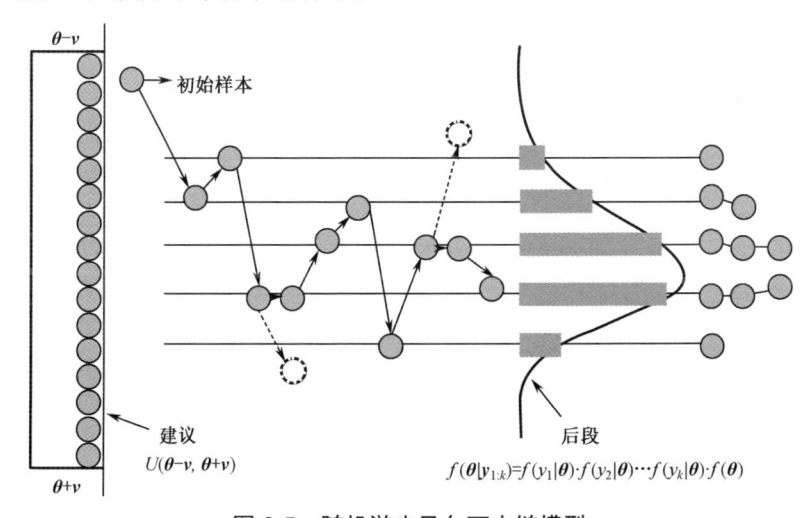

图 2-5 随机游走马尔可夫链模型

两个连续样本根据接受准则（Acceptance Criterion）进行相互比较，然后从中选择新样本或再次选择旧样本。在图 2-5 中，两个虚线圆圈表示根据标准未选择新样本的情况。在这种情况下，再次选择了旧样本。根据需要，重复此过程多次，直至获得足够数量的样本。

为了生成样本，使用了 Metropolis-Hastings（M-H）算法，步骤如下。

（1）生成初始样本 $\boldsymbol{\theta}^0$。

（2）对于 $i=1,\cdots,n_s$，有

① 从建议分布 $\boldsymbol{\theta}^* \sim g(\boldsymbol{\theta}^*|\boldsymbol{\theta}^{i-1})$ 生成样本；

② 一般接受抽样：$u \sim U(0,1)$

$$\text{若}\, u < Q(\boldsymbol{\theta}^{i-1},\boldsymbol{\theta}^*) = \min\left\{1, \frac{f(\boldsymbol{\theta}^*|\boldsymbol{y})g(\boldsymbol{\theta}^{i-1}|\boldsymbol{\theta}^*)}{f(\boldsymbol{\theta}^{i-1}|\boldsymbol{y})g(\boldsymbol{\theta}^*|\boldsymbol{\theta}^{i-1})}\right\}$$

则
$$\boldsymbol{\theta}^i = \boldsymbol{\theta}^*$$

否则
$$\boldsymbol{\theta}^i = \boldsymbol{\theta}^{i-1} \tag{2.7}$$

在该算法中，$\boldsymbol{\theta}^0$ 是待估计未知模型参数的初值向量，n_s 是样本总数，$f(\boldsymbol{\theta}|\boldsymbol{y})$ 是目标分布，即贝叶斯更新后的后验分布，$g(\boldsymbol{\theta}^*|\boldsymbol{\theta}^{i-1})$ 是一个任意选择的建议分布，在前一样本为 $\boldsymbol{\theta}^{i-1}$ 的条件下提取一个新样本 $\boldsymbol{\theta}^*$ 时使用。当选择对称分布作为建议分布时，$g(\boldsymbol{\theta}^{i-1}|\boldsymbol{\theta}^*)$ 与 $g(\boldsymbol{\theta}^*|\boldsymbol{\theta}^{i-1})$ 相同。例如，$N(a,s^2)$ 的 b 处的概率密度函数 PDF 与 $N(b,s^2)$ 的 a 处相同。当建议分布为均匀分布时，情况也是如此。建议分布 g，通常被选择为均匀分布 $U(\boldsymbol{\theta}^*-\boldsymbol{w},\boldsymbol{\theta}^*+\boldsymbol{w})$。其中，$\boldsymbol{w}$ 是用于设置抽样间隔的权重向量，其根据经验任意选择。对于对称分布作为建议分布的情况，可将接受准则 $Q(\boldsymbol{\theta}^{i-1},\boldsymbol{\theta}^*)$ 简化为

$$Q(\boldsymbol{\theta}^{i-1},\boldsymbol{\theta}^*) = \min\left\{1, \frac{f(\boldsymbol{\theta}^*|\boldsymbol{y})}{f(\boldsymbol{\theta}^{i-1}|\boldsymbol{y})}\right\} \tag{2.8}$$

选择过程是指将上述接受准则与随机生成的概率进行比较。如果式（2.8）的结果大于 $U(0,1)$ 中的随机生成值 u，则接受 $\boldsymbol{\theta}^*$ 为新样本。可以考虑两种情况。第一种情况是，当新样本处的概率密度函数值大于旧样本处时，总是接受新样本，因为 Q 值为 1。这意味着，如果新样本增大了概率密度函数值，那么新样本总是被接受的。第二种情况是，当新样本处的概率密度函数值小于旧样本处时，接受新样本与否取决于随机生成值 u 与两个概率密度函数值的比值之间的大小

关系。如果不接受新样本 θ^* 为第 i 个样本，则第 $i-1$ 个样本将成为第 i 个样本，也就是说该样本将被加倍计数。在多次迭代之后，将产生近似于目标分布的样本。

马尔可夫链蒙特卡罗法模拟结果受参数初值和建议分布的影响。如果初始值与真值相差很大，则需要多次迭代（多个样本）才能收敛到目标分布。另外，小权重意味着建议分布较窄，不能完全覆盖目标分布，从而导致抽样结果不稳定；而大权重意味着建议分布较广，会因为不接受新样本而导致抽样结果的大量重复。例 2.1 中介绍了初始样本和权重的影响。

例 2.1　马尔可夫链蒙特卡罗法：单参数

利用马尔可夫链蒙特卡罗法从 $A \sim N(5, 2.9^2)$ 中提取 5000 个样本，并将缩放直方图与精确的概率密度函数进行比较。

这个问题可以按照生成式（2.7）的步骤来解决。首先，初始样本可以利用 A 的平均值，即设置 para0 = 5。其次，使用 u=rand 从 $U(0,1)$ 中提取一个随机数，然后从建议分布中提取参数的一个新样本。当建议分布采用均匀分布时，在给定 para0 的条件下，可以得到一个新样本，即 para1=unifrnd(para0-weight, para0+weight)，其中 weight 决定了建议分布的范围，应适当选择。根据标准差与均匀分布区间的关系（$\sigma = \text{interval}/\sqrt{12}$），将权重设为 5。建议分布是对称分布的，因此使用式（2.8）来评估新样本。目标分布 f 通常利用给定的数据 y 来进行更新，但其已被给定为 $N(5, 2.9^2)$。因此，目标函数的概率密度函数 PDF 可以计算如下。

在新样本 $f(\theta^* | y)$ 处：pdf1=normpdf(para1, 5, 2.9);

在旧（初始）样本 $f(\theta^{i-1} | y)$ 处：pdf0=normpdf(para0, 5, 2.9);

然后，可以计算 $Q(\theta^{i-1}, \theta^*)$。如果 $u < Q(\theta^{i-1}, \theta^*)$，则接受新样本作为当前样本；反之，则重新选择旧（初始）样本。新接受的样本将成为下一步的旧样本，重复此过程 5000 次。马尔可夫链蒙特卡罗法模拟的整个过程如下。

```
para0=5; weigh=5;
for i=1:5000
    para1=unifrnd(para0-weigh, para0+weigh);
    pdf1=normpdf(para1,5,2.9);
    pdf0=normpdf(para0,5,2.9);
    Q=min(1, pdf1/pdf0);
    u=rand;
    if u<Q; sampl(:,i)=para1; else sampl(:,i)=para0; end
    para0=sampl(:,i);
end
```

采样结果存储在 sampl 中，使用以下代码可得到如图 2-6 所示的结果。

```
plot(sampl); xlabel('Iteration (samples)'); ylabel('A')
figure; [frq,val]=hist(sampl,30);
bar(val,frq/5000/(val(2)-val(1))); hold on;
a=-10:0.1:20; plot(a,normpdf(a,5,2.9),'k')
xlabel('A'); legend('Sampling','Exact')
```

（a）采样轨迹　　　　　　　（b）概率密度函数

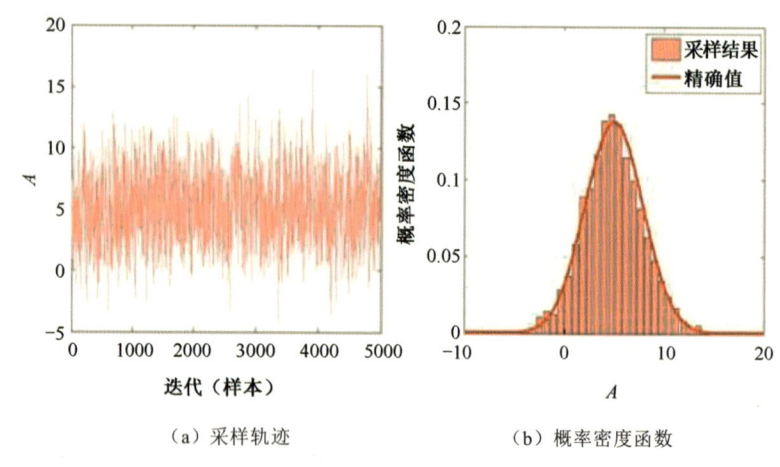

图 2-6　$N(5,2.9^2)$ 的马尔可夫链蒙特卡罗法采样结果

如图 2-6 所示的结果表明，初始样本和权重的选择是正确的。图 2-6（a）显示了在均值附近的恒定范围内波动的样本，这意味着采样结果是稳定的；图 2-6（b）中直方图与精确概率密度函数相一致，也直接证实了这一点。然而，在实际应用中，初始样本和权重的适当取值并不容易，设置不当就会导致结果不稳定。例如，当 para0=0.5、weight=0.5 用于该问题时，会得到如图 2-7 所示的结果。如图 2-7（a）所示，采样轨迹没有相对于均值波动，其带来的结果是图 2-7（b）中的直方图采样结果与精确的概率密度函数不一致。

（a）采样轨迹　　　　　　　（b）概率密度函数

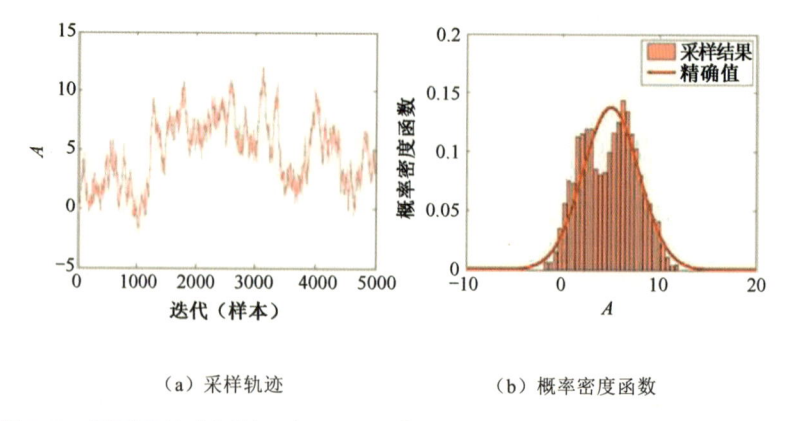

图 2-7　设置不当（失稳）时，$N(5,2.9^2)$ 的马尔可夫链蒙特卡罗法采样结果

马尔可夫链蒙特卡罗法的一个重要优点是可以方便地从多维、相关的联合概率密度函数 PDF 中生成样本。例 2.2 说明了如何从具有 5 个测量值的双参数联合概率密度函数 PDF 中生成样本。

例 2.2　马尔可夫链蒙特卡罗法：两个参数

两个模型参数的后验联合概率密度函数 PDF 为

$$f\left(\boldsymbol{\theta}\mid\boldsymbol{y}_{1:n_y}\right)=\frac{1}{(\sigma\sqrt{2\pi})^5}\exp\left(-\sum_{k=1}^{5}\frac{(z_k-y_k)^2}{2\sigma^2}\right),\quad \sigma=2.9,\quad \boldsymbol{\theta}=\{\theta_1,\theta_2\}^{\mathrm{T}}$$

其中，退化模型和 5 个测量数据如下：

$$z_k = 5 + \theta_1 t_k^2 + \theta_2 t_k^3,\quad \boldsymbol{t}=\begin{bmatrix}0 & 1 & 2 & 3 & 4\end{bmatrix}$$

$$\boldsymbol{y}=\begin{bmatrix}6.99 & 2.28 & 1.91 & 11.94 & 14.60\end{bmatrix}$$

利用马尔可夫链蒙特卡罗法提取参数的 5000 个样本，并将结果与精确的概率密度函数 PDF 进行比较。

该过程与例 2.1 中的单参数情况相同，但此处初始样本和权重为向量，例如， para0 = [0;1]，weigh = [0.05;0.05]，相应地，抽样结果 samp1 变成一个 2×5000 矩阵。在这个问题中，目标分布是一个具有正态似然函数和 5 个数据的后验分布，新旧样本的联合概率密度函数 PDF 可分别计算如下。

```
para0=[0; 1]; weigh=[0.05; 0.05];
t = [0    1    2    3    4];
y=[6.99 2.28 1.91 11.94 14.60];
s=2.9;

f0=5+para0(1)*t.^2+para0(2)*t.^3;
pdf0=(s*sqrt(2*pi))^-5*exp(-(f0-y)*(f0-y)'/(2*s^2));

para1=unifrnd(para0-weigh, para0+weigh);
f1=5+para1(1)*t.^2+para1(2)*t.^3;
pdf1=(s*sqrt(2*pi))^-5*exp(-(f1-y)*(f1-y)'/(2*s^2));
```

抽样结果如图 2-8 所示。图中，红色虚线方框标记的样本是由于初始值不合适造成的。为了防止这种情况发生，必须舍弃样本的初始部分（Initial Portion），这称为"Burn-in"。另外，抽样轨迹中的波动非常小，这意味着权重取值太小。

在初始阶段不丢弃样本，而是调整初始值、增加权重，例如，para0 = [0;0]，weigh = [0.3;0.3]，其结果如图 2-9 所示。由于这两个参数是相关的，因此不容易准确地得到每个参数的概率密度函数 PDF，而且每个参数的采样轨迹结果也不稳定。然而，这种相关性可以很好地识别，这对于准确预测退化和剩余使用寿命非常重要。

(a）采样轨迹　　　　　　　　（b）采样结果：相关性

图 2-8　两个参数的马尔可夫链蒙特卡罗法采样结果

(a）采样轨迹　　　　　　　　（b）采样结果：相关性

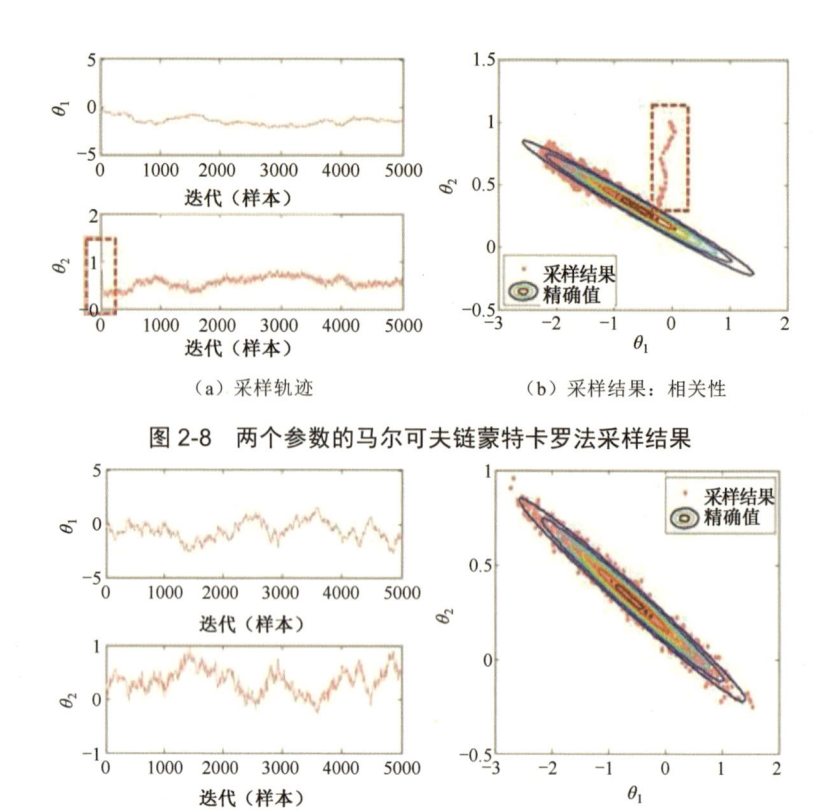

图 2-9　两个参数的马尔可夫链蒙特卡罗法采样结果（调整初始值）

2.3.2　电池故障预测贝叶斯方法的 MATLAB 实现

根据贝叶斯参数估计方法，为了得到后验分布，应该定义似然函数和先验分布。在本节中，似然函数和先验分布分别采用正态分布和均匀分布。对于式（2.2）所示的电池模型，似然函数可表示为

$$f(y_k|\boldsymbol{\theta}) = \frac{1}{\sigma\sqrt{2\pi}} \exp\left(-\frac{(z_k - y_k)^2}{2\sigma^2}\right), \quad z_k = \exp(-bt_k) \quad (2.9)$$

式中，$\boldsymbol{\theta} = \{b, \sigma\}^T$，模型参数和测量噪声标准差为待估计未知参数，假设其先验分布为

$$f(\boldsymbol{\theta}) = f(b) \times f(\sigma), \quad f(b) \sim U(0, 0.02), \quad f(\sigma) \sim U(1e-5, 0.1) \quad (2.10)$$

这意味着一开始就假定这两个参数是独立的。

在本节的 MATLAB 代码[BM]中，先验分布（第 56、57 行）和似然函数（第 58、59 行）的默认选项分别是前文介绍的均匀分布和正态分布。

1. 问题定义（第 5~16 行、第 52 行）

问题定义部分中的大多数参数与 2.2 节中的代码[NLS]的参数相同，但在代码[BM]的第 12 行和第 16 行，还须设置 2 个参数：

```
initDisPar=[0 0.02; 1e-5 0.1];
burnIn=0.2;
```

initDisPar 是一个 $n_p \times 2$ 的初始/先验分布的概率分布参数矩阵，其中 n_p 是未知参数的个数。例如，均匀分布和正态分布的概率参数分别是上界和下界及均值和标准差。虽然存在具有 3 个或 4 个概率参数的分布，如指数威布尔分布（Exponentiated Weibull）和四参数 β 分布（Four-Parameter Beta），但大多数类型的分布只具有 2 个参数，因此概率分布参数的数量固定为 2 个。此处的电池退化问题有 2 个未知参数需要估计，如式（2.10）所示，initDisPar=[0 0.02; 1e-5 0.1]，这在第 12 行进行设置。第 1 行是均匀分布参数 b 的下界和上界，第 2 行是标准差数据 S 的下界和上界。需要注意的是，S 的下界采用一个非常小的数，因为标准差不允许为零。作为马尔可夫链蒙特卡罗法特有的参数，burnIn（第 16 行）是在稳定之前丢弃初始样本的"Burn-in"比率，当其设定为 20%时，burnIn=0.2。电池退化模型与非线性最小二乘法的情况一样，即采用式（2.2），这在第 52 行给出。

2. 故障预测（第 19~41 行）

代码[BM]的结构基于式（2.7）的马尔可夫链蒙特卡罗法。抽样结果依赖初始参数（para0）和建议分布中的权重（weigh），因此这 2 个参数被用作函数的输入变量（第 1 行）。对于电池退化问题，para0 和 weigh 分别采用初始参数 [0.01 0.05]' 和权重 [0.0005 0.01]'。以下命令可用于在 MATLAB 命令提示符下运行代码[BM]：

```
[thetaHat,rul]=BM([0.01 0.05]',[0.0005 0.01]');
```

与代码[NLS]不同，函数 MODEL（第 48~62 行）针对模型参数 param 的每个给定样本和每个时间/循环 t，返回退化预测值 z 和后验概率密度函数 PDF "poste"。退化预测与代码[NLS]相同，其中物理模型用于预测给定时间/循环的退化。如果给定了一个时间/循环数组，函数 MODEL 将返回一个预测数组。函数 MODEL 还可以利用 ny 个测量数据来计算后验概率密度函数 PDF。使用式（2.10）中给出的先验分布（第 56 行）和式（2.9）中的似然函数（第 58 行），将这两者相乘来计算后验分布（第 60 行）。值得注意的是，该似然函数同时使用所有的 ny 个数据，这也是将其称之为整体贝叶斯方法的原因。在函数 MODEL 中，假设先验分布是独立且均匀分布的乘积，似然函数来自正态分布的噪声。其他类型的分布将在 2.5 节讨论。

函数 MODEL 有两种调用方法。一种方法是使用第一个 ny×1 时间/循环调用 MODEL，这是在参数估计阶段。在此阶段，MODEL 将返回给定参数值的后验概率密度函数 PDF（第 22 行和第 27 行）。该阶段的作用是生成马尔可夫链蒙特卡罗法的后验样本。另一种方法是使用未来时间调用 MODEL，将返回未来时间的退化预测（第 39 行）。

生成的后验概率密度函数 PDF 存储在 sampl 中（第 32 行），其从模型参数 para0（第 21 行）的初始样本开始。在初始值处（第 22 行）设置参数的初始值和联合后验概率密度函数 PDF 之后，对新样本重复相同的计算。从带有权重的建议分布（代码中为均匀分布）中提取新的参数样本（第 25 行），并计算新样本的联合后验概率密度函数 PDF（第 27 行）。通过比较由 $U(0,1)$ 生成的随机数和利用式（2.8）生成的接受准则之间的大小关系，来确定是否接受新样本。如果式（2.8）中的 Q 大于随机样本 rand（第 29 行），则接受新样本（第 30 行），并将其存储在 sampl 中（第 32 行）；相反，将在 sampl 中再次复制当前样本，而不接受新样本（第 32 行）。由于当前样本处的联合概率密度函数 jPdf0 已经存在（para0），因此可通过提取新样本和联合后验概率密度函数 PDF 来重复采样过程。在第 23 行中，总样本数为 ns/(1-burnIn)，"Burn-in"样本数 nBurn=ns/(1-burnIn)-ns，这使得最终样本数为 ns。

第 34～36 行代码绘制了 2 个参数的采样轨迹，如图 2-10 所示，其中垂直线表示"Burn-in"位置。通过在该线后采用采样结果，可以避免初始效应，有效采样结果存储在 thetaHat 中（第 37 行）。

3. 后处理（第 43～46 行）

代码[BM]的后处理与代码[NLS]基本相同。因此，可以使用相同的 MATLAB 代码[POST]。贝叶斯方法的结果如图 2-11 和图 2-12 所示，除标准差外，其余与代码[NLS]的结果相似。数据噪声的标准差 s，其结果为一个分布，如图 2-11（a）所示。

利用 Median(thetaHat(2,:)) 可计算出 σ 的中位数为 0.0137，比非线性最小二乘法结果更接近真值。由于分布具有正偏态（σ 的较低值），虽然将 σ 识别为分布，图 2-11（b）中的贝叶斯方法的预测界（Prediction Bound）也没有图 2-3（b）中的非线性最小二乘法的预测界宽。贝叶斯方法的 90%置信区间比非线性最小二乘法小 10%左右。

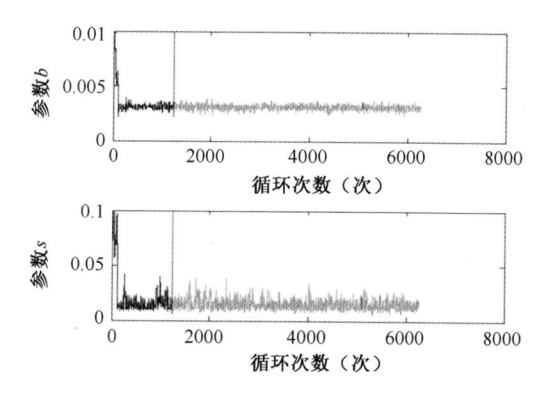

图 2-10 电池退化问题中 2 个参数的采样轨迹

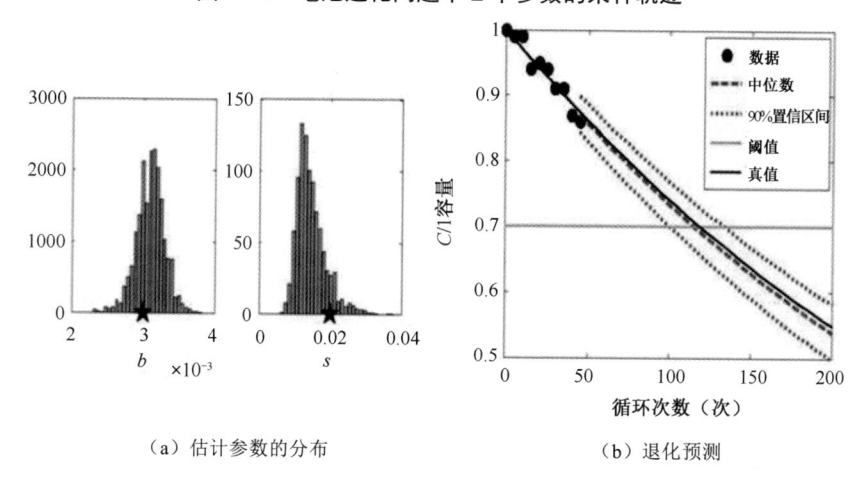

（a）估计参数的分布　　　　　　（b）退化预测

图 2-11 电池问题的结果：贝叶斯方法

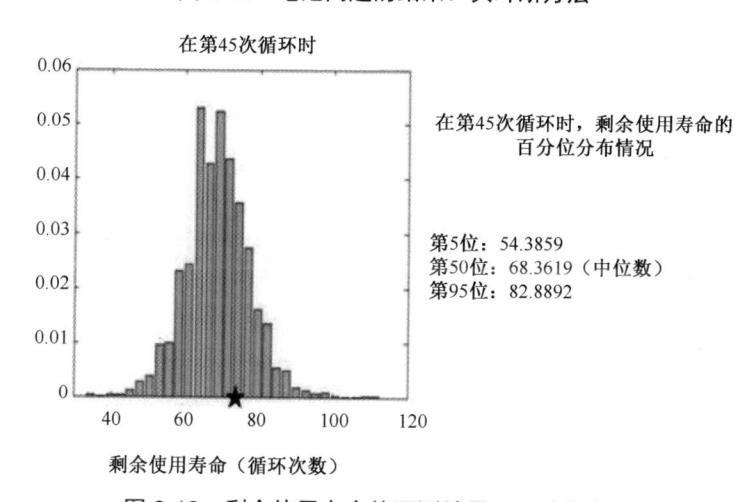

在第45次循环时，剩余使用寿命的
百分位分布情况

第5位：54.3859
第50位：68.3619（中位数）
第95位：82.8892

图 2-12 剩余使用寿命的预测结果：贝叶斯方法

[BM]：贝叶斯方法的 MATLAB 代码

```matlab
1   function [thetaHat,rul]=BM(para0,weigh)
2   clear global; global DegraUnit initDisPar TimeUnit ....
3   time y thres ParamName thetaTrue signiLevel ns ny nt np
4   %=== PROBLEM DEFINITION 1 (Required Variables) ==============
5   WorkName=' ';           % work results are saved by WorkName
6   DegraUnit=' ';                          % degradation unit
7   TimeUnit=' ';            % time unit (Cycles, Weeks, etc.)
8   time=[ ]';          % time at both measurement and prediction
9   y=[ ]';                                   %[nyx1]: measured data
10  thres= ;                            % threshold (critical value)
11  ParamName=[ ];    %[npx1]: parameters' name to be estimated
12  initDisPar=[ ]; %[npx2]: prob. parameters of init./prior dist
13  thetaTrue=[ ];            %[npx1]: true values of parameters
14  signiLevel= ;      % significance level for C.I. and P.I.
15  ns= ;                          % number of particles/samples
16  burnIn= ;                                    % ratio for burn-in
17  %===========================================================
18  % % % PROGNOSIS using BM with MCMC
19  ny=length(y);  nt=ny;
20  np=size(ParamName,1);
21  sampl(:,1)=para0;                          %% Initial Samples
22  [~,jPdf0]=MODEL(para0,time(1:ny));   %% Initial (joint) PDF
23  for i=2:ns/(1-burnIn);                      %% MCMC Process
24   % proposal distribution (uniform)
25   para1(:,1)=unifrnd(para0-weigh,para0+weigh);
26   % (joint) PDF at new samples
27   [~,jPdf1]=MODEL(para1,time(1:ny));
28   % acception/rejection criterion
29   if rand<min(1,jPdf1/jPdf0)
30    para0=para1; jPdf0=jPdf1;
31   end;
32   sampl(:,i)=para0;
33  end;
34  nBurn=ns/(1-burnIn)-ns;                    %% Sampling Trace
35  figure(4);for j=1:np;subplot(np,1,j);plot(sampl(j,:));hold on
36  plot([nBurn nBurn],[min(sampl(j,:)) max(sampl(j,:))],'r');end
37  thetaHat=sampl(:,nBurn+1:end);       %% Final Sampling Results
38  for k=1:length(time(ny:end))         %% Degradation Prediction
39   [zHat(k,:),~]=MODEL(thetaHat,time(ny-1+k));
40   degraPredi(k,:)=normrnd(zHat(k,:),thetaHat(end,:));
41  end;
42  % % % POST-PROCESSING
43  degraTrue=[];                              %% True Degradation
44  if ~isempty(thetaTrue); degraTrue=MODEL(thetaTrue,time); end
45  rul=POST(thetaHat,degraPredi,degraTrue); %% RUL & Result Disp
46  Name=[WorkName ' at ' num2str(time(ny)) '.mat']; save(Name);
47  end
48  function [z,poste]=MODEL(param,t)
49   global y ParamName initDisPar ny np
50   for j=1:np; eval([ParamName(j,:) '=param(j,:);']); end
51  %===== PROBLEM DEFINITION 2 (model equation) ================
52
53  %===========================================================
54  if length(y)~=length(t); poste=[];
55  else
56   prior= ...                                         %% Prior
57        prod(unifpdf(param,initDisPar(:,1),initDisPar(:,2)));
58   likel=(1./(sqrt(2.*pi).*s)).^ny.* ...           %% Likelihood
59        exp(-0.5./s.^2.*(y-z)'*(y-z));
60   poste=likel.*prior;                             %% Posterior
61  end
62  end
```

2.4 粒子滤波

粒子滤波（Particle Filter，PF）是基于物理模型的故障预测方法中最流行的算法，在粒子滤波中，参数的先验概率密度函数和后验概率密度函数 PDF 用粒子（样本）表示。当有新的测量值可用时，前一步的后验分布被当成当前步的先验分布，并通过将其与新测量值的似然函数相乘来更新参数。因此，粒子滤波也被称为序列蒙特卡罗方法（Sequential Monte Carlo Method）。在本节中，粒子滤波的算法利用 MATLAB 代码来解释。

为了理解粒子滤波，首先解释重要性采样法（Glynn and Iglehart，1989）。在基于采样的方法中，需要使用大量的样本来近似后验分布。为了在样本数有限的情况下更好地逼近分布，重要性采样法根据一个任意选择的重要性分布为每个样本（或粒子）分配一个权重，因此估计的质量依赖所选择的重要性分布。粒子 $\boldsymbol{\theta}^i$ 的权重表示为

$$w(\boldsymbol{\theta}^i) = \frac{f(\boldsymbol{\theta}^i|\boldsymbol{y})}{g(\boldsymbol{\theta}^i)} = \frac{f(\boldsymbol{y}|\boldsymbol{\theta}^i)f(\boldsymbol{\theta}^i)}{g(\boldsymbol{\theta}^i)} \quad (2.11)$$

式中，$f(\boldsymbol{\theta}^i|\boldsymbol{y})$ 和 $g(\boldsymbol{\theta}^i)$ 分别为后验分布的第 i 个粒子的概率密度函数 PDF 值和任意选择的重要性分布。等式的右半部分来自贝叶斯定理，即 $f(\boldsymbol{\theta}^i|\boldsymbol{y}) = f(\boldsymbol{y}|\boldsymbol{\theta}^i)f(\boldsymbol{\theta}^i)$，其中后验分布被表示为似然函数和先验分布的乘积。从贝叶斯定理的观点来看，将先验分布作为重要性分布是合适的，因为其已经可用，并且接近后验分布。然后，通过将 $g(\boldsymbol{\theta}^i)$ 替换为先验分布 $f(\boldsymbol{\theta}^i)$ 将式（2.11）化简为似然函数，这被称为条件概率密度传播（Conditional Density Propagation Condensation）算法。在这种算法中，式（2.11）中的权重成为似然函数。

粒子滤波可以看作一种序列重要性采样法，每当有新的观测值时，权重就会不断更新。然而，使用相同的初始样本更新权重会产生退化问题（Degeneracy Phenomenon），使后验分布的精度降低、方差增大。这种退化问题将在本节中详细解释。一种被称为序列重要性重采样的重采样过程（Kim and Park，2011）可以解决退化问题。在序列重要性重采样中，权重小的粒子将被消除，权重大的粒子将被复制。虽然在序列重要性重采样中存在由消除/复制过程引发的粒子耗尽问题，但序列重要性重采样仍是一种典型的粒子滤波方法，将在本书中采用。

传统意义上，粒子滤波被用来根据从实验室测试获得的模型参数，通过测量数据估计系统状态。然而，由于环境条件的不同，实验室测试获得的模型参数

可能与实际使用的参数不同。在这种情况下，粒子滤波也可以用来估计系统状态及模型参数，详细过程可以在文献（Zio and Peloni，2011；An, et al.，2013）中找到，这里不再对其进行解释。

粒子滤波的一般过程基于状态转移函数（State Transition Function）d（退化模型中参考）和测量函数（Measurement Function）h，即

$$z_k = d(z_{k-1}, \boldsymbol{\theta}) \tag{2.12}$$

$$y_k = h(z_k) + \varepsilon \tag{2.13}$$

式中，k 为时间步；z_k 为系统状态（退化水平）；$\boldsymbol{\theta}$ 为模型参数向量；ε 为测量噪声。在经典粒子滤波中，当前系统状态是前一个系统状态 z_{k-1} 及过程噪声的函数，其中过程噪声是使用给定模型参数所必需的。但是，为了进行预测，本章将使用测量数据来更新和识别模型参数以处理不确定性，因此可以忽略过程噪声。另外，在测量系统中考虑了测量噪声。在高斯噪声的情况下，噪声表示为 $\varepsilon \sim N(0, \sigma^2)$，其中 σ 是测量噪声的标准差。当系统状态不能直接进行测量时，需要使用式（2.13）中的测量函数。当系统状态可以直接进行测量时，式（2.13）中的 $h(z_k)$ 直接变为 z_k。

为了使用粒子滤波，式（2.2）中的电池退化模型需要以转移函数的形式重新书写。首先，$k-1$ 处和 k 处的退化状态定义为

$$z_{k-1} = \exp(-bt_{k-1}), \ z_k = \exp(-bt_k) \tag{2.14}$$

然后，z_k / z_{k-1} 可以计算为

$$z_k / z_{k-1} = \exp(-bt_k) / \exp(-bt_{k-1}) = \exp(-bt_k + bt_{k-1}) \tag{2.15}$$

最后，状态转移函数，即粒子滤波的退化函数可由式（2.15）得到，即

$$z_k = \exp(-b\Delta t) z_{k-1}, \ \Delta t = t_k - t_{k-1} \tag{2.16}$$

注意，通常可以将任何退化模型转化为状态转移函数的形式。

2.4.1　序列重要性重采样过程

序列重要性重采样过程如图 2-13 所示，其中带有单参数。由于粒子滤波可以更新退化状态和模型参数，图 2-13 中的参数 $\boldsymbol{\theta}$ 既可以理解为退化状态，也可以理解为模型参数。在后文中，用下标 k 表示时间步 t_k。

该过程开始时，假定退化状态 z_1 的初始分布是基于初始测量数据 y_1 得到的。在假设的分布类型和噪声水平下，可以确定退化状态的初始分布。例如，假设噪声水平为 v，则退化状态的初始分布可定义为 $f(z_1) \sim U(y_1 - v, y_1 + v)$。模

型参数 θ_1 在 $t_1 = 0$[①]处的初始分布也可以根据经验或专家意见采用先验分布定义为 $f(\theta_1)$。然后，根据退化状态和模型参数的初始分布，随机生成 n_s 个粒子/样本（在图 2-13 中 $n_s = 10$）。在初始步中，假设所有粒子/样本的权重相同，即 $w(\theta^i) = 1/n_s$。序列重要性重采样过程如下。

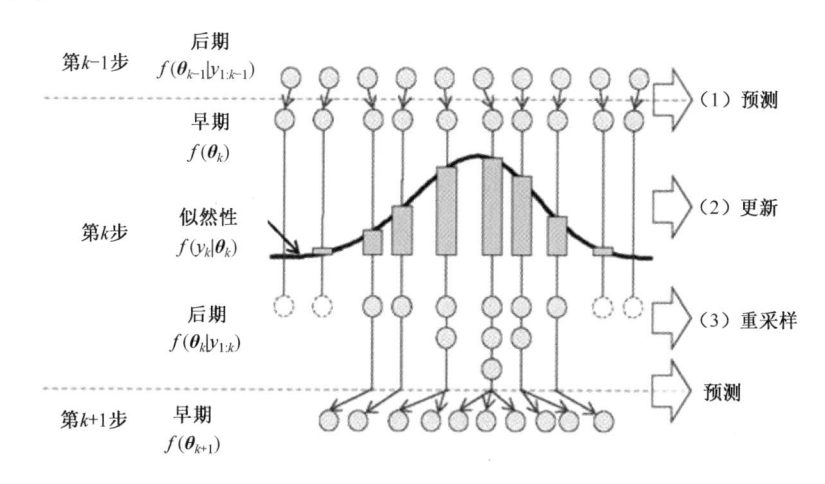

图 2-13 序列重要性重采样过程

（1）预测。在预测过程中，将 $k = 1$ 时的后验分布作为 $k = 2$ 时的先验分布。在当前步中，假设上一步的信息完全可用，即代表两个概率密度函数 $f(\theta_{k-1}|y_{1:k-1})$、$f(z_{k-1}|y_{1:k-1})$ 的 n_s 个样本（或粒子）都是可用的。下标"$1:k-1$"的含义是 $1,2,3,\cdots,k-1$，这是 MATLAB 中的约定。此时 $k = 2$，其等价于 y_1。这些是 $k = 1$ 时的后验分布，现在作为 $k = 2$ 时的先验分布。

在这一步中，根据退化模型，如式（2.16）中的转移状态函数，将前一个时间 t_{k-1} 的退化状态传播到当前时间 t_k。为此，需要生成先验分布的样本。首先，从 $f(\theta_k|\theta_{k-1})$ 生成 n_s 个 θ_k 样本，这意味着在先验分布 $f(\theta_{k-1})$ 的条件下 θ_k 的预测分布。应该注意的是，模型参数本质上并不依赖时间演化。因此，θ_k 的 n_s 个样本与之前的 n_s 个粒子相同。换言之，θ_{k-1} 和 θ_k 之间没有转移。接下来，基于 $f(z_k|z_{k-1},\theta_k)$ 提取 z_k 的 n_s 个样本，即前一步退化水平 z_{k-1} 及模型参数 θ_k 的 n_s 个样本，被用于退化模型，如式（2.16）所示，以传播得到 z_k 的 n_s 个新样本。综上所述，在预测过程中，利用先前步（第 $k-1$ 步）的后验分布来计算当前步（第

[①] 模型参数被认为是与时间无关的变量。然而，模型参数会经历更新过程，其下标仅表示这个过程中的时间步。

k 步）的先验分布。

（2）更新。基于当前步的测量数据 y_k 的似然函数，对模型参数和退化状态进行更新（修正）。为此，在基于似然函数的预测步骤中，以每个样本为条件计算获得 y_k 的概率。对似然函数进行归一化，使权重之和等于 1。在正态分布噪声 $\varepsilon \sim N(0,\sigma^2)$ 的情况下，似然函数和权重变为

$$f(y_k|z_k^i,\boldsymbol{\theta}_k^i) = \frac{1}{\sqrt{2\pi}\sigma}\exp\left[-\frac{1}{2}\frac{(y_k-h(z_k^i))^2}{\sigma^2}\right], \quad i=1,\cdots,n_s \qquad (2.17)$$

$$w_k^i = \frac{f(y_k|z_k^i,\boldsymbol{\theta}_k^i)}{\sum_{j=1}^{n_s} f(y_k|z_k^j,\boldsymbol{\theta}_k^j)} \qquad (2.18)$$

如图 2-13 所示的更新过程中似然性的垂直条长度表示权重的大小，而预测步骤中的样本被赋予了这些权重，这就是更新过程。一旦更新过程完成，后验分布即以样本及其权重的形式给出。

在理想情况下，该更新过程可以针对后续时间的更多测量进行重复。然而，这种更新过程会导致退化而降低后验分布的精度，并导致因为保留低权重的样本而不能缩小分布范围。为了解决这些问题，需要进行重采样。理想的情况是所有样本都具有相同的权重，这样的话样本（而不是权重）就可以表示模型参数和退化状态的后验分布。

（3）重采样。重采样的思想是使所有样本（粒子）具有相同的权重。为了做到这一点，更新过程中的样本会根据权重的大小进行复制或消除。本节使用逆 CDF 法，其过程为：①由式（2.17）中的似然函数构造 y_k 的累计分布函数 CDF，换言之，CDF 基于式（2.18）中的权重，对应于 $(z_k^i,\boldsymbol{\theta}_k^i)$ 条件下 y_k 的概率密度函数 PDF；②找出使 y_k 的 CDF 值与从 $U(0,1)$ 随机选取的值相同（或最接近）的 $(z_k,\boldsymbol{\theta}_k)$ 样本，重复该过程 n_s 次，得到 $(z_k,\boldsymbol{\theta}_k)$ 的 n_s 个等权重样本，这代表了基于加权样本 $(z_k^i,\boldsymbol{\theta}_k^i|w_k^i)$ 的后验分布的近似。在完成重采样之后，每个样本都被赋予了相同的权重 $w_k^i = 1/n_s$。

注意，在贝叶斯方法中，后验分布由先验分布与似然函数的乘积组成。在粒子滤波中，先验分布用粒子表示，似然函数被保存在权重之中。重采样过程等价于生成一组遵循后验分布的新样本。权重大的粒子很有可能被复制，权重小的粒子很有可能被消除。这些新样本遵循后验分布，因此所有样本都被赋予了

相同的权重。

在下一步（第 $k+1$ 步）中，其先验分布是当前步的后验分布，这意味着在粒子滤波中递归处理贝叶斯更新。

例 2.3　带有 10 个样本的粒子滤波过程

利用 10 个样本并运用式（2.16），以演示电池退化问题的粒子滤波过程。假设初始分布为 $z_1 \sim U(0.9,1.1)$，$b_1 \sim U(0,0.005)$，数据中的噪声服从正态分布，其 $\sigma = 0.02$。使用表 2-1 中 $k = 1,2,3$ 的 3 个容量和时间数据来更新模型参数 b 和退化状态 z_k。

根据表 2-1，前 3 个测量数据表示为

```
y=[1.00 0.99 0.99]';
```

（1）当 $k=1$ 时。

退化的初始分布均匀分布在 0.9～1.1，这是基于数据 $y(1)$ 的信息，并假设数据噪声范围为 0.1。此外，模型参数的初始分布需要进行适当假设。这里假设模型参数的初始分布为在 0～0.005 均匀分布。粒子滤波过程从给定初始分布生成 10 个样本开始，如图 2-14 所示，并可以从以下代码中获得。注意，由于随机数的产生，样本的实际值将有所不同。

```
k=1;
ns=10;
b(k,:)=unifrnd(0,0.005,ns,1);
z(k,:)=unifrnd(0.9,1.1,ns,1);
figure;
subplot(1,2,1);
plot(b(k,:),zeros(1,ns),'ok'); xlabel('b (parameter)')
subplot(1,2,2);
plot(z(k,:),zeros(1,ns),'ok'); xlabel('z (degradation)')
```

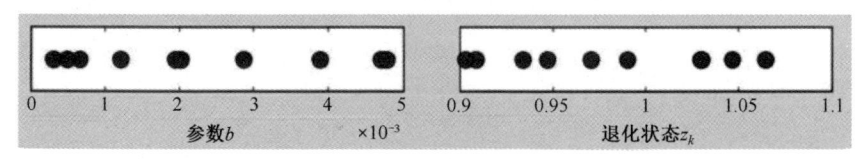

图 2-14　初始分布的采样结果（k=1 的后验值）

（2）当 $k=2$ 时。

① 预测：模型参数的样本与前一时间步（$k=1$）相同，而退化状态根据式（2.16）中的模型方程进行延伸。模型参数的样本在 "$b(2,:)$" 中，而前一时间步退化水平的样本在 "$z(1,:)$" 中。在图 2-15 中，参数的样本与图 2-14 中的样本完全相同，但退化水平的样本不同，这些样本是从下面的代码中获得的。

```
k=2;
dt=5;
b(k,:)=b(k-1,:);
z(k,:)=exp(-b(k,:).*dt).*z(k-1,:);
% for figure plot, use the same code given in k=1
```

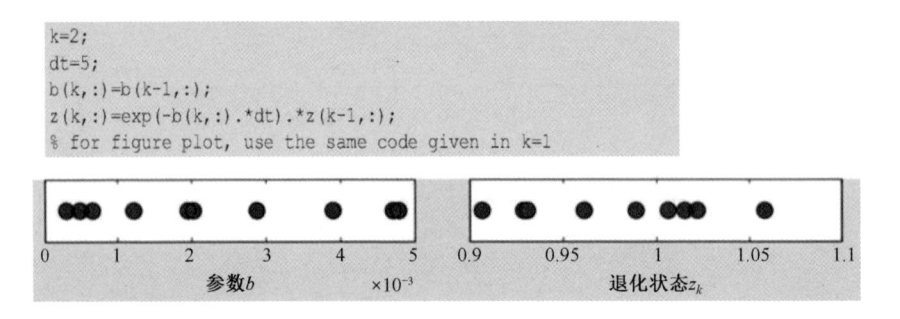

图 2-15 预测步的采样结果（$k=2$ 的先验值）

② 更新：数据中的误差是正态分布的，因此根据式（2.17）计算数据的似然函数，其中 $h(z_k^i) = z_k^i$，$\sigma = 0.02$，$i = 1, \cdots, 10$。在这个阶段，后验分布以样本（先验分布）和权重（似然函数）的形式出现。如式（2.18）所示，对似然函数进行归一化，使权重之和为 1。为了简化重采样过程，通过将样本总数与各权重相乘，使权重可用样本数来表示。因此，本例中的权重表示要复制的样本数，如图 2-16 所示，并可通过以下代码获得。

```
likel=normpdf(y(k,:),z(k,:),0.02);
weigh=round(likel/sum(likel)*ns);
figure;
subplot(1,2,1); stem(b(k,:),weigh,'r');
xlabel('b (parameter)'); ylabel('Weight')
subplot(1,2,2); stem(z(k,:),weigh,'r');
xlabel('z (degradation)'); ylabel('Weight')
```

③ 重采样：如前所述，逆 CDF 法可以作为实际的重采样法。然而，为了使重采样更容易进行，简单的做法是消除具有零权重的样本，并且复制与图 2-16 中的权重相同的其他样本，结果如图 2-17 所示，该结果从以下代码中获得。在图 2-17 中，几个样本重叠，出现了粒子耗尽现象。

```
sampl=[b(k,:); z(k,:)];
loca=find(weigh>0); ns0=1;
for i=1:length(loca);
 ns1=sum(weigh(loca(1:i)));
 b(k,ns0:ns1)=sampl(1,loca(i))*ones(1,weigh(loca(i)));
 z(k,ns0:ns1)=sampl(2,loca(i))*ones(1,weigh(loca(i)));
 ns0=ns1+1;
end
% for figure plot, use the same code given in k=1
```

（3）当 $k = 3$ 时。

当 $k = 3$ 时进行相同的过程（预测、更新和重采样），结果如图 2-18 所示，这是图 2-14 更新后的结果。

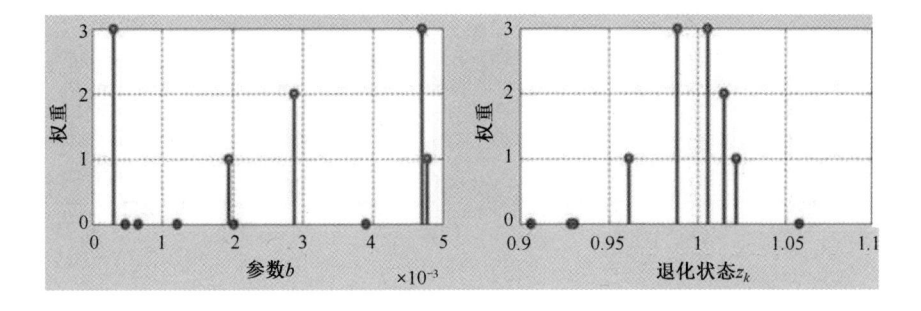

图 2-16 权重计算（$k=2$ 时的似然函数）

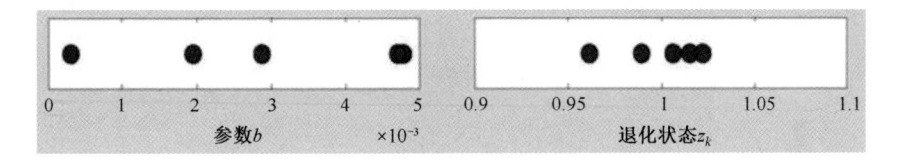

图 2-17 抽样结果（$k=2$ 的后验值）

一旦使用截至当前时间步的给定数据更新模型参数和退化状态，就可以利用先前时间步的退化状态 z_{k+l-1} 和估计的模型参数 θ_k，并根据退化函数来预测未来时刻 t_{k+l} 的退化状态 z_{k+l}。在预测阶段，模型参数不再更新。退化状态持续扩展，直至达到阈值。假设根据截至当前时间步（时间步为 k）的测量数据，式（2.16）中的模型参数 b 更新为 0.004，退化状态 $z_k = 0.85$，时间间隔 $\Delta t = 5$，这种情况可被视为 $n_s = 1$，未来退化状态的扩展/传播为

当 $k+1$ 时，$z_{k+1} = \exp(-b_k \Delta t) z_k = \exp(-0.004 \times 5) \times 0.85 \approx 0.83$

当 $k+2$ 时，$z_{k+2} = \exp(-b_k \Delta t) z_{k+1} = \exp(-0.004 \times 5) \times 0.83 \approx 0.81$

重复该过程，直到退化状态达到阈值。当阈值为 0.7 时，退化状态扩展至 $k+10$，即

当 $k+10$ 时，$z_{k+10} = \exp(-b_k \Delta t) z_{k+9} = \exp(-0.004 \times 5) \times 0.71 \approx 0.70$

由于进行了 5 个循环，而退化状态进一步扩展了 10 步，可以将剩余使用寿命预测为 50（5×10）次循环。

2.4.2 电池故障预测的粒子滤波方法的 MATLAB 实现

本节同样使用电池退化问题来说明粒子滤波方法的 MATLAB 实现。问题定义和后处理部分与贝叶斯方法类似，只是进行了一些小的调整。因此，粒子滤波方法的 MATLAB 实现的重点是代码的预测部分。

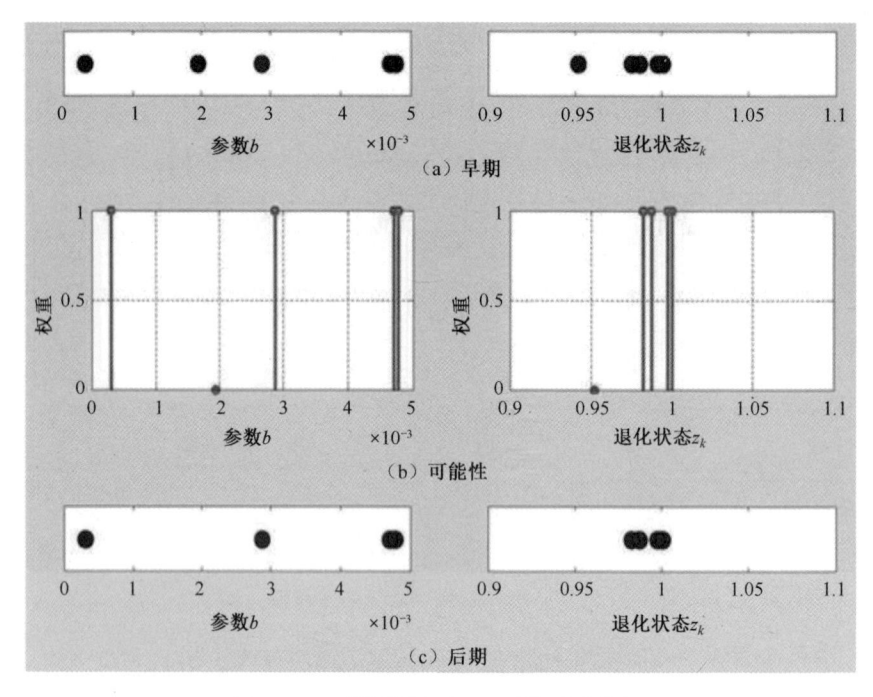

图 2-18 采样结果（$k=3$ 时的后验值）

1. 问题定义（第 5~16 行、第 64 行）

粒子滤波所需的变量与贝叶斯方法几乎相同，但粒子滤波采用增量退化形式，因此引入了退化扩展的时间间隔"dt"，它可以不同于测量时间间隔，但是在当前实现中假设健康监测的间隔是"dt"的整数倍（第 27 行中的变量"nk"）。采用较小的时间间隔可减小模型误差。在数学上，利用该时间间隔对退化模型的微分形式进行前向有限差分（Forward Finite Difference Method）积分，当时间间隔较小时，该模型稳定、准确。在粒子滤波过程中，退化状态 z 包含在待估计参数之中。因此，退化项应放在 ParamName、initDisPar 和 thetaTrue 的最后一行，即

```
dt=5;
ParamName=['b'; 's'; 'z'];
initDisPar=[0 0.02; 1e-5 0.1; 1 1];
thetaTrue=[0.003; 0.02; 1];
```

将退化变量命名为"z"，并将其真实初始值"1"赋予"thetaTrue(3)"。对于初始分布，将其下界和上界设置为与真实初始值相同的值，即 $f(z) \sim U(1,1)$。这是因为假定初始容量为 1（$C/1$ 容量），而不考虑其中的不确定性。

此时应用如式（2.16）所示的退化模型方程，时间间隔 Δt 在脚本中表示为

"dt",其在第 9 行中定义。此外,前一步退化状态 z_{k-1} 和当前步的退化状态 z_k 分别表示为 "z"(应与第 12 行中定义的符号相同)和 "z1"(可以变化,但应与第 60 行中的 "z1" 保持一致)。以下代码用于表示采用粒子滤波的电池退化模型。

```
z1=exp(-b.*dt).*z;
```

2. 故障预测(第 19~45 行)

一旦正确定义了问题,就可以在 MATLAB 中运行以下代码:

```
[thetaHat,rul]=PF;
```

故障预测过程首先从参数的初始/先验分布中提取 "ns" 个样本(第 21~23 行),然后是退化扩展,直到 for 循环的结束时间(第 24~41 行)为止。在 for 循环中,当测量数据可用时,参数将被更新(第 29~37 行)。由于有 "ny" 个数据可用,因此当时间步 "k <= ny"(训练阶段)时,模型参数将被更新;相反,当 "k > ny" 时,没有可用的测量数据,这时退化水平在不更新模型参数的情况下扩展(预测阶段;第 39 行)。

根据前文所述,训练阶段有 3 个步骤,即预测步骤、更新步骤、重采样步骤。

首先是预测步骤(第 26~28 行),上一步骤的参数 "param(:,:,k-1)" 被复制到当前步骤的参数 "paramPredi"(第 26 行)。另外,退化水平 "paramPredi(np,:)" 需要使用 "MODEL" 函数从上一步进行扩展,该扩展基于先前的模型参数和时间间隔 "dt" 进行(第 28 行)。扩展必须在 "time(k-1)" 到 "time(k)" 之间进行,因此这种扩展必须以 "dt" 间隔重复 "nk" 次。此步骤中的样本对应图 2-13 中的 $f(\boldsymbol{\theta}_k)$。

接下来是更新步骤(第 31 行),这与式(2.17)给出的测量数据的似然函数与图 2-13 中的 $f(y_k|\boldsymbol{\theta}_k)$ 有关。利用测量噪声 "paramPredi(np-1,:)" 的样本,对退化水平 "paramPredi(np,:)" 的每个样本计算其似然函数。

最后,第 33~37 行给出了基于逆 CDF 法的重采样步骤。在这一步骤中,首先计算似然样本的累计分布函数 CDF(第 33 行),然后根据逆 CDF 法,利用在 0~1 均匀分布的样本发现似然样本的近似位置(第 36 行)。在逆 CDF 法中发现的位置将成为一个新样本。该逆 CDF 法被重复 ns 次以产生 ns 个新的样本,这就是重采样步骤。这样,具有大似然性(权重)的样本会具有更大的复制概率,而具有小似然性(权重)的样本可能不会被复制。对所有测量数据均重复此过程。

在训练阶段和预测阶段都完成之后，将模型参数和测量噪声的标准差存储在"thetaHat"中（第 42 行）。为了计算预测区间，将退化水平样本存储在第 44 行的数组"zHat"中。由于预测区间包含了未来测量过程中的噪声，所以在预测阶段的退化水平中加入了正态随机噪声（第 45 行）。

3. 后处理（第 47~58 行）

粒子滤波中的后处理与非线性最小二乘法和贝叶斯方法相同。当给出了退化的真值时，其使用方法也与代码[NLS]和代码[BM]相同。但是，如果真实的退化不可用，而只有真实的模型参数可用，则须综合退化模型来生成真实的退化水平（第 47~56 行）。与代码[NLS]和代码[BM]一样，MATLAB 函数 POST 可以用来绘制模型参数的直方图、作为时间循环次数函数的退化预测图，以及剩余使用寿命的直方图。在图 2-19（a）中，估计参数的分布不如图 2-11（a）中那样平滑，这是由粒子耗尽现象造成的。但在该问题中，它对预测结果没有影响，如图 2-19（b）和图 2-20 所示。退化及剩余使用寿命的预测结果，与最小二乘法和贝叶斯方法相似。

粒子滤波的 MATLAB 代码

```
1   function [thetaHat,rul]=PF
2   clear global; global DegraUnit initDisPar TimeUnit ...
3   time y thres ParamName thetaTrue signiLevel ns ny nt np
4   %==== PROBLEM DEFINITION 1 (Required Variables) ============
5   WorkName=' ';              % work results are saved by WorkName
6   DegraUnit=' ';                         % degradation unit
7   TimeUnit=' ';              % time unit (Cycles, Weeks, etc.)
8   time=[ ]';                 % time at both measurement and prediction
9   dt= ;                      % time interval for degradation propagation
10  y=[ ]';                                %[nyx1]: measured data
11  thres= ;                               % threshold (critical value)
12  ParamName=[ ];             %[npx1]: parameters' name to be estimated
13  initDisPar=[ ]; %[npx2]: prob. parameters of init./prior dist
14  thetaTrue=[ ];             %[npx1]: true values of parameters
15  signiLevel= ;              % significance level for C.I. and P.I.
16  ns= ;                                  % number of particles/samples
17  %==========================================================
18  %%% PROGNOSIS using PF
19  ny=length(y); nt=ny;
20  np=size(ParamName,1);
21  for j=1:np                             %% Initial Distribution
22    param(j,:,1)=unifrnd(initDisPar(j,1),initDisPar(j,2),1,ns);
23  end;
24  for k=2:length(time);                  %% Update Process or Prognosis
25    % step1. prediction (prior)
26    paramPredi=param(:,:,k-1);
27    nk=(time(k)-time(k-1))/dt;
28    for k0=1:nk; paramPredi(np,:)=MODEL(paramPredi,dt); end
29    if k<=ny                             % (Update Process)
30    % step2. update (likelihood)
```

```
31      likel=normpdf(y(k),paramPredi(np,:),paramPredi(np-1,:));
32      % step3. resampling
33      cdf=cumsum(likel)./sum(likel);
34      for i=1:ns;
35       u=rand;
36       loca=find(cdf>=u,1); param(:,i,k)=paramPredi(:,loca);
37      end;
38     else                                             % (Prognosis)
39      param(:,:,k)=paramPredi;
40     end
41    end
42    thetaHat=param(1:np-1,:,ny);      %% Final Sampling Results
43    paramRearr=permute(param,[3 2 1]);  %% Degradation Prediction
44    zHat=paramRearr(:,:,np);
45    degraPredi=normrnd(zHat(ny:end,:),paramRearr(ny:end,:,np-1));
46    % %% POST-PROCESSING
47    degraTrue=[];                                    %% True Degradation
48    if ~isempty(thetaTrue); k=1;
49     degraTrue0(1)=thetaTrue(np); degraTrue(1)=thetaTrue(np);
50     for k0=2:max(time)/dt+1;
51      degraTrue0(k0,1)= ...
52               MODEL([thetaTrue(1:np-1); degraTrue0(k0-1)],dt);
53      loca=find((k0-1)*dt==time,1);
54      if ~isempty(loca); k=k+1; degraTrue(k)=degraTrue0(k0);end
55     end
56    end
57    rul=POST(thetaHat,degraPredi,degraTrue); %% RUL & Result Disp
58    Name=[WorkName ' at ' num2str(time(ny)) '.mat']; save(Name);
59    end
60    function z1=MODEL(param,dt)
61     global ParamName np
62     for j=1:np; eval([ParamName(j,:) '=param(j,:);']); end
63     %===== PROBLEM DEFINITION 2 (model equation) ===========
64
65     %========================================================
66    end
```

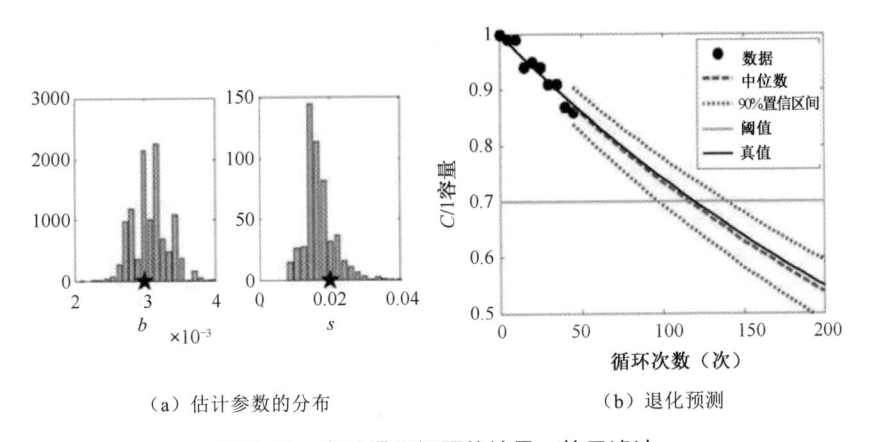

（a）估计参数的分布　　　　　　　　（b）退化预测

图 2-19　电池退化问题的结果：粒子滤波

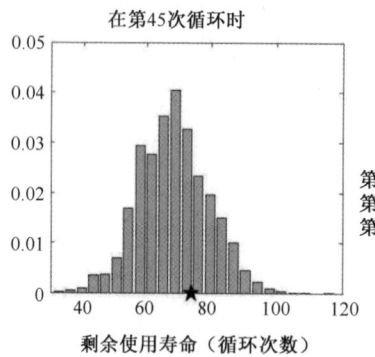

图 2-20 剩余使用寿命的预测结果：粒子滤波

2.5 基于物理模型的故障预测方法的实际应用

本章介绍的 3 种方法，即非线性最小二乘法、贝叶斯方法、粒子滤波都是为电池退化故障预测而编写的，针对不同的应用，用户可以很容易地对其进行相应的修改。本节将讨论 3 种方法在裂纹扩展示例中的用法。用户需要修改问题定义部分及函数"MODEL"中的模型方程。

2.5.1 问题定义

1. 裂纹扩展模型

本节将采用裂纹扩展模型，并且解释如何在 3 种预测方法中使用该模型。对于非线性最小二乘法和贝叶斯方法，需要有一个能够计算裂纹尺寸的模型（作为时间/循环次数的函数），而粒子滤波需要一个转移状态函数（增量形式），其中非线性最小二乘法和贝叶斯方法的退化模型方程为

$$a_k = \left[N_k C \left(1 - \frac{m}{2}\right)\left(\Delta\sigma\sqrt{\pi}\right)^m + a_0^{1-\frac{m}{2}} \right]^{\frac{2}{2-m}} \quad (2.19)$$

式（2.19）表示在疲劳加载 N_k 次循环后的裂纹尺寸 a_k。另外，对于粒子滤波，该模型可改写为转移状态函数形式，即

$$a_k = C\left(\Delta\sigma\sqrt{\pi a_{k-1}}\right)^m \mathrm{d}N + a_{k-1} \quad (2.20)$$

假设裂纹尺寸 y_k 在 $\Delta\sigma = 75\text{MPa}$ 的加载条件下每 100 次循环测量一次，测量结果如表 2-2 所示，并且通过以下步骤获得。首先，采用 $m_{\text{true}} = 3.8$，

$C_{\text{true}} = 1.5 \times 10^{-10}$，$a_{0,\text{true}} = 0.01\text{m}$，使用式（2.19）每100次循环生成一次真实的裂纹尺寸数据；然后，通过加入高斯噪声 $\varepsilon \sim N(0, \sigma^2)$，$\sigma = 0.001\text{m}$ 得到真实裂纹尺寸。

表 2-2 裂纹扩展问题的测量数据

时间步（k）	初始(1)	2	3	4	5	6	7	8
时间（循环）	0	100	200	300	400	500	600	700
裂纹尺寸（m）	0.0100	0.0109	0.0101	0.0107	0.0110	0.0123	0.0099	0.0113
时间步（k）	9	10	11	12	13	14	15	16
时间（循环）	800	900	1000	1100	1200	1300	1400	1500
裂纹尺寸（m）	0.0132	0.0138	0.0148	0.0156	0.0155	0.0141	0.0169	0.0168

生成的测量数据用于识别模型参数 $\theta = \{m \ln(C)\}^{\text{T}}$。在 Paris 模型中，y 截距（$C$）非常小，但其大小改变了几个数量级，因此，最好识别 C 的对数。为便于表示，假设已知初始裂纹大小 a_0 和噪声大小 σ。在剩余使用寿命的计算中，临界裂纹尺寸确定为 0.05m。

2. 似然函数和先验分布

对于贝叶斯方法和粒子滤波，需要定义先验分布和似然函数。在前面的章节中，通常假设数据中的噪声服从正态分布。然而，当测量噪声的分布类型未知时，似然函数可能与真实噪声的分布不同。对于先验/初始分布，情况也是如此。因此，一个很好的方法是通过改变 MATLAB 代码来研究不同分布类型的影响。在该示例中，似然函数采用对数正态分布（Lognormal Distribution），即

$$f\left(y_k \mid m_k^i, C_k^i\right) = \frac{1}{y_k \sqrt{2\pi} \zeta_k^i} \exp\left[-\frac{1}{2}\left(\frac{\ln y_k - \eta_k^i}{\zeta_k^i}\right)^2\right], \quad i = 1, \cdots, n_s \quad (2.21)$$

其中

$$\zeta_k^i = \sqrt{\ln\left[1 + \left(\frac{\sigma}{a_k^i\left(m_k^i, C_k^i\right)}\right)^2\right]}$$

$$\eta_k^i = \ln\left[a_k^i\left(m_k^i, C_k^i\right)\right] - \frac{1}{2}\left(\zeta_k^i\right)^2$$

ζ_k^i 和 η_k^i 分别是对数正态分布的标准差和平均值。在式（2.21）中，$a_k^i\left(m_k^i, C_k^i\right)$

是在给定模型参数 m_k^i 和 C_k^i 的条件下从式（2.19）得到的时间 t_k 处的模型预测。

此外，参数的先验/初始分布假定为正态分布，即

$$f(m) = N(4, 0.2^2), \quad f(\log C) = N(-23, 1.1^2) \tag{2.22}$$

2.5.2 针对裂纹扩展示例的代码修改

1. 非线性最小二乘法（NLS）

根据 2.5.1 节给出的信息，将代码[NLS]中的问题定义部分（第 5～14 行）修改如下：

```
WorkName='Crack_NLS';
DegraUnit='Crack size (m)';
TimeUnit='Cycles';
time=[0:100:3500]';
y=[0.0100 0.0109 0.0101 0.0107 0.0110 0.0123 0.0099 0.0113...
   0.0132 0.0138 0.0148 0.0156 0.0155 0.0141 0.0169 0.0168]';
thres=0.05;
ParamName=['m'; 'C'; 's'];
thetaTrue=[3.8; log(1.5e-10); 0.001];
signiLevel=5;
ns=5e3;
```

虽然数据中噪声的标准差 σ 在本例中不是未知参数，但是它将基于代码[NLS]中已识别的参数进行计算。另外，根据 2.2 节所述，将其添加到"ParamName"中，以保持与其他代码的一致性。相应地，σ 的真值被添加到变量"thetaTrue"中。

对于退化模型方程，在第 48 行使用以下代码：

```
a0=0.01; dsig=75;
z=(t.*exp(C).*(1-m./2).*(dsig*sqrt(pi)).^m ...+
   a0.^(1-m./2)).^(2./(2-m));
loca=imag(z)~=0; z(loca)=1;
```

这与式（2.19）相对应，但需要注意的是，这里使用 $\log C$ 代替 C。当裂纹尺寸增长过大时，式（2.19）中的上述退化模型方程可能产生复数。因此，当裂纹尺寸变为复数时，需要将其替换为任意的一个大裂纹尺寸，此处取 1.0m。

尽管在代码[NLS]中，似然函数不是参数估计过程必需的，但在第 31 行中，其被用来预测退化。式（2.21）中的对数正态分布用于代替正态分布，代码修改如下：

```
mu=zHat(k,:);
C=chi2rnd(ny-1,1,ns);
s=sqrt((ny-1)*thetaHat(np,:).^2./C);
zeta=sqrt(log(1+(s./mu).^2)); eta=log(mu)-0.5*zeta.^2;
degraPredi(k,:)=lognrnd(eta,zeta);
```

一旦定义了所有必需的信息，就可以使用下面的代码来运行代码[NLS]。注意，在 theta0 中只使用了模型参数的初始值（第 1 行），因为测量误差 σ 是在模

型参数估计之后计算的,而不管 σ 是已知的还是未知的。

```
[thetaHat,rul]=NLS([4; -23]);
```

非线性最小二乘法的结果将在 2.5.3 节与其他算法的结果一起讨论。

2. 贝叶斯方法

贝叶斯方法所需的变量(第 5~16 行)和模型定义(第 52 行)与非线性最小二乘法相同,但贝叶斯方法还需要以下 3 个变量。

```
WorkName='Crack_BM';
initDisPar=[4.0  0.2;  -23  1.1;  0.001  1e-5];
burnIn=0.2;
```

变量"initDisPar"对应式(2.22),即正态分布的概率参数:均值和标准差;最后两个值 0.001 和 1e-5 用于 σ 和 s。在本示例中,虽然 σ 是一个确定的值(真值已知,并且/或者无须估计),但应该将其包含在"initDisPar"中。为了使其具有与已知确定性 σ 相同的效果,将其标准差设为零(实际上使用 1e-5 来防止数值误差)。

第 40 行中的退化预测也根据式(2.21)对与非线性最小二乘法部分相同的代码进行了修改。贝叶斯方法和非线性最小二乘法之间的区别在于,似然函数和先验分布不仅用于贝叶斯方法中的退化预测,还用于识别模型参数,因此第 56~59 行被替换为以下代码。

```
prior=prod(normpdf(param,initDisPar(:,1),initDisPar(:,2)));
likel=1;
for k=1:ny;
  zeta=sqrt(log(1+(s./z(k)).^2)); eta=log(z(k))-0.5*zeta.^2;
  likel=lognpdf(y(k),eta,zeta).*likel;
end
```

要运行代码[BM],在第 1 行输入参数的初始样本 para0 和权重 weigh,代码如下。

```
[thetaHat]=BM([4  -23  0.001]',[0.1  0.2  0]');
```

注意,这里包含了 σ,但 σ 的权重为 0,以便在抽样过程中固定,这与第 25 行的 unifrnd(0.001-0 0.001+0) 相对应。在本例中,建议分布仍然是均匀分布,但也可以是其他形式,例如,对于正态分布的情况,第 25 行可以替换为 normrnd(para0,abs(para0.*weigh))。

3. 粒子滤波

粒子滤波所需的变量(第 5~16 行)如下,除此之外的变量与另两种方法相同。

```
WorkName='Crack_PF';
dt=20;
ParamName=['m'; 'C'; 's'; 'a'];
initDisPar=[4.0 0.2; -23 1.1; 0.001 0; 0.01 0];
thetaTrue=[3.8;log(1.5e-10); 0.001; 0.01];
```

如前文所述，退化状态项"a"包含在 ParamName、initDisPar、thetaTrue 之中。假设初始裂纹为 0.01m，其标准差也设置为 0。将第 64 行中的模型定义替换为与式（2.20）对应的代码，即

```
dsig=75;
z1=exp(C).*(dsig.*sqrt(pi*a)).^m.*dt+a;
```

与非线性最小二乘法和贝叶斯方法一样，在第 45 行采用对数正态分布来预测退化（裂纹扩展），代码如下。

```
mu=zHat(ny:end,:); s=paramRearr(ny:end,:,np-1);
zeta=sqrt(log(1+(s./mu).^2)); eta=log(mu)-0.5*zeta.^2;
degraPredi=lognrnd(eta,zeta);
```

对于第 22 行中的初始分布，使用以下代码：

```
param(j,:,1)=normrnd(initDisPar(j,1),initDisPar(j,2),1,ns);
```

第 31 行替换为以下代码：

```
mu=paramPredi(np,:); s=paramPredi(np-1,:);
zeta=sqrt(log(1+(s./mu).^2)); eta=log(mu)-0.5*zeta.^2;
likel=lognpdf(y(k),eta,zeta);
```

粒子滤波中不需要特定的输入，因此对于不同的应用，运行代码[PF]的命令都是相同的。

```
[thetaHat,rul]=PF;
```

2.5.3 结果

非线性最小二乘法、贝叶斯方法和粒子滤波的参数识别和退化预测的结果分别如图 2-21、图 2-22 和图 2-23 所示。相关图（Correlation Plot）是从 thetaHat 的最终抽样结果中获得的，函数为 plot(thetaHat(1,:),thetaHat(2,:),'.')。非线性最小二乘法与其他方法最显著的差异是，其结果有很大的不确定性。这是因为 m 和 C 之间存在非常广泛的相关性，但先验信息不能用于非线性最小二乘法，因此不能降低其相关性。

估计的参数在一个非常大的范围内，这可能会在退化预测中产生巨大的差异。相反，与非线性最小二乘法相比，贝叶斯方法和粒子滤波利用先验信息在较窄的范围内识别参数，因此两者的预测不确定性远小于非线性最小二乘法。

(a)相关性 (b)退化预测

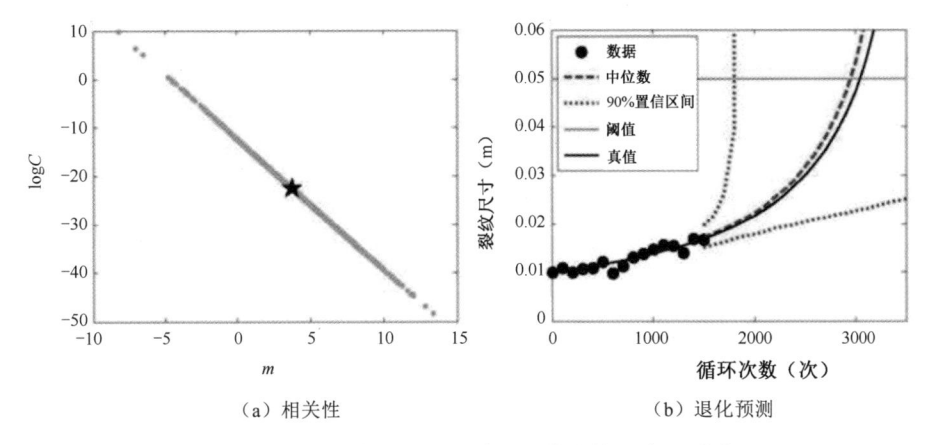

图 2-21　裂纹扩展问题的结果：非线性最小二乘法

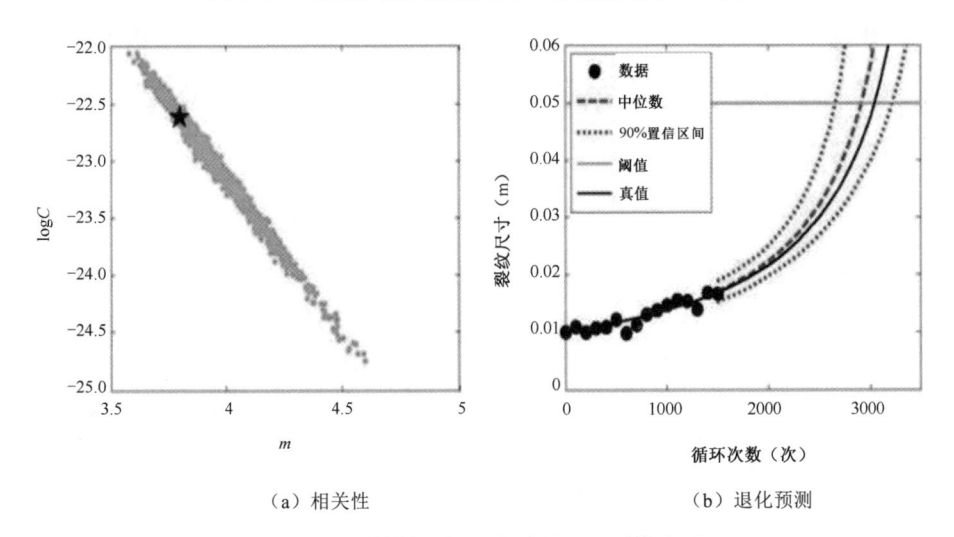

(a)相关性 (b)退化预测

图 2-22　裂纹扩展问题的结果：贝叶斯方法

另一个需要提到的重要问题是，在粒子滤波中由不连续的转移状态函数引起的模型误差。本例中使用时间间隔"dt = 20"，但式（2.19）中模型与式（2.20）中模型的退化速率存在差异，如图 2-23（b）所示。图中黑色实线和紧靠它的虚线分别对应式（2.19）和式（2.20）。如果将转移状态函数视为微分方程，则式（2.20）对应前向欧拉差分法（Forward Euler Finite Difference Method），该差分法需要小时间间隔才能更精确。

(a) 相关性　　　　　　　　　(b) 退化预测

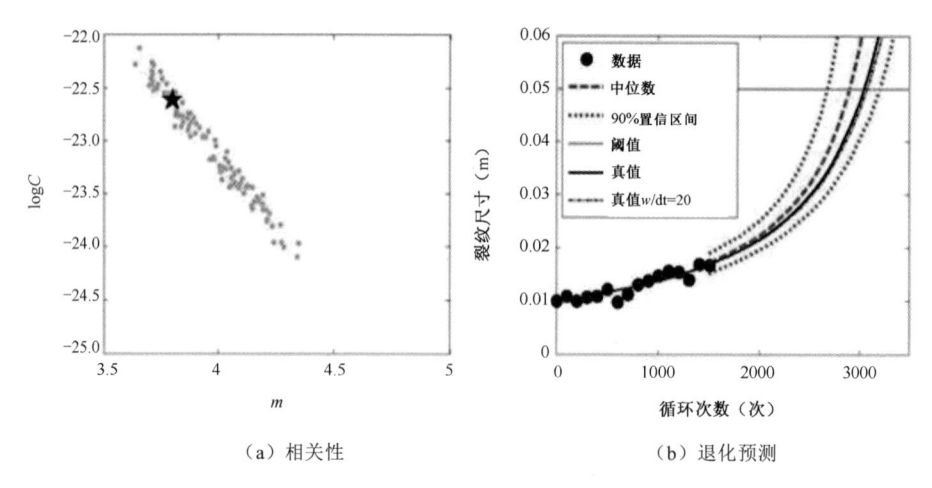

图 2-23　裂纹扩展问题的结果：粒子滤波

2.6　基于物理模型的故障预测方法的优点和不足

基于物理模型的故障预测方法有几个优点。首先，基于物理模型的故障预测方法可以进行长期预测。模型参数一旦被准确识别，就可以通过物理模型来预测剩余使用寿命，直到退化达到预定的阈值。其次，基于物理模型的故障预测方法需要的数据量相对较小。从理论上讲，当数据个数与未知模型参数个数相等时，模型参数的识别就是可能的。然而，在现实中，数据中的噪声及退化行为对参数不敏感，实际上需要更多的数据。尽管如此，基于物理模型的故障预测方法所需的数据量仍然远远少于数据驱动的故障预测方法。

然而，基于物理模型的故障预测法存在 3 个重要的现实问题：模型充分性、参数估计和退化数据质量。在本节中，这些问题将通过一些文献引用来处理。

2.6.1　模型充分性

模型充分性可以回答这样一个问题：对于预测未来退化行为，物理模型是否足够好？这与回归中传统的曲线拟合问题稍有不同，因为回归注重数据的准确性，从某种意义上说就是插值区域中的误差。然而，故障预测关注的是超出测量数据的点，这是外推区域中的误差。

一个模型在插值区域能很好地拟合数据，并不意味着其在外推区域也能进行趋势预测。本节以裂纹扩展为例说明了模型充分性问题。在下面的 MATLAB 代码中，使用 Paris 模型生成 6 个裂纹尺寸数据（在 10000～20000 次飞行循环之间，间隔为 2000 次飞行循环），这些数据在图 2-24 中显示为黑色圆圈。为了对物理模型进行说明，这里选择一个具有 4 个未知系数的三次多项式。MATLAB 函数"回归"（regress）可以求得未知系数，使这 6 个裂纹尺寸数据与多项式预测结果之间的误差最小。图 2-24 中的黑色虚线为模型预测，模型预测与数据之间的差值几乎为零，非常准确。因此，从曲线拟合的角度来看，可认为该模型是好的。然而，在外推区域，结论可能完全不同。图 2-24 中使用相同的模型，以相同的系数预测 20000～30000 次飞行循环下的裂纹扩展，如图中灰色实线所示。然而，如图中灰色三角形所示，实际裂纹的增长速度远远快于模型预测。该模型预测的裂纹增长速度较慢，依据其进行决策是非常危险的。因此，在插值区域内充分的模型在外推区域可能是不充分的，为了提升故障预测的效果，验证物理模型的准确性非常重要。

　　基于物理模型的故障预测方法采用了描述损伤行为的物理模型，因此这类方法在预测长期损伤行为方面具有优势。但是，在使用前首先应进行模型验证，因为大多数物理模型都包含假设和近似。关于使用统计方法进行模型验证的文献有很多，如假设检验和贝叶斯方法（Oden, et al., 2013；Rebba, et al., 2006；Sargent, 2013；Ling and Mahadevan, 2013）。

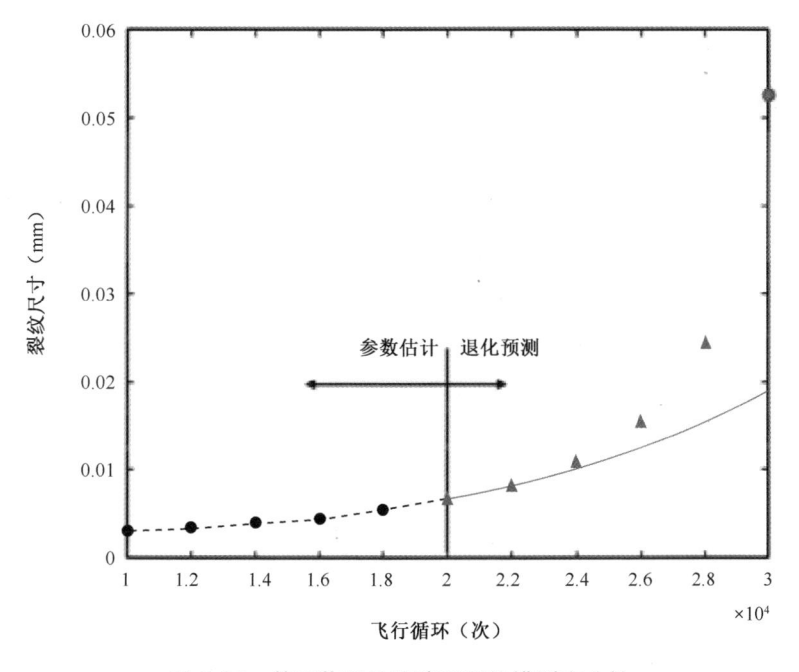

图 2-24　基于物理的故障预测的模型充分性

```
m=3.6; C=1E-10;a0=2E-3;dels=80;         % Paris model parameters
N=[10000:2000:20000]';                  % Training cycles
a=(N.*C.*(1-m/2)*(dels*sqrt(pi)).^m+a0^(1-m/2)).^(2/(2-m));
X=[ones(size(N)) N N.*N N.^3];
b=regress(a,X);                         % Fitting cubic polynomials
afit=b(1) + b(2).*N + b(3).*N.^2 + b(4).*N.^3;
plot(N,a,'o',N,afit,'b'); hold on;
M=[20000:2000:30000]';                  % Prediction cycles
ap=(M.*C.*(1-m/2)*(dels*sqrt(pi)).^m+a0^(1-m/2)).^(2/(2-m));
apfit=b(1) + b(2).*M + b(3).*M.^2 + b(4).*M.^3;
plot(M,ap,'or',M,apfit,'r');
```

一般来说，随着模型复杂度的增加，模型参数的数量也会增加，参数的估计会变得更加困难。Coppe（2012）的研究表明，通过从更简单的物理模型中识别等效参数，可以缓解模型充分性问题。例如，使用带有假设应力强度因子的简单 Paris 模型来预测复杂几何形状的裂纹扩展，其中，模型参数可调整以补偿应力强度因子存在的误差。虽然这仅限于简单模型和复杂模型之间的损伤行为类似的情况，但可以避免进行验证模型准确性的额外工作。

2.6.2 参数估计

在基于物理模型的故障预测方法中，参数估计是重要的一步，因为一旦确定了模型参数，就可以直接预测剩余使用寿命。基于物理模型的故障预测方法中的参数估计有两个特定问题：①与不同算法（如本章中的非线性最小二乘法、贝叶斯方法和粒子滤波）特性相关的估计精度；②模型参数之间，以及模型参数与载荷条件之间的相关性，这干扰了参数的准确识别。一个好的故障预测方法可以在较少的数据量下识别出准确的模型参数。对于相关性，即使参数的准确识别可能存在困难，也有可能在退化和剩余使用寿命方面做出准确预测。

2.6.3 退化数据质量

为了估计在役系统的模型参数，通常利用结构健康监测（SHM）来收集用于故障预测目的的数据。由于传感器设备自身的原因和测量环境的干扰，结构健康监测数据可能包含较大的噪声和偏差。噪声是由电子设备中的干扰/不需要的电磁场引起的测量数据或信号的随机波动。偏差是由校准误差（Calibration Error）引起的信号测量与信号真值之间的静态偏差。噪声使识别与退化有关的信号变得困难，而偏差会导致预测的错误。事实上，噪声滤波和偏差补偿，一直是利用结构健康监测数据进行预测研究的主要问题。

第 3 章
数据驱动的机械设备故障预测与健康管理

第 2 章介绍的基于物理模型的故障预测方法，是用相对较少的观测数据来预测未来损伤退化行为的有力工具。然而，其应用范围仅限于描述损伤退化行为的物理模型，并且要求测量数据必须与物理模型直接相关。例如，对于裂纹扩展故障预测的情况，实测数据（裂纹尺寸）与 Paris 模型的预测结果相同。在没有定义明确的物理模型来描述退化的情况下预测复杂系统的故障时，或者无法直接测量损伤时，基于物理模型的故障预测方法可能会遇到困难。又如，对于轴承故障预测而言，轴承常见的损伤是由表面裂纹导致滚动元件（Rolling Element）或座圈（Race）表面损坏的剥落现象引起的，初始的表面小裂纹迅速扩展到表面的其他区域，并逐渐演变为轴和系统的振动，过度的振动最终会导致系统发生故障。然而，考虑到结构健康监测，这些表面裂纹不能在轴承旋转时直接测量。通常采用的测量方法是在系统的固定部分安装加速度计来监测振动水平，即通过振动水平间接测量损伤退化水平。此外，损伤退化水平与振动程度之间没有明确的物理关系。在这种情况下，基于物理模型的故障预测方法可能不适用。相反，如果某一特定轴承系统的振动程度超过某一水平，工程师就会根据经验判断该系统将发生故障。因此，在没有描述退化的物理模型可用时，也有可能确定系统何时需要维修。这是数据驱动的故障预测方法的基本概念。当然，为了做出可靠的预测，需要大量类似系统的故障数据。本章将对数据驱动的机械设备故障预测方法及模型进行介绍。

3.1 数据驱动的机械设备故障预测简介

数据驱动的故障预测方法使用观测数据来识别退化过程的特征，并且在不使用物理模型的情况下预测未来的状态。虽然不使用物理模型，但是数据驱动的故障预测方法需要使用某种数学模型，这种数学模型只适用于特定的受监测系统。与基于物理模型的故障预测方法类似，数据驱动的故障预测方法可以被视为基于数学函数（退化过程）的外推（预测）方法。一般来说，数据驱动的故障预测方法需要额外的多组截至寿命终点的退化数据，以及来自当前系统的数据来识别退化特征，这两种数据称为训练数据。虽然在基于物理模型的故障预测方法中也需要退化数据来识别模型参数，但不称这些退化数据为训练数据。训练数据的作用是使数学模型在没有物理模型的情况下学习退化行为，这是数据驱动的故障预测方法与基于物理模型的故障预测方法的主要区别。很明显，在使用相同数据时，基于物理模型的故障预测方法的预测结果比数据驱动的故障预测方法的预测结果更准确，因为前者在预测过程中拥有更多的信息，如物理模型和加载条件。然而，数据驱动的故障预测方法在实践中是实用的，因为在实践中很少存在物理退化模型。

不同的数据驱动的故障预测方法的区别在于如何表达输入和输出之间的关系。一旦确定了数学模型，就可以将优化过程与训练数据结合来识别与数学模型相关的参数。训练数据是在各种使用条件下从类似系统获得的，如图 3-1 中的灰色方块标记（称为**训练集**）所示，或者在给定使用条件下从当前系统的先前模拟中获得的（称为**预测集**）。通常，需要多组训练数据来防止过度拟合；然后，根据识别出的参数和建立的数学模型来预测未来的退化状态。通常来说，获得的参数是确定性的值，预测参数的不确定性基于单独算法而被包含在确定性退化预测中；最后，基于已识别的参数和不确定性，数据驱动的故障预测方法预测的剩余使用寿命与基于物理模型的故障预测方法相同。

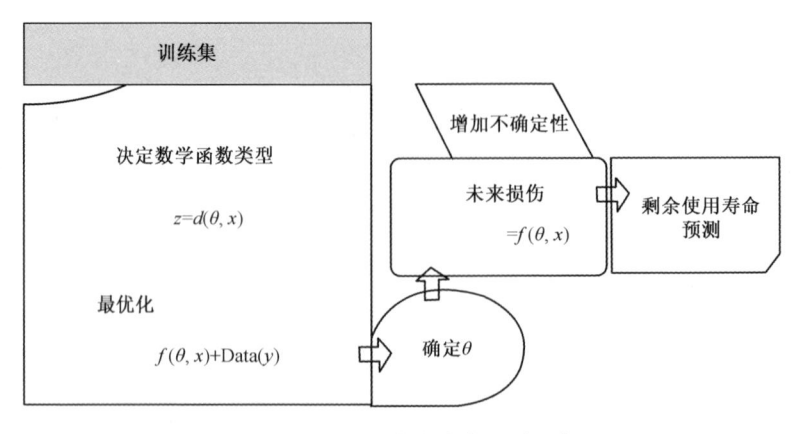

图 3-1 数据驱动的故障预测示意

第 3 章 数据驱动的机械设备故障预测与健康管理

任何外推方法都可以用于数据驱动的故障预测，因此数据驱动的故障预测方法涉及各种各样的方法。一般来说，数据驱动的故障预测方法分为两类：人工智能方法，包括神经网络（NN）和模糊逻辑；统计方法，包括高斯过程（GP）回归、相关/支持向量机、最小二乘回归、Gamma 过程、维纳过程、隐马尔可夫模型等。在这些方法中，神经网络作为一种人工智能方法，已在很多领域和应用中得到应用，如时间序列预测、分类/模式识别、机器人/控制等。这也是故障预测中最常见的方法，而对于其他方法，可能不同的研究人员各有偏好。

在上述方法中，高斯过程回归和神经网络将在本章进行讨论。这两种方法在故障预测中很流行。这两种方法将利用与第 1 章相同的例子（电池退化）来解释，而其实际应用将在 3.4 节讨论。

当希望在健康监测的不同时间段获得大量测量数据时，一种简单的方法是利用数学函数来拟合数据。例如，最小二乘法通过寻找多项式函数的系数来拟合数据，使测量数据与模型预测结果之间的误差最小化。通常，用数学函数来拟合数据的过程称为代理建模（Surrogate Model），得到的模型称为代理模型。代理模型是对物理现象的近似，其精度是评价模型性能最重要的标准。如果有进一步的数据可用，并且代理模型足够灵活且可以包含所有数据，那么就可以获得准确的代理模型。一旦用给定的数据拟合得到一个代理模型，就很容易在不同的输入值下计算函数值。代理建模的主要目的是缩短在不同输入情况下对关注量的大量计算所需的计算时间。

代理建模在工程设计、可靠性评估等领域有广泛的应用。在设计应用中，成本和约束函数被建模为多个设计变量的函数。在优化过程中，反复改变设计变量以找到最优设计，该过程需要对函数进行多次评估。此外，可靠性分析需要生成大量的输入随机变量样本，并估计函数输出不能满足要求的概率。

然而，在故障预测过程中，代理模型用于不同的目的：①时间通常被作为输入变量，预测的主要目的是预测在役系统的剩余使用寿命，因此测量数据以成对（时间，退化）的形式给出；②代理模型的主要目的不是缩短计算时间，而是提升预测的准确性，在故障预测过程中，虽然为了估计剩余使用寿命的统计分布可能需要进行大量预测，但准确地预测剩余使用寿命仍然是代理模型的主要目标；③其他应用中的代理模型通常旨在计算输入数据范围之内的关注量（插值[①]），而在预测中使用代理模型是为了预测未来的退化水平（外推）。如果

---

① 在高维问题中，传统的代理模型往往会导致大部分区域外推。例如，在十维空间中，如果随机生成 1024 个样本（数据），则可能有超过 90%的域（Domain）位于外推区域。

退化水平的测量时间截至当前，则测量数据将用于拟合代理模型以预测未来时间的退化水平。值得注意的是，对于插值区域和外推区域，代理模型的性能有很大不同。在插值区域具有良好拟合性能的代理模型，在外推区域的预测可能会失败。

图 3-2 显示了函数 $y(x) = x + 0.5\sin(5x)$ 的拟合过程。首先，利用精确函数表达式在[1,9]内生成 21 个等间距样本；然后，利用 MATLAB 函数"newrb"对 21 个样本进行径向基神经网络（Radial Basis Network）代理模型拟合，在[0,10]内绘制精确函数和代理预测值。代理模型的预测结果在插值区域[1,9]非常准确，在该范围内的均方根误差为零；而在外推区域[0,1]和[9,10]，代理模型的预测严重失准，虽然两个外推区域都非常接近样本位置。以下 MATLAB 代码用于生成代理模型。

```
x=linspace(1,9,21); y=x+0.5*sin(5*x);
net=newrb(x,y);
xf=linspace(0,10,101); yf=xf+0.5*sin(5*xf);
ysim=sim(net,xf);
plot(xf,yf); hold on; plot(xf,ysim,'ro')
```

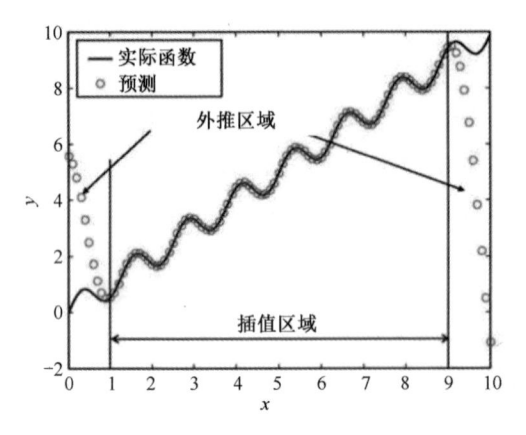

图 3-2　函数 $y(x) = x + 0.5\sin(5x)$ 的拟合过程

由以上内容可知，从故障预测的角度对代理模型进行评估非常重要。径向基神经网络可能不是一个很好的代理模型，因为其没有表现出退化趋势。此外，多项式响应面（Polynomial Response Surface）可以很好地跟踪趋势，但其倾向于在外推区域快速改变曲率。总之，根据不同代理模型的数值试验可知，高斯过程（GP）回归代理模型在外推方面是最稳健的。3.2 节将应用高斯过程回归来预测未来退化过程，这是一种数据驱动的故障预测方法。

3.2 高斯过程回归

高斯过程（GP）回归是一种基于回归的方法，可用于数据驱动的故障预测，是一种类似于最小二乘法的线性回归。高斯过程回归与普通线性回归的区别在于，是否考虑回归函数与数据之间的误差相关性（Correlation in Error）。具体而言，在普通线性回归中假设误差为独立同分布（Independent and Identically Distributed，IID），而在高斯过程回归中假设误差是相关的。

相关性是高斯过程回归中的一个重要概念，其与两个随机变量的协方差直接相关。两个随机变量 X 和 Y 的协方差可定义为

$$\text{cov}(X,Y) = E\left[(X-\mu_X)(Y-\mu_Y)\right] = E[XY] - \mu_X\mu_Y \quad (3.1)$$

式中，$E[\cdot]$ 为随机变量的期望值，μ_X 和 μ_Y 分别为 X 和 Y 的均值。一个随机变量本身的协方差是其标准差的平方，也称为方差。需要注意的是，随机变量的方差是关于其均值的二阶矩或标准差的平方。一对随机变量的协方差是这两个变量的混合矩（Mixed Moment）。

利用协方差，两个随机变量的相关性可定义为

$$R(X,Y) = \frac{\text{cov}(X,Y)}{\sigma_X \sigma_Y} \quad (3.2)$$

式中，σ_X 和 σ_Y 分别为 X 和 Y 的标准差。请注意，$-1 \leqslant R(X,Y) \leqslant 1$。这种相关性给出了两者共同变化的倾向，所以相关性为 1 意味着两者的增加和减少是完全同步的。这其中最常见的情况是 $X=\alpha Y$，其中 α 为一个正常数。类似地，相关性为-1 也意味着完全同步，但方向相反，即 $X=\alpha Y$ 的情况，但其中 α 为一个负的常数。相关性为 0 表示两者不相关，这其中常见的情况是两个随机变量相互独立，但并非所有不相关的变量都是独立的。零相关性是针对一阶矩而言的，但通过高阶效应可能存在相关性。

例 3.1 函数值之间的相关性

在高斯过程回归拟合中，需要估计函数值之间的相关性随着距离而衰减的速度。这取决于函数的波长，即对于短波长的函数，相关性迅速衰减。检查波长为 2π 的函数 $y=\sin x$ 的相关性衰减速度的过程如下：①生成 10 个 0~10 内的随机数 $x_i(i=1,\cdots,10)$；②将 x_i 移动一个小量 $x_i^{\text{near}} = x_i + 0.1$ 和一个大量 $x_i^{\text{far}} = x_i + 1.0$；③计算 $y=\sin x_i$ 和 $y=\sin x_i^{\text{near}}$ 之间，以及 $y=\sin x_i$ 和 $y=\sin x_i^{\text{far}}$ 之间的相关性。

高斯过程拟合可能会生成不同的随机数，可以使用下面的 MATLAB 代码生

成随机数并计算相关性。

```
x=10*rand(1,10);
xnear=x+0.1; xfar=x+1;
y=sin(x);
ynear=sin(xnear)
yfar=sin(xfar)
rnear=corrcoef(y, ynear)        %rnear=0.9894;
rfar=corrcoef(y, Yfar)          %rfar=0.4229
```

表 3-1 显示了 10 个随机数，以及 $y = \sin x_i$、$y^{near} = \sin x_i^{near}$ 和 $y^{far} = \sin x_i^{far}$ 的值。

表 3-1　随机数和函数的值

x	8.147	9.058	1.267	9.134	6.324	0.975	2.785	5.469	9.575	9.649
y^{near}	0.9237	0.2637	0.9799	0.1899	0.1399	0.8798	0.2538	-0.6551	-0.2477	-0.3185
y	0.9573	0.3587	0.9551	0.2869	0.0404	0.8279	0.3491	-0.7273	-0.1497	-0.2222
y^{far}	0.2740	**-0.5917**	0.7654	**-0.6511**	0.8626	0.9193	**-0.5999**	**0.1846**	-0.9129	-0.9405

很明显，y 与 y^{near} 的模式是相似的，但 y 与 y^{far} 的模式不同。也就是说，y 与 y^{near} 是强相关的，但 y 与 y^{far} 不是。y 与 y^{near} 的相关系数为 0.9894，而 y 与 y^{far} 的相关系数为 0.4229。这反映了函数值的变化，如表 3-1 中加粗数字所示。在高斯过程回归中，找出相关性衰减率是拟合过程的一部分。

在高斯过程回归中，其输出 $z(\boldsymbol{x})$ 包括两个部分：①一个全局函数输出 $\xi(\boldsymbol{x})\boldsymbol{\theta}$，该函数通常是常数或多项式；②局部偏离（Local Departure）$s(\boldsymbol{x})$，即

$$z(\boldsymbol{x}) = \xi(\boldsymbol{x})\boldsymbol{\theta} + s(\boldsymbol{x}) \tag{3.3}$$

式中，$\boldsymbol{x}$ 为输入变量行向量；$\xi(\boldsymbol{x})$ 是一个与全局函数参数/系数 $\boldsymbol{\theta}$（$n_p \times 1$ 维向量）相关的 $1 \times n_p$ 维基向量；$s(\boldsymbol{x})$ 为局部偏离，即全局函数与测量数据之间的误差。例如，在一维高斯过程回归中，假设全局函数是一个线性多项式 $a_0 + a_1 x$，则 $\xi(\boldsymbol{x}) = [1, x]$ 且 $\boldsymbol{\theta} = [a_0, a_1]^T$。在实践中，全局函数采用一个简单的多项式函数。

高斯过程回归假设测量数据是准确的，并且一个点的误差与其他点的误差无关，但模型形式不确定。由于测量数据是准确的，高斯过程回归对所有数据进行拟合，即模型预测与测量数据在这些数据点处匹配：$y_k = z(x_k) = \xi(x_k)\boldsymbol{\theta} + s(x_k)$。但在预测点，高斯过程回归的不确定性或误差可以用式（3.3）中的局部偏离 $s(\boldsymbol{x})$ 来描述：

$$s(\boldsymbol{x}) \sim N(0, \sigma^2) \tag{3.4}$$

式中，σ 是数据相对于全局函数的标准差。式（3.4）为高斯随机过程的一个实

现，具有零均值、σ^2 方差、非零协方差。当数据稠密时，标准差较小。当有冗余的点可描述函数的波动时，就可以认为数据是稠密的。为了实现数据稠密，一个点到其最近点的距离应该比函数的波长小一个数量级。

高斯过程回归的关键概念是，$z(x)$ 的函数形式是未知的，仅知道函数在附近点取值之间的相关性形式。特别是，相关性仅取决于点之间的距离，距离越大，其值越小。n_y 个数据之间的相关矩阵可以定义为

$$\boldsymbol{R} = \left[R(x_k, x_l) \right], \quad k, l = 1, \cdots, n_y \tag{3.5}$$

式中，$R(x_k, x_l)$ 表示两个数据点之间的相关性，后文将用相关函数加以定义。注意，$\boldsymbol{R}$ 的对角分量（Diagonal Component）为 1，因为它们表示同一点自身之间的相关性。相距较近的两点之间的相关性强，相距较远的两点之间的相关性弱。预测点 x 与数据点之间的相关性可以用类似的方式定义，即

$$r(x) = \left[R(x_k, x) \right], \quad k = 1, \cdots, n_y \tag{3.6}$$

式中，$R(x_k, x)$ 表示数据点 x_k 与预测点 x 之间的相关性，在不同的预测点上产生不同的偏离幅度。

由于局部偏离之间的相关性，高斯过程回归具有一个突出的特征，即模拟输出（如图 3-3 中的虚线所示）穿过测量数据集（训练数据）$[x_{1:n_y}, y_{1:n_y}]$。

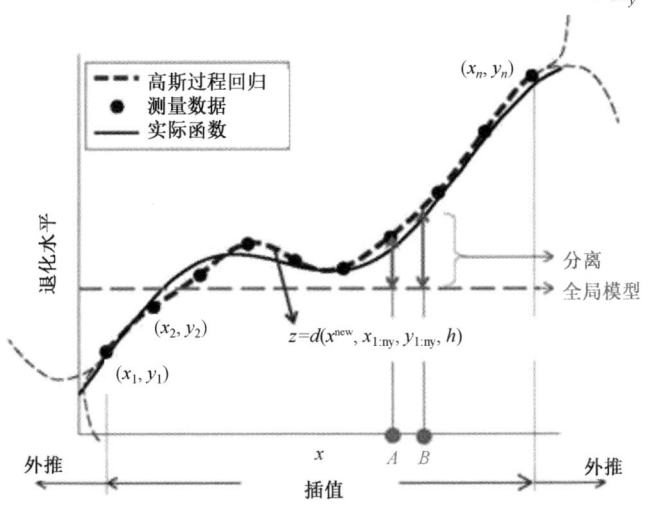

图 3-3　高斯过程回归图解

当预测点（新输入）x^{new} 位于测量点 A 时，偏离幅度与测量数据 $y_i(i=1,2,\cdots,n_y)$ 的全局函数输出（图中全局函数为常量）之间的差值相同，因此预测输出 $z(x_i)$ 即测量数据 y_i。当预测点不在测量点时，如 B 点，则根据 B 点

与测量点的相关性来改变偏离幅度。其结果是，当预测点处于测量点之间时，模拟输出将平滑地对测量数据进行插值。

然而，如果预测点远离测量点（外推），则该偏离项的影响随着相关性的降低而减弱，并且高斯过程回归变得更接近全局函数。因此，外推的情况与普通线性回归没有太大的不同。对于插值而言，数据点之间的相关性是表征高斯过程回归属性的一个重要因素，该相关性通过选择合适的相关函数并估计其超参数（Hyperparameter）来确定。高斯过程回归中的超参数控制着两点间的相关性，这会影响代理模型的光滑性。通常，根据测量数据（训练数据）使用优化算法来确定超参数。一个典型的相关函数和超参数估计，将在本节后文讨论。

3.2.1 高斯过程模拟

1. 全局函数参数与误差分布

本节利用测量数据点导出高斯过程模拟函数。首先，可以使用最大似然估计（Maximum Likelihood Estimation，MLE）来估计式（3.3）中的全局函数参数 $\boldsymbol{\theta}$ 和式（3.4）中关于全局函数的方差 σ^2。一旦确定了全局函数，就可以通过无偏均方差的最小化来计算局部偏离。

如式（3.3）和式（3.4）所述，假设全局函数和数据之间的误差服从正态分布。在 n_y 个数据点，误差可定义为

$$\boldsymbol{e} = \boldsymbol{y} - \boldsymbol{X}\boldsymbol{\theta} = \begin{bmatrix} y_1 \\ y_2 \\ \vdots \\ y_{n_y} \end{bmatrix} - \begin{bmatrix} -\xi(\boldsymbol{x}_1)- \\ -\xi(\boldsymbol{x}_2)- \\ \vdots \\ -\xi(\boldsymbol{x}_{n_y})- \end{bmatrix} \begin{bmatrix} \theta_1 \\ \theta_2 \\ \vdots \\ \theta_{n_p} \end{bmatrix}$$

式中，$\boldsymbol{X}$ 为设计矩阵，是所有数据点处的基向量。可以注意到，上述误差取决于全局函数参数 $\boldsymbol{\theta}$。

高斯过程假设误差 $\boldsymbol{e}$ 服从高斯分布，其均值为 0、方差为 σ^2，并且与数据点之间具有相关性。似然性是在参数 $\boldsymbol{\theta}$ 和 σ^2 给定的条件下，获得测量数据 $\boldsymbol{y}$ 的概率密度。因此，相关的 n_y 个数据点的联合概率密度函数可以用来定义似然函数，即

$$f(\boldsymbol{y}|\boldsymbol{\theta},\sigma^2) = \frac{1}{\sqrt{(2\pi)^{n_y}(\sigma^2)^{n_y}|\boldsymbol{R}|}} \exp\left(-\frac{(\boldsymbol{y}-\boldsymbol{X}\boldsymbol{\theta})^{\mathrm{T}}\boldsymbol{R}^{-1}(\boldsymbol{y}-\boldsymbol{X}\boldsymbol{\theta})}{2\sigma^2}\right) \quad (3.7)$$

似然函数是 n_y 个高斯分布的乘积，是在 $\boldsymbol{\theta}$ 和 σ^2 条件下 $\boldsymbol{y}$ 的似然函数，其相关矩阵为 $\boldsymbol{R}$，$|\boldsymbol{R}|$ 是相关矩阵的行列式。

参数 $\boldsymbol{\theta}$ 和 σ^2 可以通过似然函数的最大化得到。为了通过代数函数而不是指数函数进行处理，通常使用似然函数的对数。对数函数是单调递增函数，对数变换会改变似然函数值，但不会改变产生最大值的参数位置。对数似然函数（Logarithmic Likelihood）定义为

$$\ln\left[f\left(\boldsymbol{y}\mid\boldsymbol{\theta},\sigma^2\right)\right]=-\frac{n_y}{2}\ln(2\pi)-\frac{n_y}{2}\ln\left(\sigma^2\right)-\frac{1}{2}\ln|\boldsymbol{R}|-\frac{(\boldsymbol{y}-\boldsymbol{X\theta})^\mathrm{T}\boldsymbol{R}^{-1}(\boldsymbol{y}-\boldsymbol{X\theta})}{2\sigma^2}$$
（3.8）

最大的点，可以通过对式（3.8）关于 $\boldsymbol{\theta}$ 和 σ 求导得到，即

$$\frac{\partial\ln f}{\partial\boldsymbol{\theta}}=\frac{\boldsymbol{X}^\mathrm{T}\boldsymbol{R}^{-1}(\boldsymbol{y}-\boldsymbol{X\theta})}{\sigma^2}=0 \quad (3.9\mathrm{a})$$

$$\frac{\partial\ln f}{\partial\sigma^2}=-\frac{n_y}{2}\frac{1}{\sigma^2}+\frac{(\boldsymbol{y}-\boldsymbol{X\theta})^\mathrm{T}\boldsymbol{R}^{-1}(\boldsymbol{y}-\boldsymbol{X\theta})}{2\sigma^4}=0 \quad (3.9\mathrm{b})$$

因此，通过求解上述关于 $\boldsymbol{\theta}$ 和 σ^2 的方程，可以得到使似然函数最大化的估计参数：

$$\hat{\boldsymbol{\theta}}=\left(\boldsymbol{X}^\mathrm{T}\boldsymbol{R}^{-1}\boldsymbol{X}\right)^{-1}\left\{\boldsymbol{X}^\mathrm{T}\boldsymbol{R}^{-1}\boldsymbol{y}\right\} \quad (3.10\mathrm{a})$$

$$\hat{\sigma}^2=\frac{(\boldsymbol{y}-\boldsymbol{X}\hat{\boldsymbol{\theta}})^\mathrm{T}\boldsymbol{R}^{-1}(\boldsymbol{y}-\boldsymbol{X}\hat{\boldsymbol{\theta}})}{n_y-n_p} \quad (3.10\mathrm{b})$$

在推导式（3.10）时，假设函数的波长在输入空间（Input Space）的所有区域都是均匀的。在这种情况下，利用初始数据得到的协方差矩阵在整个输入空间是恒定的，这被称为平稳协方差（Stationary Covariance）。对于非平稳协方差，读者可参考 Xiong 等（Xiong, et al., 2007）的工作。

全局函数通常采用多项式函数。Kriging 代理是高斯过程的另一个名称，由南非地质统计学工程师丹尼尔·G.克里格（Daniel G. Krige）命名，他开发了 Kriging 代理来估计距离加权平均金品位（Average Gold Grades）。当采用常数函数作为基时，产生了一个特定的术语，即普通 Kriging 方法，估计参数 $\hat{\boldsymbol{\theta}}$ 此时变为一个标量。当 Kriging 代理的主要目的是估计插值区域内的函数时，全局函数的选择可能并不重要，因为局部偏差将建模为：预测值通过数据点，而数据点之间的预测值根据数据点之间的相关性来确定。但是，考虑预测的目的，这不是一个好的全局函数的选择，因为在预测过程中高斯过程的目的是外推，数据点之间的相关性会随着外推距离的增大而迅速减小，预测则会返回至全局函数。如果知道退化表现出单调递增或递减的行为，那么最好选择具有这种性质的基。

2. 局部偏离

前文使用最大似然估计来估计使似然函数最大化的全局函数参数 $\hat{\boldsymbol{\theta}}$ 和方差 $\hat{\sigma}^2$，其结果由式（3.10）给出。因此，目前已经确定了式（3.3）中的整体函数形式。现在，考虑式（3.3）中的局部偏离项 $s(\boldsymbol{x})$，这将最终生成高斯过程模拟函数。根据高斯过程模拟函数通过测量数据点这一特性，高斯过程模拟函数可以用测量数据和权函数的线性组合来表示；然后，通过最小化高斯过程模拟函数输出和真函数（True Function）输出之间的均方差（MSE），可以找到权函数。首先，高斯过程模拟函数与真函数之间的误差定义为

$$\varepsilon(\boldsymbol{x}) = \hat{z}(\boldsymbol{x}) - z(\boldsymbol{x}) = \boldsymbol{w}(\boldsymbol{x})^\mathrm{T}\boldsymbol{y} - z(\boldsymbol{x}) \quad (3.11)$$

式中，$\hat{z}(\boldsymbol{x})$ 和 $z(\boldsymbol{x})$ 分别是高斯过程模拟函数和真函数。

高斯过程模拟函数可以表示为权函数 $\boldsymbol{w}(\boldsymbol{x})$（$n_y \times 1$）向量与测量数据 $\boldsymbol{y}$（$\boldsymbol{w}(\boldsymbol{x})^\mathrm{T}\boldsymbol{y}$）（$n_y \times 1$）向量的点积，其目标是确定权重函数，使式（3.11）中的误差最小。虽然高斯过程模拟函数以 $\hat{z}(\boldsymbol{x}) = \boldsymbol{w}(\boldsymbol{x})^\mathrm{T}\boldsymbol{y}$ 的形式表示，但也可以用全局函数和局部偏离表示，如式（3.3）所示。

在数据没有误差的基本假设之下，数据可以用式（3.3）中的高斯过程模拟函数的形式表示，也就是说 $\boldsymbol{y} = \boldsymbol{X}\hat{\boldsymbol{\theta}} + \boldsymbol{s}$，其中 $\boldsymbol{s} = \left\{s(\boldsymbol{x}_1), s(\boldsymbol{x}_2), \cdots, s(\boldsymbol{x}_{n_y})\right\}^\mathrm{T}$ 是数据点的局部偏离向量。注意，$s(\boldsymbol{x})$ 是一个函数，而 $\boldsymbol{s}$ 是所有采样点上的 $s(\boldsymbol{x})$ 组成的向量。同样，真函数也可以表示为 $z(\boldsymbol{x}) = \xi(\boldsymbol{x})\hat{\boldsymbol{\theta}} + s(\boldsymbol{x})$。因此，式（3.11）可以改写为

$$\begin{aligned}\varepsilon(\boldsymbol{x}) &= \boldsymbol{w}(\boldsymbol{x})^\mathrm{T}\{\boldsymbol{X}\hat{\boldsymbol{\theta}} + \boldsymbol{s}\} - [\xi(\boldsymbol{x})\hat{\boldsymbol{\theta}} + s(\boldsymbol{x})] \\ &= \left(\boldsymbol{w}(\boldsymbol{x})^\mathrm{T}\boldsymbol{X} - \xi(\boldsymbol{x})\right)\hat{\boldsymbol{\theta}} + \boldsymbol{w}(\boldsymbol{x})^\mathrm{T}\boldsymbol{s} - s(\boldsymbol{x})\end{aligned} \quad (3.12)$$

在式（3.12）中，$\left(\boldsymbol{w}(\boldsymbol{x})^\mathrm{T}\boldsymbol{X} - \xi(\boldsymbol{x})\right)\hat{\boldsymbol{\theta}}$ 和 $\boldsymbol{w}(\boldsymbol{x})^\mathrm{T}\boldsymbol{s} - s(\boldsymbol{x})$ 分别是全局误差项和偏离误差项。为了保持全局函数无偏离，需要对权函数进行约束，以使全局误差项（Global Error Term）为零。由于全局函数参数 $\hat{\boldsymbol{\theta}}$ 不能全部为零，得到式（3.13）作为约束：

$$\boldsymbol{w}(\boldsymbol{x})^\mathrm{T}\boldsymbol{X} - \xi(\boldsymbol{x}) = 0 \quad (3.13)$$

式（3.12）的均方差变为

$$\mathrm{MSE} = E\left[\varepsilon(\boldsymbol{x})^2\right] = E\left[\left(\boldsymbol{w}^\mathrm{T}\boldsymbol{s} - s(\boldsymbol{x})\right)^2\right] = E\left[\boldsymbol{w}^\mathrm{T}\boldsymbol{s}\boldsymbol{s}^\mathrm{T}\boldsymbol{w} - 2\boldsymbol{w}^\mathrm{T}\boldsymbol{s}s(\boldsymbol{x}) + s(\boldsymbol{x})^2\right] \quad (3.14)$$

其中，$E[\cdot]$ 是期望算子。

根据二阶中心矩（方差）和协方差的定义，可以得到 MSE，即

$$\text{MSE} = \sigma^2 \left(\boldsymbol{w}^\text{T} \boldsymbol{R} \boldsymbol{w} - 2\boldsymbol{w}^\text{T} \boldsymbol{r} + 1 \right) \quad (3.15)$$

这表示了模拟高斯过程输出的不确定性，因此这也成为高斯过程模拟的方差。

权重函数可以通过最小化式（3.15）中的均方差找到，同时满足式（3.13）中的无偏约束。拉格朗日乘子法（Lagrange Multiplier）是一种具有等式约束作用（Equality Constraint）的优化方法，通过式（3.13）进行约束，式（3.15）中的均方差得以最小化，从而得到 $\boldsymbol{w}$。拉格朗日函数是通过引入拉格朗日乘数 $\boldsymbol{\lambda}$ 定义的，$\boldsymbol{\lambda}$ 在这种情况下是一个 $1 \times n_p$ 向量，即

$$L(\boldsymbol{w}, \boldsymbol{\lambda}) = \sigma^2 \left(\boldsymbol{w}^\text{T} \boldsymbol{R} \boldsymbol{w} - 2\boldsymbol{w}^\text{T} \boldsymbol{r} + 1 \right) - \boldsymbol{\lambda} \left(\boldsymbol{X}^\text{T} \boldsymbol{w} - \boldsymbol{\xi}^\text{T} \right) \quad (3.16)$$

通过式（3.16）对 $\boldsymbol{w}$ 和 $\boldsymbol{\lambda}$ 求偏导数，可以求出最小值，即

$$\frac{\partial L(\boldsymbol{w}, \boldsymbol{\lambda})}{\partial \boldsymbol{w}} = 2\sigma^2 (\boldsymbol{R}\boldsymbol{w} - \boldsymbol{r}) - \boldsymbol{X} \boldsymbol{\lambda}^\text{T} = 0 \quad (3.17)$$

$$\frac{\partial L(\boldsymbol{w}, \boldsymbol{\lambda})}{\partial \boldsymbol{\lambda}} = \boldsymbol{X}^\text{T} \boldsymbol{w} - \boldsymbol{\xi}^\text{T} = 0 \quad (3.18)$$

通过求解关于 $\boldsymbol{w}$ 的方程式（3.17），得到

$$\boldsymbol{w} = \boldsymbol{R}^{-1} \boldsymbol{r} + \boldsymbol{R}^{-1} \boldsymbol{X} \frac{\boldsymbol{\lambda}^\text{T}}{2\sigma^2} \quad (3.19)$$

为了获得 $\dfrac{\boldsymbol{\lambda}^\text{T}}{2\sigma^2}$，将式（3.19）代入式（3.18），并求得 $\dfrac{\boldsymbol{\lambda}^\text{T}}{2\sigma^2}$ 为

$$\frac{\boldsymbol{\lambda}^\text{T}}{2\sigma^2} = \left(\boldsymbol{X}^\text{T} \boldsymbol{R}^{-1} \boldsymbol{X} \right)^{-1} \left\{ \boldsymbol{\xi}^\text{T} - \boldsymbol{X}^\text{T} \boldsymbol{R}^{-1} \boldsymbol{r} \right\} \quad (3.20)$$

因此，权重向量 $\boldsymbol{w}$ 可通过式（3.19）和式（3.20）获得，然后用式（3.11）中的高斯过程模拟，即

$$\begin{aligned}
\hat{z}(\boldsymbol{x}) &= \boldsymbol{w}(\boldsymbol{x})^\text{T} \boldsymbol{y} \\
&= \left(\boldsymbol{R}^{-1} \boldsymbol{r} + \boldsymbol{R}^{-1} \boldsymbol{X} \frac{\boldsymbol{\lambda}^\text{T}}{2\sigma^2} \right)^\text{T} \boldsymbol{y} \\
&= \boldsymbol{r}^\text{T} \boldsymbol{R}^{-1} \boldsymbol{y} + \frac{\boldsymbol{\lambda}}{2\sigma^2} \boldsymbol{X}^\text{T} \boldsymbol{R}^{-1} \boldsymbol{y} \\
&= \boldsymbol{r}^\text{T} \boldsymbol{R}^{-1} \boldsymbol{y} + \left(\boldsymbol{\xi} - \boldsymbol{r}^\text{T} \boldsymbol{R}^{-1} \boldsymbol{X} \right) \underline{\left(\boldsymbol{X}^\text{T} \boldsymbol{R}^{-1} \boldsymbol{X} \right)^{-1} \left\{ \boldsymbol{X}^\text{T} \boldsymbol{R}^{-1} \boldsymbol{y} \right\}}
\end{aligned} \quad (3.21)$$

注意，这里利用了相关矩阵的对称性。在式（3.21）中，加下画线的项是式（3.10）中的估计参数 $\hat{\boldsymbol{\theta}}$。最后，得到高斯过程模拟公式为

$$\hat{z}(\boldsymbol{x}) = \boldsymbol{\xi}(\boldsymbol{x}) \hat{\boldsymbol{\theta}} + r(\boldsymbol{x})^\text{T} \boldsymbol{R}^{-1} (\boldsymbol{y} - \boldsymbol{X} \hat{\boldsymbol{\theta}}) \quad (3.22)$$

式中，y 是 $n_y \times 1$ 的测量数据向量；X 是 $n_y \times n_p$ 的设计矩阵；R 是测量点之间的相关矩阵（$n_y \times n_y$）；$\hat{\theta}$ 是基于测量数据确定的全局函数参数/系数的 $n_p \times 1$ 的向量；$r(x)$ 是预测点和测量点之间的 $n_y \times 1$ 的相关向量。

在式（3.22）中，第一项是全局函数项，第二项表示局部偏离。为了计算一个新输入的偏离，对数据和全局函数输出之间的误差 $y - X\hat{\theta}$，基于相关性项 $r(x)^T R^{-1}$ 进行加权和求和。

如果将式（3.22）写成 $\hat{z}(x) = \xi(x)\hat{\theta} + r(x)^T \beta$ 的形式，那么其中只有 $\xi(x)$ 和 $r(x)$ 是预测点 x 的函数，其他所有项对于给定的样本数据集都是固定的。因此，高斯过程回归类似于线性回归，是未知系数乘以已知基函数所得的线性组合。然而，须注意两个重要区别：①基函数 $r(x)$ 是未知的，因为相关矩阵 R 需要根据数据进行估计；②系数的求解不是通过将数据点的均方根误差（RMSE）最小化来实现的，事实上，由于准确预测插值数据，数据点的均方根误差为 0。

3. 相关函数与超参数

有不同类型的相关函数可用，包括径向基［或平方指数（Squared Exponential）］、有理二次函数、神经网络、Matern 函数、周期函数、常数函数、线性函数，以及这些函数的组合（Rasmussen and Williams，2006）。虽然高斯过程模拟的质量取决于相关函数，但简单起见，本书采用了一个常用的单参数径向基函数。径向基函数取决于输入点之间的距离，即欧几里得范数（Euclidean Norm）：

$$R(x, x^*) = \exp\left(-(x_d/h)^2\right), \quad x_d = \|x - x^*\| \tag{3.23}$$

式中，h 是一个超参数，为函数的尺度参数，用于控制函数的平滑度，h 的值小意味着相关性随着距离增大快速衰减，在波长 λ 的 1/6 处，相关性会衰减至 0.4 左右（见例 3.1）。由于 $e^{-1} \approx 0.37$，接近 0.4，因此超参数必须满足 $(\lambda/6h)^2 \approx 1$，这就要求 $h \approx \lambda/6$。也就是说，如果一个函数有一个波长 λ，那么超参数应该接近 $h \approx \lambda/6$。例如，对于 $z(x) = \sin x$，应有 $h \approx 1$，而对于 $z(x) = \sin(5x)$，$h \approx 0.2$。

一般来说，超参数是通过优化算法确定的，该优化算法是通过最大化与全局函数输出和数据之间的误差相对应的对数似然函数（或最小化负对数似然函数）确定的，该对数似然函数在式（3.8）中给出。因为式（3.8）中的第一项和第四项相对于相关矩阵（超参数）是恒定的，所以可以将其省略而得到式（3.24）（Toal, et al., 2008）。这样，可以通过最大化式（3.24）来得到超参数 h：

$$h = \arg\max\left[-\frac{n_y}{2}\ln(\hat{\sigma}^2) - \frac{1}{2}\ln|\boldsymbol{R}|\right] \quad (3.24)$$

h 的最优值可以通过最大化式（3.24）或最小化式（3.24）的等效函数得到，最小化式（3.24）如下：

$$h = \arg\min\left[\ln(\hat{\sigma}^{2(n_y-n_p)} \times |\boldsymbol{R}|)\right] \quad (3.25)$$

式中，$n_y - n_p$ 为自由度，作用是代替数据的数量 n_y，以获得方差的无偏估计。

对一个对数似然函数进行最大化是一个具有挑战性的优化问题，因为似然函数通常在很大的参数范围内变化缓慢，也可以使用交叉验证（Cross-Validation）作为最大似然法的替代。交叉验证法的步骤是：首先，省去其中一个点，用参数拟合其余点；然后，计算省去点处的误差，对每个点重复此过程，以产生总误差度量（Total Error Measure）；最后，选择产生最小交叉验证误差的参数集。高斯过程回归中求解最大似然性或最小交叉验证误差的优化问题往往是病态的，可能会导致拟合不佳或预测方差的估计不佳。通过将预测方差与交叉验证误差进行比较，检查预测方差的不佳估计。另外，当曲率在数据点附近发生显著变化时，高斯过程回归往往会拟合不佳。

例如，图 3-4（a）显示了一个简单的二次多项式 $y(x) = x^2 + 5x - 10$，其曲率变化相对较快。从多项式中生成 9 个数据点（图中仅显示部分数据），并采用常数全局函数 $\xi(x) = 0$ 运用高斯过程回归来拟合数据。图 3-4（b）显示了超参数过大时的高斯过程回归；图 3-4（c）显示了超参数过小时的高斯过程回归。当超参数过大时，拟合效果较好，但估计的预测方差过大；当超参数过小时，拟合效果较差，且预测方差不能覆盖真函数。因此，建议通过绘制高斯过程回归及其不确定性进行可视化分析。

例 3.2　确定性高斯过程模拟

使用高斯过程模拟，利用表 2-1 中给出的前 5 个数据执行以下步骤：

（1）计算常量形式的全局函数参数，以及数据相对于全局函数的方差。使用式（3.23）中给出的径向基相关函数，并假定超参数 $h = 5.2$。

（2）获得超参数 h 的最佳值。

（3）在分别获得全局误差项和偏离误差项后，分别计算在 $t = 10$ 和 $t = 14$ 处的高斯过程模拟结果。

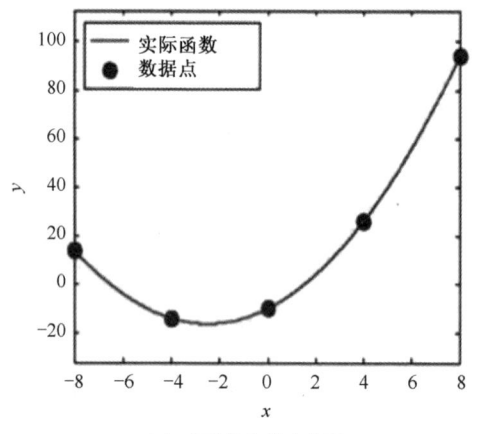

(a) 真函数和样本位置

(b) 超参数过大时的高斯过程回归　　　　(c) 超参数过小时的高斯过程回归

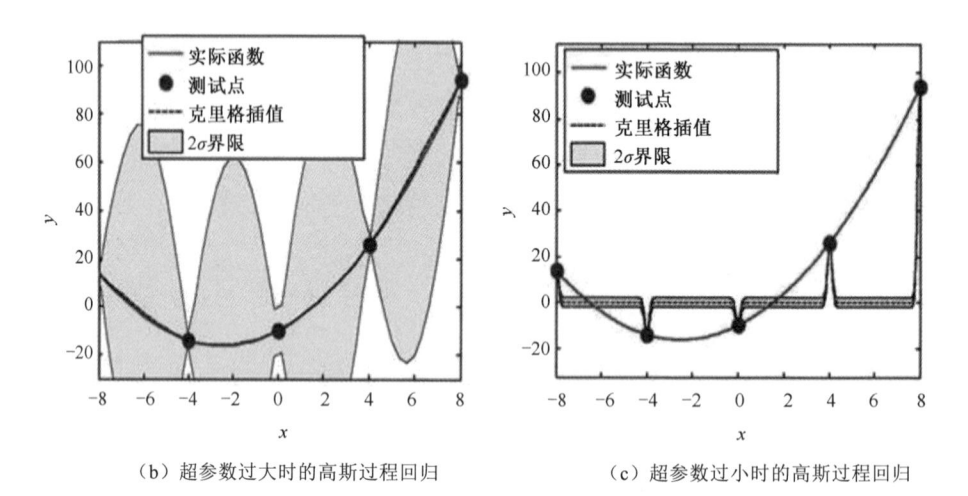

图 3-4　高斯过程回归中超参数的影响

该问题可以用本节给出的方程来解决。在求解问题之前，须定义数据和设计矩阵，即

$$y = \begin{bmatrix} 1 & 0.99 & 0.99 & 0.94 & 0.95 \end{bmatrix}^T$$

$$x(t) = \begin{bmatrix} 0 & 5 & 10 & 15 & 20 \end{bmatrix}^T$$

$$X = \begin{bmatrix} 1 & 1 & 1 & 1 & 1 \end{bmatrix}^T$$

请注意，全局函数在该问题中定义为常量，这意味着对于任何输入全局函数的输出都是相同的，并且只有一个参数，也就是说，$\xi(x) = \{1\}$ 且 $\boldsymbol{\theta} = \{\theta\}$。在 MATLAB 中，这些项的定义为

```
y=[1 0.99 0.99 0.94 0.95]';        % measurement data
x=[0 5 10 15 20]';                 % input variable, t
X=ones(5,1);                       % design matrix
ny=length(y); np=size(X,2);
```

求解此问题的具体步骤如下。

（1）求解此问题的方程见式（3.10），除由式（3.23）得到的相关矩阵 R 外，其他项均预先定义。以下 MATLAB 命令用于计算相关矩阵。

```
h=5.2;
for k=1:ny; for l=1:ny;
    R(k,l)=exp(-(norm(x(k,:)-x(l,:))/h)^2);
end; end;
```

其结果为

$$R = \begin{bmatrix} 1 & 0.3967 & 0.0248 & 0.0002 & 0 \\ 0.3967 & 1 & 0.3967 & 0.0248 & 0.0002 \\ 0.0248 & 0.3967 & 1 & 0.3967 & 0.0248 \\ 0.0002 & 0.0248 & 0.3967 & 1 & 0.3967 \\ 0 & 0.0002 & 0.0248 & 0.3967 & 1 \end{bmatrix}$$

对角线元素应为 1，因为其表示数据自身的相关性。非对角线元素是根据两个不同输入之间的距离来确定的。全局函数参数及数据相对于全局函数的方差可以用式（3.10）进行计算，即

$$\hat{\theta} = \left(X^T R^{-1} X\right)^{-1} \left\{X^T R^{-1} y\right\} = 3.0989^{-1} \times 3.0226 = 0.9754$$

$$\hat{\sigma}^2 = \frac{(y - X\hat{\theta})^T R^{-1} (y - X\hat{\theta})}{n_y - n_p} = 7.28 \times 10^{-4}, \quad \hat{\sigma} = 0.0270$$

```
Rinv=inv(R);
thetaH=(X'*Rinv*X)\(X'* Rinv*y);
sigmaH=sqrt(1/(ny-np)*((y-X*thetaH)'*Rinv*(y-X*thetaH)));
```

（2）在步骤（1）中，给出了 $h = 5.2$。事实上，这是最优结果，可以通过式（3.25）获得。注意，如式（3.10）和式（3.23）所示，两个变量 $\hat{\sigma}$ 和 R 依赖 h，这些变量的计算方法见步骤（1）。这是一个单参数优化问题，可以通过在不同 h 值条件下绘制目标函数式（3.25）来近似求解。在 $h > 0$ 条件下计算式（3.25），得到图 3-5。在图 3-5 中，圆点标记表示最优点，从该点可近似地得到超参数的最优值 $h_{opt} = 5.2$。下面的 MATLAB 代码可用于计算并绘制得到图 3-5。

```
h=zeros(20,1); Obj=zeros(20,1);
for i=1:20
  h(i)=0.5*i;
  for k=1:ny; for l=1:ny;
    R(k,l)=exp(-(norm(x(k,:)-x(l,:))/h(i))^2);
  end; end;
  Rinv=inv(R);
  thetaH=(X'*Rinv*X)\(X'* Rinv*y);
  sigmaH=sqrt(1/(ny-np)*((y-X*thetaH)'*Rinv*(y-X*thetaH)));
  Obj(i)=log(sigmaH^(2*(ny-np))*det(R));
end
plot(h,Obj,'linewidth',2); grid on;
```

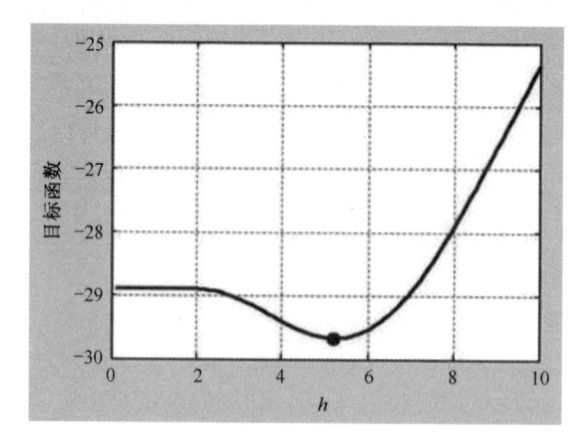

图 3-5 不同超参数 h 下的目标函数

（3）因为全局函数是一个常量，所以设计向量为 $\boldsymbol{\xi}=[1]$，并且只有一个单一的函数参数。因此，式（3.22）中的全局误差项 $\boldsymbol{\xi}\hat{\boldsymbol{\theta}}$ 变为 $\boldsymbol{\xi}\hat{\boldsymbol{\theta}}=1\times0.9754$。对于偏离误差项，即式（3.22）中的 $\boldsymbol{r}^\mathrm{T}\boldsymbol{R}^{-1}(\boldsymbol{y}-\boldsymbol{X}\hat{\boldsymbol{\theta}})$，当 $t=10,14$（t 为输入变量 x）时，测量数据点之间的相关性向量应计算为 [$\boldsymbol{R}$ 在式（3.23）中给出]

$$r=\{R(x_k,x)\},\quad k=1,\cdots,n_y$$

因此，当 $t=10$ 时，有

$$r=\begin{bmatrix}0.0248 & 0.3967 & 1 & 0.3967 & 0.0248\end{bmatrix}^\mathrm{T}$$

$$\boldsymbol{r}^\mathrm{T}\boldsymbol{R}^{-1}(\boldsymbol{y}-\boldsymbol{X}\hat{\boldsymbol{\theta}})=0.0146$$

注意，由于 $t=10$ 与测量点之一（第 3 个点）相同，相关向量 $\boldsymbol{r}$ 与相关矩阵 $\boldsymbol{R}$ 的第 3 列相同。

以同样的方式，当 $t=14$ 时，有

$$r=\begin{bmatrix}0.0007 & 0.05 & 0.5534 & 0.9637 & 0.2641\end{bmatrix}^\mathrm{T}$$

$$\boldsymbol{r}^\mathrm{T}\boldsymbol{R}^{-1}(\boldsymbol{y}-\boldsymbol{X}\hat{\boldsymbol{\theta}})=-0.0272$$

该相关向量可以使用下面的 MATLAB 代码完成：

```
xNew=10; %or xNew=14
for k=1:ny; r(k,1)=exp(-(norm(x(k,:)-xNew)/h)^2); end;
gpDepar=r'*Rinv*(y-X*thetaH);
```

因此，式（3.22）中的高斯过程模拟结果为

$$t=10, \hat{z}(10) = 0.9754 + 0.0146 = 0.99$$
$$t=14, \hat{z}(14) = 0.9754 - 0.0272 = 0.9482$$

高斯过程结果如图 3-6（a）中的星形标记所示，这偏离了全局函数。对 $t \in [-5, 25]$ 重复上述过程，获得图 3-6（a）中的黑色实曲线。可以注意到，高斯过程模拟结果通过测量数据并形成一条平滑曲线。

图 3-6（b）给出了使用不适当超参数时的高斯过程模拟结果。过小的超参数（本例中 $h=0.5$），会降低输入之间的相关性。当相关性降低时，高斯过程回归会接近线性回归，因此遵循全局函数。数据点之外的两端及数据点之间部分均与全局函数重叠。但是，高斯过程回归仍然通过数据点，因为相同点之间的距离为零，这使得相关性为式（3.23）中的 1。需要注意的是，由于指数形式的相关性在远离数据点时衰减，当预测点远离所有数据点时，其将收敛至全局函数。因此，除非有来自其他类似系统的足够多的训练数据，否则高斯过程不适合用于长期预测。

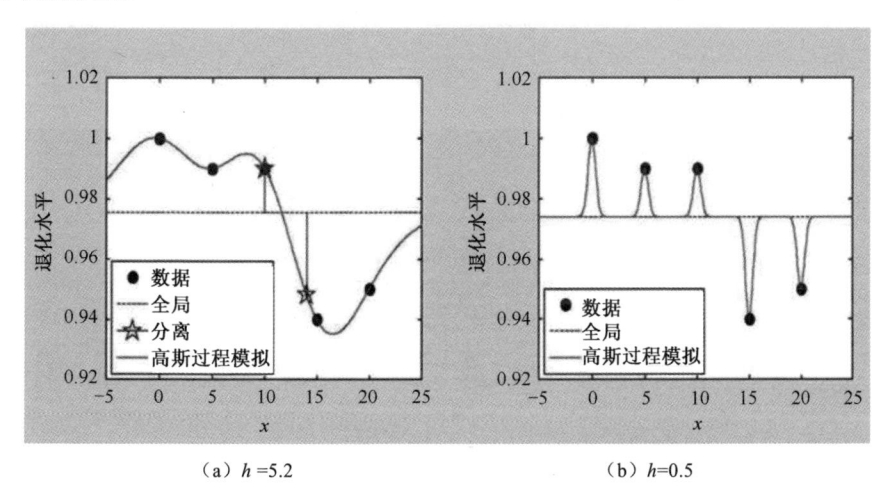

(a) $h=5.2$ (b) $h=0.5$

图 3-6 表 3-1 中前 5 个数据的高斯过程回归

4. 不确定性

与其他代理模型相比，高斯过程回归的一个重要属性是其允许估计预测点

的不确定性。从不确定性的角度来看，式（3.22）提供了高斯过程回归的平均预测。高斯过程模拟的方差以均方差的形式引入式（3.15）中。高斯过程模拟中的不确定性服从高斯分布，其均值在式（3.22）的确定性模型中给出，方差在式（3.15）中给出，即

$$Z(x) \sim N\left(\xi\hat{\theta} + r^T R^{-1}(y - X\hat{\theta}), \quad \sigma^2\left(w^T R w - 2w^T r + 1\right)\right) \quad (3.26)$$

请注意，高斯过程模拟的真实方差未知，但可以根据有限的数据进行估计。当根据少量样本估计方差时，均值服从 t 分布。因此，利用自由度为 $n_y - n_p$ 的 t 分布对式（3.26）进行修正，即

$$Z(x) \sim \xi\hat{\theta} + r^T R^{-1}(y - X\hat{\theta}) + t_{n_y - n_p}\hat{\sigma}\sqrt{w^T R w - 2w^T r + 1} \quad (3.27)$$

这表示由函数参数不确定性引起的模拟输出的分布。基于高斯过程回归的假设，上述不确定性不包括任何数据中的噪声，因此在高斯过程模拟中不考虑预测区间。式（3.27）可用于计算模拟输出的置信区间。仿真结果通过测量点，因此置信区间可以同时作为预测区间。故障预测的不确定性，基于式（3.27）进行分析，其区间称为预测区间。

在数据点上，高斯过程模拟的预测方差为零。为了说明这一点，将预测点选择为数据点，即 $x = x_k$。式（3.20）中拉格朗日乘子的表达式为

$$\xi(x_k)^T - X^T R^{-1} r(x_k) = 0$$

可以看出，这是因为 $R^{-1} r(x_k)$ 变成了一个单位向量，其第 k 个分量为 1，其他所有分量为 0；而设计矩阵 X 的第 k 列即 $\xi(x_k)$。在第 k 个数据点使用零拉格朗日乘子时，式（3.19）中的插值权重 w 成为一个单位向量（第 k 个分量为 1，并且其他所有分量为 0）。最后，第 k 个数据点处的均方差为

$$\text{MSE}(x_k) = \sigma^2\left(w^T R w - 2w^T r + 1\right) = 0$$

因为相关矩阵的对角分量是 1，所以 $w^T R w = 1$；因为相关向量的第 k 个分量也是 1，所以 $w^T r = 1$。因此，在数据点处，预测方差为 0，即在数据点处不存在不确定性。

例 3.3 高斯过程模拟中的不确定性

计算例 3.2 给出的问题在 $t = 10$ 和 $t = 14$ 处的 90% 置信区间。

为了计算置信区间，可以使用式（3.27），并利用在例 3.2 中得到高斯过程回归的均值。对于不确定性部分，式（3.19）中给出了权函数 w，然后计算预测不确定性的标准差 $\hat{\sigma}_z = \hat{\sigma}\sqrt{w^T R w - 2w^T r + 1}$，代码如下。

```
xi=1;
w=Rinv*r+Rinv*X*((X'*Rinv*X)\(xi'-X'*Rinv*r));
zSigmaH=sigmaH*sqrt(w'*R*w-2*w'*r+1);
```

由于在测量点上没有不确定性,因此在 $t=10$ 处 $\hat{\sigma}_z$ 应为零,并且第 5 个百分位数和第 95 个百分位数与平均值 0.99 相同(在例 3.2 中给出)。另外,在 $t=14$ 处,$\hat{\sigma}_z$ 的值为 0.0041,可以通过两种方式获得置信区间,即基于滑动 t 的逆 CDF 分布或基于来自 t 分布的随机样本。下面的 MATLAB 代码可以计算置信区间。

```
% using the inverse calculation
gpMean=0.9482;
PI=[ gpMean + tinv(0.05,ny-np)*zSigmaH, ...
     gpMean + tinv(0.95,ny-np)*zSigmaH]
% using the random samples
ns=5e3;
tDist=trnd(ny-np,1,ns);
yHat=gpMean+tDist*zSigmaH;
PI=prctile(yHat,[5 95])
```

结果列于表 3-2 中,图 3-7 中的虚线曲线是对 $t \in [-5, 25]$ 重复上述过程得到的。注意,在数据点处的置信区间为零,而外推区域的置信区间增大。

表 3-2 高斯过程回归中的预测区间

x_{new}	第 5 个百分位数	第 95 个百分位数	90%置信区间
$t=10$	0.99	0.99	0
$t=14$	0.9394	0.9570	0.0176

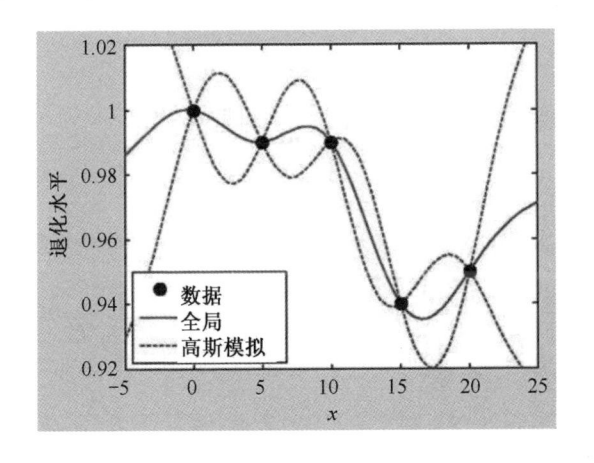

图 3-7 表 2-1 中前 5 个数据的高斯过程回归的不确定性

3.2.2 基于高斯过程的电池故障预测的 MATLAB 实现

本节介绍 MATLAB 代码[GP]，其可利用高斯过程模拟来预测损伤退化和剩余使用寿命。利用与第 2 章相同的方式对代码的用法进行介绍。代码分为 3 个部分：①针对用户特定应用的问题定义；②利用高斯过程进行故障预测；③显示结果的后处理。

1. 问题定义（第 5～15 行、第 17 行、第 27～31 行）

代码[GP]是高斯过程模拟的 MATLAB 代码。在第 10 行和第 11 行中，"nT"是包括预测集在内的训练集的数量，"nt"是每个数据集中训练数据的"nT×1"向量。在高斯过程回归中，数据驱动的方法可能采用多组数据。例如，假设两个电池在失效前都进行了退化测试，希望预测第 3 个电池的剩余使用寿命；并假设电池 1 和电池 2 在失效前，分别有 20 个退化数据，而当前电池测量了 10 个退化数据。在这种情况下，nT=3，因为它包含所有具有退化数据的电池，当然也包含当前电池。由于不同电池的数据数量不同，须为每个数据集指定可用数据数量。当使用多个数据集时，最后一个数据集始终被视为预测集，即当前关注系统。对于多个训练数据集，请参阅 3.4 节。

与基于物理模型的故障预测方法中给出真实参数不同，这里在第 13 行中给出预测集的真实退化水平，预测集数组大小与时间数组相同。如果真实退化未知，则变量"degraTrue"可以是空数组。变量"signiLevel"用于利用"ns"个样本来计算置信区间。对于电池问题，参数定义的第一部分（第 5～15 行）代码如下：

```
WorkName='Battery_GP';
DegraUnit='C/1 Capacity';
TimeUnit='Cycles';
time=[0:5:200]';
y=[1.00 0.99 0.99 0.94 0.95 0.94 0.91 0.91 0.87 0.86]';
nT=1;
nt=[10]';
thres=0.7;
degraTrue=exp(-0.003.*time);
signiLevel=5;
ns=5e3;
```

因为没有可用的物理模型，所以需要适当地利用给定的信息，即测量数据和/或使用条件。预测质量取决于对给定信息的利用，给定信息与输入矩阵、输出矩阵的定义有关。因此，定义输入矩阵和输出矩阵是数据驱动的故障预测方法的重要任务之一。鉴于其重要性，在第 17 行和第 27～31 行的问题定义部分，对输入矩阵和输出矩阵进行定义。在本节中，作为一个简单示例，测量时间及其测量数据分别作为输入（xTrain）和输出（yTrain）。在这种情况下，第 17 行可

修改为

```
y0=(y-min(y))/(max(y)-min(y));
time0=(time-min(time))/(max(time)-min(time));
xTrain=time0(1:length(y)); yTrain=y0;
```

请注意，上面代码中的前两行将输入数据和输出数据归一化到 0~1，这是正确找到尺度参数必需的。需要新的输入值来预测退化，这在第 28 行中进行定义，代码为

```
xNew=time0(ny-1+k);
```

此处再次使用归一化时间，即使用 time0 而不是 time。

2. 利用高斯过程进行故障预测

高斯过程的应用基于 3.2.3 节中导出的方程，例 3.2 中介绍了利用高斯过程模型获得平均预测值的简单例子，例 3.3 中介绍了模型中不确定性的量化。预测结果在很大程度上取决于尺度参数和全局函数，因此这两者被用作函数中的输入变量（第 1 行）。对于电池问题，以下代码用于运行代码[GP]。

```
rul=GP(1,0.05);
```

全局函数的阶数"funcOrd"用于第 42~48 行中的函数"GLOBAL"来定义全局函数。funcOrd 分别取 0、1 或 2 可确定 3 个多项式函数，但这部分可以利用任何多项式函数进行修改。因为在本例中 funcOrd=1，所以在第 45 行中使用了一阶多项式函数，其从训练数据（第 21 行）和新输入（第 73 行）生成设计矩阵。

将尺度参数的初始值 h0 设置为 0.05，以找到 hH 的最优值（第 23 行、第 24 行），该值是基于优化函数"fmincon"进行估计的，以在-2~2 找到尺度参数的最小值。尺度参数的最大值 hMax=2（第 23 行），使最大距离的相关性为 0.7788[①]。这是为了防止尺度参数的值过大（当其过大时，最大距离的相关性也接近 1），并使 hMax 可以调整。目标函数在式（3.25）（第 53 行）中给出，在函数"FUNC"（第 50~54 行）中最小化。计算目标函数所需的参数，包括相关矩阵 R，以及全局函数与数据之间的误差大小，即在"RTHESIG"中计算的 sigma（第 56~61 行）。相关矩阵 R（第 58 行）根据式（3.23）（第 66 行）中给出的相关函数，在"CORREL"（第 63~68 行）中进行计算。然后，可以利用式（3.10）计算函数参数"theta"和误差"sigma"（第 59 行、第 60 行）。这 3 个参数依赖尺度参数，在确定 hH 的最优值（第 24 行）后，才能最终对其进行计算（第 25 行）。

---

① 最大距离，即式（3.23）中的 x_d 的最大值为 1，因为训练数据在 0~1 进行归一化。因此，当 h=2（或-2）时，相关性计算为 exp(-(1/2)2)≈0.7788。

可以通过"GPSIM"(第70~78行)计算高斯过程模拟结果的平均值"zMean"(第75行)和模拟误差的大小"zSig"(第79行)。"xi"(第73行)是一个设计向量,"r"(第74行)是一个相关向量,两者取决于新输入,即"x"。高斯过程模拟的平均值zMean(第75行)、权重向量"w"(第76行)及模拟误差的幅度"zSig"(第77行),分别在式(3.15)、式(3.19)、式(3.20)和式(3.21)中给出。

一旦获得了平均值和误差(第33~36行),就可以根据式(3.27)和例3.3中介绍的随机采样方法对"预测不确定性"进行量化。由于使用了归一化数据,退化预测的最终结果需要重新恢复为原始值(第35行)。如前所述,模拟结果中的误差被认为是预测不确定性(第36行)。

3. 后处理

后处理使用的代码与第2章中基于物理模型的故障预测方法的代码[POST]相同,但是基于物理模型的故障预测方法代码中的thetaHat在这里被置为空白,因为在数据驱动的故障预测方法中,函数参数是确定性估计的,并且不可能与真值进行比较。作为结果,电池问题退化和剩余使用寿命的预测结果如图3-8所示。第45次循环时剩余使用寿命分布的百分位数的计算按以下代码进行:

```
Percentiles of RUL at 45 Cycles
 5th: 39.5361,  50th (median): 49.9718,  95th: 58.7455
```
在第45次循环时剩余使用寿命百分比
```
 5th: 39.5361,  50th (median): 49.9718,  95th: 58.7455
```

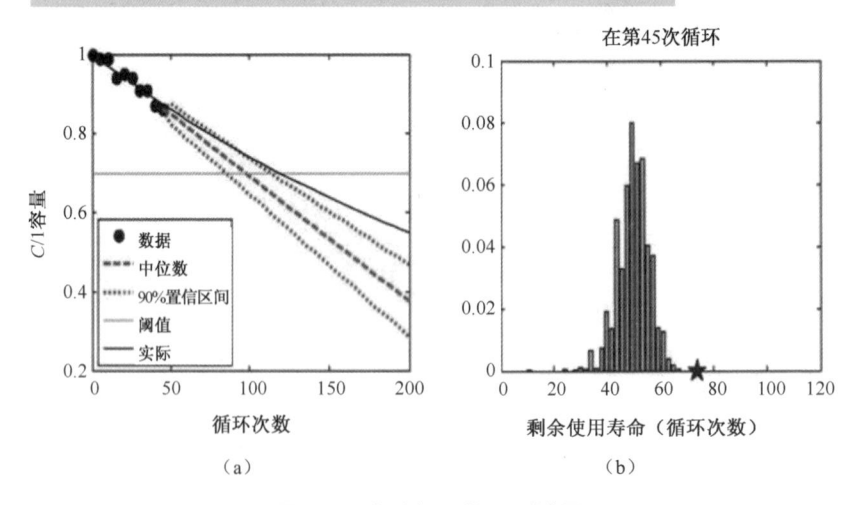

图 3-8 电池问题的预测结果

[GP]：MATLAB 代码

```matlab
1   function rul=GP(funcOrd,h0)
2   clear global; global DegraUnit ...
3   TimeUnit time y thres signiLevel ns ny nt xTrain yTrain X dof
4   %=== PROBLEM DEFINITION 1 (Required Variables) =============
5   WorkName=' ';              % work results are saved by WorkName
6   DegraUnit=' ';                          % degradation unit
7   TimeUnit=' ';              % time unit (Cycles, Weeks, etc.)
8   time=[ ]';       %[cv]: time at both measurement and prediction
9   y=[ ]';                              %[ny x 1]: measured data
10  nT= ;           % num. of training set including the current one
11  nt=[ ]';%[nT x 1]: num. of training data in each training set
12  thres= ;                        % threshold (critical value)
13  degraTrue=[ ]';          %[cv]: true values of degradation
14  signiLevel= ;            % significance level for C.I. and P.I.
15  ns= ;                          % number of particles/samples
16  %=== PROBLEM DEFINITION 2 (Training Matrix) ================
17  xTrain=[ ]; yTrain=[ ];
18  %==========================================================
19  % % % PROGNOSIS using GP
20  ny=length(y);
21  X=GLOBAL(xTrain,funcOrd);          %% Determine Hyperparameter
22  dof=size(yTrain,1)-size(X,2);
23  hMax=2; hBound=hMax*ones(1,length(h0));
24  hH=fmincon(@FUNC,h0,[],[],[],[],-hBound,hBound);
25  [R,thetaH,sigmaH]=RTHESIG(hH);            %% R, Theta, and Sigma
26  %=== PROBLEM DEFINITION 2 (Input Matrix for Prediction =====
27  for k=1:length(time(ny:end));        %% Degradation Prediction
28    xNew=[ ];
29    [zMean(k,:),zSig(k,:)]= ...
30                     GPSIM(xNew,funcOrd,hH,R,thetaH,sigmaH);
31  end;
32  %==========================================================
33  tDist=trnd(dof,size(zMean,1),ns);    %% Prediction Uncertainty
34  zHat0=repmat(zMean,1,ns)+tDist.*repmat(zSig,1,ns);
35  zHat=zHat0*(max(y)-min(y))+min(y);
36  degraPredi=zHat;
37  % % % POST-PROCESSING
38  rul=POST([],degraPredi,degraTrue);      %% RUL & Result Disp
39  Name=[WorkName ' at ' num2str(time(ny)) '.mat']; save(Name);
40  end
41  % % % GLOBAL FUNCTION
42  function X=GLOBAL(x0,funcOrd)
43    nx=size(x0,1);
44    if funcOrd==0; X=ones(nx,1);
45    elseif funcOrd==1; X=[ones(nx,1) x0];
46    elseif funcOrd==2; X=[ones(nx,1) x0 x0.^2];
47    end
48  end
49  % % % OBJECTIVE FUNCTION TO FIND H
50  function objec=FUNC(h)
51    global dof
52    [R,~,sigma]=RTHESIG(h);
53    objec=log(sigma^(2*dof)*det(R));
54  end
55  % % % R, THETA, and SIGMA
56  function [R,theta,sigma]=RTHESIG(h)
57    global xTrain yTrain X dof
```

```
58    R=CORREL(xTrain,h); Rinv=R^-1;
59    theta=(X'*Rinv*X)\(X'*Rinv*yTrain);
60    sigma=sqrt(1/dof*((yTrain-X*theta)'*Rinv*(yTrain-X*theta)));
61  end
62  % % % CORRELATION FUNCTION
63  function R=CORREL(x0,h)
64    global xTrain
65    for k=1:size(xTrain,1); for l=1:size(x0,1);
66     R(k,l)=exp(-(norm(xTrain(k,:)-x0(l,:))/h)^2);
67    end; end;
68  end
69  % % % GP SIMULATION at NEW INPUTS
70  function [zMean,zSig]=GPSIM(x,funcOrd,h,R,theta,sigma)
71    global yTrain X
72    Rinv=R^-1;
73    xi=GLOBAL(x,funcOrd);
74    r=CORREL(x,h);
75    zMean=xi*theta+r'*Rinv*(yTrain-X*theta);
76    w=Rinv*r+Rinv*X*((X'*Rinv*X)\(xi'-X'*Rinv*r));
77    zSig=sigma*sqrt(w'*R*w-2*w'*r+1);
78  end
```

3.3 神经网络

最早的人工神经网络是在 1943 年由神经生理学家麦卡洛赫（W. Mcculloch）和数学家皮茨（W. Pitts）提出的。1949 年，赫布（D. Hebb）编写的《行为的组织》（*Organization of Behavior*）出版，他在书中提出了经典的赫布法则，其被证明是几乎所有神经学习过程的基础。感知器（Perceptron）是神经元的一种简单的数学表示，是由罗森布拉特（F. Rosenblatt）在 1958 年开发的。然而，在明斯基（M. Minsky）和帕尔特（S. Papert）编写的《感知器》一书中，这一概念被证明是有局限性的，其只能解决线性可分离问题（Linearly Separable Problem），这导致神经网络的研究暂时被搁置。

在长期沉寂之后，霍普菲尔德（J. Hopfield）于 1982 年发明了联想神经网络（Associative Neural Network），后来更名为霍普菲尔德网络。他将这项技术应用到有用的设备中，并说服许多科学家加入这一领域。同时，由鲁梅尔哈特、辛顿和威廉姆斯（Rumelhart, Hinton, and Williams）发明的反向传播算法（Backpropagation Algorithm），是 Widrow-Hoff 学习算法的泛化。这些事件带动了神经网络研究的复兴。如今，神经网络被用来解决各种各样的问题，如预测、分类和统计模式识别（Statistical Pattern Recognition）。本节将神经网络作为故障预测工具进行讨论。

神经网络（NN）算法是一种典型的数据驱动的故障预测方法，在这种方法中，一个网络模型通过对给定的输入（如时间、使用条件）做出反应，学习一种方法来产生期望输出，如退化水平或使用寿命。输入和输出之间的关系取决于神经网络模型是如何构建的，以及哪些函数［传递函数或激励函数（Activation Function）］与模型相关联。一旦神经网络模型充分学习了输入和输出之间的关系，就可以用于预测。

神经网络有许多不同类型，例如，在一个方向上传递信息的前馈神经网络，采用高斯径向基函数的径向基函数网络，在输入和输出之间具有局部反馈连接的递归神经网络，以及其他神经网络（如模糊神经、小波、联想记忆、模块化和混合式神经网络等）。在这些神经网络中，前馈神经网络是最常见的一种，本节将对其进行介绍。

3.3.1 前馈神经网络模型

1. 前馈神经网络的概念

神经网络中的基本处理单元称为神经元（Neuron）或节点。对于不同功能的节点，可以将其分为输入层、输出层和隐藏层。第一层是输入层，作用是接收来自外部的输入数据；最后一层是输出层，作用是将处理后的数据发送到神经网络之外；隐藏层存在于输入层和输出层之间，顾名思义，隐藏层从外部看不见，与外部没有任何交互。

最流行的神经网络是前馈神经网络（Feedforward Neural Network，FFNN），在前馈神经网络中，信息只沿着输入层、隐藏层和输出层向前移动，各层之内没有反馈。两层前馈神经网络（Two-Layer Feedforward Neural Network）如图 3-9 所示，其是前馈神经网络的基本形式。在图 3-9 中，圆圈表示节点，这些节点可以属于 3 个不同的层，即输入层、隐藏层和输出层。输入节点和输出节点分别表示输入变量和输出变量；隐藏节点连接输入变量和输出变量，即它们被馈送输入信息，然后将信息转发给输出节点。另外，需要确定隐藏层中的节点数量，以正确表达输入与输出之间的机制。

在神经网络中有两种不同的定义层的方法：①同一列中的每组节点可以称为一个层，即输入层、隐藏层和输出层；②一个层可以被理解为不同节点列之间的接口。这两种定义方法基本相同，但我们采用第二种定义方法，如图 3-9 所示。在第二种定义方法中，隐藏层位于输入节点和隐藏节点之间，而输出层位于隐藏节点和输出节点之间。

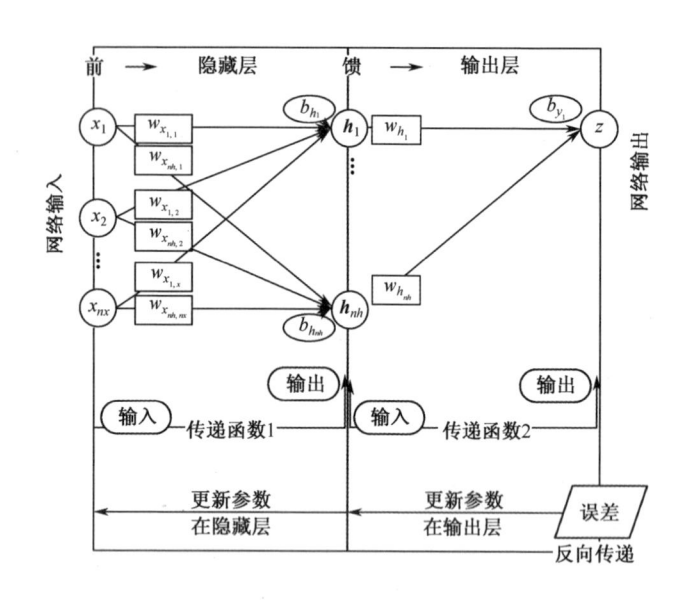

图 3-9 两层前馈神经网络

图 3-9 中有两类参数需要估计，即权重和偏置，分别用矩形框和椭圆框标注。权重（Weight）是不同节点之间的一个互连参数，其表示在计算所有输入的加权和（Weighted Sum）时每个输入数据的贡献。权重可以是正的，也可以是负的，正的权重是激励（Excitation），负的权重是抑制（Inhibition）。另外，对于隐藏节点和输出节点中的每个节点，都会附加一个偏置（Bias）。在计算前一层输入的加权和之后，通常使用偏置作为阈值加入。

权重和偏置的相关名称定义如下。隐藏层中的权重是输入权重（w_x），因为该类权重与输入节点相关联；输出层中的权重是隐藏权重（w_h）。此外，还有隐藏偏置（b_h）和输出偏置（b_z），其为每层中函数输入的偏置。这些参数被综合到一些称为传递函数或激励函数的函数中，以确定输入变量和输出变量之间的关系。具有输入权重和隐藏偏置的输入变量成为隐藏层传递函数的输入，其输出被分配到隐藏节点；同样，具有隐藏权重和输出偏置的隐藏节点（隐藏层中的输出）被用作输出层传递函数的输入，其输出将是前馈神经网络的最终输出。后文将更详细地介绍前馈神经网络的机制。

训练过程等效于寻找最优参数、权重和偏置，使网络模型能够准确地反映输入和输出之间的关系。一旦对网络模型进行了足够的训练，就可以利用这些传递函数、权重和偏置对网络模型进行应用。这个过程通常会利用反向传播，即将训练数据与网络输出之间的误差逆向传播。首先更新隐藏权重及输出偏置（输出层）的相关参数（梯度或雅可比矩阵），然后基于输出层中的已更新参数更新输入权重和隐藏偏置（隐藏层）的参数。这是一个寻找最佳权重和偏置的优化过程，可使神经网络模型预测和训练数据之间的均方误差最小。前馈神经网络通常采用反向传播方法进行训练，因此通常称之为反向传播神经网络。后文将解释反向传播的过程。

2. 前馈神经网络机制

前馈神经网络模型的基本数学关系是：带有权重和偏置的输入节点组成一个线性组合，作为下一层传递函数的输入。权重通常与其相关节点处的值相乘，然后将偏置添加到相乘结果总和之中，作为传递函数的输入。前馈神经网络机制可以解释为

$$h = d_h(W_x x + b_h), \quad z = d_z(W_h h + b_z) \quad (3.28)$$

式中，W_x 是与 $n_x \times 1$ 输入向量 x 相关的输入权重矩阵（$n_x \times n_h$，此处 $n_h = 1$，n_x 和 n_h 分别是隐藏节点和输入变量的数量）；b_h 是一个 $n_h \times 1$ 隐藏偏置向量，其为隐藏层传递函数的输入，该传递函数的输出为 h，是一个 $n_h \times 1$ 的隐藏层输出的向量；h 与 W_h 相组合（后者是 $n_z \times n_h$ 隐藏加权矩阵，n_z 是输出变量数量，在图 3-9 中 n_z 为 1），作为输出层传递函数 d_z 的输入，同时作为输入的还有一个 $n_z \times 1$ 的输出偏置向量 b_z；z 是 $n_z \times 1$ 的输出向量。

对于故障预测，输出变量的数量 n_z 通常为 1，即退化水平。在训练步骤中，有 n_y 个训练数据组成的向量 y，分别对应 n_y 个不同时间测量的同一个系统的退化。在给定权重和偏置的条件下，可以在相同的 n_y 个时间上计算输出向量 z。然后，通过优化算法找到使输出向量 z 与训练数据 y 之间的差值最小的权重和偏置。训练过程在一次批处理过程中利用了 n_y 个训练数据，因此，可以通过考虑测量/训练数据的数量 n_y 来重写作用数据集的式（3.28）：

$$H = d_h(W_x X + B_h), \quad z = d_z(w_h H + b_z) \quad (3.29)$$

式中，W_x 是 $n_h \times n_x$ 输入权重矩阵，X 是 $n_x \times n_y$ 训练输入数据矩阵，$B_h = [b_h, b_h, \cdots, b_h]_{n_h \times n_y}$ 是隐藏偏置矩阵，H 是 $n_h \times n_y$ 隐藏层输出矩阵，w_h 是 $1 \times n_h$ 隐藏权重行向量，$b_z = [b_z, b_z, \cdots, b_z]_{1 \times n_y}$ 是输出偏置向量，z 是 $1 \times n_y$ 网络模拟输出向量。

例 3.4　具有线性传递函数的两层前馈神经网络

以输入变量、权重和偏置的函数形式，写出具有 2 个输入节点和 1 个隐藏

节点的两层前馈神经网络的输出表达式。两层中的传递函数都采用纯线性函数（Pure Linear Function）表示，即 $z=x$。

对该问题建立模型，如图 3-10 所示，其中，$n_x=2$，$n_h=1$，$n_z=1$ [或在式（3.29）设置 $n_y=1$]。

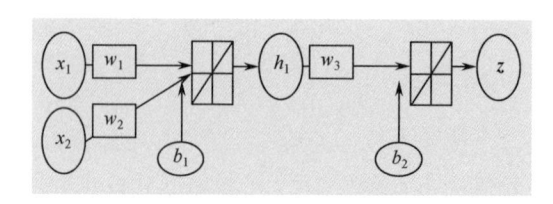

图 3-10　具有两个输入节点和一个隐藏节点的两层前馈神经网络

输入、权重和偏置矩阵/向量为

$$W_x=\begin{bmatrix}w_1 & w_2\end{bmatrix},\ x=\begin{bmatrix}x_1\\x_2\end{bmatrix},\ b_h=b_1,\ W_h=w_3,\ b_z=b_2$$

由于隐藏层传递函数是纯线性的，因此其输入和输出相同，可以得到

$$h=W_x x+b_h=w_1 x_1+w_2 x_2+b_1$$

即可得输出层中的输出为

$$\begin{aligned}z&=W_h h+b_z\\&=w_3(w_1 x_1+w_2 x_2+b_1)+b_2\\&=(w_1 w_3 x_1+w_2 w_3 x_2)+w_3 b_1+b_2\end{aligned}$$

注意，具有线性传递函数的两层前馈神经网络可以简化为具有纯线性函数的单层网络模型，即

$$z=w_1^* x_1+w_2^* x_2+b_1^*,\ w_1 w_3=w_1^*,\ w_2 w_3=w_2^*,\ w_3 b_1+b_2=b_1^*$$

上述例子可以推广到所有纯线性传递函数的情况。在这种情况下，式（3.29）可以改写为

$$z=w_h(W_x X+B_h)+b_z=(w_h W_x)X+(w_h B_h+b_z) \quad (3.30)$$

这是一个以 $(w_h W_x)_{1\times n_x}$ 为输入权重、以 $(w_h B_h+b_z)_{1\times n_y}$ 为输出偏置的单层网络模型。一般来说，任何具有纯线性传递函数的多层前馈神经网络模型，都可以转化为单层网络模型。当传递函数是非线性的，如切线 S 形函数时，这种简化不可行。

对于故障预测，结构健康监测系统按时间顺序测量损伤退化。假设有 n_y+3 个退化数据可用，即在时间点 $t=\{t_1,t_2,\cdots,t_{n_y},t_{n_y+1},t_{n_y+2},t_{n_y+3}\}$ 测量的

$y=\{y_1,y_2,\cdots,y_{n_y},y_{n_y+1},y_{n_y+2},y_{n_y+3}\}$，然后将看到生成 n_y 组训练数据需要 n_y+2 个数据。最简单的网络模型是，将时间作为输入，将退化水平作为输出。然而，这可能不是一个好方法，因为不同系统在不同的负载条件下，在同一时间可能会发生不同的退化。

损伤退化是在一系列时间内给出的，因此一个好的方法是，使用以前时间的退化数据来估计时间 t_k 处的退化。例如，为了预测时间 t_k 处的退化 z_k，可以将前 3 次测量的退化 $x=\{y_{k-1},y_{k-2},y_{k-3}\}^T$ 作为输入（$n_x=3$）。也就是说，前馈神经网络模型使用先前时间的退化测量来预测下一时间步的退化水平。作为一个序列，z_{k+1} 可以利用 $x=\{y_k,y_{k-1},y_{k-2}\}^T$ 来预测。此序列可以一直持续到 z_{n_y+3}。在这种情况下，式（3.29）中的输入矩阵可以定义为

$$X=\begin{bmatrix} y_1 & y_2 & \cdots & y_{n_y} \\ y_2 & y_3 & \cdots & y_{n_y+1} \\ y_3 & y_4 & \cdots & y_{n_y+2} \end{bmatrix}_{n_x\times n_y}$$

即使有 n_y+3 个测量数据可用，也只能使用 n_y 列，因为前 n_x 个数据不能用于预测。为了达到训练目的，将 n_y 个预测值 $z=\{z_4,z_5,\cdots,z_{n_y+3}\}$ 和相同数量的测量数据 $y=\{y_4,y_5,\cdots,y_{n_y+3}\}$ 之间的差异定义为一个误差，需要通过改变权重和偏置将其最小化。因此，在故障预测中，n_y 个训练集需要 n_y+n_x 列数据（Sequential Data）。

3. 传递函数

传递函数表示了两个相邻层之间的关系。有几种类型的传递函数可用，如切线 S 形函数、反函数和线性函数。传递函数的选择主要取决于神经网络模型的复杂性。从故障预测的角度来看，退化通常不具有复杂的性质。在大多数情况下，退化单调递增或递减。虽然可以使用具有不同类型传递函数的多层前馈神经网络模型，但通常具有切线 S 形函数和线性函数的两层前馈神经网络模型就足以描述退化行为。通过结合这两个传递函数及输入变量的线性组合，可以在一个两层前馈神经网络模型中表示多种模型形式（Model Form）。

纯线性函数和切线 S 形函数如图 3-11 所示，可通过式（3.31）和式（3.32）获得。

(a) 纯线性函数　　　　　　　　　　(b) 切线 S 形函数

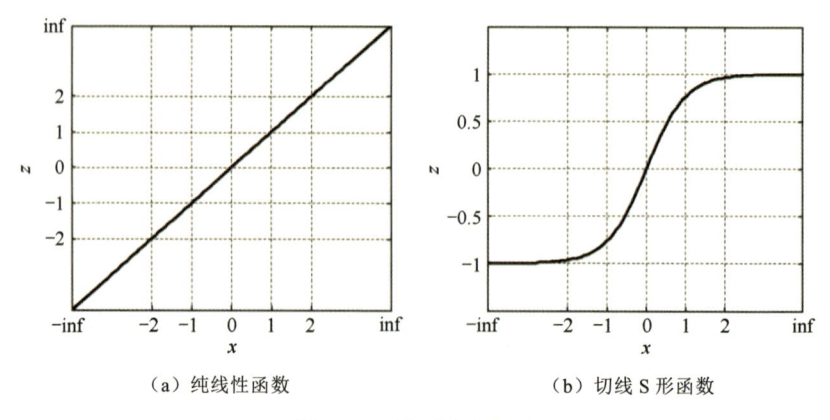

图 3-11　典型传递函数

纯线性函数的表达式为

$$z = x \tag{3.31}$$

切线 S 形函数的表达式为

$$z = \frac{1-e^{-2x}}{1+e^{-2x}} \tag{3.32}$$

为了说明用简单传递函数表示复杂行为的能力，现在考虑一个具有 1 个输入节点、1 个（或 5 个）隐藏节点和 1 个输出节点的两层前馈神经网络模型。权重和偏置是从均匀分布 $U(-5,5)$ 中随机生成的，用于当 $n_z=1$ 时根据式（3.28）计算任意输入下的网络模型输出。然后重复这个过程，用随机产生的权重和偏置来计算 5 次网络模型输出，可以得到如图 3-12 所示的图形：图 3-12（a）和图 3-12（b）分别对应隐藏节点为 1 个和 5 个的情况。

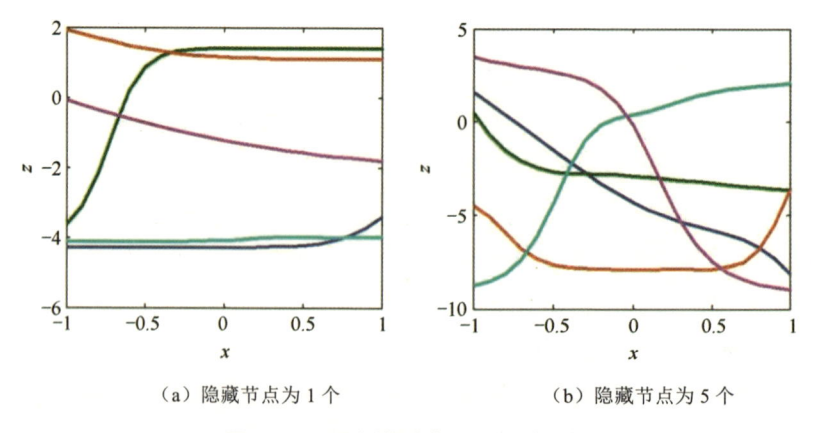

(a) 隐藏节点为 1 个　　　　　　　(b) 隐藏节点为 5 个

图 3-12　网络模型输出的各种形状

模型的复杂性取决于隐藏节点的数量。考虑到退化行为一般是单调的，一个具有纯线性函数和切线 S 形函数的两层前馈神经网络模型应该具有足够的一般性来模拟退化行为。因此，本书中用于故障预测的神经网络模型没有扩展超过一个隐藏层。对于传递函数，可以采用其他形式，但通常采用纯线性函数和切线 S 形函数。

4. 反向传播过程

反向传播是一种训练方法，通过反向传播训练数据和网络模型输出之间的误差，利用学习/优化算法来确定权重和偏置。反向传播可以理解为逐层更新，这比同时更新所有参数能够更有效地找到参数的最优值。使用训练输入数据 $\boldsymbol{X}$ 的矩阵 ($n_x \times n_y$) 和训练输出数据 $\boldsymbol{y}$ 的 $1 \times n_y$ 向量进行训练的步骤如下。

第 1 步：设置参数的初始值（权重和偏置）。初始权重的选择很重要，因为这会影响神经网络模型能否找到全局最优值，以及收敛速度的快慢。过大的初始权重容易使神经网络模型陷入饱和区（Saturation Region），几乎无法学习；而过小的初始权重会导致学习速率低。为获得最佳效果，初始权重通常设置为 -1 ~ 1 的随机数。

在本书介绍的损伤故障预测中，损伤是单调递增或递减的，但其保持为正数。此外，前一时间步的损伤程度通常被用作下一时间步的输入。因此，很难得到负权重，负权重意味着下一时间步的损伤与前一时间步的损伤符号相反。一个增加的损伤可能有 $w_x > 1$，而减少的损伤可能有 $w_x < 1$。因此，权重的初始值估计被设置为 1。

第 2 步：根据第一步的权重和偏置，通过前馈过程计算网络模拟输出 z，如图 3.10 和式（3.29）所示。对所有 $n_x \times n_y$ 训练数据执行此步骤，z 的维度是 $1 \times n_y$。

第 3 步：计算训练输出数据 $\boldsymbol{y}$ 和模拟输出 z 之间的误差。可以使用不同的误差，包括均方误差（MSE）、平均绝对误差（Mean Absolute Error）和误差平方和等。例如，使用均方误差，即

$$\text{MSE} = \frac{1}{n_y} \sum_{i=1}^{n_y} \left[y_i - z_i \left(\boldsymbol{W}_x, \boldsymbol{B}_h, \boldsymbol{w}_h, \boldsymbol{b}_z \right) \right]^2 \tag{3.33}$$

第 4 步：计算输出层的权重和偏置的变化 $\Delta \boldsymbol{w}_h$ 和 $\Delta \boldsymbol{b}_z$。在反向传播阶段，首先更新输出层的权重和偏置。不同的优化算法有不同的计算 $\Delta \boldsymbol{w}_h$ 和 $\Delta \boldsymbol{b}_z$ 的方法。例如，梯度下降法和 L-M（Levenberg-Marquardt）算法分别计算均方误差关于参

数的梯度和雅可比矩阵（Yu and Wilamowski，2011）。梯度下降法是反向传播中的一种基本学习算法，而 L-M 算法最常用，因为其收敛快速而稳定。

第 5 步：计算隐藏层的权重和偏置的变化 ΔW_x 和 ΔB_h。ΔW_x 和 ΔB_h 的计算依赖第 4 步中的 Δw_h 和 Δb_z 及第 3 步中的均方误差。

第 6 步：利用第 4 步和第 5 步中的变化来更新权重和偏置。

第 7 步：重复第 1 步~第 6 步，直到网络性能达到停止准测（Stopping Criterion）。

5. 用于前馈神经网络的 MATLAB 函数简介

可以使用一系列 MATLAB 函数来定义网络模型，设置训练网络模型（确定权重和偏置），以及预测未来退化行为。下面是使用前馈神经网络进行预测的 4 个步骤。

在接下来的步骤中，用斜体字母表示可以修改的选项，本书主要采用到目前为止所解释的默认选项。要了解更多的选项和神经网络过程（Neural Network Process），请参考《MATLAB 用户指南》（Beale, et al.，2015）。

（1）函数"feedforwardnet"的作用是创建一个两层前馈神经网络模型，其中包含用户自定义的隐藏节点数。传递函数（Transfer Functions）具有默认选项：切线 S 形函数和纯线性函数分别用于隐藏层和输出层。一旦创建了网络模型，其他所有所需信息都会自动分配为默认选项，以下步骤将对此进行说明。

（2）函数"configure"的作用是对输入数据和输出数据进行归一化，并将它们分配给每个节点。此步骤是可选的。该函数自动对输入和输出数据在-1~1 进行归一化（Normalize）处理，并随机选取权重和偏置的初始值（Initial Values）。在进行下一步骤（训练）时，配置会自动完成，通常可以选择此步骤分配权重和偏置的初始值，而不是随机选取。

（3）使用函数"train"[①]训练网络模型，其采用 L-M 算法反向传播作为训练方法（Training Method），采用均方误差作为误差函数（Error Function，或称性能评估函数）。对于 MATLAB 实现，提前停止（Early Stopping）选项有几个准则。其中一个是停止准则，其基于验证误差，是防止过拟合的最关键准则。在该准则中，使用随机数据分割法（Random Data Division Method）将训练数据分为

[①] 函数"train"一次使用所有数据；另一种学习方法"adapt"逐个使用数据，适合在线学习。对于实际问题，可以使用"adapt"，因为其不需要存储大量的监测数据。本书中使用"train"，因为其对于大多数实际问题更高效。

3 组，其中，70%用于训练，15%用于验证，15%用于测试。训练集用于根据网络模型输出中的误差来更新权重和偏置。在训练过程中，如果训练集的误差不断减小，而验证集的误差也不断减小，则说明训练过程进展顺利。相反，如果经过某一阶段的训练过程后，验证集的误差开始增大，即训练集的性能较好，而验证集的性能较差（新点、预测点），则意味着网络模型过度拟合了训练数据。因此，当验证误差开始增大时，训练过程应该停止。测试数据集不用于训练过程，而用于测试使用已训练参数进行预测的精度。

（4）函数"sim"的作用是根据训练过程中确定的权重和偏置，来模拟/预测新输入下的网络模型输出。

例 3.5　函数"feedforwardnet"

使用 1 个隐藏节点，利用 MATLAB 函数"feedforwardnet"来执行前馈神经网络，并对 $x_{new} \in [-5, 25]$ 进行预测结果绘制。

下面的 MATLAB 代码展示了如何使用 feedforwardnet MATLAB 工具箱来执行本节中介绍的前馈神经网络。

```
x=[0     5    10    15    20];      %[1 x 5] training input data
y=[1 0.99 0.99 0.94 0.95];          %[1 x 5] training output data
nh=1;                               % num. of hidden node
net=feedforwardnet(nh);             % creat two-layer network model
net=configure(net,x,y);             % this is optional
[netModel,trainRecor]=train(net,x,y); % train the model 'net'
xNew=-5:0.1:25;                     % new input points
z=sim(netModel,xNew);               % simulation results
```

这个过程本身很简单。首先，将测量时间（循环数）和退化数据分别定义为训练输入数据"x"和输出数据"y"。在语句"nh=1"中定义网络中隐藏节点数，并利用函数"feedforwardnet"建立网络模型"net"。下一个配置步骤"configure"是可选的，可以使用以下变量来提取权重和偏置的初始值："net.iw"对应输入权重，"net.Iw"对应隐藏权重，"net.b"对应偏置，如图 3-13 中的蓝色数值所示。请注意，每次调用函数"configure"时，参数初始值都可能不同，因为它们是随机生成的。

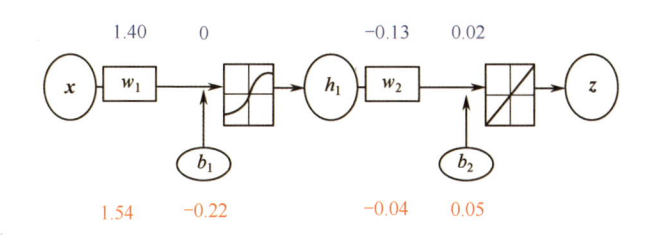

图 3-13　前馈神经网络模型：参数初始值和最优值

采用函数"train"对网络模型进行训练，被训练的模型称为"netModel"。参数的最优值也可以用同样的方式进行显示，但须用"netModel"代替"net"，其同样显示在图 3-13 中（图下方黑色数值）。参数的初始值和训练集不同，每次的结果也可能不同。

在该问题中，3 个训练数据太少，甚至比需要估计的参数数量还少。在这种情况下，构建的网络模型是不准确的。一般来说，训练数据的数量必须大于网络模型参数的数量。特别是，只有 70%的训练数据用于训练目的，因此应拥有足够的训练数据来获得可靠的训练结果，这一点很重要。

训练记录存储在"trainRecor"中。例如，训练集、验证集和测试集的索引可以分别通过"trainRecor.trainInd""trainRecor.ValInd"及"trainRecor.testInd"进行，其结果分别为：2、3、4 用于训练集，5 用于验证集，1 用于测试集（同样，这些结果可能会变化）。此外，训练集、验证集和测试集的性能（均方误差）也被记录，可以用语句"plotperf(trainRecor)"进行绘制，结果如图 3-14 所示。利用"trainRecor.num_epochs"，共可以得到 8 个时期（Epoch），并且在提前停止情况下利用"trainRecor.best_epoch"可知训练在第 2 个时期停止。验证集的性能在"trainrecor.vperf"中进行了记录，可以使用以下代码绘制图中的圆圈。

```
bestE=trainRecor.best_epoch;
bestP=trainRecor.best_vperf; % or trainRecor.vperf(bestE+1)
hold on; plot(bestE,bestP,'o');
```

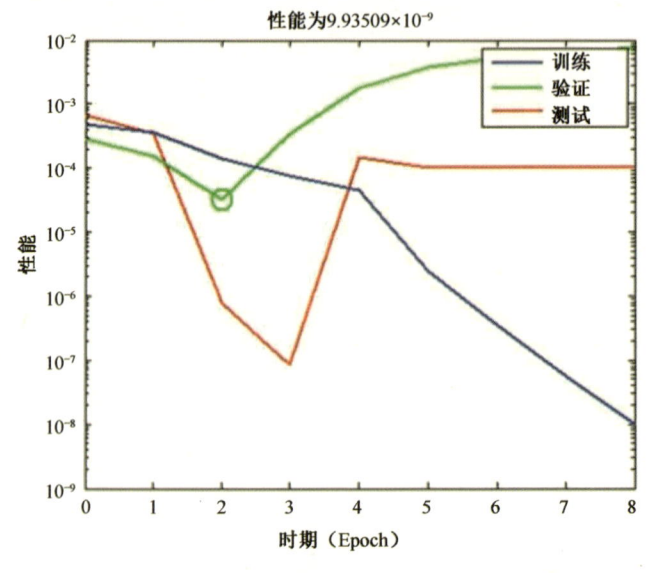

图 3-14 训练集、验证集和测试集的性能

注意，验证集的性能在图 3-14 中绿色圆圈处的最佳时期之后开始增加，而训练集的性能仍然在减小。

网络模型训练完成后，对 $x_{\text{new}} \in [-5, 25]$ 使用函数 "sim" 可以得到前馈神经网络仿真结果，如图 3-15 所示。

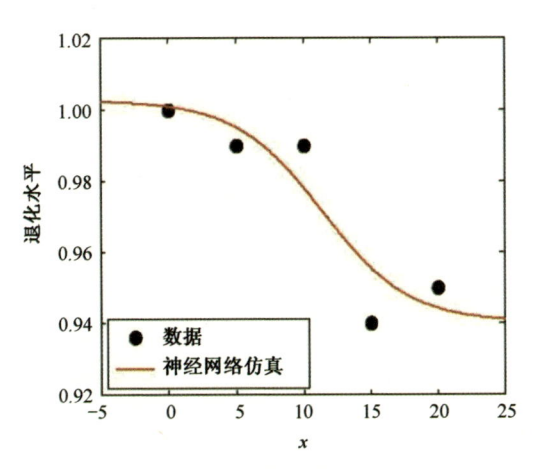

图 3-15　前馈神经网络仿真结果

6. 不确定性

如前文所述，由于随机选取权重和偏置的初始值，以及随机选取70%的训练数据集，因此网络模型的预测会有所不同。由于这些随机性，网络模型预测具有不确定性。有几种方法来处理神经网络仿真结果的不确定性，这将在第 3.5.3 节讨论。在本书中，预测结果的不确定性是通过多次重复神经网络过程获得的，具体过程在例 3.6 中进行说明。

例 3.6　神经网络模拟中的不确定性

重复例 3.5 中的求解过程 5 次，并绘制所有仿真结果。记录权重、偏置的初始值和最优值，以及训练集、验证集和测试集的索引。

每次使用 "net = init(net)" 来配置或初始化网络模型时，参数的初始值都会有不同的分配结果。此外，重新启动训练时，训练集、验证集和测试集也会发生变化。这两个方面都是神经网络过程中产生不确定性的来源。重复例 3.5 的求解过程可以得到图 3-16，而参数的初始值、最优值，以及数据集的索引如表 3-3 所示。图 3-16 中除第 5 次仿真结果（紫色虚线）外，其余结果均与数据趋势保持一致。这是提前停止导致的，其有时会阻碍适当优化结果的获得。如图 3-17 和

表 3-3 的最后一列所示,第 5 次仿真实际上停止在初始阶段,可以通过修改优化算法来解决这个问题,例如,修改与优化算法相关的参数或使用其他优化算法。本书中不是修改优化算法,而是应用了一些规则,这些规则基于退化应该随着循环次数的增加而增大或减小的特性,这将在 MATLAB 代码[NN]中进一步解释。

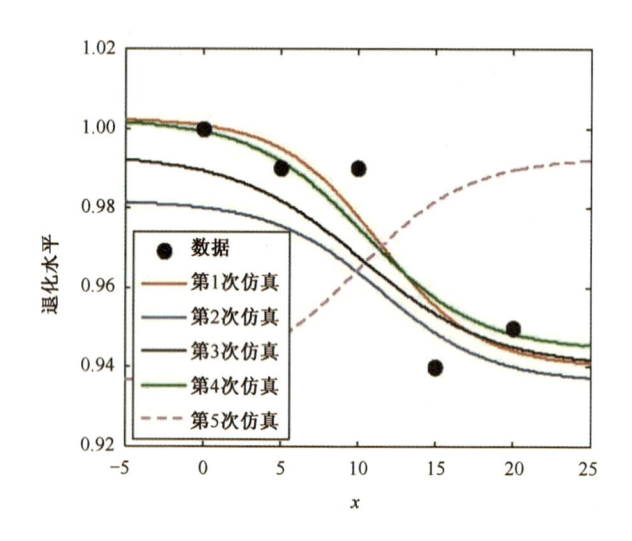

图 3-16 前馈神经网络 5 次重复的仿真结果

表 3-3 参数的初始值/最优值及数据集的索引

重复	1	2	3	4	5
w_1(初始值)	1.4000	-1.4000	1.4000	-1.4000	1.4000
b_1(初始值)	0.0000	0.0000	0.0000	0.0000	0.0000
w_2(初始值)	-0.1332	0.6697	0.7417	-0.3831	0.9438
b_2(初始值)	0.0179	-0.9266	-0.8994	0.6767	-0.1827
w_1(最优值)	1.5431	-1.4141	1.1967	-1.3651	1.4000
b_1(最优值)	-0.2173	0.2205	-0.0467	0.0674	0.0000
w_2(最优值)	-1.0414	0.7558	-0.8837	0.9658	0.9438
b_2(最优值)	0.0480	-0.3632	-0.1038	0.1140	-0.1827
训练集	2, 3, 4	1, 3, 5	1, 4, 5	3, 4, 5	1, 2, 3
验证集	5	4	3	1	4
测试集	1	2	2	2	5

性能为4.48403×10⁻⁶

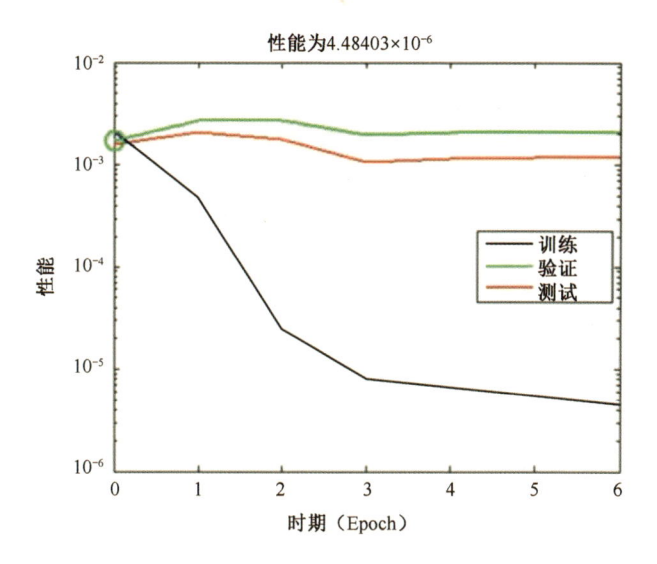

图 3-17　第 5 次结果的性能曲线

3.3.2　基于神经网络的电池故障预测的 MATLAB 实现

本节将使用 2.1.1 节中相同的电池问题来说明神经网络的 MATLAB 实现。问题定义和后处理部分与 MATLAB 代码[NN]类似，只是做了一些小的调整。因此，重点是代码的预测部分。

1. 问题定义（第 5～15 行、第 17 行、第 30～33 行）

神经网络所需的变量与高斯过程相同。需要注意的是，虽然重复使用神经网络过程来代替不确定性的量化，但重复数千次可能并不合适。因此，神经网络中的样本数"ns"（第 15 行）设置为 30～50 次重复比较合适，以捕捉由不同的数据集及权重和偏置的不同初始值所产生的不同仿真结果（本问题中采用"ns=30"）。神经网络自动将输入输出矩阵在-1～1 进行归一化，因此不需要像高斯过程那样进行额外处理。输入训练矩阵（第 17 行）和新输入（第 31 行）的代码分别为

```
xTrain=time(1:length(y)); yTrain=y;
xNew=time(ny-1+k);
```

2. 利用神经网络进行故障预测（第 24～44 行）

在例 3.5 中已经介绍了神经网络的 MATLAB 函数，但在 MATLAB 代码[NN]

中进行了一些修改。运行电池故障预测问题的命令行（第1行）如下。

```
rul=NN({'purelin'; 'purelin'},1,2);
```

运行代码[NN]需要 3 个输入变量。对于本问题，两个线性函数用于 TransFunc，并只有 1 个隐藏节点，nh=1[①]。此外，outliCrite=2 是处理离群值（Outliers）的标准，这些离群值是不合理的预测结果，如图 3-16 中的虚线所示，其值表示剔除预测的标准差水平。也就是说，outliCrite=2 意味着超过 2σ 界限的结果将从最终结果中被剔除（后面将解释）。

传递函数在创建网络模型后进行分配（第 24 行、第 25 行）。由于测试集不用于训练，而是用于不同模型之间的比较，因此不予考虑。相反，将测试集添加到验证集中，方法是将验证数据的比例调整为 30%（第 26 行）。这样可以在只有少量训练数据的情况下提高预测结果的准确性。然后，使用第 17 行定义的输入矩阵和输出矩阵执行训练过程（第 28 行）。

虽然采用了"提前停止"的方法来防止过拟合，但是该方法无法控制欠拟合。在欠拟合的情况下，拟合结果不能很好地跟随数据趋势，这与过拟合的情况正好相反。图 3-16 和图 3-18 中的虚线显示了这种情况。在加载保存的工作文件后，可以使用命令"plot(time(ny:end),zHat)"绘制所有用于退化预测的样本，包括图 3-18（a）中的灰色曲线和紫色虚线。

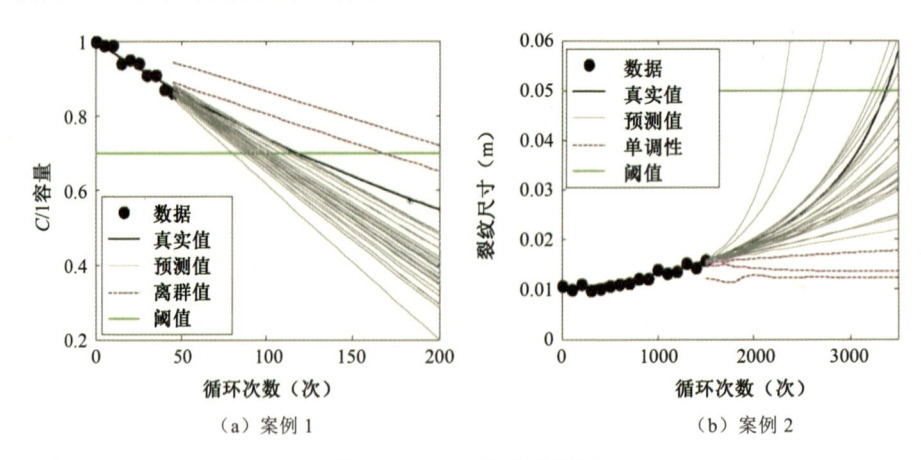

（a）案例 1

（b）案例 2

图 3-18 预测离群值图解

[①] 由于使用的是两个线性函数，其始终是线性函数，所以不需要多个隐藏节点。此外，增加隐藏节点数会增加待估计参数的数量，这会使预测结果的效果变差。

第3章 数据驱动的机械设备故障预测与健康管理

为了防止产生这些不正确的结果,在第 36~44 行中添加了规则。如果在 "ns" 次重复中出现一个预测值不能满足规则,则将其从预测结果中删除。首先,根据上一个预测步骤(第 36 行)的结果 "z1" 确定偏离大多数预测结果的离群值。选择位于 2σ (标准选项 outriCrite=2)范围内的样本进入 "loca1"(第 37 行),这可视为 97.72% 的置信区间。那些超出 2σ 置信区间的预测值将从预测样本中删除。此外,增加了另一条规则(第 38~44 行),以处理仿真结果不会单调递增/递减的情况,如图 3-18(b)所示。根据第 38~44 行中的代码,将预测结果单调递增/递减的样本选择进入 "loca2"(第 43 行)。

满足这两个规则的最终预测结果将保存为 "degraPredi"(第 45 行、第 46 行),并显示最终样本的数量,以检查删除了多少离群值(第 47 行、第 48 行)。在本例中,30 个预测值中的 3 个被作为离群值删除(可以变化)。神经网络的其余过程与高斯过程相同。

3. 后处理(第 45~49 行)

作为结果,退化和剩余使用寿命的预测如图 3-19 所示。在第 45 次循环时剩余使用寿命分布的百分位数的计算按以下代码进行。

(a)退化　　　　　　　　　　(b)剩余使用寿命

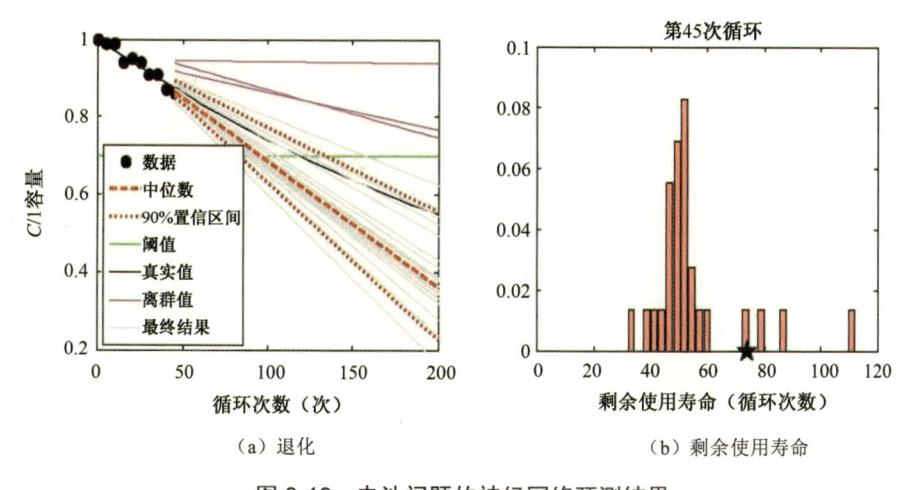

图 3-19　电池问题的神经网络预测结果

```
Percentiles of RUL at 45 Cycles
  5th: 38.0446,  50th (median): 50.8084,  95th: 89.8012
```

图 3-19 中绘制了来自所有 30 次重复的预测结果,以及中位数和 90% 的置信区间。图 3-19(a)中最上方 3 条紫色实直线表示已排除的离群值,排除之后再计算中位数和置信区间。使用以下代码加载保存的工作文件之后,可以绘制

最终的预测结果（灰色线）和排除的预测结果。

```
plot(time(ny:end),zHat,'m');
plot(time(ny:end),degraPredi,'color',[.5 .5 .5]);
```

从图 3-8 和图 3-19 的比较可以看出，神经网络的预测结果的不确定性大于高斯过程。其主要原因是，相对于高斯过程，神经网络在训练数据较少的情况下估计了较多参数。在神经网络中，有 4 个参数（1 个输入权重、1 个隐藏权重、1 个隐藏偏置和 1 个输出偏置）且训练集有 7 个数据（占 10 个训练数据的 70%），而高斯过程中有 3 个参数（1 个尺度参数和 2 个系数）和 10 个训练数据。

[NN]：神经网络模型的 MATLAB 代码

```
1   function rul=NN(TransFunc,nh,outliCrite)
2   clear global;
3   global DegraUnit TimeUnit time y thres signiLevel ns ny nt
4   %==== PROBLEM DEFINITION 1 (Required Variables) ==============
5    WorkName=' ';              % work results are saved by WorkName
6    DegraUnit=' ';                       % degradation unit
7    TimeUnit=' ';               % time unit (Cycles, Weeks, etc.)
8    time=[ ]';    %[cv]: time at both measurement and prediction
9    y=[ ]';                        %[ny x 1]: measured data
10   nT= ;             % num. of training set including the current one
11   nt=[ ]';%[nT x 1]: num. of training data in each training set
12   thres= ;                       % threshold (critical value)
13   degraTrue=[ ]';            %[cv]: true values of degradation
14   signiLevel= ;          % significance level for C.I. and P.I.
15   ns= ;               % number of repetition for NN process
16  %==== PROBLEM DEFINITION 2 (Training Matrix) ================
17   xTrain=[ ]; yTrain=[ ];
18  %============================================================
19  % % % PROGNOSIS using NN
20   ny=length(y);
21   for i=1:ns;                                    %% NN Process
22    disp(['repetition: ' num2str(i) '/' num2str(ns)]);
23    % create FFNN
24    net=feedforwardnet(nh);
25    net.layers.transferfcn=TransFunc;
26    net.divideParam.valRatio=0.3; net.divideParam.testRatio=0;
27    % train FFNN
28    [netModel,trainRecod]=train(net,xTrain',yTrain');
29   %==== PROBLEM DEFINITION 2 (Input Matrix for Prediction) ====
30    for k=1:length(time(ny:end));         %% Degradation Prediction
31     xNew=[ ];
32     zHat(k,i)=sim(netModel,xNew');
33    end;
34  %============================================================
35   end
36   z1=zHat(end,:);                   %% Prediction Results Regulation
37   loca1=find(abs(z1-mean(z1)) < outliCrite*std(z1));
38   i0=1;
39   for i=1:ns;
40    if y(1)-y(nt(1))>0; z2=wrev(zHat(:,i));
41    else z2=zHat(:,i);
42    end;
43    if issorted(z2)==1; loca2(i0)=i; i0=i0+1; end
44   end
45   loca=intersect(loca1,loca2);           %% Final Results
46   degraPredi=zHat(:,loca);
47   ns=size(degraPredi,2);
```

```
48    disp(['Final num. of samples: ' num2str(ns)])
49    % % % POST-PROCESSING
50    rul=POST([],degraPredi,degraTrue);         %% RUL & Result Disp
51    Name=[WorkName ' at ' num2str(time(ny)) '.mat']; save(Name);
52    end
```

3.4 数据驱动的故障预测方法的实际应用

在高斯过程回归中,将循环次数或时间作为输入变量,这对于具有一个数据集的简单问题来说效果可能很好。然而,这并不适用于大多数具有复杂性质的实际情况。在不同使用条件下获得训练数据集时,在没有额外输入信息的情况下使用循环次数/时间作为输入变量是不合理的,因为不同的使用条件可能会导致退化速率不同。因此,本节介绍了一种实用的数据驱动的故障预测方法,即将退化水平既作为输入也作为输出。作为输出的当前退化状态,可以利用几个先前的退化状态作为输入来表示,这些输入与神经网络模型的输入相似。此外,与使用时间/循环次数作为输入相比,将先前的退化状态作为输入允许使用更简单的函数形式,这可以协助防止过拟合。因此,在给定信息的情况下,预测结果更为准确。以下内容将进行详细描述。

3.4.1 问题定义

这里将再次采用 2.5.1 节讨论的裂纹扩展问题作为数据驱动的故障预测方法的实际应用。退化数据的生成方式与表 2-2 中给出的数据相同,但不添加高斯噪声。这些数据被视为预测集。对于训练集,使用相同的模型参数 m_{true}=3.8、C_{true}=1.5×10^{-10} 和初始裂纹尺寸 $a_{0,true}$=0.01m,但使用不同的加载条件 $\Delta\sigma$=79MPa(对于预测集使用 $\Delta\sigma$=75MPa)生成一个额外的数据集。该数据集有 26 个数据,从 0 到 2500 次循环,每 100 次循环测量 1 次。图 3-20 显示了包括预测集和训练集在内的训练数据,以及预测集的真实退化情况。

如同查克拉博蒂(Chakraborty, et al., 1992)使用的方法,先前的退化数据作为输入变量。当前 3 个数据作为输入时,第 4 个数据作为输出,并且依次执行此操作以形成输入矩阵和输出矩阵,表 3-4 中针对一个数据集的情况进行了说明。

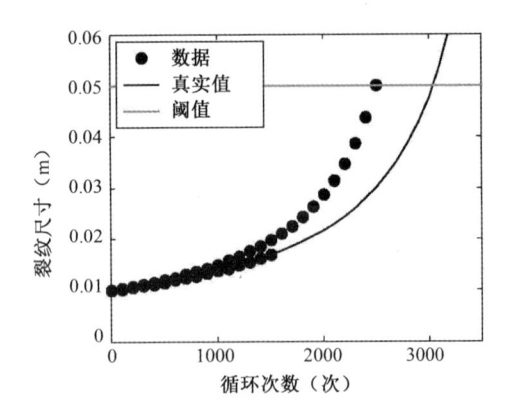

图 3-20 裂纹扩展问题的训练数据

表 3-4 输入数据和输出数据

循环	训练			预测			
	4	5	⋯	k	$k+1$	$k+2$	$k+3$	⋯
输入	y_1 y_2 y_3	y_2 y_3 y_4	⋯	y_{k-3} y_{k-2} y_{k-1}	y_{k-2} y_{k-1} y_k	y_{k-1} y_k z_{k+1}	y_k z_{k+1} z_{k+2}	⋯
输出	y_4	y_5	⋯	y_k	z_{k+1}	z_{k+2}	z_{k+3}	⋯

表 3-4 中 k 为当前时间指数，共有 $k-3$ 个训练数据集。由于前 3 个数据是输入，构成输入输出训练矩阵。训练过程完成后，以相同的方式设置预测输入。在第 $k+1$ 次循环，利用 3 个最新的测量数据 $y_{k-2:k}$ 来预测输出 z_{k+1}。

有两种不同的预测方法。第 1 种方法称为短期预测法（Short-Term Prediction），利用其前面循环的 3 个测量数据来预测当前循环的退化情况。短期预测法的缺点在于，由于无法获得测量数据，因此无法预测更远未来的退化。但是，短期预测是准确的，因为其使用实际测量数据且外推距离很短。第 2 种方法称为长期预测法，其中用于预测未来的退化情况。在表 3-3 中，在第 k 次循环之前的训练数据都是可用的。但是，从第 $k+2$ 次循环开始，没有 3 个测量数据可用。在这种情况下，须利用仿真输出（上一步的预测结果）进行长期预测（参见第 $k+2$ 次和第 $k+3$ 次循环）。当然，由于将预测得到的退化值作为输入，因此该方法的精度比短期预测法差，但其允许预测未来很长时间内的退化情况。本书只考虑长期预测。

3.4.2 裂纹扩展示例的 MATLAB 代码

根据 3.4.1 节给出的信息，将代码[GP]和代码[NN]中的问题定义部分（第 5～15 行）修改为

```
WorkName='Crack_GP'; % or 'Crack_NN'
DegraUnit='Crack size (m)';
TimeUnit='Cycles';
time=[0:100:2500, 0:100:1600, 1700:100:4000]^T;
y=[0.01 0.0104 0.0107 0.0111 0.0116 0.0120 0.0125 ...
 0.0131 0.0137 0.0143 0.0150 0.0158 0.0166 0.0176 ...
 0.0186 0.0198 0.0211 0.0226 0.0243 0.0263 0.0287 ...
 0.0314 0.0347 0.0387 0.0437 0.0501 ...
 0.0100 0.0103 0.0106 0.0109 0.0112 0.0116 0.012 0.0124 ...
 0.0128 0.0133 0.0138 0.0143 0.0149 0.0155 0.0162 0.0169]^T;
nT=2;
nt=[26 16]^T;
thres=0.05;
mTrue=3.8; cTrue=1.5e-10; aTrue=0.01; dsig=75; t=0:100:3500;
degraTrue=(t'.*cTrue.*(1-mTrue./2).*(dsig*sqrt(pi)).^mTrue...
    +aTrue.^(1-mTrue./2)).^(2./(2-mTrue));
signiLevel=5;
ns=5e3; % or 30 for NN
```

y 中有 42 个测量数据，其中，26 个来自训练集（前 4 行），16 个来自预测集（后 2 行）。首先输入训练集中的测量数据，然后输入预测集中的数据。对于循环/时间而言顺序是相同的，时间的第一部分（0:100:2500）和第二部分（0:100:1600）分别对应训练集和预测集。时间的最后一个部分（1700:100:4000）用于退化预测，即从第 1700 次循环到第 4000 次循环，每 100 次循环预测 1 次。对于本问题，数据集的总数 "nT=2"，每个数据集中的训练数据的数量被输入为 "nt=[26 16]^T"。

在数据驱动的故障预测方法中，最重要的内容之一是正确地构建输入矩阵和输出矩阵，以充分利用给定信息，这与问题定义第二部分的修改有关，即代码[GP]中的第 17 行和第 27～31 行，以及代码[NN]中的第 17 行和第 30～33 行。基于用户的应用和新颖的想法，任何变化都是可能的，但这里采用 3.4.1 节介绍的方法。表 3-4 中说明的训练输入矩阵和输出矩阵，可编程为

```
nx=3;                    % num. of previous data as the input
y0=(y-min(y))/(max(y)-min(y));  % normalization of data
nm=size(y,2); a=0; b=0;
for l=1:nT;
 for k=1:nt(l)-nx;
  xTrain(k+a,1:nx*nm)=reshape(y0(k+b:(k-1)+nx+b,:),1,nx*nm);
  yTrain(k+a,:)=y0(k+nx+b,:);
 end; a=size(xTrain,1); b=sum(nt(1:l));
end
```

这部分代码替代代码[GP]中的第 17 行。可以在上面的代码中使用 nx 修改输入（最近的先前数据）的数量。请注意，即使在问题定义部分定义了时间，也

故障预测与健康管理技术及应用案例分析

不会将其用作输入；相反，将最近先前测量数据用作输入。因此，当 nx 个最近先前退化数据作为输入时，高斯过程可预测退化水平。因此，高斯过程的函数形式为

$$\hat{z}_k = \mathrm{GP}(y_{k-3}, y_{k-2}, y_{k-1})$$

对于预测部分的输入，代码[GP]中的第 27~31 行替换为

```
input=y0(end-nx:end,:);
for k=1:length(time(ny:end));
 xNew=reshape(input(k:(k-1)+nx,:),1,nx*nm);
 [zMean(k,:),zSig(k,:)]= ...
                GPSIM(xNew,funcOrd,hH,R,thetaH,sigmaH);
 if k>1 input(k+nx,:)=zMean(k,:); end
end;
```

代码[NN]的修改与代码[GP]修改基本相同。对于输入矩阵和输出矩阵，在这种情况下不考虑归一化，下面的代码应用于代码[NN]中的第 17 行。

```
nx=3;                    % num. of previous data as the input
nm=size(y,2); a=0; b=0;
for l=1:nT;
  for k=1:nt(l)-nx;
   xTrain(k+a,1:nx*nm)=reshape(y(k+b:(k-1)+nx+b,:),1,nx*nm);
   yTrain(k+a,:)=y(k+nx+b,:);
  end; a=size(xTrain,1); b=sum(nt(1:l));
end
```

对于预测部分的输入，代码[NN]中的第 30~33 行替换为

```
input=y(end-nx:end,:);
for k=1:length(time(ny:end));
 xNew=reshape(input(k:(k-1)+nx,:),1,nx*nm);
 zHat(k,i)=sim(netModel,xNew');
 if k>1, input(k+nx,:)=zHat(k,i); end
end;
```

在高斯过程中还需要增加一处修改。式（3.23）中的相关方程中的指数值取为 2，通常会导致相关矩阵的奇异性。因此，该值通常调整为小于 2。在本问题中，将指数调整为 1.9，所以代码[GP]中的第 66 行被替换为

```
R(k,l)=exp(-(norm(xTrain(k,:)-x0(l,:))/h)^1.9);
```

此时，代码[GP]和代码[NN]可以分别按以下代码运行。

```
rul=GP(1,0.1);
```

```
rul=NN({'purelin'; 'purelin'},1,2);
```

在神经网络中，隐藏层和输出层都使用了线性函数。同样，高斯过程中使用了线性的全局函数。

3.4.3 结果

高斯过程和神经网络的退化预测结果如图 3-21 所示。需要注意的是，高斯过程中的全局函数和神经网络中的传递函数都采用了线性函数，但两者都可以很好地预测退化的非线性行为。这是因为可以通过线性函数，来捕捉先前 3 个退化数据与当前退化数据之间的关系。如图 3-21（a）所示，高斯过程准确预测了退化，不确定性很小。

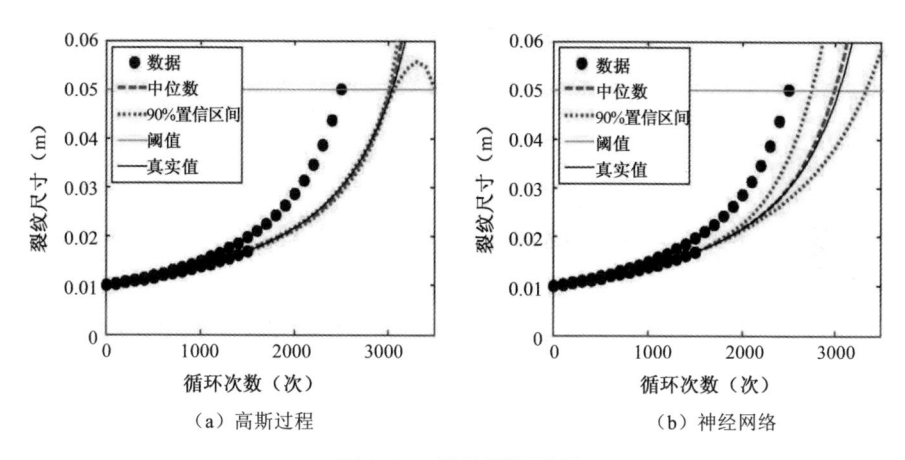

图 3-21 退化预测结果
(a) 高斯过程
(b) 神经网络

然而，第 3000 次循环后的预测下界（Lower Bound）并不符合实际情况。这可能是因为最大输入裂纹尺寸为 0.05m，超过此尺寸时，高斯过程模拟变成外推。在外推区域，相关性降低，高斯过程趋向于遵循全局函数。同时，相关函数，包括不同的尺度参数和式（3.23）中的指数对结果也有很大的影响。神经网络预测的退化预测结果如图 3-21（b）所示。在 30 次重复（ns=30）中，有 19 次不满足离群值和单调性两个规则。因此，在图 3-21（b）中只有 11 个退化预测结果用于计算 90%置信区间。

高斯过程和神经网络在第 1500 次循环时的剩余使用寿命预测结果如图 3-22 所示。

高斯过程中第 1500 次循环时剩余使用寿命分布百分位的计算按以下代码进行。

```
Percentiles of RUL at 1500 Cycles
    5th: 1511.83,  50th (median): 1524.44,  95th: 1554.58
```

神经网络中的计算按以下代码进行。

```
Percentiles of RUL at 1500 Cycles
    5th: 1246.77,  50th (median): 1495.7,  95th: 1832.39
```

（a）高斯过程　　　　　　　　　　（b）神经网络

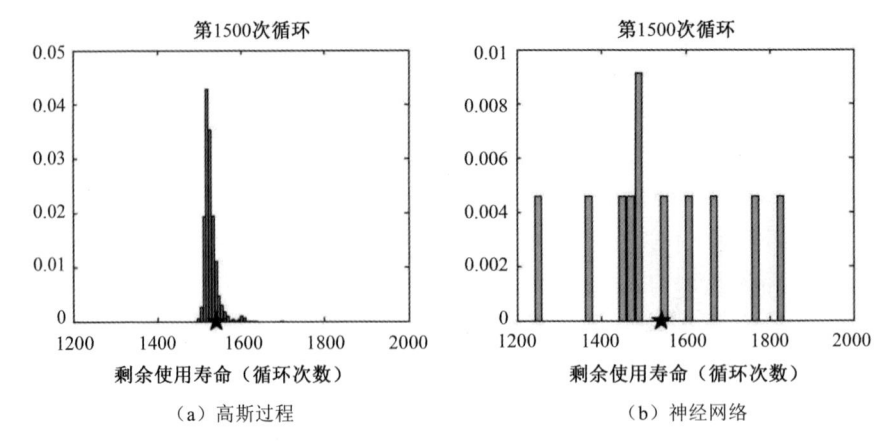

图 3-22　第 1500 次循环时的剩余使用寿命预测结果

3.5　数据驱动的故障预测方法存在的问题

本节讨论了基于高斯过程和神经网络的故障预测方法的 3 个重要问题，这些与基于物理模型的故障预测方法的问题基本相同。数据驱动的故障预测方法有许多选择和变化，本书只介绍了其基本内容。用户只有了解了这些问题，才能正确地应用故障预测方法。

3.5.1　模型形式充分性

1. 高斯过程：全局函数和协方差函数

在基于高斯过程的故障预测中，其效果很大程度上取决于全局函数和协方差函数的选择。高斯过程通常用于插值，其全局函数通常采用常量的形式，并且被认为不如协方差函数重要。在等价于外推的故障预测中，高斯过程中的全局函数与协方差函数同等重要。当前，关于选择或更新全局函数以提高外推区域的预测能力的文献并不多。

另外，协方差函数决定了整个区域的高斯过程模拟效果，目前针对协方差函数已经进行了许多研究，包括协方差函数的影响，以及如何更好地使用协方差函数。莫汉蒂等人（Mohanty, et al., 2009）比较了径向基函数（RBF）和基于神经网络的协方差函数对变幅载荷下裂纹长度的预测结果，结果表明：在实际应用中，基于径向基函数的高斯过程模型优于基于神经网络的模型。一些文献还介绍了非平稳协方差函数，其通过将简单的协方差函数相加或相乘来适应可变的平滑度（Variable Smoothness）。Paciorek Schervish（2004）的研究表明，非平稳协方差函数的结果比平稳高斯过程的结果好,但由于非平稳高斯过程需要更多的参数,因此算法的复杂性有所提高。Brahim-Belhouari 和 Bermak(2004)采用非平稳高斯过程来预测呼吸信号(Respiration Signal),并将其与指数协方差函数的结果进行比较。Liu 等(2012)使用 3 个协方差函数的组合来预测锂离子电池的退化。

2. 神经网络:网络模型定义

网络模型的定义包括隐藏节点数、隐藏层数和输入节点数的选择。虽然对于隐藏节点数没有通用的选择程序,但是 Lawrence 等(1996)研究了均方误差的使用,以便找到最优的隐藏节点数。Gómez 等(2009)使用了函数复杂度(Complexity of Function)度量的概念来确定节点数量。Sheela 等(2013)总结了更多关于隐藏节点数的研究,虽然通常仅使用 1 个或 2 个隐藏层。Ostafe(2005)提出了一种使用模式识别来确定隐藏层数的方法。

在数据驱动的故障预测方法中,所有可用信息(如时间、加载条件和退化数据)都可以被视为输入,因此确定输入节点数的问题始终存在。

3.5.2 最优参数估计

1. 高斯过程:尺度参数

确定协方差函数中的尺度参数(或超参数)也很重要,因为其决定了高斯过程函数的平滑度。例如,在式(3.23)中,随着 h 的增大,函数变得更平滑,但是如果其值过高,相关矩阵就会出现奇异性。一般来说,参数是通过优化算法来确定的,即通过最小化(与全局函数和数据之间的误差相对应)似然函数。但是,并不能保证能找到最佳参数,即使找到了最佳参数,也不一定是最佳选择(An and Choi,2012)。由于尺度参数受输入值和输出值大小的严重影响,因此通常的做法是对输入变量和输出变量进行归一化。Mohanty 等(2009)研究了对数、归一化和对数归一化 3 种不同缩放下裂纹扩展的预测性能。Neal(1998)将尺度参数视为分布而不是确定性值,An 等(2012)发现采用分布的结果优于采用确定性值的结果。

目前的参数估计方案是为代理建模开发的,其主要目标是在插值区域内进行准确预测。目前还没有关于估计外推的尺度因子方面的文献,而这是故障预测的关注重点。例如,如果许多健康监测数据在很短的时间间隔内可用,那么尺度参数很可能会变成一个小值,因为在很短的距离内有足够的数据可用。然而,当利用小尺度参数进行外推时，由于相关性迅速降低，预测会很快收敛到全局函数，因此在外推区域内的预测很可能不准确。

2. 神经网络：权重和偏置

在定义网络模型之后，下一个问题是使用学习/优化算法得到与模型相关的权重和偏置。在神经网络中，无论输入层和输出层之间的关系有多复杂，都可以通过增加隐藏层和隐藏节点的数量来表达这种关系。然而，更复杂的神经网络模型会产生更多的未知参数，这就需要更多的训练数据。特别是在使用反向传播算法时，会出现以下问题：①在参数较多的情况下很难找到全局最优解；②收敛速度很慢，且依赖初始值。基于这些原因，学者们已经做出许多尝试来改进该算法，如动态自适应算法、模拟退火算法、组合遗传和差分进化算法，以及结合共轭梯度优化算法和反向传播算法的技术，还有许多集成技术可以提高算法的性能。

上述方法利用确定性方法来寻找参数，但也有基于贝叶斯学习技术的概率方法，其中参数的不确定性通过分析方法或采样方法进行处理。虽然概率方法可以解决局部最优问题，但是分析方法仅限于特定情况，且采样误差随权重数量的增加而增大。因此，寻找最优的权重和偏置仍然是一个挑战，而神经网络模型的性能会随着局部最优权重数量的增加而迅速恶化。

3.5.3 退化数据的质量

无论采用何种故障预测方法，数据中的偏差和噪声引起的不确定性都是一个重要的问题，都对预测结果有重要的影响。遗憾的是，数据驱动的故障预测方法无法处理这种偏差，因为没有与之相关的参数，这是数据驱动的故障预测方法的缺点之一。

1. 高斯过程：数据数量和数据不确定性

尽管大量的训练数据通常有助于提高预测结果的精度，但对于高斯过程并不总是如此，因为这同时增大了计算协方差矩阵的逆矩阵的计算成本，并可能导致奇异性。当数据量大于 1000 时，直接矩阵求逆在计算上可能不可接受。为了缓解这个问题，只能使用整个数据集的一部分。Melkumyan 等（2009）提出了一种新的基于余弦函数的协方差函数，该函数固有地提供稀疏协方差矩阵（Sparse Covariance Matrix）。Sang 等（2012）提出了一种基于降秩协方差（Reduced

Rack Covariance）的协方差函数近似方法，既可应用于有大量训练数据的情况，也可应用于仅有少量训练数据的情况。

虽然典型的高斯过程假设数据是准确的，但有时也会通过在协方差矩阵的对角线项上添加一个大于零的值来考虑数据中噪声的块金效应（Nugget Effect）[①]，从而使模拟输出不会通过噪声数据点（Gramacy and Lee，2012；Andrianakis and Challenor，2012）。尽管块金效应的值也可以通过优化与尺度参数一起得到，但其与尺度参数有相关性，不能唯一地确定块金效应的值。此外，在小数据情况下，本质上很难确定数据中存在多少噪声。考虑到大多数健康监测数据包含噪声（通常水平显著），因此高斯过程本质上会有补偿噪声影响方面的问题。

2. 神经网络：预测结果的不确定性

通常，基于非线性回归和/或神经网络输出与训练数据之间的误差，可以提供置信界限（Confidence Bound）。然而，受测量噪声、相对于参数数量而言数据量较小、损伤增长的复杂性等因素的影响，很难找到参数的全局最优解，这会给预测结果带来很大的误差。在基于神经网络的预测过程中，还采用了自举方法（Bootstrapping），这可以通过多次运行 MATLAB NN 工具箱来实现，因为 MATLAB 使用不同的训练数据子集来获得权重和偏置。此外，该过程可以自动选择不同的初始值，可以减轻选择初始权重进行优化的顾虑。例如，Liu 等（2010）使用此方法进行了 50 次尝试，以预测具有不确定性的电池剩余使用寿命。实际上，处理神经网络中不确定性的一种系统方法是采用 Parzen 估计器的概率神经网络（PNN）。然而，大多数文献采用概率神经网络进行分类或风险诊断（Giurgiutiu，2002；Mao, et al.，2000），除 Khawaja 等（2005）的研究外，很少有研究将概率神经网络用于故障预测。Khawaja 等提出了一种方法，该方法不仅可以获取置信界限，还可以获得置信度分布，从而预测行星齿轮板上的裂纹。Khosravi 等（2011）回顾了上述方法，并考虑了这些方法的组合方法（Combined Interval）。HernÁNdez-Lobato 等（2015）、De Freitas（2003）提出了贝叶斯神经网络来解决局部最优问题，获得了由测量误差和参数不确定性引起的预测结果的分布，其中，参数根据贝叶斯定理识别为分布，而不是优化过程给出的确定性值。

[①] 块金效应：区域化变量的随机性，当两个量相距很近但仍存在差异时，就称为存在块金效应。

第3部分

电子设备的故障预测与健康管理

  电子设备的故障可能来自电子器件的任何部分，包括电路板（如导线）、电子部件和连接器等。许多分立电子部件，如电容器、电阻器和晶体管，在老化过程中会出现参数故障，即部件参数（如电阻和电容）会表现出与初始值不一致的偏差，并且超出可接受的容差范围。故障强度，即参数漂移与初始值之间的偏差大小，会随着故障发展而增大。例如，液态电解电容器中的液体含量会因持续暴露在高温环境中而逐渐减少。绝缘栅双极型晶体管的集电极和发射极之间会发生电阻增大的情况，这主要是由于电源循环引起热机械应力并造成芯片连接退化。如今，由于电子设备在提升产品和系统的操作能力方面发挥着越来越大的作用，其故障预测技术已经变得非常重要。目前，已经有许多组织在进行故障预测研究和开发，甚至还有更多组织希望能够在自身的产品和系统中实现故障预测。但是，对电子设备的故障预测与健康管理研究还处于一种比较零散的状态，目前还没有一份单一的参考文献能够对现有工作进行总结。为了解决这个问题，本书对故障预测领域主要参与方，包括公司、学术界和政府组织等的相关活动进行了研究。

  本部分讨论了故障预测中的可用传感器、需要监测的参数、传感器功能和原理、实现技术，以及传感器选择指南，并对目前使用的故障预测的模型和算法进行了介绍。在任务、安全和基础设施等关键系统中，电子设备的应用越来越广泛。如果电子设备在使用过程中出现意外故障，则可能产生严重影响。如果采用适当的故障预测方法来确定故障症候并降低系统风险，则可以防止故障发生，并消除意外的系统停机情况。本部分具体的结构如下。

第 4 章介绍故障预测与健康管理的传感器系统。传感器制造、微处理器、紧凑型非易失性存储器、电池技术和无线遥测技术等的进步，带来了新型传感器系统的出现，新型传感器系统可用于电子产品和系统的现场寿命周期监测。本章介绍了目前先进传感器系统的特点，此类系统具有体积小、质量小、可靠性高、成本低等优势。本章还介绍了现有先进的、商业上可用的传感器系统，给出了其性能特点，并介绍了传感器系统示例。

第 5 章介绍基于物理模型的电子设备故障预测与健康管理。通过将传感器数据与模型相结合的方式，该方法能够评估系统在实际应用条件下的可靠性，同时能够对产品与预期正常运行条件的偏差或退化情况进行现场评估。本章还给出了一种形式化的实现过程，包括失效模式、失效机理、影响分析、寿命周期载荷数据和特征提取、损伤累积等。

第 6 章介绍数据驱动的电子设备故障预测与健康管理，讨论了统计的、基于使用的、状态估计，以及一般模式识别等形式的模型和算法。

第4章

故障预测与健康管理的传感器系统

数据采集是故障预测与健康管理的一个基本组成部分，通常需要使用传感器系统测量环境和操作参数。首先，本章介绍了常见的传感器及其传感原理。然后，本章讨论了实现故障预测与健康管理所需的传感器系统的功能，并且给出了部分目前已经应用于故障预测与健康管理的传感器系统。最后，本章介绍了传感器系统示例。

在电子设备和系统中实现故障预测与健康管理有几种可用的方法，具体包括监测和分析即将发生故障的前兆参数，如性能参数的变化情况，以及利用使用条件（如温度、振动、辐射）与失效物理模型相结合来计算累积损伤并评估剩余使用寿命。在上述方法中，参数（状态）监测是一个基本步骤。为了准确评估产品的健康状况并预测其剩余使用寿命，可能需要在产品全寿命周期的所有阶段进行监测，具体包括制造、装运、存储、搬运和使用。属于测量对象的监测参数包括温度、振动、冲击、压力、声学水平、应变、应力、电压、电流、湿度、污染物浓度、使用频率、使用严重性、使用时间、功率和散热等，在上述参数中，为了获得参数特征，如幅度、变化、峰值水平和变化率等，可能需要对多个参数进行监测，传感器系统能够提供获取、处理和存储此类信息的手段。

4.1 传感器和传感原理

传感器的定义是，能够响应指定被测对象并提供可用输出信号的装置。传感器通常利用物理效应或化学效应，或者通过将能量从一种形式转化为另一种形式，将物理现象、化学现象或生物现象转化为电信号。传感器已经广泛应用于模拟仪器系统和数字仪器系统，主要作用是为电子电路和物理世界之间提供接口。

根据传感（转导）原理，传感器可分为物理、化学和生物三大类。被测对象所涉及的物理原理或效应包括热、电、机械、湿度、生物、化学、光学（辐射）和磁，表4-1列出了故障预测与健康管理传感器信号参数或测量值示例。

表4-1 故障预测与健康管理传感器信号参数或测量值示例

物理原理或效应	示 例
热	温度（范围、周期、梯度、坡度）、热通量、散热量
电	电压、电流、电阻、电感、电容、介电常数、电荷、极化、电场、频率、功率、噪声电平、阻抗
机械	长度、面积、体积、速度或加速度、质量流量、力、扭矩、应力、应变、密度、刚度、强度、方向、压力、声强度或功率、声谱分布
湿度	相对湿度、绝对湿度
生物	pH值、生物分子、微生物
化学	化学品种类、浓度、浓度梯度、反应性、分子量
光学（辐射）	强度、相位、波长、偏振、反射率、透射率、折射率、距离、振动、振幅、频率
磁	磁场、磁通密度、磁矩、磁导率、方向、距离、位置、流量

4.1.1 热传感器

使用较为广泛的热传感器有电阻热传感器、热敏电阻、热电偶等。

电阻热传感器的工作原理是：传感器（通常是金属）电阻随温度变化而发生变化，并且是按照可预测的、基本线性的和可重复的方式变化（监测元件的电阻—温度特性）。因此，传感元件的温度可以通过测量其电阻变化的方式来确定。

热敏电阻是一种热敏感电阻，其电阻随温度变化而发生变化。热敏电阻能够在相对较小的温度范围内表现出较大的电阻变化。热敏电阻通常由蒸发膜、碳或碳组合物，或者由铜、钴、锰、镁、镍或钛氧化物等类陶瓷半导体制成。与普通的热传感器不同，热敏电阻可以模压或压缩成各种形状，以适应各种应用场合。

热电偶是在界面处耦合的一对导电和热电元件。其工作原理是塞贝克效应[1]，即在由两个结处于不同温度的异质导体组成的电路中产生一个热电动势，

---

[1] 塞贝克效应是三种热电效应之一，另两种是珀尔帖效应和汤姆逊效应。

两种不同材料（通常是金属）在一点组合形成热电偶。其中一个结作为参考结，保持在一个固定的温度，如冰水平衡点，该参考结的固定电压与测量结处的热电偶电压之差即可使用电压表进行测量。

4.1.2 电传感器

大多数传感器产生的信号在形式上属于电信号，传感电路的输出往往是电压或电流。部分电参数，如电阻和电容，也需要转换成电压或电流的形式输出。本节首先讨论电压和电流的测量方法，然后讨论功率和频率传感器。

在电压测量中最常用的传感器有 4 种基本类型：电感传感器、热敏传感器、电容传感器和霍尔效应传感器。电感传感器基于磁场特性设计，此类传感器利用电压互感器、交流电感线圈和涡流测量等工具来获取电压数据。热敏传感器基于通过导体的电流的热效应设计，如焦耳效应。测量电压或电流的方法是将其转化为热量，然后测量由此产生的温度变化，传感器的输出是输入电压或电流的函数。电容传感器基于电场特性设计，此类传感器通过不同方法对电压进行测量，如静电力、约瑟夫森效应、光纤折射率的变化等。霍尔效应传感器属于半导体器件，此类传感器的工作原理是，载流薄导体上的电压差取决于垂直于电流流动方向施加的磁场强度。电子在磁场中运动，会承受一个垂直于运动方向和磁场方向的洛伦兹力。电子对洛伦兹力的响应产生了一个电压，称为霍尔电压。根据应用不同，霍尔电压可以通过仪表放大器（针对直流激励电流）或锁定放大器（针对交流激励电流）进行测量。由于霍尔电压与激励电流和磁场的乘积成正比，霍尔效应传感器也可以用来测量电流和磁场。

除霍尔效应传感器外，其他磁场传感器也可进行相应配置，然后用于电流测量，罗氏线圈就是一个例子。罗氏线圈是一个小截面的螺线管空气芯绕组，绕组对象为一个载流导体。由于线圈中感应到的电压与直线导体中电流的变化率（导数）成正比，因此罗氏线圈的输出通常与电（或电子）积分器电路相连，以便提供与电流成正比的输出信号。

测量电流的最简单的方法之一是基于欧姆定律进行电流—电压转换。此类电流测量电路采用分流电阻，与载荷串联。分流电阻两端的压降可通过各种次级仪表测量，如模拟仪表、数字仪表和示波器。

电功率（对于直流设备）是电流和电压的乘积。典型的功率传感器包括一个具有电压输出的电流检测电路和一个模拟乘法器。高压端的电流传感器能够提供与载荷电流成比例的输出电压，该输出电压与载荷电压相乘，即可得到与载荷功率成比例的输出电压。

频率是描述单位时间内重复事件发生次数的指标。测量频率的方法之一是使用频率计数器，该装置能够对特定时间段内发生的事件数进行统计。大多数频率计数器包括某种形式的放大器，以及输入端的滤波和整形电路，目的是使信号能够适合计数。另一种常用的测量频率的方法是基于频闪效应，主要应用于难以直接计算频率的场景。已知参考频率为 f_0 的源（如激光器、音叉或波形发生器）必须是可调谐的或非常接近被测频率 f，被测频率和参考频率同时产生，信号之间的干扰会产生节拍，而节拍是以更低的频率 Δf 观察到的。通过计数测量较低频率，然后根据算式 $f = f_0 + \Delta f$ 即可得出被测频率。

4.1.3 机械传感器

机械参数可以转换到其他物理域，然后即可进行直接感测或测量。对于直接感测，参数与应变或位移有关。用来检测应变的基本原理是压电效应、压阻效应和电容阻抗或电感阻抗。

压电效应是指某些晶体和陶瓷材料对施加的机械应力能够产生电压的能力。在传感器应用中，压电效应一般用于测量各种形式的应变或应力。具体应用场景包括：振膜上声压产生应变的传声器；用于到达或通过传感器传播高频应变波的超声波传感器；用于涂覆有压电材料硅振膜上交流压力的压力传感器。压电效应也可以用来检测微小位移、弯曲、旋转等。在此类测量中，需要一个高输入阻抗放大器来测量由应变或应力产生的表面电荷或电压。

导体和半导体中的压阻效应应用于许多商业压力传感器和应变计中以测量应变。晶体结构应变能够使能量带结构变形，从而改变迁移率和载流子密度，并最终改变材料的电阻率或电导率。与压电效应相反，压阻效应只引起电阻变化，并不产生电荷。

电容阻抗或电感阻抗也可以用来测量位移和应变。电容式器件能够对基本电容面积的变化情况进行求和，而压阻式器件能够利用桥臂电阻变化的差值。电容式传感器需要在芯片上或芯片附近布置电容—电压（C-to-V）转换器，以避免杂散电容的影响。

4.1.4 湿度传感器

湿度是指空气或其他气体中水蒸气的含量。湿度测量可以用多种术语来描述，3个常用的术语是绝对湿度、露点和相对湿度。

绝对湿度是指水蒸气质量与空气或气体体积之比，通常以克/立方米表示。露点是气体在规定压力下（通常为 1 个标准大气压）开始凝结成液体的温度，单位一般为摄氏度或华氏度。相对湿度是指，在相同温度和压力下，空气中含水量与饱和含水量之比（以百分比表示）。

常见的湿度传感器有 3 种：电容式湿度传感器、电阻式湿度传感器和热传导式湿度传感器（绝对湿度传感器）。

电容式湿度传感器由一个基板组成，在该基板上两个导电电极之间沉积有一层聚合物或金属氧化物薄膜。传感器表面涂有多孔金属电极，目的是保护其免受污染和冷凝影响。基板的材料通常为玻璃、陶瓷或硅。电容式湿度传感器介电常数的变化与周围环境的相对湿度近似成正比。电容式湿度传感器的特点是温度系数低，能够在高温下工作（最高温度为 200℃），能够从冷凝中完全恢复，并且具有相当好的抗化学蒸气能力。

电阻式湿度传感器一般用于测量吸湿介质（如导电聚合物、盐或经处理基底）的电阻抗变化。电阻抗变化通常与湿度成反指数关系。此类传感器能够吸收水蒸气，然后发生离子官能团解离，最终使电导率增加。

热传导式湿度传感器（绝对湿度传感器）由两个匹配的负温度系数热敏电阻在一个桥式电路中组成，其中一个密封封装在干燥氮气中，另一个则暴露在环境中。当电流流过热敏电阻时，由于水蒸气与干燥氮气的热导率不同，因此从密封热敏电阻散发的热量会大于暴露在环境中的热敏电阻。由于散热会产生不同的工作温度，因此热敏电阻的电阻差与绝对湿度成正比。

4.1.5 生物传感器

生物传感器是一种结合了生物成分和物理化学成分的监测装置。生物传感器由 3 部分组成：敏感生物元件（如生物材料或生物衍生材料）、传感器和检测元件。根据传感原理，生物传感器可以分为光学生物传感器、电化学生物传感器、压电生物传感器等。

基于表面等离子体共振现象的光学生物传感器主要利用了倏逝波技术。这种技术利用了高折射率玻璃表面一层薄薄的金（或某些其他材料）能够吸收激光的特性，在金表面产生电子波（表面等离子体激元）。

电化学生物传感器通常基于能够产生离子的酶催化反应进行设计。此类传感器的基板包含 3 个电极：参比电极、有源电极和沉电极。被测对象在活性电极表面发生反应，产生离子并产生一个电位，从参比电极电位中减去该电位，即可得出一个信号。

压电生物传感器是利用某些电介质受力后产生的压电效应制成的传感器。所谓压电效应是指某些电介质在受到某一方向的外力作用而发生形变（包括弯曲和伸缩形变）时，由于内部电荷的极化现象，会在其表面产生电荷的现象。压电材料可分为压电单晶、压电多晶和有机压电材料。压电生物传感器中使用最多的是属于压电多晶的各类压电陶瓷和压电单晶中的石英晶体。其他压电单晶还有适用于高温辐射环境的铌酸锂、钽酸锂、镓酸锂、锗酸铋等。

4.1.6　化学传感器

化学传感器主要用于化学测量、生产流程分析和环境污染监测，在矿产资源探测、气象观测和遥测、工业自动化、医学领域远距离诊断和实时监测、农业领域生鲜保存和鱼群探测、防盗、安全报警和节能等各方面都有重要的应用。

化学传感器按其结构形式可分为两种：一种是分离型传感器，如离子传感器（液膜或固体膜，其具有接受器功能，膜完成电信号的转换功能，接受和转换部位是分离的，有利于对每种功能分别进行优化）；另一种是组装一体化传感器，如半导体气体传感器（分子俘获功能与电流转换功能在同一部位进行，有利于化学传感器的微型化）。

按传感方式划分，化学传感器可分为接触式化学传感器与非接触式化学传感器。

按检测对象划分，化学传感器可分为气体传感器、湿度传感器、离子传感器等。气体传感器的传感元件多为氧化物半导体，有时在其中加入微量贵金属作为增敏剂，增强对气体的活化作用。湿度传感器是测量环境中水气含量的传感器，又分为电解质式湿度传感器、高分子式湿度传感器、陶瓷式湿度传感器和半导体式湿度传感器。离子传感器是对离子具有选择响应功能的离子选择性电极，其基于对离子选择性响应的膜产生膜电位，其感应膜有玻璃膜、溶有活性物质的液体膜、高分子膜，其中使用较多的是聚氯乙烯膜。

如表 4-2 所示为常见化学传感器的类别和原理。

表 4-2　常见化学传感器的类别和原理

类　别	传　感　器	原　理
电化学传感器：由于物质或反应而表现出电阻（电导率）变化或电容（介电常数）变化	金属氧化物传感器	高温下的金属氧化物在各种可还原气体（如乙醇、甲烷和许多其他气体）中会改变表面电位，从而改变电导率
	固体电解质传感器	在恒定温度和压力下，电池根据两个电极上的氧浓度在两个电极上产生一个电动势
	电位传感器	测量电压变化：电势在固体材料表面进行发展，固体材料浸没在含有离子的溶液中，离子在表面进行交换。电位与溶液中离子的数量或密度成正比
	电导传感器	测量电导变化：气体在半导体氧化物材料表面吸附，会使其电导率发生很大的变化
	电流传感器	测量电流变化：在固定的电极电位或电池总电压下测量电流—溶质浓度关系
热化学传感器：依靠化学反应中产生的热量来感应特定反应物的数量	基于热敏电阻的化学传感器	感知由于化学反应所引起的温度的微小变化
	量热传感器	测量在可燃气体催化氧化过程中，由于热量释放所引起的温度变化。温度表示环境中可燃气体的百分比
	热导传感器	测量空气中由于感知气体存在而产生的热传导率

4.1.7　光学传感器

　　光学传感器包括光电导体、光电发射器件、光伏器件和光纤传感器。光电导体是一种在受到光照或辐射照射情况下会发生电阻改变的器件。在光照或辐射照射的作用下，由于电荷载流子数量的变化，光电导体的电导率也会发生变化。光电发射器件是一种二极管，其产生的输出电流与照射在其表面的光源强度成正比。光伏器件由 P-N 结组成，辐射产生的载流子可以穿过 P-N 结并形成自生电压。光纤传感器是一种将被测对象的状态转变为可测光信号的传感器，其工作原理是将由光源入射的光束经由光纤送入调制器，在调制器内与外界被测参数相互作用，使光的光学性质（如强度、波长、频率、相位、偏振态等）发生变化，成为被调制的光信号，再经过光纤送入光电器件，经解调器后获得被测参数。

　　应变时，光缆会改变输出光波相对于参考波的强度或相位延迟。利用光学探测器和干涉测量技术，可以实现较小应变的高灵敏度测量。光纤光栅可用于光纤传感器，目的是实现对某些测量的感知。光纤光栅是一种分布式布拉格反射器，由一小段光纤构成，能够反射特定波长的光，并且能够透射所有其他波长的光。光纤光栅对应变和温度都非常敏感，利用其可以对应变和温度进行直接检测，还可以对其他传感器的输出结果进行转换。光纤光栅还能够根据被测对象产生应变或温度变化，例如，光纤光栅气体传感器使用吸收涂层，该涂层在某种气体存在的情况下会发生膨胀，从而产生应变，并可由光栅测量到。光纤光栅在仪器仪表中也有很多应用，如油气井中的井下传感器，该传感器用于测量外部压力、温度、地震震动和直列流动。

光学传感器还包括水声传感器、光纤微弯传感器、倏逝或耦合波导传感器、移动光纤水听器、光栅传感器、偏振传感器及全内反射传感器。

光学干涉传感器已实际用于干涉仪声学传感器、光纤磁传感器（带有磁致伸缩外壳）和光纤陀螺仪。特别是掺杂或涂覆的光纤已经显示出作为各种类型和配置的物理传感器所具有的极强多功能性。此类光纤广泛用于辐射传感器、电流传感器、加速度计、温度传感器和化学传感器。

4.1.8 磁传感器

磁传感器的原理包括：①磁光效应，电磁波因通过准静态磁场而改变介质传播的现象；②磁致伸缩效应，因施加磁场材料产生应变；③电流磁效应，表现为霍尔场和载流子偏转；④磁电阻，部分材料在外加磁场的作用下改变自身电阻的性质。磁传感器最常见的测量对象是位置、运动和流量，在上述测量中，传感是非接触式的。磁传感器主要包括霍尔效应传感器、磁阻传感器、磁力计（磁通门、搜索线圈、Squid 磁敏传感器）、磁晶体管、磁二极管和磁光传感器。

霍尔效应传感器包括霍尔元件和相关的电子器件。霍尔元件由一薄片导电材料构成，其输出连线垂直于电流流动方向。在受到磁场作用时，霍尔元件能够以与磁场强度成比例的输出电压响应。此时，电压很小，需要额外的电子器件将电压放大到可用的电压水平上。

磁电阻具有在外加磁场作用下改变自身电阻的特性。磁阻传感器通常采用电桥配置，具有惠斯通电桥配置中的 4 个磁敏电阻，每个磁敏电阻仅按照能够最大限度提高灵敏度、最大限度减小温度影响的形式进行布置。在存在磁场的情况下，电阻值发生变化，导致电桥不平衡，并产生与磁场强度成比例的输出电压。

磁力计是测量磁场强度的装置，可以是非常精确的传感器或低场传感器，或者包括一个或多个传感器的用于测量磁场强度的完整系统。

磁晶体管和磁二极管由具有未掺杂区域的硅基底制成，未掺杂区域包含传感器，并且未掺杂区域位于形成 P-N 结、N-P-N 结或 P-N-P 结的 N 掺杂与 P 掺杂区域之间。根据方向，外部磁场使发射极和集电极之间的电子流发生偏转，并偏向于其中一个集电极。检测两个集电极电压，该电压与电流或所施加的磁场有关。

当前，人们已经开发出了高灵敏度的磁光传感器。磁光传感器基于各种技术制成，如光纤光学、光偏振、莫尔效应、塞曼效应，其属于高灵敏度器件，一般用于需要高分辨率的应用场景，如人脑功能映射和磁异常检测。

4.2　故障预测与健康管理传感器系统的运行

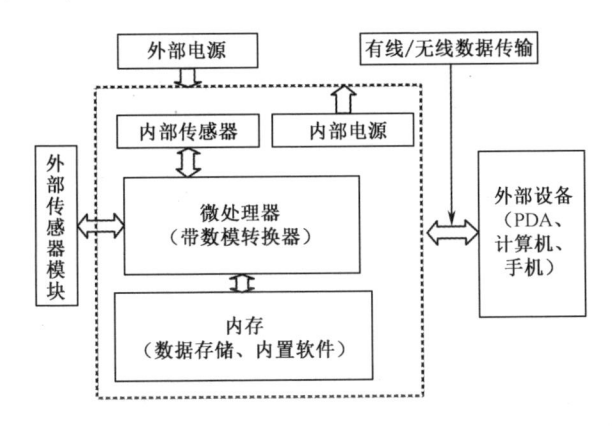

故障预测与健康管理传感器系统的基本框架通常包括外部传感器模块、内部传感器、内部电源、微处理器（带模数转换器）、内存（数据存储、内置软件）、有线/无线数据传输模块、外部设备（PDA、计算机、手机）和外部电源，如图 4-1 所示。每类故障预测与健康管理传感器系统不一定包含上述所有元素，并且不是所有的传感器系统都适用于实现故障预测与健康管理。本节介绍了故障预测与健康管理应用中传感器系统的选择方法。

图 4-1　故障预测与健康管理传感器系统的基本框架

图 4-2 给出了选择传感器系统的一般程序。首先，列出传感器系统的需求；其次，研究候选传感器系统；最后，权衡分析，选择最优传感器系统。

故障预测与健康管理对传感器系统的要求取决于具体应用，同时也要考虑需要监测的参数、传感器系统的性能、传感器系统的物理属性、传感器系统的功能属性、成本、可靠性和可用性。用户需要确定考虑事项的优先级，在为特定的应用选择最佳传感器系统时可能需要对各方面进行权衡。

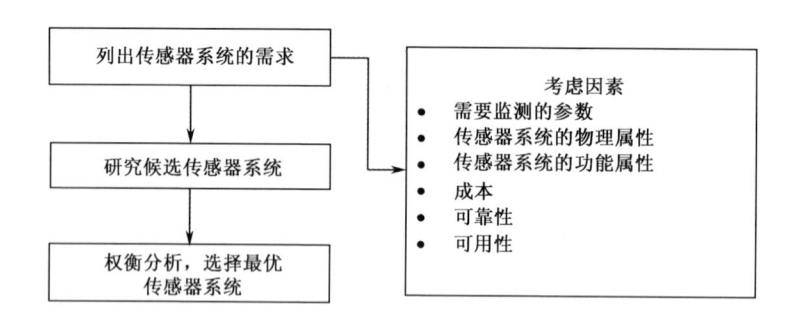

图 4-2 选择传感器系统的一般程序

4.2.1 需要监测的参数

在故障预测与健康管理的实现中需要监测的参数，可以根据以下要素进行选择：对安全至关重要的功能、可能涉及灾难性故障的功能、对任务完整性至关重要的功能，或者可能导致长时间停机的功能。同样，也可以基于历史经验、类似产品现场故障数据，以及合格性测试所建立的关键参数等方面的知识来选择相关参数。更系统的方法，如故障模式、机理及影响分析，也可用于确定需要监测的参数。

本书前几章讨论了产品全寿命周期中作为前兆的参数，以及应力和损伤建模需要监测的参数。此类参数可以通过选择适当的传感器来进行测量。故障预测与健康管理需要整合许多不同参数来评估产品的健康状态，并预测产品的剩余使用寿命。如果一个独立的传感器系统能够监测多个参数，则将有利于简化故障预测与健康管理的流程。多参数传感器系统是指一个传感器系统可以测量温度、湿度、振动、压力等多种类型的参数。可实现多参数传感的传感器系统包括：内部包含若干不同感知元件的传感器系统，具有支持插入各种传感器节点的灵活的、附加外部端口的传感器系统，上述系统的组合。对于此类传感器系统，可以共享部分通用部件，如电源、辅助转换器、存储器和有线/无线数据传输模块。

4.2.2 传感器系统的性能

在实际应用时，应考虑传感器系统的性能。传感器系统相关的性能属性如下：

准确度：测量值与被测量真实值的接近程度。
灵敏度：输出相对于输入某一变化（校准曲线的斜率）的变化。
精确度：能够可靠测量被测对象的有效位数。
分辨率：在输出端产生可检测变化所需输入的最小变化。
测量范围：可测量的被测对象的最大值和最小值。
重复性：同一被测对象在相同测量条件下连续测量结果之间的一致性。
线性度：校准曲线与理论行为对应直线的接近程度。
不确定度：包含被测量真实值的数值范围。
响应时间：传感器对给定输入做出反应所需的时间。
稳定时间：传感器在输入达到稳定状态之后，输出相应结果所需的时间。

4.2.3 传感器系统的物理属性

传感器系统的物理属性包括尺寸、质量、形状、封装材料，以及传感器系统安装到环境中的具体方式。在某些故障预测与健康管理应用中，用于连接传感器系统的可用空间有限，或者需要感测的位置不可达，传感器系统的尺寸可能成为最重要的选择标准。此外，在某些故障预测与健康管理应用中，如移动产品或使用加速度计进行振动和冲击测量时，必须考虑传感器系统的质量，因为增加质量会改变系统响应。如果需要使用夹具将传感器系统安装到一台设备上，则传感器系统和夹具的附加质量可能会改变系统特性。在选择传感器系统时，用户应确定主机环境可处理的可用尺寸和质量，然后考虑传感器系统的整体尺寸和质量（包括电池、天线和电缆等其他附件）。

对于某些应用，还必须考虑传感器系统的形状，如圆形、矩形或扁平等。某些应用还对传感器系统封装材料（如金属或塑料）有要求，具体取决于应用和需要检测的参数。

同时，应根据应用情况考虑传感器系统的安装方法。安装方法包括使用胶水、胶带、磁铁或者螺钉（螺栓）将传感器系统固定到主机上。能够嵌入元件中的传感器系统，如集成电路中的温度传感器，将有助于节省空间并提高性能。

4.2.4 传感器系统的功能属性

传感器系统应考虑的功能属性包括板载电源和电源管理、板载存储器和存储器管理、采样模式和采样率、信号处理、数据传输等。

故障预测与健康管理技术及应用案例分析

1. 板载电源和电源管理

功耗是传感器系统的基本属性之一，其决定了传感器系统在不连接外部电源的情况下的持续工作时间。因此，在无线系统和移动系统中，该属性非常重要。为了在无线系统和移动系统中获得所需的持续工作时间，传感器系统必须具有足够的电源供应和功耗管理能力。

传感器系统按其电源可分为两大类：非电池供电的传感器系统和电池供电的传感器系统。非电池供电的传感器系统通常需要连接到外部交流电源上，或者需要使用来自集成主机系统的电源。例如，温度传感器通常集成在计算机主板上的微处理器内，利用计算机的电源。电池供电的传感器系统配有板载电池，因此，此类传感器系统不需要与外界进行交互，就能够在连续工作的基础上实现自主运作。对于电池供电的传感器系统，最重要的是可更换或可充电的电池。可更换或可充电的电池能够保证传感器系统连续工作，同时不需要更换整个系统。可充电的锂电池通常用于电池供电的传感器系统。在某些情况下，电池必须密封在传感器内部或难以进入的传感器系统中。在此类应用中，可能需要使用容量较大的电池或备用电池。

电源管理主要用于优化传感器系统的功耗，目的是延长传感器系统的工作时间。功耗因传感器系统的不同工作模式（如活动模式、空闲模式和休眠模式）而有所差别。如果传感器系统用于监控、记录、传输或分析数据，则传感器系统处于活动模式。检测所消耗的功率，取决于参数检测方法和采样速率。连续感测会消耗更多的功率，而周期性感测或事件触发式感测可以消耗更少的功率。更高的采样率也会消耗更多的功率，因为需要更频繁地进行感测并记录数据。此外，无线数据传输和板载信号处理也会消耗更多的功率。

在空闲模式下，传感器系统的功耗比在活动模式下少得多，而在休眠模式下的功耗最低。电源管理的任务是跟踪输入的请求或信号并对其进行建模，以确定传感器系统的活动部件、何时应在活动模式和空闲模式之间切换、空闲模式应维持的时间、何时切换到休眠模式，以及何时唤醒系统。例如，在连续感测中，感测元件和存储器是活动的，但如果不需要进行数据传输，则可以将其置于休眠模式。在收到相应请求之后，电源管理才唤醒数据传输电路。

2. 板载存储器和存储器管理

板载存储器是传感器系统中的存储器，一般用于存储收集的数据，以及与传感器系统有关的信息（如传感器标识、电池状态等），使传感器系统能够被识别并与其他系统进行通信。内存中的固件（嵌入式算法）负责向微处理器提供操作指令，并且使其能够实时处理数据。板载存储器允许更高的数据采样率和保存速率。如果没有板载存储器，则必须传输数据。

对于传感器系统，常见的板载存储器包括 EEPROM（可擦除可编程只读存储器）和 NVRAM（非易失性随机存取存储器）。EEPROM 是一种用户可修改的 ROM，可反复擦除和重新编程（写入）。在传感器系统中，经常使用 EEPROM 存储传感器信息。NVRAM 是用于描述任何类型的随机存取存储器的总称，其在电源关闭的情况下也不会丢失信息。NVRAM 是更一般的非易失性存储器类型的一个子组，其能够实现随机访问，而不是像硬盘那样必须按照顺序访问。

目前，最著名的 NVRAM 是闪存，其广泛存在于各种消费电子产品中，包括存储卡、数字音乐播放器、数码相机和手机等。在传感器系统中，经常使用闪存来记录采集的数据。半导体制造技术的持续发展使得闪存的容量在尺寸减小和成本降低的同时快速增加。

存储器一般要求能够接受检测模式和采样速率的影响。传感器系统应允许用户对采样速率进行编程，并且设置传感模式（连续、触发、阈值），上述设置会对存储数据量造成影响。

内存管理允许配置、分配、监视和优化内存的使用情况。对于多传感器系统而言，数据格式通常取决于传感变量。内存管理应该能够区分各种数据格式，并且将其保存到内存的相应区域。例如，温度采样率、时间戳和数据范围与振动数据的采样率、时间戳和数据范围有所不同。在存储器中，上述不同的数据应基于易于识别的算法单独存储。内存管理还应能够显示内存的使用状况，如可用内存百分比，并在可用内存百分比减小时给出指示。

3. 采样模式和采样率

采样模式决定了传感器如何实现参数监测，以及何时主动对被测对象进行采样。常用的采样模式包括连续采样、周期采样和事件触发采样。采样率定义了每秒（或其他单位）从连续信号中提取的样本数，从而形成离散信号。采样模式和采样率控制了信号采样。

当采样率固定时，周期采样和事件触发采样会比连续采样消耗更少的功耗和内存。在相同的采样模式下，低采样率比高采样率消耗的功耗和内存更少。但是，过低的采样率可能会导致信号失真，并且可能减小获取故障检测所需的间歇或瞬态事件的可能性。此外，如果用户希望利用传感器同时监测振动和温度，则传感器系统应允许用户分别为这两种不同类型的参数设置采样模式和采样率。

4. 信号处理

信号处理包括两个部分：一是嵌入式处理，集成在板载处理器中，能够对原始传感器数据进行即时局部处理；二是在主机上进行处理。在选择传感器系统时，应同时考虑这两种功能。

嵌入式处理可以显著减小数据点的数量，从而腾出内存用于更大的数据存储。这就能够减小必须传输到基站或计算机的数据量，从而降低功耗。在大量传感器系统在一个网络中工作的情况下，上述方法能够实现分散计算，并提高数据的并行处理效率。

将计算能力嵌入到板载处理器，还可以促进环境监测应用的高效数据分析。嵌入式处理可以设置为提供实时更新，以便立即采取措施，如关闭设备电源以避免事故或灾难性故障，以及提高未来维修和维护活动的预测水平。

目前，嵌入式处理包括特征提取（如雨流周期计数算法）、数据压缩，以及故障识别和预测。在理想情况下，嵌入式处理应能够显示计算结果，并且能够在检测到故障之后执行相关操作，还应该是可编程的。

板载处理器的能力受到部分物理条件的约束。其中一个约束因素是可用电力。如果需要处理更大规模的计算并实现更高的计算速度，则会增加功耗。另一个约束因素是板载存储器的容量，因为运行复杂软件需要大量的内存。上述两个约束因素使得将复杂算法嵌入到板载处理器中存在很大困难。但是，即使使用简单算法和例程来处理原始的传感器数据，也可以为现场分析带来显著效益。

5. 数据传输

在传感器系统完成数据采集之后，数据通常被传输到基站或计算机，然后进行分析。一般情况下，数据传输要么是无线的，要么是有线的。无线传输是一种很有前途的技术，已经对故障预测与健康管理应用形成一定影响。无线传输是指在不使用有线连接的情况下，在一段距离内完成数据传输，所涉及距离可能很短（如电视遥控器的几米），也可能很长（如无线电通信的几千米甚至几百万千米）。无线传感器节点可用于对不适宜居住和有毒环境进行远程监控。在某些应用中，传感器必须具备远程工作能力，并且能够通过遥测的方式将数据存储和下载到中央处理站。此外，无线传感器系统不依赖传输传感器测量数据所需的长导线，因而能够节省安装和维护成本。在无线传感器节点中嵌入微控制器的方式，能够提高无线传感器节点自身的数据分析能力，从而极大地扩大无线传感器节点的优势。

无线数据的传输方法包括以太网、蜂窝网络、射频识别、邻近卡（ISO 15693）、局域网（IEEE 802.15）、WiFi（IEEE 802.11）和专有通信协议。在为特定应用选择无线数据传输方法时，应考虑通信范围、功率需求、实现难易程度和数据安全性。

射频识别是一种自动识别方法，依赖射频识别标签或应答器进行数据存储和远程检索。射频识别标签是一种可以附着在产品、动物或人身上的，一般使用无线电波进行识别的物体。

射频识别传感器系统包括射频识别标签和传感元件。射频识别传感器系统能够使用传感元件来检测和记录温度、湿度、运动，甚至辐射数据；还能够利用射频识别来记录和识别传感器，传输原始数据或处理数据。例如，射频识别传感器系统应用于跟踪供应链中移动物品（如肉类）的相同标签，也可能在温度不合适、肉类变质、肉类中存在生物制剂时向工作人员发出警报。

射频识别标签的传输范围和速度取决于许多因素，如工作频率、阅读器功率、来自其他射频设备的干扰等。射频识别标签和阅读器必须进行调谐，二者在相同频率下才能进行正常通信。射频识别系统使用多种频率，最常见的是低频（约 125kHz）、高频（约 13.56MHz）和超高频（860～960MHz）。微波（2.45GHz）也可以用于某些射频识别应用。不同的频率具有不同的特性，因此应用场景也不同。例如，低频射频识别标签的功率更低，对非金属物质的穿透能力更强，此类射频识别标签是扫描水分含量高的物体（如水果）的理想选择，但其读取范围一般在约 0.33m 以内。高频射频识别标签在金属制品应用中的效果更好，其最大读取范围约 1m。超高频射频识别标签通常能够实现更大的读取范围（3～8m），并且比在低频和高频条件下的数据传输速度更快，但其缺点是功耗更大、穿透性也更差，并且其定向性更强，需要在标记和读取器之间设置一条清晰的路径。超高频射频识别标签更适合在货物通过码头门进入仓库时对其进行扫描。如果需要实现更远的通信距离，如跟踪铁路车辆，则使用有源标签，以将读取范围提高到 100m 或更大。

无线数据传输的安全性也是需要考虑的重要因素，目前的无线协议和加密方法存在很多安全隐患。射频识别标签和读取器/写入器通过无线电信号传输识别信息，与条形码系统不同，射频识别设备可以在视线范围外实现通信，并且可以在更远的距离上进行更快的批处理。随着射频识别设备部署到更复杂的应用场景中，各界对保护此类系统免受窃听和未经授权使用提出了担忧。人们应对无线传感器系统的安全策略或自定义安全级别进行评估，以保护传输过程中的数据安全。

目前，有线传输可以实现数据高速传输，但受到传输距离的限制。无线传输可以实现非常便捷的数据通信，但传输速度要低于有线传输。因此，需要针对特定应用场景进行权衡。许多传感器系统能够将数据从传感器以无线传输的方式传输到接收设备，然后通过与通用串行总线端口进行有线连接的方式将数据传输到计算机。这是一种具有代表性的折中方案，在安全、功耗和成本方面实现改善。

4.2.5 成本

在为特定故障预测与健康管理的应用选择合适的传感器系统时，必须对成本进行评估。成本评估应考虑总成本，包括传感器系统的购买、维护和更换成本。事实上，初始购买成本可能不到产品全寿命成本的 20%。以某航空公司为例，该公司选择了"经济型"传感器系统，但 15 个月后才发现传感器系统的平均使用寿命只有 12 个月，因此需要每年更换一次。更换传感器系统可能要多增加 20%的成本，但是现成的、经过验证是合格的，并且可供飞机使用。

4.2.6 可靠性

故障预测与健康管理的传感器系统应是可靠的。传感器系统通常在一定程度上会受到噪声和周围环境的限制，而噪声和周围环境会随工作条件和环境的变化而发生变化。为了降低传感器系统发生故障的风险，用户必须考虑传感器的工作环境，以确定其是否适合特定的应用。同时，用户还应考虑传感器系统的封装形式，因为封装可以屏蔽系统以免其受到其他负面因素的影响，如湿度、沙子、腐蚀性化学品、机械力和其他环境条件。

传感器验证的作用是检查传感器系统的性能，通过检测和消除系统误差影响的方式，确保传感器系统能够正常工作。自诊断、自校准和传感器融合是实现上述功能的几种方法。

提高传感器系统可靠性的策略是使用多个传感器（冗余）来监测同一产品或系统，使用多传感器系统能够降低因传感器系统故障而发生数据丢失的风险。虽然必须考虑传感器系统的可靠性，但是同样必须考虑传感器系统对其监测产品可靠性的影响。随着时间的推移，质量较大的传感器系统可能会降低电路板附着在表面时的可靠性。此外，如果附着材料与产品结构材料不相容，则附着方式（焊接、胶水、螺丝）也会降低产品的可靠性。

4.2.7 可用性

所选择的传感器系统应具有可用性。在确定可用性时，一般需要考虑两个方面。首先，用户应确定传感器系统是否可进行商业采购。这意味着该传感器系统已从开发阶段转入生产阶段，并且在市场上销售。有许多传感器系统在出版物和网站上推广，但是此类传感器系统并不能实现商业采购。此类传感器系统一般都是原型样机，在公开市场上无法购买。其次，用户应该能够与传感器系统供应商进行沟通。由于特定需要和应用，并且考虑安全因素，用户可能需要从国内供应商选择传感器系统。可用性信息通常不在产品数据手册中，但可以通过与供应商进行沟通加以验证。

4.3 传感器选择

对于特定的故障预测与健康管理应用，用户可能需要考虑以上部分或全部因素。表 4-3 列出了传感器系统选择过程中需要考虑的因素。4.4 节中对当前的部分传感器系统进行研究，以确定故障预测与健康管理传感器系统的技术水平和可用性。基于本章介绍的选择方法，可以为故障预测与健康管理的实际应用选择合适的传感器系统。

表 4-3　传感器系统选择过程中需要考虑的因素

要求	考虑参数
性能	传感参数
	测量范围
	灵敏度
	准确度
	精确度
	分辨率
	采样率
	线性度
	不确定度
	响应时间

续表

要求			考虑参数
性能			稳定时间
			需要多少个传感器系统
			哪些参数可以由一个传感器系统监测
功能属性	功率	预期功耗	—
		电源类型	如果由主机供电：交流电源；其他电源，如太阳能发电； 如果使用电池作为电源，则说明要求，如可采用充电锂电池
		是否需要电源管理	是/否
		管理方式	如采样模式和速率
	内存	是否需要板载存储器	是/否
		容量	
		是否需要内存管理	是/否
		管理方式	如采样模式和速率
	采样	采样模式	主动/被动
			自动开/关
			连续采样、周期采样、事件触发采样
		采样率	基于奈奎斯特准则的最小采样率
			基于具体应用
	数据传输	主动传输/被动传输	
		无线传输或有线传输	传输范围
			协议
			传输速率
			安全策略
			有线传输的类型，如 USB、串行端口或其他与主机连接的方法
		传感器系统与主机通信的设备类型，如 PDA、手机、计算机	
	数据处理	数据处理的类型，如快速傅里叶变换、数据缩减、附加分析功能	
		主机软件提供的处理类型，如信号处理工具、回归、其他预测模型	

续表

要 求	考虑参数	
物理属性	大小	带电池
		不带电池
	质量	带电池
		不带电池
	形状	圆形、矩形、扁平
	包装	塑料、金属
	附着方式	螺丝、胶水、胶带、磁铁
限制条件	正常环境	温度、湿度、辐射、气体、尘埃、化学品
	使用	信号输入限值（加载）
	其他	
成本	包括传感器系统的采购、维护、更换成本	
可靠性	传感器系统是否具有检查自身性能，并确保正常工作的功能	
	传感器系统是否需要冗余	
可用性	传感器系统是否能够进行商业采购	

4.4 故障预测与健康管理实现的传感器系统示例

本节进行了一项调查，目的是确定可用于电子产品和系统故障预测与健康管理的传感器系统的商业可用性。调查仅包括具有故障预测与健康管理所需功能的商用传感器系统。

调查结果如表 4-4 所示，给出了 10 家制造商生产的 16 种传感器系统的特性。传感器系统特性包括传感参数、电源及其管理能力、采样率、板载存储器（尺寸/类型）、数据传输方式、嵌入式信号处理软件的可用性、尺寸和质量、成本。每种传感器系统的数据都是从制造商的官方网站、产品数据手册、电子邮件和演示产品中收集的。

该调查的主要结论是，最先进的故障预测传感器系统应能够实现以下功能。

（1）能够使用自身的电源管理、数据存储、信号处理和无线传输自主执行多种功能。

（2）具有多个灵活的或附加的传感器端口，支持各种传感器节点，能够监测各种参数，如温度、湿度、振动和压力。

表 4-4　不同制造商生产的传感器系统的特性

传感器系统		板载电源管理			传感器系统特性				尺寸和质量		成本（美元）
名称	制造商	传感参数	电源	电源管理特征	采样率	板载存储器（尺寸/类型）	数据传输（距离）	嵌入式信号处理软件的可用性	尺寸（mm）	质量（g）	
ePrognosticl Sensor Tag	ePrognostic Systems	温度、湿度、振动、冲击方向	电池（定制）	是	自定义编程	可扩展外部存储	无线，2～100m	是	7×63×25	15	500
Smart Button	ACR Systems	温度	电池（10 年）	是	1/min～1/4.25h	2KB，闪存	RS232 有线	否	17×6（直径×长度）	4（含电池）	39
EWB Micro TAU	Invocon	振动、应力、压力、温度	电池	是	20kHz	256MB NVRAM	无线，30m	是	87×70×38	250（含电池）	2350 每通道
MITE WIS	Invocon	任何电阻传感器类型	电池（2 年）	是	1/15s～1/h	2MB NVRAM	无线，30m	是	65×60×23	135（含电池）	550 每通道
Micro WIS	Invocon	任何电阻传感器类型	电池（3 年）	是	1/15s～1/h	2880 采样闪存	无线，30m	是	30×30×20	23（含电池）	950
SAVER 3X90	Lansmont Instrument	冲击、振动、温度、湿度	电池（90 天）	是	50Hz～5kHz	128MB 闪存	USB	否	95×74×43	473（含电池）	6500
G-Link	Microstrain	倾斜、振动	可更换电池	是	32Hz～2kHz	2MB 闪存	无线，300m	否	58×43×26	46（含电池）	1550（初学者套件）
Embed Sense	Microstrain	应力、压力、温度	感应油墨	否	50Hz	未公开	无线	否	50（直径）×6	未公开	3295（初学者套件）

续表

传感器系统			传感器系统特性							
名称	制造商	传感参数	板载电源管理		采样率	板载存储器（尺寸/类型）	数据传输（距离）	嵌入式信号处理软件的可用性	尺寸和质量		成本（美元）
			电源	电源管理特征					尺寸（mm）	质量（g）	
V-Link	Microstrain	位移、应力、压力、温度	可更换电池	是	32Hz～2kHz	2MB 闪存	无线，300m	否	88×72×26	97（含电池）	1800（初学者套件）
SG-Link	Microstrain	振动、应力、压力、温度	可更换电池	是	32Hz～2kHz	2MB 闪存	无线，300m	否	58×49×26	46（含电池）	1550（初学者套件）
TC-Link	Microstrain	温度	可更换电池	是	1/min～10/s	2MB 闪存	无线，300m	否	62×58×26	116（含电池）	1550（初学者套件）
ICHM 2020	Ocean Sensor	振动、温度、压力、位置、湿度	交流电源	否	最大 48kHz	不适用	无线	是	120×56×80	未公开	未公开
Radio Microlog	JR Dynamics	应力、温度、加速度、压力	电池	是	4kHz	4MB 闪存	红外、数字化无线电或RS232 有线	是	37×24×10	小于 10（不含电池）	未公开
EMS 200	Sensicast Systems	湿度、温度、压力	可更换电池（3 年）	是	未公开	未公开	无线，212m	否	120×48×20	未公开	2999（初学者套件）
S2NAP	RLW	振动、温度、水平、电流、电压	交直流电源	是	5～19kHz	未公开	无线	是	未公开	未公开	未公开
SR-1 Strain Measurement System	Direct Measurement	应力	交流电源	否	未公开	未公开	无线	是	未公开	未公开	未公开

（3）配备板载电源，如可充电或可更换电池。

（4）具有板载电源管理功能，允许对工作模式（工作、空闲和休眠）、采样模式（连续、事件触发或周期）和采样率进行控制。上述管理策略，再加上新颖的电池技术和低功耗电路，可使传感器系统工作更长时间。

（5）具有不同的板载数据存储容量（闪存），从几千字节到数百兆字节。

（6）具有嵌入式信号处理算法，能够在数据传输之前对数据进行压缩或简化。

第 5 章

基于物理模型的电子设备故障预测与健康管理

基于物理模型的电子设备故障预测与健康管理是一种利用产品寿命周期载荷和失效机制等方面的知识来进行可靠性建模、设计和评估的方法，如图 5-1 所示。该方法基于设备、产品或系统潜在故障机制和故障部位的识别可由潜在失效部位的应力和变化之间的关系来进行描述。通过建立评价新材料、新结构和新技术的理论基础，该方法可实现可靠性主动评估。基于物理模型的故障预测与

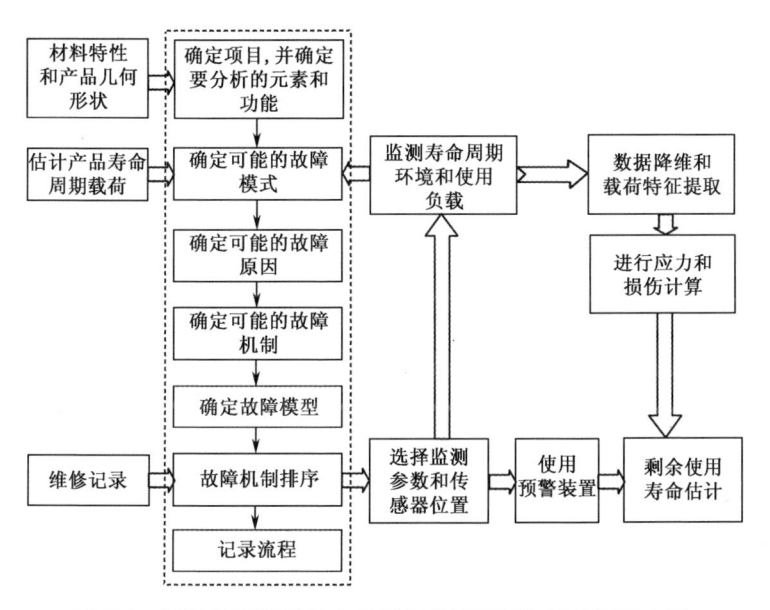

图 5-1 基于物理模型的电子设备故障预测与健康管理方法

健康管理方法，允许在实际使用条件下对系统的可靠性进行评估和预测。该方法将传感器数据与模型结合，现场识别产品与预期正常使用条件（系统的"健康状态"）的偏差或退化，并且预测未来的可靠性状态。

首先，进行故障模式、故障原因及故障机制分析，从而确定故障模型，其中设计数据、预期寿命周期条件和失效物理模型是评估的输入信息。其次，对关键故障机制进行优先级排序，从而确定故障预测与健康管理的监测参数和传感器位置。再次，根据收集到的使用和环境数据，对产品的健康状况进行评估。最后，根据失效物理模型估计损伤并求出剩余使用寿命。

为了实现可靠性评估目标，基于物理模型的故障预测方法在开始时需要一定的输入。输入包括所有级别的产品硬件配置（从零件到系统）、载荷和故障模式。

5.1 硬件配置

产品硬件配置是产品对物理元素的分解（分类）。复杂产品通常由多个需要共同工作的元件组成，以保证产品的整体功能。产品硬件配置说明了产品的元素、每个元素的功能、各功能的关系、装配关系。

为便于讨论，本书定义电子产品的 6 个级别的故障预测水平。第 0 级包括芯片和芯片上的位置。第 1 级包括部件和组件，以及构成该组件的引线键合、引线框架和封装材料，这一级别还包括集成电路和分立元件，如电阻、电容和电感。第 2 级包括电路板，以及将元件连接到电路板上的互连线（引线、焊球等），这一级别还包括电路板上的位置，如焊盘、镀通孔、过孔和走线。第 3 级包括外壳、机箱、抽屉和电路板的连接，这一级别还包括产品或子系统，如硬盘驱动器、显卡和电源。第 4 级包括电子产品，如笔记本电脑、单个最小可更换单元和连接。第 5 级包括电子系统，以及不同系统之间的外部连接（例如，从计算机到打印机，或者最小可更换单元和座舱显示器的连接），体系系统就属于这个级别。

另外，产品中所用的材料也会影响产品对外部、内部应力的响应。因此，材料特性也应作为基于失效物理故障模型的输入，从而对特定的失效部位和失效机制的失效时间进行计算。

5.2 载荷

为评估产品的可靠性，必须考虑载荷，因为载荷决定了产品的使用寿命。

产品全寿命周期的环节包括制造、装配、储存、搬运、运输和使用条件。在产品全寿命周期的各个环节中,产品都要接受来自环境的载荷,包括温度、气压、湿度、振动、机械应力、化学反应、辐射等。所有上述载荷都可能对产品造成累积损伤,这些累积损伤可能是可检测的,也可能是不可检测的,从而影响其剩余使用寿命。

产品不可避免地需要暴露在一个或多个环境载荷下,包括热载荷(如温度)、机械载荷(如压力)、化学载荷(如腐蚀蚀刻)、磁载荷(如磁场)、辐射载荷(如宇宙辐射)等。上述任何环境载荷都有可能对产品造成应力。在不同环境条件下,某一种或某几种载荷是产品产生应力的主要原因,而其他载荷可能并不重要,或者可以忽略。例如,在某些环境条件下,不需要考虑辐射,因为辐射水平很低(除非在空间飞行期间)。

不同产品或部件也可能因为其材料性质或保护策略的差异而对某种载荷有不同的敏感度。因此,对一种产品至关重要的载荷可能在另一种产品中可以忽略不计。例如,一部手机掉在坚硬的地面上所引起的机械振动,可能比不上一部打开的笔记本电脑掉在坚硬的地面上所引起的机械振动的后果严重。

产品在使用过程中也会产生操作载荷。操作载荷包括热、机械、化学、磁、电等。例如,在某些使用条件下,产品可能由于电功、机械功或化学反应而产生热量。由于不同材料的热膨胀系数不一致,温度变化也会产生机械热应力。机械热应力甚至可能在均匀零件内部产生,主要原因是内部温度梯度。

5.3 故障模式、机制及影响分析

故障模式、机制及影响分析是一种系统方法,主要用于识别潜在失效机制及所有潜在失效机制的模式,并且对失效机制进行优先级排序。一般可以利用传统故障模式与影响分析的基本步骤,并且结合失效物理知识,来进行故障模式、机制及影响分析。故障模式、机制及影响分析一般使用应用条件来对主动应力进行评估,并且在此基础上选择潜在的故障机制。将应力知识与失效模式结合后,再根据故障机制的严重程度和发生的可能性来确定故障机制的优先级。故障模式、机制及影响分析是先进寿命周期工程中心为解决传统故障模式、影响及危害性分析过程中的不足开发的。

故障模式、机制及影响分析的基础是:了解产品要求与产品物理特性,以及其在生产过程中的变化情况之间的关系;了解产品材料与载荷(应用条件引起的应力)之间的相互作用;了解上述要素对产品在使用条件下的失效敏感性的影响。其中包括识别故障机制和可靠性模型，目的是对失效敏感性进行定量评估。故障模式、机制及影响分析能够将寿命周期、环境和操作条件，以及预期使用的持续时间与有效应力和潜在失效机制结合起来。

在故障模式、机制及影响分析过程中，首先定义需要分析的系统，该系统可看作一个子系统或层次的复合体，此类子系统或层次是为实现特定目标而进行集成的。系统应划分为各个子系统或层次，层次划分应到可能的最低层次——部件或元素；然后列出每个元素的所有关联函数，因为故障的定义为功能丧失，所以必须列出相关功能。

故障模式是观察到的发生故障的结果，也可以定义为部件、子系统或系统无法满足或实现预期功能的方式，因此，应列出每个已识别要素的所有可能的故障模式。潜在的故障模式可以通过数值应力分析、加速试验（如高加速寿命试验）、历史经验和工程判断进行识别。如果一种故障模式只能在初始检查时识别，则其不是故障模式、机制及影响分析中需要考虑的故障模式。故障模式应能通过目视检查、电气测量或其他测试和测量方式直接观察到。故障模式识别不应对故障原因或机制做出任何暗示。严重性是指故障影响的严重程度，可以在每种故障模式中予以体现。严重性分级的基础是对象设计和功能、历史经验及工程判断。

故障原因定义为引发故障的特定过程、设计和/或环境条件。对潜在故障原因的了解，可以帮助识别给定元件故障模式的故障机制。寻找故障原因的一种方法是逐项审查寿命周期环境剖面，对其中的项目是否会导致故障进行评估。

确定潜在故障机制的依据包括与材料系统、应力、失效模式和原因相对应的任何适当的可用机制。故障机制可分为过应力机制和磨损机制。与寿命周期状态有关的信息，可以用来消除在给定应用条件下不会发生的故障机制。注意，不要将故障机制与场所、模式或原因混淆。如果未能识别故障机制，则最好将其记录为"未知"或"尚未确定"，而不是做出错误或不确定的决策。

故障模式一般通过确定特定的几何形状、材料结构、环境和操作条件下的失效时间或失效可能性对故障现象进行量化。对于过应力机制，故障模式可以提供应力分析，从而对产品在给定条件下是否会发生失效进行评估。对于磨损机制，故障模式可以使用应力和损伤分析，从而对产品中的累积损伤进行量化。

基于不同电子产品和监测数据的故障模式、机制及影响分析实现如表 5-1 所示。如果使用基于熔断器/预警装置的故障预测与健康管理方法时，预警装置的几何形状或材料特性应根据潜在失效机制进行调整，从而加速失效。在使用应力和损伤建模方法时,环境和使用载荷剖面可通过传感器获取,然后将传感器数据转换为可用于故障模式的格式。

表 5-1 基于不同电子产品和监测数据的故障模式、机制及影响分析实现

监测产品	潜在故障模式/故障机制	故障预测方法	监测/分析数据
电路上的半导体	时间相关介电击穿,电迁移	熔断器和预警装置	电流密度
电路板	芯部磨损	熔断器和预警装置	温度
	互连热疲劳或振动疲劳	熔断器和预警装置	温度和加速度
电源	焊点热疲劳失效	监测环境和使用载荷	温度剖面
汽车引擎盖下的印刷电路板	焊点热疲劳或振动疲劳	监测环境和使用载荷	温度和加速度
航天飞机机器人臂末端执行器电子装置	焊点热疲劳或振动疲劳	监测环境和使用载荷	温度和加速度
火箭助推器内的电路板	电子零件热疲劳和振动疲劳	监测环境和使用载荷	温度和加速度
	连接振动疲劳	监测环境和使用载荷	加速度
笔记本和台式计算机	不适用	监测环境和使用载荷	CPU 附近温度
	不适用	监测环境和使用载荷	主板温度
	不适用	监测环境和使用载荷	硬盘温度
冰箱	不适用	监测环境和使用载荷	总运行时间、压缩运行时间、开门时间、压缩机循环、除霜循环、电源开/关循环
游戏机	不适用	监测环境和使用载荷	环境温度、散热器温度、湿度、电压尖峰、光盘转速、产品定位

在产品的全寿命周期中,在不同应力水平下作用的不同环境和操作参数,可能会激活几种失效机制,虽然通常只有少数环境和操作参数与大多数失效机制直接相关。高优先级失效机制决定了在设计中必须考虑或必须控制的操作应力、操作和环境参数。高优先级失效机制是严重程度较高故障的机制。对失效机制进行优先级排序,目的是有效利用资源。图 5-2 给出了划分失效机制优先级的

具体方法,该方法可以计算出故障模式和机制的风险优先级。在故障模式分析中,风险优先级是严重性、发生、检测的乘积。"严重性"描述了故障对客户影响的严重程度。"发生"则用于描述由于特定原因导致故障模式发生的频率。对于制造商而言,"检测"是指在客户发现问题或缺陷之前发现问题或缺陷的可能原因(包括外部故障)的能力;对于客户而言,"检测"是指在故障发生之前发现故障原因的能力。在通常情况下,按照对可靠性影响从大到小的顺序对风险优先级进行排序。在故障机制分析中,风险优先级仅包括"严重性"和"发生",因为故障机制是不可检测的,需要对故障模式和故障机制,以及影响故障模式和故障机制的环境条件进行优先评估,从而确保能够采集并利用适当的数据进行故障预测。

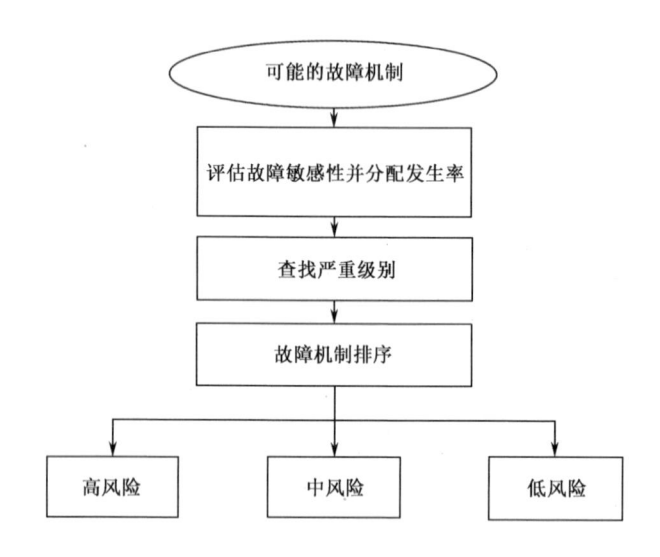

图 5-2 划分失效机制优先级的具体方法

全寿命周期环境剖面用于评估故障敏感性。如果某些操作和环境参数没有应力或应力水平非常低,则认为完全依赖此类操作和环境参数的故障机制的发生率很低。对于过应力机制,可以通过进行应力分析评估故障的易损性,从而确定故障是否可能在给定环境和工作条件下发生。对于磨损机制,可以通过确定给定全寿命周期环境剖面下失效时间的方式对故障敏感性进行评估。优先级分配的基本依据是,单个故障机制失效时间与预期产品使用寿命、历史经验和工程判断。在没有故障模式的情况下,上述评估可以仅以历史经验和工程判断为依据。严重性等级由与故障机制相关的故障模式获得,一个故障机制可以对应多个故障模式。高优先级故障机制是关键的故障机制,在列举此类故障机制时,每个故障机制都有一个或多个相关联的位置、模式和原因。上述信息可帮助确定需要监测什么、在何处监测，以及如何对监测结果做出反应。

5.4　应力分析

在确定一种故障机制的严重程度时，应力分析是必需的。如何进行应力分析取决于产品的载荷和结构，需要对不同载荷条件下的应力水平和严重程度进行估计。由不同载荷引起的相同类型的应力可以放在一起考虑，例如，特定部件的温度可以由环境温度及在操作期间部件内产生的热组合确定。

热分析用于确定某一特定部件或产品的整体温度分布情况。对于电子产品中的印刷电路板，热分析的基础是元件产生的热量、环境温度输出板层、元件结和元件外壳的温度。热分析包括求解 3 种基本传热模式的传热方程：传导、对流和辐射。在大多数情况下，根据稳态温度结果足以对失效条件进行评估，例如，只须确定高端和低端的稳态条件，即可充分定义温度循环。对印刷电路板的热容量进行评估非常必要，热容量评估的目的是确定电迁移是否在其中占主导地位。

振动分析可用于确定在包含印刷电路板的结构中由随机振荡引起的响应。在计算印刷电路板的固有频率时，边界条件非常关键。经典的边界条件可分为自由条件、简单条件或固定条件。印刷电路板组件的固有频率可以通过试验测定或数值计算确定。试验测定需要在印刷电路板组件上放置应变片或加速度计，然后将印刷电路板组件连接到动态振动器上，测量其对已知输入的响应。如果采用数值计算方法，则可以使用一阶近似或有限元建模的方式确定印刷电路板的固有频率。

除此之外，还有许多其他类型的应力分析。根据产品所经历的载荷，某些类型的应力分析可能更适合在特定载荷条件下计算应力。

5.5　可靠性评估和剩余使用寿命预测

有了基于应力分析确定的应力水平和严重程度、产品的结构、材料性能和生命周期剖面，以及基于失效模式计算特定位置主要故障机制的失效时间，即可进行可靠性评估。

故障识别步骤包括使用产品的几何形状和材料特性，以及作用在产品上的测量全寿命周期载荷来识别产品中潜在的故障模式、故障机制和故障部位。此任务通常只对产品中新项目/零件进行。在许多情况下，只须对这类新项目/零件进行评估。在任何情况下，之后的步骤都是进行虚拟鉴定，以识别潜在故障机制并对其进行排序。

故障的定义是一个系统不能执行其预期的功能。故障机制是材料或系统发生退化并最终失效的过程。失效的 3 个基本类别是过应力（应力强度）、磨损（累积损伤）和性能容差（过度传播延迟）。

故障可以根据载荷的性质（机械、热、电、辐射或化学）进行分类，此类载荷应能够触发或加速故障机制的发展。不同的载荷可能触发或加速不同的故障机制。例如，机械故障可由弹性或塑性变形、屈曲、脆性或延性断裂、界面分离、疲劳裂纹萌生和扩展、蠕变和蠕变破裂等引起。当产品的工作温度超过临界温度（如玻璃化转变温度、熔点或闪点）或温度发生剧烈变化而超出产品的热性能规格时，就会出现热失效。造成电子产品电气故障的原因包括静电放电、介电击穿、结击穿、热电子注入、表面俘获和体俘获、表面击穿和电迁移。辐射失效主要是由铀和钍污染物，以及次级宇宙射线造成的。化学失效主要发生在加速腐蚀、氧化和离子表面枝晶生长环境中。

不同的载荷也会交互导致故障。例如，由于热膨胀不匹配，热载荷可能触发机械故障。其他交互失效机制包括应力辅助腐蚀、应力腐蚀开裂、场致金属迁移和化学反应温度加速。

在实际应用中，可以使用失效物理模型对产品可靠性进行预测。使用的失效物理模型应具备以下功能：①能够提供可重复的结果；②能够反映引起故障的变量和相互作用；③能够预测产品在其整个应用条件范围内的可靠性。在失效物理模型中，应考虑应力和各种应力参数，以及其与材料、几何形状和产品使用寿命的关系。

对于电子产品，有许多失效物理模型能够描述元件的行为，如印刷电路板、互连和金属化在各种条件下（如温度循环、振动、湿度和腐蚀）的行为。图 5-3 总结了用于计算温度和振动载荷引起损伤的失效物理模型。

利用 Coffin Manson 模型可以在时域内计算由温度引起的损伤（Ramakrishnan, Pecht, 2003；Cluff, et al., 1997）。由振动引起的损伤可以在时域（Ramakrishnan, Pecht, 2003）和频域（Steinberg, 2000）进行计算。在某些情况下，人们还需要开发新模型，通常使用一系列统计设计实验即可完成模型开发。表 5-2 总结了电子产品的典型故障机制、故障位置、相关载荷和故障模型。

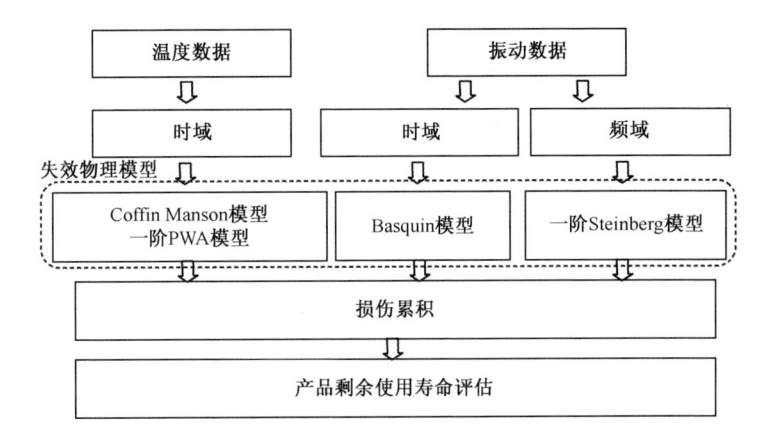

图 5-3 用于计算温度和振动载荷引起损伤的失效物理模型

表 5-2 电子产品的典型故障机制、故障位置、相关载荷和故障模型

故障机制	故障位置	相关载荷	故障模型
疲劳	芯片连接、线键合/接头、焊料引线、焊盘、走线、过孔、接口	ΔT、T_{mean}、dT/dt、延迟时间、$\Delta T \Delta V$	非线性幂律（Coffin Manson 模型、Basquin 模型）
腐蚀	金属化	M、ΔV、T	Eyring（Howard）
电迁移	金属化	T、J	Eyring（Black）
导电丝形成	金属化	M、∇V	幂律（Rudra）
应力驱动扩散空洞	金属痕迹	S、T	Eyring（Okabayashi）
时间相关介电击穿	介电层	V、T	Arrhenius（Fowler-Nordheim）

注：A—循环范围；ΔV—梯度；V—电压；M—含水量；T—温度；J—电流密度；S—应力；ΔH—湿度。

可靠性信息可用于评估产品能否在其指定的全寿命周期内正常工作。如果使失效时间最短的机制的失效时间小于期望的任务寿命，则可以对评估失效机制在设计参数敏感性方面进行迭代，直到满足系统可靠性目标为止。基于失效物理模型的故障预测与健康管理方法能够实时收集全寿命周期载荷，因此其有可能根据实际操作和环境参数进行持续预测。

基于对产品退化机制的了解，可以在产品制造阶段，即全寿命周期起点到系统发生故障时，开发适当的健康监测系统。虽然诊断系统能够从产品全寿命周期起点开始实施，但是预测系统的预测通常只能在观察到故障或缺陷状况之后开始。产品的剩余使用寿命可以从产品全寿命周期起点开始计算，并且通过监测其全寿命周期环境对其退化进行继续评估，以便提供应用环境中剩余使用寿命估计。在每个时间段，产品损伤可以基于各种应力计算，上述应力应是由环境或操作载荷引起的。因此，可以在一定时间内进行损伤累积，最后根据累积损伤计算剩余使用寿命。

　　作为案例研究，在 Ramakrishnan 等人的试验中，测试车辆由放置在汽车引擎盖下的电子元件板组件组成，并在美国华盛顿的正常行驶条件下进行。测试板采用 8 个表面贴装无铅电感器，并且使用共晶锡铅焊料焊接在 FR-4 基板上。估计电子产品的剩余使用寿命包括 6 个步骤：①故障模式、机制及影响分析；②虚拟可靠性评估；③适当产品参数监测；④监测数据简化；⑤应力和损伤累积分析；⑥剩余使用寿命估计。估计电子产品的剩余使用寿命的方法将故障模式、机制及影响分析与虚拟可靠性评估结合，确定了给定全寿命周期环境下的主要失效机制及相应的操作和环境参数。此外，该方法还结合了步骤⑤，根据累积损伤信息来确定产品的剩余使用寿命。通过基于失效物理模型的故障预测与健康管理方法估计的测试板剩余使用寿命，图 5-4 比较了相似性分析获得的估计值与实际测量寿命。如图 5-4 所示，无论是哪种相似性分析所估计的剩余使用寿命都与测试得出的实际使用寿命相差很大，而基于失效物理模型的故障预测与健康管理方法估计的剩余使用寿命则与实际使用寿命具有非常好的一致性。相似性分析估计与实际使用寿命之间发生偏差的主要原因是没有考虑汽车在第 22 天发生的事故。基于失效物理模型的故障预测与健康管理方法能够解释上述不可预见事件，因为操作和环境参数是现场监测的。

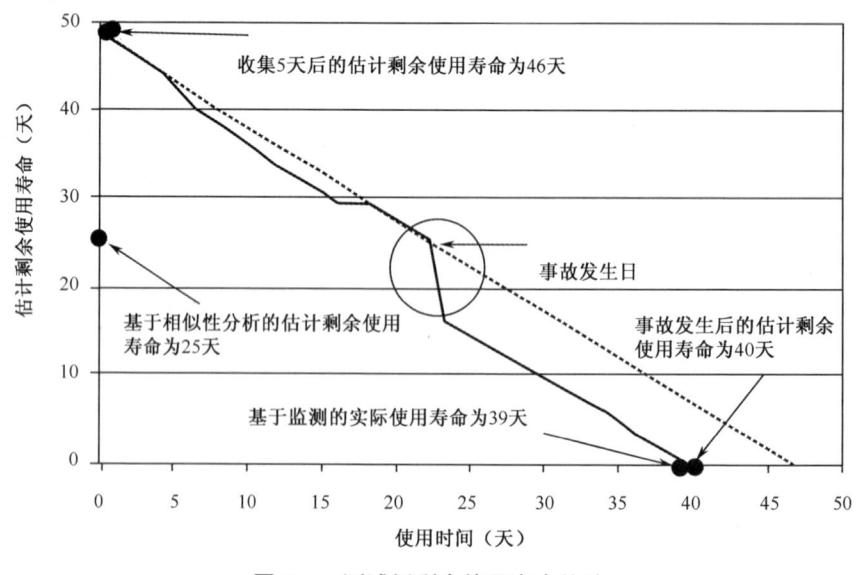

图 5-4　测试板剩余使用寿命估计

5.6　基于物理模型的故障预测与健康管理方法的输出

　　基于物理模型的故障预测与健康管理方法的输出有以下作用：①提供故障预警；②尽量减少计划外维修，延长维修周期，通过及时维修保持设备的有效性；③通过降低设备检查成本、缩短停机时间和减少库存降低设备的全寿命周期成本；④改进现有和未来系统的鉴定方法，为相关设计和后勤保障提供支持。

　　与基于数据驱动的故障预测与健康管理方法相比，基于物理模型的故障预测与健康管理方法在新系统和现有系统中都具有一定的优势，主要原因是训练算法的数据很少，往往难以使用数据驱动的故障预测与健康管理方法。但是，在材料性质和产品结构几何条件已知的情况下，仍可采用数据驱动的故障预测与健康管理方法。虚拟鉴定是基于物理模型的故障预测与健康管理方法的第一步，也可用于新材料和新结构的鉴定。因此，虚拟鉴定能够减小设计裕度，这对系统稳定运行非常重要。

　　对于现有系统，基于物理模型的故障预测与健康管理方法首先需要利用所有的可用信息(如以前的载荷条件、维修记录等)来对现有系统的健康状态进行评估；然后，使用单个单元数据对健康状态进行校准，从而得出单个现有系统的健康评估结论；最后，使用传感器和预测算法对健康状态进行持续更新，从而提供系统的最新预测结果。

　　在存储条件下，基于物理模型的故障预测与健康管理方法在可靠性预测领域也具有优势。数据驱动的故障预测与健康管理方法的局限性在于其只能在故障点附近检测到故障，因此其很难从存储开始或存储中对剩余使用寿命进行评估。此外，因为产品未使用，所以无法直接从产品中测量产品的性能或其他数据。如果能够对相关载荷进行现场测量，则载荷分布可与损伤模型结合使用，从而对由于累积载荷所导致的退化情况进行评估。

第 6 章

数据驱动的电子设备故障预测与健康管理

　　电子设备故障预测与健康管理的目的是检测、隔离和预测系统发生退化的原因和系统失效的时间；目标是做出关于设备健康状况的智能决策，并且达成战略和业务案例决策。随着电子设备变得越来越复杂，高效和经济地执行故障预测与健康管理的需求也越来越强烈。本章讨论数据驱动的故障预测技术，该技术可利用现有信息和历史信息，按照统计和概率的方式得出关于电子设备健康和可靠性的决策、估计和预测。

　　监测设备健康状态需要了解或学习健康与不健康的系统行为。对未来行为进行预测，是与过去学习的能力联系在一起的。从这个方面看，数据驱动的故障预测与健康管理方法非常适合机器学习领域。

　　机器学习是人工智能的一个子领域，涉及设计和开发计算机的"学习"算法和技术。机器学习的主要研究方向是，通过计算和统计方法从数据中自动提取信息，然后使用有监督和无监督的学习方法。本章讨论了一些基本的数据驱动算法，介绍与故障预测与健康管理应用有关的算法知识。机器学习是对电子设备进行故障预测与健康管理的一种方法，而统计学和概率论是机器学习的支柱。可以结合机器学习来提升算法的效率和有效性。机器学习算法的选择取决于具体环境和系统特性，结合数值优化，并且利用统计和概率方法对数据进行当前和未来系统健康的决策。机器学习能够提取相关数据，目的是使统计和概率估计能够更准确地解释系统健康的趋势和特征。

　　图 6-1 给出了实现故障预测与健康管理的顶层分解，并且确定了实现故障预测与健康管理的 3 种不同方法。基于物理模型的故障预测与健康管理方法使用基础工程和失效原理进行建模，并对剩余使用寿命进行预测。数据驱动的故

障预测与健康管理方法则完全根据现有数据做出健康决策和预测。混合故障预测与健康管理方法主要利用来自基于物理模型的故障预测与健康管理方法和数据驱动的故障预测与健康管理方法的信息做出关于系统健康和剩余使用寿命的决策和预测，其结合了基于物理模型的故障预测与健康管理方法和数据驱动的故障预测与健康管理方法的优点，同时消除了两者的部分缺点。

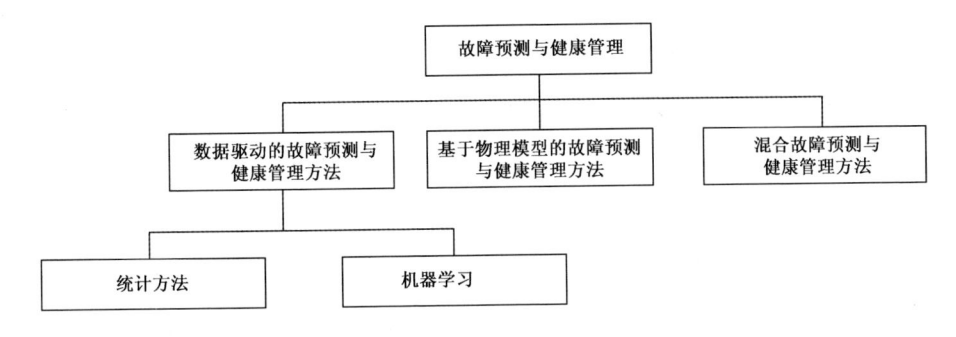

图 6-1 实现故障预测与健康管理的方法

数据驱动的故障预测与健康管理方法是自动监测大型多变量系统健康状况的一种经济方法，能够智能检测和评估系统的相关趋势，从而估计系统当前和未来的健康状况。机器学习是数据驱动的故障预测与健康管理的实现途径之一，其除能够进行数据预处理、数据压缩和变换降维、特征提取和清洗（去噪）外，还能够与统计方法和概率方法结合在一起使用。此外，机器学习能够利用计算解决方案，作为昂贵或难以解决的理论问题的替代方案。在需要用户交互的情况下，机器学习也非常有用，通过交互，机器能够学习自身需要完成的任务。对于故障预测与健康管理，机器学习能够学习数据趋势与故障模式和故障机制之间的关系。

机器学习的上述特性使其成为故障预测与健康管理领域非常有吸引力的一种方法。在其他领域，机器学习也取得了成功，具体如下。

（1）语音识别。实现语音识别的现有商业系统，都以各种方式来进行机器学习，从而对系统识别语音的能力进行训练。

（2）计算机视觉。许多计算机视觉系统，如人脸识别系统和细胞显微镜图像自动分类系统等，都是基于机器学习开发的，这也是此类系统比手工编制程序更精确的原因。

（3）生物监测。目前，政府为检测和跟踪疾病暴发所做的很多工作都涉及机器学习。

6.1 节和 6.2 节介绍了故障预测与健康管理领域机器学习所使用的统计方法，如图 6-2 所示。本章还讨论了具体的机器学习技术。

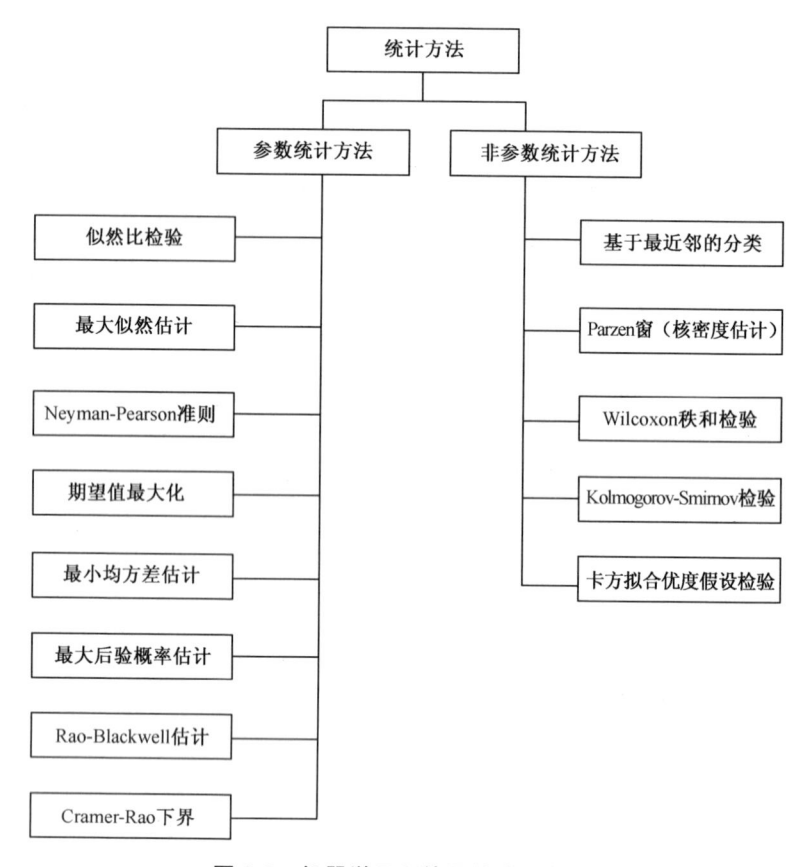

```
                        统计方法
                   ┌───────┴───────┐
              参数统计方法        非参数统计方法
                │                      │
           似然比检验              基于最近邻的分类
                │                      │
           最大似然估计            Parzen窗（核密度估计）
                │                      │
          Neyman-Pearson准则       Wilcoxon秩和检验
                │                      │
           期望值最大化            Kolmogorov-Smirnov检验
                │                      │
          最小均方差估计           卡方拟合优度假设检验
                │
          最大后验概率估计
                │
          Rao-Blackwell估计
                │
           Cramer-Rao下界
```

图 6-2 机器学习所使用的统计方法

6.1 参数统计方法

参数统计方法首先假设数据符合某种类型的分布（如高斯分布），并且该分布的参数（如均值和标准差）能够通过数据计算得出。数据由参数表示，对数据进行分类测试是基于参数的。本节介绍了部分参数统计方法。

6.1.1 似然比检验

似然比检验是对两个模型之间拟合度的统计检验，其目的是使用另一种假设来对无效假设进行检验。该方法需要将备选假设下的最大似然与原假设下的最大似然进行比较。检验统计量可以表示为

第 6 章　数据驱动的电子设备故障预测与健康管理

$$r = \frac{P(x_i \mid H_{\text{null}})}{P(x_i \mid H_{\text{alt}})} \quad (6.1)$$

式中，x 是观测数据，$P(x_i \mid H)$ 是条件概率，假设 H 为真。被检验的假设是原假设（无效假设）和备选假设。如果 H_{null} 为真，则 r 值集中在 1 附近。如果统计值太小，则拒绝原假设。似然比检验可以作为假设检验的一部分在机器学习中使用，并且可用于提取数据特征，从而做出系统健康决策。

Linping 等已经成功使用似然比检验进行故障检测，以提供主动故障管理。似然比检验已成功用于先进电子产品故障预测，基于似然比检验的序贯概率比检验算法已成功用于状态监测。Lopez 采用序贯概率比检验、多元状态估计技术与似然比检验相结合的方式，并在 Neyman-Pearson 准则的基础上，对电子产品进行故障预测与健康管理。

6.1.2　最大似然估计

最大似然估计指出，期望概率分布是观察到的数据最有可能的分布，即参数向量的值使给定分布的似然函数最大化。最大似然估计是一种统计方法，一般用来计算数学模型与数据的最佳拟合方式。

统计推断或程序应该与以下假设一致，即对一组数据的最佳解释是由 θ 提供的一个能够使似然函数最大的值 $L(\theta)$。如果 θ 是单个实参数，则 L 是连续可微的，因此 L' 在 θ 处为零。此外，由于 $\ln L$ 在 L 存在的条件下具有最大值，因此 θ 满足似然方程：

$$\frac{\partial}{\partial \theta} \ln L(\theta) = 0 \quad (6.2)$$

在这种情况下，为了得出最大似然状态，须求解式（6.2），并且其根可能是使 θ 最大化的值。

Wilson 等对陀螺信号采用了最大似然估计来检测航天器的故障。Lin 等已经将最大似然估计与小波去噪结合起来，用于齿轮和滚柱轴承振动信号的去噪。Platt 利用最大似然估计，通过估计 Sigmoid 函数参数的方式对支持向量机的后验概率进行校准。

6.1.3　Neyman-Pearson 准则

假设检验一般是指检验两个给定样本分布之间的差异是否可以用偶然性来解释。在假设检验中，可能出现两种类型的错误：当原假设实际为真时，拒绝原假设的错误（Ⅰ类错误）；当替代假设为真时，不能拒绝原假设的错误（Ⅱ类错误）。用 α 表示Ⅰ类错误，称为"假阳性"；用 β 表示Ⅱ类错误，称为"假阴性"。一般来说，学习总是会涉及错误，但是在理想的情况下错误所占比例不大。机器学习算法需要灵活管理并减少此类错误。

Neyman-Pearson 准则的目标是设计一个分类器（基于训练数据），该分类器能够实现漏报概率最小化，同时将虚警概率限制在某个用户指定的显著性水平 α 以下。根据两种错误类型的值，拒绝原假设。

Xiang 使用 Neyman-Pearson 准则，利用多个传感器与一个融合中心，实现了故障的并行分布式检测。Durham 和 Younan 使用 Neyman-Pearson 准则实现了雷达目标检测。

6.1.4 期望值最大化

期望值最大化算法是一种主要用于求解最大似然估计问题的迭代过程。期望值最大化算法的每次迭代都由 E 步（期望值）和 M 步（最大化）组成。在 E 步中，给定观测数据和模型参数的当前估计，估计缺失数据。在 M 步中，在缺失数据已知的假设下，对数似然函数最大化。首先，使用 E 步中的缺失数据的估计值代替实际缺失数据；然后，使用 M 步中得到的参数，启动下一个 E 步，并且重复该过程。重复上述两个步骤，直到数据的对数似然函数没有改变为止。

期望值最大化是对一类算法的描述，而不是特定算法。例如，Baum-Welch 算法就是应用于隐马尔可夫模型的期望值最大化算法的一个例子。如果一个完整数据模型的最大似然估计很容易得到，则期望值最大化算法非常有用，因为该算法能够使 M 步变得非常简单。

Hamerly 和 Elkan 使用朴素贝叶斯模型和期望值最大化算法训练的混合模型对硬盘驱动器故障进行检测。Willis 使用高斯混合模型，利用期望值最大化算法从高光谱图像中对军事目标进行检测。

6.1.5 最小均方差估计

最小均方差估计是统计学中用来描述具有可能最小均方差估计量的一种技术。参数 X 的点估计（用 x 表示）的均方差（MSE）为

$$\text{MSE}(X) = [E(X-x)^2] \quad (6.3)$$

点估计是一种统计量，也是一种随机样本函数，能够提供未知总体参数的最佳估计。均方差能够为每个估计方法规定偏差和效率之间的权衡。点估计是

参数 x 的最小均方差估计, 在 x 的所有可能估计中, 高估计对于给定的样本量具有最小的均方差。

Hazel 已将最小均方差估计与多元高斯马尔可夫随机场应用于多光谱图像的异常检测。Somers 等利用电缆调制解调器的状态信号, 将最小均方差估计用于特征选择, 对电缆网络中的故障进行检测。

6.1.6 最大后验概率估计

最大后验概率估计与最大似然估计相似, 均属于贝叶斯估计。给定两个随机变量 f 和 x, 其中, f 是待估计参数, x 是观测参数, 条件概率表示为 $P(f|x)$, 相应的条件概率密度由估计/映射表示(给定观测 y 和故障参数 f 的先验知识表示为 p_f), 则

$$f_{\text{map}} = \arg\max f\left(p_{f|y}\right) \quad (6.4)$$

应用贝叶斯规则

$$f_{\text{map}} = \arg\max f\left(p_{y|f} p_f\right) \quad (6.5)$$

Samar 等应用最大后验概率估计对时变故障参数进行估计, 并且将其应用于无人驾驶航空器。Stein 等使用地图分类器和类条件 Reed Xiaoli (RX)算法(广义似然比检验)检测高光谱图像中的异常情况。

6.1.7 Rao-Blackwell 估计

Rao-Blackwell 估计建立在 Rao-Blackwell 定理的基础上。Rao-Blackwell 定理指出, 如果 θ^* 是参数 x 的估计量, T 是 x 的充分统计量, 则给出的条件期望 θ^* 通常是 x 的较好估计。利用 Rao-Blackwell 定理改进的估计量, 也称为 Rao-Blackwellization 过程。在研究条件期望 θ^* 的形式时, 我们注意到这是一个随机变量, 并且是充分统计量 $T(X_1,\cdots,X_n)$ 的函数。因此, 不是充分统计量函数的估计量可以通过 Rao-Blackwellization 过程来改进。

De Freitas 将 Rao-Blackwellized 粒子滤波技术和条件高斯状态空间模型用于故障诊断。Flores-Quintanilla 等将增强版的 Rao-Blackwellized 粒子滤波器与动态贝叶斯网络一起用于电机的故障诊断。

6.1.8 Cramer-Rao 下界

Cramer-Rao 下界是由无偏估计量获得估计方差的一个众所周知的下界。Cramer-Rao 下界可用于测试估计器的性能, 对估计器的均方差设置下限。Cramer-

Rao 下界通常规定，误差协方差矩阵应大于或等于 Fisher 信息矩阵的逆。

Schweizer 和 Moura 使用 Cramer-Rao 下界对基于高光谱传感器数据的不同估计器进行了比较。Noiboar 和 Cohen 使用该方法对最小均方差估计器在三维异常检测中的效率进行了评估。

6.2 非参数统计方法

在实际应用中，往往不知道有关数据分布的信息。在这种情况下，需要使用非参数统计方法。非参数统计方法无须对数据的基本分布做出假设。本节将介绍部分非参数统计方法及其在检测中的应用。

6.2.1 基于最近邻的分类

一个众所周知的分类过程是 kNN 过程，其中 NN 代表最近邻。在这种技术中，对象分类是基于最近邻的多数情况。对象一般分配给其 k 个最近邻中最常见的类（通常，k 是一个数值很小的正整数）。如果 $k=1$，则该对象可简单地分配给其最近邻的类。在二元分类问题中，k 一般为奇数，目的是避免平局。

基于最近邻的分类不需要任何显式训练步骤。对象在多维空间形成的聚类中一般使用位置向量表示。通过测量与聚类中心的归一化距离，即可评估测试样本的状态（正常或异常）。这种算法的问题是，对于大型数据集，必须进行大量计算。

当一组 n 个正确分类的样本 (x_1, y_1)，$(x_2, y_2) \cdots (x_n, y_n)$ 可用时（或假设数据代表正常状态），合理假设靠近的观测值即具有相同的分类。为了对未知样本数据进行分类，需要对每个最近邻点的证据进行加权，因此有必要首先选择依赖数据的 k 值（需要考虑用于分类的最近邻的数目）。较大的 k 值能够降低噪声对分类的影响，但各类之间的界限不那么明显。分类测试点 (x_c, y_c) 和 n 个分类样本中的每个样本之间的欧氏距离为

$$D_i = \sqrt{(x_c - x_i)^2 + (y_c - y_i)^2} \quad (6.6)$$

式中，D_i 是测试点之间的欧氏距离，(x_c, y_c) 表示测试数据点，(x_i, y_i) 是先前分类的样本。

然后，对欧氏距离进行排序，并且找到 k 个最近邻（具有最小欧氏距离的 k 个点）。在基于最近邻的分类算法的最简单形式中，测试点可归入与其 k 个最近邻的最大数目相同的类。上述假设分类数据包含正常数据点和异常数据点，其

他距离度量（如马氏距离）也可以用来代替欧氏距离。此外，可以根据与测试点的距离，对算法进行更改，以增大每个近邻的分类的权重。

He 和 Wang 将主成分分析（一种降维技术）与 kNN 算法结合起来，并将其用于半导体制造过程中的故障检测。Liao 和 Vemuri 使用 kNN 和签名验证技术来检测计算机网络系统中的入侵。Li 等采用了一种融合了 kNN 的机器学习算法，即采用 TCM-kNN（k 个最近邻的置信机）对网络系统进行入侵检测。

6.2.2 Parzen 窗（核密度估计）

Parzen 窗（核密度估计）方法是一种估计随机变量概率密度函数的方法。为了估计分布在空间 R 中的随机变量 x 的概率密度函数，可以选择核函数来表示数据分布在其中的体积 V_n。每个点 x_i 基于其与体积中心的距离对概率密度函数具有不同的影响。一般的概率密度函数估计方程为

$$P(x) = \frac{1}{nh} \sum_{i=1}^{n} K \frac{x - x_i}{h} \tag{6.7}$$

式中，$P(x)$ 是估计的概率密度函数，n 是随机变量 x 的样本数，K 是选择的核函数，h 是决定每个样本重要性的平滑参数。点 x_i 对估计的重要性取决于核函数的形状和选择的带宽。

最常用的核函数形式是高斯核函数，同时还有其他核函数形式，如均匀函数、三角函数等。Qian 和 Mita 使用 Parzen 窗方法对 5 层结构中的损伤位置进行了检测，其中使用了少量的训练数据。Rippengill 等利用 Parzen 窗方法对桥梁箱梁实验工作中的声发射进行分类，根据高频声发射识别损伤的起始和增长。Yeung 和 Chow 将 Parzen 窗方法用于网络入侵检测，即检测入侵活动引起的异常网络连接问题，他们提出了一种基于 Parzen 窗估计的高斯核非参数密度估计方法，建立了一个仅使用正常数据的入侵检测系统。

6.2.3 Wilcoxon 秩和检验

Wilcoxon 秩和检验主要用于确定两个随机变量是否属于同一个概率分布。该方法是对两个样本的假设检验，一个是训练数据（来自正常样本），另一个是来自当前被测对象的数据，目的是确定两个样本是否属于同一个概率分布。使用秩而不是样本数据的优点是，可以预先计算秩的分布，从而减少运行时所需的计算次数。此外，使用秩可以减少噪声和异常值对测试的影响。

Eklund 和 Goebel 在模拟的统计分布上使用秩排列和神经网络来检测飞机

发动机的异常情况。Xeu 等利用机车的运行数据，采用 Wilcoxon 秩和检验与机器学习方法进行异常检测。

6.2.4　Kolmogorov-Smirnov 检验

Kolmogorov-Smirnov 检验是一种无分布的检验分布差异的方法。在 Kolmogorov-Smirnov 检验中，无须对测量结果的基本分布做出假设。检验统计量的计算方法是取被测的两个累积分布函数的垂直差值。该方法的一个局限性是，只能用于连续分布（不能用于二项式等离散分布），而且必须完全指定（位置、尺度和形状参数已知）。

若需要进行 Kolmogorov-Smirnov 检验，则需要计算 Kolmogorov-Smirnov 的时间窗口的点数，即计算指定点数时间窗口的累积分布函数。例如，对于值 100，应将在当前时间点前后 100 个时间点的窗口上计算累积分布函数。较大的窗口能够提高累积分布函数的精度，但同时会延长处理时间。Kolmogorov-Smirnov 检验统计量定义为

$$D = \max_{1 \leq i \leq N} \left(F(Y_i) - \frac{i-1}{N}, \frac{i}{N} - F(Y_i) \right) \quad (6.8)$$

式中，F 是检验分布的累积分布函数。

如果检验统计量 D 大于可用统计表中的临界值，则否定原假设。其中，统计表是基于略有不同的比例系数制成的。因此，有必要确保检验统计量的计算方式与临界值的制表方式一致。

Hall 等将 Kolmogorov-Smirnov 检验与聚类算法结合使用，利用声发射对旋转机械轴承进行诊断测试。Caberera 等利用 Kolmogorov-Smirnov 检验统计来建模和检测异常流量模式。

6.2.5　卡方拟合优度假设检验

卡方拟合优度假设检验可以从已收集信息中推断变量的分布，并且确定有关分布与已知分布的不同。在卡方拟合优度假设检验中，数据应分成 k 个相互排斥的类别，每个单元的观测次数称为该单元的观测频率。评估的假设是观察到的频率是否显著大于期望频率，期望频率可以基于系统经验信息求出。卡方拟合优度假设检验的基础是，假设所用数据已经分类，由独立的随机样本组成，并且每个单元的预期频率大于 5。卡方检验统计量为

$$\chi^2 = \sum_{i=1}^{k} \frac{(O_i - E_i)^2}{E_i} \tag{6.9}$$

式中，O_i 是观察到的频率，E_i 是正常系统的预期频率。

卡方检验统计量具有 $k-1$ 个自由度，其中 k 是变量（互斥类别）的可能值数量。根据所需的显著性水平（a）和自由度（$df=k-1$），从卡方分布表中查得临界卡方检验统计量。如果结果表明，在所需的显著性水平上，所获得的卡方检验统计量等于或大于临界值，则否定原假设。

Zhang 等已将卡方拟合优度假设检验用于导航系统诊断；Ye 和 Chen 使用卡方检验统计量来检测对信息系统的入侵。

6.3 机器学习方法

机器学习方法以数据采集为基础，原始数据不能提供任何有意义的信息，因此需要通过分类和聚类、回归和排序的方式实现从原始数据到有意义信息的转化。在故障预测与健康管理应用中，机器学习方法与输入数据的分类（或聚类）问题密切相关，因为分类（或聚类）得到的类和聚类可以用于检测、隔离和预测系统的健康状况。考虑到数据类型、测试和验证数据量、计算资源和可接受的风险水平，可以使用机器学习方法来实现分类（或聚类）模型或算法。

分类和聚类的主要目标是给数据分配一个特定的类，可以将原始数据分组到类中。分类和聚类的区别在于是否具有类标签。如果类可以使用一个特定的标签进行标识，则机器学习方法可以看作对数据进行分类；否则，机器学习方法就对数据进行聚类。与分类不同的是，在聚类中，即使一个类有一个给定的名称，如 A 组或 I 段，但是根据该名称并不能确定类的特征。

分类是将数据按照排序标准排列成特定的类，每个类都有自己的标签。分类可调整为故障预测与健康管理方法，从而检测系统异常。分类方法可用于识别系统健康状况，并且可扩展用于故障预测与健康管理中的寿命预测。每个标记类都可以看作系统的一种特定健康状况。

系统健康状况可以分为两类，即健康和不健康。在分类的帮助下，标记类数据的概念可以扩展到系统各种等级的健康状况上，即不仅包含上述两类。不同种类的标记类，代表了不同的健康状况（系统问题）。通过专家或系统的历史数据，将特定的异常情况与系统的特定问题名称进行匹配，就可以实现上述功能。系统的特定健康状况（甚至问题名称）可以使用分类的概念进行定义。

每类数据都可以由相关研究领域具有经验和专业知识的专家来确定，也可以由试验获得的历史数据直接区分。在某些情况下，由于缺乏专业知识或背景，无法给一个类添加标签。此外，给每个类添加标签的工作也需要时间和成本。在诸如飞机、计算机服务器系统、汽车等长寿命设备中，获得试验结果往往非常困难。

根据数据的类型，分类可以分为有监督分类和无监督分类两种形式。有监督意味着需要对数据进行标记，并且算法需要根据标记数据的区别进行学习。对于使用有监督学习的系统而言，标记数据能够提供每个类的定义，并且包含了相互区别的正反示例。分类算法需要从不同类中提取特征的共同性质，以便对数据进行分类。数据分类是故障预测与健康管理算法中最重要的部分。将传感器采集到的原始数据存储起来后，再通过分类算法对采集到的数据进行模式分析，从而识别系统的健康状况。无监督学习中的数据没有预定义的类，也不包括任何标记数据。如果系统采用无监督学习的方法，则能够自动从数据中查找聚类。有很多方法能够将数据划分为聚类，也有很多方法可以指定聚类。相同的数据可以根据聚类算法进行不同的聚类。半监督学习是有监督学习和无监督学习的拓展版本，其使用测试数据进行训练，并且结合标记数据和未标记数据，目的是提高分类和检测精度。

根据后验概率的估计方法，有监督学习和无监督学习可分为两类，即判别方法和生成方法。

判别方法使用概率方法对给定 x 的条件概率 $p(y|x)$ 进行直接建模，其中，x 是输入数据，y 是相关的标签。该方法随后需要使用决策论，将新的输入数据分配到类中。判别方法是从观察到的输入数据中学习一个预测类标签的模型，其是一个专注于任务相关准则而不浪费计算资源的解决方案。判别函数是判别方法的一个特例，其后验概率为 100% 分配给指定的标签，而另一个标记为 0%。当收集到的数据用判别函数分类时，决策边界需要将一个特征空间划分为两个独立的区域。使用判别函数将数据点分类到一个特定的类中，即使一个点靠近一个决策边界，该数据在所分配的类中的隶属概率也是 100%，然后直接将输入数据映射到类标签上，而不考虑数据的隶属概率。判别函数只能显示决策边界的 100% 或 0% 的后验概率。

生成方法是对每个类的先验概率密度 $p(x|y)$、类 y 进行建模，然后根据最大似然估计、最小平方估计、贝叶斯方法或蒙特卡罗马尔可夫链模拟等优化算法，选择最适合观测数据的类。换言之，当需要逼近一个未知的联合概率 $p(x,y)$ 时，可以通过以下方式获得分类器：首先，估计类的条件概率 $p(x|y)$，使用贝

叶斯规则等方法进行计算；然后，将每个新的数据点分类到后验概率 $p(y|x)$ 最大的类中。分类的生成方法包括构建分类器，分类器是一个类新输入数据的预测器。生成方法能够为每个类生成不同的概率密度模型，并给出所有变量的总体概率。生成模型的估计过程并不针对特定任务优化模型参数，因此并不一定能将优化后的分类结果提供给感兴趣的类。如果能够避免过拟合问题，判别方法就能够对模型参数进行直接优化，而不需要计算复杂度。判别方法只关注基于其特定分类的决策边界，因此能够比生成训练的分类器产生更小的残差，但并不能保证更高的精度。根据现有研究结论，在标记训练数据量较少的情况下，基于朴素贝叶斯的生成方法比基于条件训练的判别方法具有更好的性能。

故障预测与健康管理的机器学习方法如图 6-3 所示。

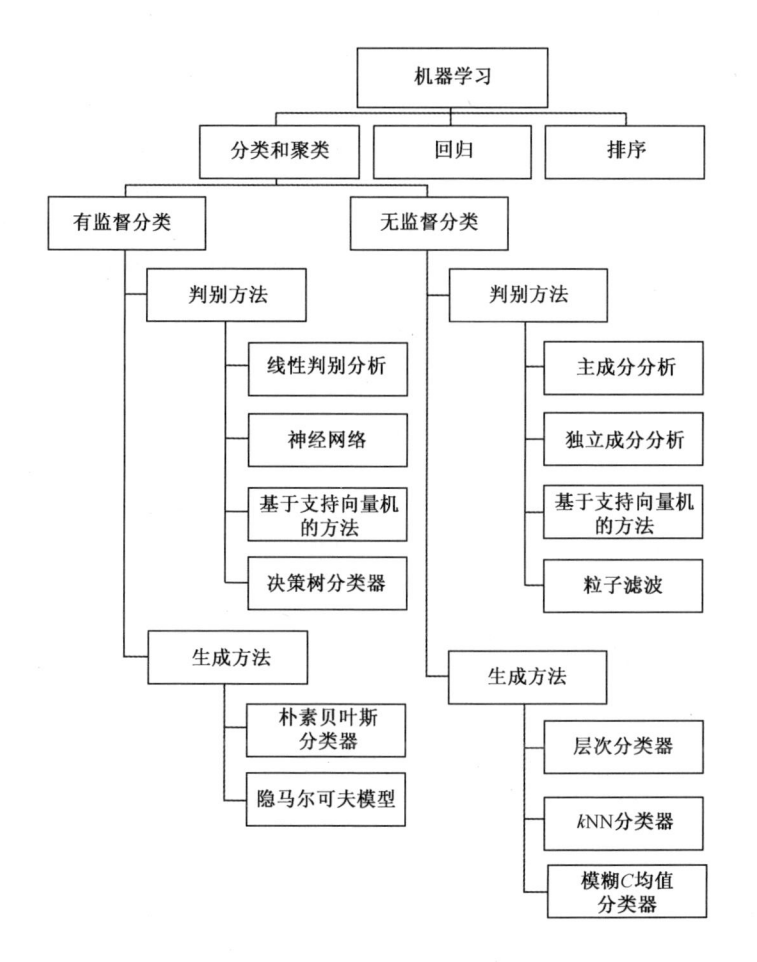

图 6-3　故障预测与健康管理的机器学习方法

6.3.1 有监督分类

对于有监督分类，训练数据已有标签且输入数据的健康状况已知。对已知标签数据，使用合适的模型和算法，并利用后验概率模型将新的输入数据分类到特定的标签类上，这是本节的重点。根据后验概率密度的估计方法，有监督分类可分为判别方法和生成方法。

1. 判别方法

在有监督分类的判别方法中，在推理阶段对给定 x 的 y 的后验概率 $p(y|x)$ 进行直接定义，然后根据决策论将新的输入数据 x 分类到指定的类中。在不考虑先验概率 [如 $p(x)$、$p(x|y)$ 等] 的情况下，对后验概率进行优化。判别函数是判别方法中对给定类的后验概率为 100% 的模型。每个类空间可以使用决策边界进行清晰划分。如果输入的数据属于某个类，则该类的成员资格为 100%。判别函数最简单的形式是线性判别函数。

1）线性判别分析

线性判别分析是一种直接判别模型，不需要进行似然估计或后验估计。对于概率密度知识，不需要任何假设，如假设是高斯分布还是输入相关。判别分类器的主要目标是找到类区域之间边界的正确估计。这个过程可以从最简单的情况开始，即判别函数在 x 上是线性的，这就是线性判别分类器，可以用式（6.10）表示为

$$g_i(\boldsymbol{x}|\boldsymbol{w}_i, w_{i0}) = \boldsymbol{w}_i^{\mathrm{T}}\boldsymbol{x} + w_{i0} = \sum_{j=1}^{d} w_{ij}x_j + w_{i0} \quad (6.10)$$

式中，$\boldsymbol{w}_i$ 为权重向量，w_{i0} 为阈值，$\boldsymbol{x}$ 为训练数据向量。

线性判别分类器按其几何形状可分为两类问题和多类问题。在两类问题中，判别函数是充分的，并且定义了一个超平面，超平面将输入空间分成两部分。如果判别函数的值大于阈值 w_{i0}，则输入数据的位置在正侧；如果不是，则在负侧。阈值 w_{i0} 的作用是确定超平面相对于原点的位置，而权重向量 $\boldsymbol{w}_i$ 的作用是确定超平面的方向。在多类问题（$N \geq 2$）中，存在 N 个判别函数。输入数据应是线性可分的，从而能够形成一个具有 N 个判别函数的超平面。在每个线性判别式下，形成输入点与超平面之间的最长距离来分配每个类。该线性判别分类器能够将输入空间划分为 N 个决策区域。

Epstein 等使用基于多变量的假设检验和判别分析方法，结合传统的电路仿真（使用仿真电路模拟器）对集成电路设计过程中的故障进行检测和分类。虽然

该方法具有潜在的应用优势，如在现场使用中跟踪集成电路故障，但该方法在实际应用中仍存在局限性，例如，更复杂的电路同时发生多个故障的概率更高。在训练步骤中，我们还应考虑故障的潜在组合。

Yoshida 和 Nappi 开发了计算机断层扫描数据集中结肠息肉自动检测的三维计算机辅助诊断技术。在从三维图像中对结肠息肉进行分类之后，他们使用线性判别分析方法，通过将提取息肉分为真阳性和假阳性两类来减少假阳性。

Goodlin 等证明了采用正交线性判别分析结构的、具有故障专用图的方法，提高了半导体制造过程中故障检测的灵敏度。线性判别分析方法既能够用于区分某类故障与正常过程条件，也能够用于区分某类故障与其他类故障和正常过程条件。研究表明，检测和分类过程结合起来之后，线性判别分析方法能够有效缩短故障检测和分类时间。

2）神经网络

神经网络起源于寻找数学表征来描述一系列神经元之间传递信息的生物系统。基于神经网络的检测方法包括多层感知器方法、自适应共振理论方法、径向基函数方法、自动关联器方法、Hopfield 网络、振荡神经网络、自组织图方法、基于习惯的方法和神经树。

多层感知器是一种与故障检测和诊断问题密切相关的、主要用于模式识别和分类的专门模型。Bishop 总结了一系列形成神经网络系统函数模型的步骤。第 1 步是考虑神经网络模型的函数形式，其中包括基函数的具体参数化方法，并且在最大似然框架下确定神经网络参数，其中包括非线性优化问题的解决方法；采用误差反向传播技术，计算对数似然函数对神经网络参数的导数。第 2 步是扩展上述反向传播框架，允许计算其他导数，如雅可比矩阵和海森矩阵。第 3 步是通过各种算法对神经网络训练进行正则化。神经网络模型可以拓展到基于贝叶斯处理方法的神经网络，或者通过对条件概率分布（如混合密度网络）建模的方式，拓展到一个通用框架。

Petsche 等证明，基于神经网络的自动关联器能够用于检测即将发生的电机故障；利用从健康状况良好的电机上采集的四组电机电流测量数据，训练自关联神经网络模型，并设计了一种基于自关联器的电机监测系统。

3）基于支持向量机的方法

基于支持向量机的方法是一组用于分类的有监督学习方法。基于支持向量机的方法能够同时实现经验分类误差最小化和几何边缘最大化。每个数据点（N维向量），属于由 $N-1$ 维超平面划分的两类中的一类，目标是实现两类之间的分

离裕度最大化。使超平面到最近数据点的距离最大化的超平面，称为最大裕度超平面，其数学形式可表示为

$$C_i(wx_i - b) \leqslant 1, \quad 1 \leqslant i \leqslant n \tag{6.11}$$

式中，向量 w 垂直于分离超平面；x_i 是一个 N 维（通常归一化）向量；增加补偿裕度 b 即可增加裕度；C_i 的值为 +1 或 -1，表示 x_i 所属的类。

将核函数应用于最大边缘超平面，可以将线性分类器的概念拓展为非线性分类器。在这种情况下，无法使用线性分类器分类的数据点将通过映射到另一个空间的方式分为两类。这个程序涉及两个过程：映射到另一个空间，返回到原来的空间。所得算法与此类似，只是每个点积都被一个非线性核函数取代。部分常见的基函数包括：齐次多项式 $k(x,x') = (x \cdot x')^d$；非齐次多项式 $k(x,x') = (x \cdot x' + 1)^d$；对于 $\gamma > 0$ 的径向基函数 RBF，即 $k(x,x') = \exp\left(-\gamma \|x - x'\|^2\right)$。

Sarmiento 等的研究已经成功将具有径向基函数的一类支持向量机应用于检测反应性离子蚀刻系统的故障。在系统正常运行过程中获取训练数据，利用获取的训练数据对一类支持向量机模型进行训练。结果表明，支持向量机方法对设备故障的检测准确率为 100%。因为这种方法中的一类支持向量机是一种最简单的情况，仅使用一个类来区分正常情况和异常情况，所以 100% 的准确率并不意外。

Poyhonen 等的研究表明，基于支持向量机的方法也可以用于检测感应电机的故障。假设电机有 7 类（1 个健康状态和 6 个故障状态），基于支持向量机的分类器有 21 个两类分类器，并且用于根据获取的输入信号做出最终决策。在使用核函数的情况下，故障数量不受限制，这是基于支持向量机的方法与神经网络方法相比而言的强大优势之一。使用生成样本数据的一半对支持向量机模型进行训练，另一半数据用于对模型进行验证。试验结果表明，当所有训练数据和验证数据都通过验证之后，所有的故障都能正确地被划分到自己所属的类中。

4）决策树分类器

决策树分类器是一种基于特征属性的、树状结构的有监督学习算法，主要用于根据给定数据得出期望值。在决策树分类器中预测未来输出，包括从测试数据中提取模式，以及对所提取模式是否有用做出判断。

决策树从根节点开始，从高信息增益中有条件地选择进行一个或多个分支拆分，此类信息应能够提供选择哪个属性首先进行拆分。使用上述过程在子节点上进行递归，以不断形成决策树，直到实现 3 种基本情况为止：第 1 种基本情况，包括具有相同输出的当前数据子集的所有记录；第 2 种基本情况，包括

具有相同输入属性集的所有记录；第 3 种基本情况，包括具有所有信息增益为零的属性。在决策树建立之后，需要将预测值与实际测试数据进行比较。测试集误差越小，预测效果越好。

Chen 等提出了一种决策树方法，以检测商业互联网网站的故障并定位故障的来源，他们采用最小熵算法使决策树的信息增益最大化。在决策树建立之后，进行噪声过滤、节点合并，并且对与最大故障数相关的重要特征进行排序。试验结果表明，该方法能够成功识别 14 个真实故障原因中的 13 个，误报为 1 个，但是，这种方法的实际应用仅限于检测数百个故障中的 14 个已标记故障。如果需要对数百个未标记故障进行自动分类，则属于无监督分类的研究范围。

Stein 等给出了一种基于通用算法的决策树方法，目的是减少网络入侵检测的特征空间维度。在上述决策树模型的训练和验证中，较高的特征（在本例中为 41 个特征）导致了一些问题，如噪声、时间消耗和过度拟合。通用算法随机生成由 41 个特征组成的特征群体（假设检验数据），并进行递归，从而创建每个决策树模型，然后根据检测率和假阳性率选择最合适的模型。试验结果表明，通过剔除不必要的或分散的特征，该混合模型的性能优于未进行特征选择的决策树模型。

2. 生成方法

有监督分类的生成方法能够对每个类 y 的先验概率 $p(x|y)$ 进行建模，然后根据优化算法来选择最适合观测数据 x 的类。在生成方法中，最常用的后验概率计算定理是贝叶斯定理，即

$$p(y|x) = \frac{p(x|y)p(y)}{p(x)} \qquad (6.12)$$

式中，x 为输入数据，y 为其相关类。

为了估计后验概率 $p(y|x)$，在推理步骤中需要首先计算先验概率 $p(x|y)$、$p(y)$ 及 $p(x)$。使用贝叶斯定理的最简单方法是朴素贝叶斯分类器。生成方法中的替代算法还包括树增广朴素（TAN）贝叶斯、森林增广朴素（FAN）贝叶斯、隐马尔可夫模型（HMM）。

1）朴素贝叶斯分类器

朴素贝叶斯分类器是一种简单的概率分类器，是在朴素独立假设的基础上应用贝叶斯定理建立的。贝叶斯定理能够根据给定概率信息描述后验概率。朴素贝叶斯定理的条件独立性假设使得概率计算变得非常简单。对于多态先验概

率 $p(x_1,\cdots,x_n)$，在独立条件下的贝叶斯定理为

$$p(y|x_1,\cdots,x_n) = \frac{p(y)\prod_{i=1}^{n}p(x_i|y)}{Z} \qquad (6.13)$$

式中，Z 是仅依赖特征状态 $x_1,\cdots,x_n$ 的比例因子，也就是说，如果特征状态已知，则 Z 是常数。

这种方法不适用于条件先验概率依赖两个以上类（$y>2$）的情况，但在实际应用中，在估计概率时的影响并不大。因此，该方法可以处理来自复杂电子系统的高维数据，此类系统通常需要从数百个传感器中采集信号数据。

朴素贝叶斯分类器的重点是概率密度估计。错误分类率仅取决于概率密度估计的质量。Lerner 总结了 3 种主要的概率密度估计方法：单高斯估计（参数法）、高斯混合模型（半参数法）和核密度估计（非参数法）。在他的案例研究中，对于低概率密度的荧光原位杂交信号数据，高斯混合模型的精度优于核密度估计，主要原因是核密度估计存在过度拟合训练数据的倾向。相比之下，在高概率密度的情况，由于违反条件独立性假设，高斯混合模型的精度较低。单高斯估计的分类精度不如高斯混合模型和核密度估计。虽然朴素贝叶斯分类器的分类精度不如神经网络，但是该方法也不需要神经网络所需的密集训练和优化。

所有参数，包括类的先验值和特征状态概率分布，都可以使用训练数据将其近似为频率。在任何情况下，概率的估计值均不应为零。如果给定类和特征状态从来不会同时发生，则一定是有问题的，因为一个给定类中的所有其他特征状态可能都是无用的。此外，训练数据集数量的选择非常重要，因为有时会引起欠拟合或过拟合问题。朴素贝叶斯分类器能够将类变量（贝叶斯概率模型）上的条件分布与决策规则结合在一起。一个常见的规则是选择最有可能的假设，称为最大后验概率决策规则。

2）隐马尔可夫模型

隐马尔可夫模型是一种适用于删除、插入和迭代序列的随机模型。虽然隐马尔可夫模型中的状态是不可观测的，但是每个状态的观测能够以状态的概率函数的形式进行表示，即 $p_j(m) = P(O_t = z_m | q_t = x_j)$，其中，$p_j$ 是一个观测量。假设集合中每种状态下的离散观测量为 $\{z_1, z_2, \cdots, z_m\}$（$m=1,2,\cdots,M$）。概率模型是齐次的，因为概率与 t 无关。观测值构成观测序列 O，但状态序列 Q 无法直接观测，只能通过观察序列 O 推断出隐状态序列 Q，这就是模型被称为"隐"的原因。许多不同的状态序列，可以生成相同的观察序列，但概率不同。例如，可

以建立无限多个具有均值和标准差对的正态分布。隐马尔可夫模型的主要目标是得到具有最大可能生成样本的模型。

隐马尔可夫模型的参数集以 $\lambda = (A, B, \Pi)$ 表示。隐马尔可夫模型的典型过程是，在给定训练序列集的情况下对模型参数进行估计。实现隐马尔可夫模型需要解决 3 个基本问题：第 1 个是对任何给定观测序列进行概率估计，其中 $O = \{O_1, O_2, \cdots, O_T\}$，$P(O|\lambda)$ 是任何给定观测序列的概率估计；第 2 个是在给定 λ 和观测序列 O 的情况下，求能够产生序列 O 概率最高的状态序列 $Q^* = \{q_1, q_2, \cdots, q_T\}$；第 3 个是优化模型参数，最大限度地提高产生 χ 的概率，即给定一组观察序列的训练，使 $\chi = \{O^k\}_k$ 最大化 $P(\chi|\lambda)$。众所周知，求状态序列的评价问题和模型参数问题的优化问题，可以分别用前向—后向算法、Viterbi 算法和期望值最大化算法来解决。利用训练数据对模型参数进行优化，可以使用 Baum-Welch 算法来实现，Baum-Welch 算法是最流行的期望值最大化算法之一。

Smyth 使用隐马尔可夫模型来监测美国国家航空航天局的 34m×70m 地面天线的健康状况。如果将生成方法（隐马尔可夫模型）和判别方法（神经网络）结合起来，就能够得到比单纯判别方法更高的灵敏度。将上述两种模型更好地结合起来，是成功解决天线健康监测问题的关键因素。

6.3.2 无监督分类

对于无监督分类，给定的数据没有预定义的类，也不包括任何标记数据。可以使用无监督学习的方法从未标记数据中自行实现聚类。有不同的方法能够将数据划分为聚类，也有许多不同的方法可以指定聚类。相同的数据可以根据聚类算法进行不同的聚类。获取有标记输入数据的成本可能非常高，因为此时需要专家对数据进行分类。

无监督分类模型也可以像有监督分类一样分为两类：生成方法和判别方法。

1. 判别方法

本节介绍了部分用于无监督分类的判别方法。主成分分析主要是为了减小数据集的大小，独立成分分析主要是为了将混合信号集分离成单独的信号集。本部分还介绍了基于支持向量机的方法，并且将其与新的无监督学习技术结合在一起。最后，本部分对粒子滤波进行了简要介绍。

1）主成分分析

主成分分析是一种降维方法，能从 n 维空间中的输入找到一个映射，在原始信息损失最小的情况下，对 n 维空间进行降维（使维数小于 n）。该方法试图从输入数据中获取最大的主成分变化。主成分定义为一组向量，代表了一个正交投影，并且封装了输入数据的最大变化。上述过程可以使用奇异值分解的数学工具来完成。由奇异值分解计算得到的特征向量和特征值，表示输入数据的关联程度。如果输入数据关联程度高，则特征向量的个数较少；否则，特征向量的个数就会很多，利用主成分分析进行降维的效果不佳。

Bouzida 等在使用机器学习方法之前，对 KDD99 入侵检测中给定的不同数据集进行了主成分分析，目的是减小庞大的信息量。主成分分析能够减少不同数据集中的信息，同时不会造成重大的信息损失。在减少数据集的数量之后，采用决策树或最近邻等机器学习方法对数据进行分类。在训练时间方面，基于主成分分析的方法要优于不使用主成分分析的方法。但是，如果需要结合使用机器学习方法与主成分分析，则应在计算时间和预测精度之间进行权衡。

2）独立成分分析

独立成分分析与盲源问题密切相关。"盲"表示信号是混合的，并且其混合方式未知。盲源分离的目的是将盲源分离到独立的线性坐标系（非混合系统）中，得到的信号在统计上应是独立的。主成分分析和独立成分分析，在分离信号为线性独立信号的情况下是相似的，但独立成分分析既能够分离信号，还能够降低高阶统计的相关性。

现在已经开发出了两种不同的独立成分分析方法：一种是在传感器阵列中观察到的混合源的分离问题；另一种采用基于信息论的无监督学习规则，其目的是实现神经网络输入和输出之间互信息的最大化。

3）基于支持向量机的方法

支持向量机是一种基于标记输入数据的有监督机器学习技术，但现有研究已经表明支持向量机技术可以拓展到无监督学习技术中。Xu 和 Schuurmans 提出了一种基于半定义规划的多类支持向量机的无监督训练算法。研究结果表明，尽管训练过程中计算量很大，但该算法可以在两类问题和多类问题的训练数据中得到最优的支持向量机分类器。

4）粒子滤波

对于非线性系统或非高斯噪声，状态空间的概率密度函数没有一般的解析解。粒子滤波又称为序贯蒙特卡罗方法，是一种基于仿真的模型估计技术。其核

心是对 N 个样本（N 为无穷大）的贝叶斯最优估计进行逼近。这也是蒙特卡罗与马尔可夫链批处理方法中的序贯模拟。粒子滤波方法通常是拓展卡尔曼滤波的一种替代方法。

Saha 等将粒子滤波与相关性向量机回归开发的模型结合起来，对锂离子电池的剩余使用寿命进行了预测。结果表明，以相关性向量机—粒子滤波框架实现的贝叶斯回归估计方法，相对于传统的剩余使用寿命估计方法具有显著的优势。

粒子滤波包括辅助粒子滤波、高斯粒子滤波、无迹粒子滤波、蒙特卡罗粒子滤波、高斯—埃尔米特粒子滤波和成本参考粒子滤波。上述方法都是基于模拟的模型估计，但通过增加或改变采样算法的方式而有所不同。De Freitas 介绍了 Rao-Blackwellized 粒子滤波，该方法仅对离散状态进行采样然后进行故障诊断，在计算时间和诊断误差方面相对于原始的粒子滤波技术有所改进。

2. 生成方法

6.3.1 节已经介绍了生成方法的概念。本节介绍几种生成方法，具体包括层次分类器、kNN 分类器和模糊 C 均值分类器。

1）层次分类器

层次分类器是一种仅利用示例相似性进行聚类的方法，对数据没有其他要求。层次聚类的目标是找到一种示例，此类示例比其他聚类中的示例能够实现更相似的聚类。为了确定用户定义的聚类数量，还须定义数据点之间的距离（通常使用欧氏距离）。

聚类算法由 N 个组组成，初始包含一个示例。单个示例与最接近的单个示例组合，形成更大的组。在每次迭代时，一个短距离示例应与一个更大的组进行组合，直到达到定义的组数为止。在聚类方法完成之后，结果可以绘制成一个称为树形图的分层结构，该图实现了层级聚类的可视化，并且能够在用户定义的层次上实现聚类。

Virmani 等提出了一种使用层次聚类的 DNA 甲基化模式识别方法，这是开发分子标记并实现肺癌准确诊断的第一步。近年来对肿瘤细胞的整体甲基化模式和基因特异性甲基化模式的研究表明，来自不同器官的肿瘤会表现出不同的胞嘧啶鸟嘌呤（CpG）岛高甲基化模式。特定器官中的胞嘧啶鸟嘌呤岛会呈现出不同的甲基化模式，因此通过区分胞嘧啶鸟嘌呤岛不同模式就能够确定肺癌的亚型。研究发现，使用 7 个位点的群体进行层次聚类，就能够产生 2 个与严重类型肺癌密切相关的主要聚类。

2) kNN 分类器

kNN 分类器是一种无监督学习方法，通过最小化目标函数的方式，数据点分成 k 个聚类，分别代表健康程度。根据每个数据点与聚类质心之间的几何特征，即可检测健康程度。使用质心和密度即可描述系统的不同健康程度。质心的相对位置显示了健康状态从一种状态到另一种状态的变化。聚类的密度则给出了一种条件内健康状态的变化。目标是从原始数据点中找到优化的质心。可以通过最小化目标函数实现。目标函数的部分例子包括：一个点与其质心之间的总距离，任何点到其质心的最大距离，以及所有聚类上的方差之和。

目标函数与每个数据点（n 维向量）和聚类质心之间的残差有关。残差应始终保证最小化，以获得质心的最佳位置。一个常用的目标函数是平方差函数。目标函数 J 可表示为

$$J = \sum_{j=1}^{k} \sum_{i=1}^{n} \left\| x_i^{(j)} - c_j \right\|^2 \quad (6.14)$$

式中，$\left\| x_i^{(j)} - c_j \right\|^2$ 是选定的数据点 $x_i^{(j)}$ 与聚类中心 c_j 之间的距离度量，是 n 个数据点与各自聚类中心距离的指标。

聚类最优数量可以通过一种方法来确定，该方法试图求最小化 Schwarz 准则（贝叶斯信息准则）的解。使用 Schwarz 准则确定的聚类最优数量决定了系统的具体条件。然而，这并不意味着测试系统的故障状态可以直接关联到聚类的特定状态上。目前，无论是从理论方面还是从实验方面，上述两者之间的关系仍不清楚。

Yavuz 和 Guvenir 将 kNN 分类器应用于特征投影（kNNFP）分类器，目的是进行文本分类，并且与 kNN 分类器的结果进行比较。文本分类的实验结果表明，kNNFP 分类器在分类准确率方面优于 kNN 分类器。

He 和 Wang 证明了 kNN 分类器可以用于对从半导体制造过程中获取的正常操作数据进行聚类，并且能够在不需要人为干预的情况下自动执行在线故障检测。考虑半导体制造过程的批处理过程中的非线性，kNN 分类器可以替代传统的基于主成分分析的方法。

3) 模糊 C 均值分类器

模糊 C 均值分类器是类似 kNN 分类器的另一种无监督学习方法，但在该方法中，一个数据点可以属于一个或多个聚类，而不是完全只属于一个聚类。换言之，每个数据点都属于具有一定隶属度的每个聚类。隶属度的概念为模糊 C 均

值聚类提供了聚类边界的概率方法，即基于以下目标函数的最小化：

$$J_m = \sum_{i=1}^{n}\sum_{j=1}^{c} u_{ij}^m \left\| x_i - c_j \right\|^2 \tag{6.15}$$

$$u_{ij} = \frac{1}{\sum_{k=1}^{C}\left(\frac{\left\|x_i^{(j)} - c_j\right\|}{\left|x_i^{(j)} - c_k\right|}\right)^{\frac{2}{m-1}}} \tag{6.16}$$

$$c_j = \frac{\sum_{i=1}^{n} u_{ij}^m \cdot x_i}{\sum_{i=1}^{n} u_{ij}^m} \tag{6.17}$$

式中，u_{ij}是聚类j中x_i的隶属度，用实值$m>1$对其进行归一化和模糊化；x_i是n维测量数据；c_j是由成员度加权的聚类质心；$\|*\|$表示任何测量数据点与质心之间相似度的任何范数。对目标函数进行模糊划分直至迭代优化完成为止，如果出现以下情况，则停止迭代。

$$\max_{ij}\left\{\left|u_{ij}^{(k+1)} - u_{ij}^{(k)}\right|\right\} < \varepsilon \tag{6.18}$$

式中，ε是0~1的终止准则，k是迭代步数。该程序的目标类似于最小化kNN分类器中的目标函数，并且在最后收敛到J_m的鞍值。

模糊C均值聚类需要在聚类之间建立概率边界，而没有明显边界，这是kNN分类器的基础，这对故障检测很重要。概率边界方法能够提供在不同边界下无法获得的优势。当从传感器采集的数据点紧靠边界附近时，对于大多数决策者而言，进行系统健康判断非常困难。在某些情况下，系统退化的过程可以描述为正常、退化和失效。然而，归类为正常状态的系统也可能处于退化过程中。实际上，系统退化总是在进行中，对系统健康的判断是可以改变的，将概率边界应用到聚类过程中可能会克服上述困难。

Osareh等使用模糊C均值分类器，通过增强物体与背景对比度的方式，将彩色视网膜图像分割成均匀区域，然后利用神经网络对渗出斑块和非渗出斑块进行分类。通过实验，这种方法的灵敏度为92%，特异度为82%。

Chen和Giger也采用模糊C均值聚类分类器对阴影效应进行了估计，并且对临床乳腺磁共振（Magnetic Resonance，MR）图像进行了分割。在每次迭代过程中，通过迭代低通滤波器对偏置场进行估计和平滑处理。

6.4 本章小结

本章主要介绍了数据驱动的故障预测与健康管理方法及其应用。基于统计方法的机器学习方法适用于故障预测与健康管理，因为该方法从数学、计算机科学和工程中汲取了主动学习系统及其动态、故障和失效的能力。之所以采用机器学习方法，是因为其不仅是一种数据驱动的故障预测与健康管理方法，可以处理日益复杂的系统信息，还是一种比较通用的故障预测与健康管理方法，可以适应各种变化。上述变化可能源于系统本身的变化、运行环境的变化，甚至是管理及其任务说明或期望的变化。

使用机器学习实现故障预测与健康管理，虽然具有上述优势，但也存在相关担忧、例外和困难。将机器学习用于故障预测与健康管理的主要关注点之一，是如何对机器学习输出结果进行分析和解释。这就要求对数据进行适当的预处理，特别是训练数据，这是机器学习的一个重要步骤，如果不对数据进行预处理，则分析的其余部分就会受到噪声、缩放、冗余、掩蔽和其他特定数据的问题的影响。训练数据的预处理通常取决于系统数据的类型和大小。此外，在机器学习中经常需要使用优化和搜索算法，因此此类算法的计算复杂度和可处理性对于高效和有效实现至关重要。需要记住的一点是，机器的学习能力及因此产生的实用性，只有在其能够达到预期目的的前提下才能发挥作用。

第 4 部分

应用案例

本部分介绍了几种基于真实测试数据或实际仿真案例生成数据的故障预测应用，还分析了故障预测方法在实用性方面面临的三大挑战。一是在基于物理模型的故障预测方法中，退化行为取决于模型参数。然而，由于这些模型参数之间的相关性，以及数据中存在大量噪声和偏差，很难准确地识别这些模型参数。一个有趣的发现是，即使无法获得个别模型参数的准确值，剩余使用寿命的预测仍然可能是准确的。另外，当物理模型存在模型形式误差时，故障预测方法可以识别出补偿该误差的等效参数值。大多数基于物理模型的故障预测方法使用贝叶斯方法来估计模型参数。贝叶斯方法的一个重要优点是其能够利用先验信息，但这也可能是该方法的缺点，因为如果先验信息准确，则有助于降低估计模型参数的不确定性；但如果先验信息不准确，则会阻碍精确值的收敛。二是数据驱动的故障预测方法也会受到噪声水平的影响，而且获取大量的训练数据是其面临的又一项挑战，因为获取数据的成本是巨大的。在当前系统开发设计的过程中，一般利用从加速寿命试验中获得的数据，而不是从相同或类似的系统中获取数据。由于加速寿命试验是在非常恶劣的工作条件下进行的，因此有必要将其转换为与正常工作条件相对应的值，以便作为训练数据使用。三是使用与损伤间接相关的数据进行故障预测。在许多情况下，不能直接测量损伤数据，而是测量受损伤影响的其他系统响应。例如，通常利用测量振动数据来监测轴承和齿轮上的裂纹情况，从而预测轴承和齿轮的损伤程度。然而，从间接测量数据中提取退化特征是比较困难的。在这种情况下，很重要的一点是将信号与噪声分开，因此信噪比被重点考虑。

第 7 章
机械设备故障预测与健康管理应用案例

本章介绍了几种基于真实测试数据或实际仿真案例生成数据的机械设备故障预测与健康管理应用案例,具体结构如下:7.1 节介绍现场测量与关节磨损预测;7.2 节介绍在不同噪声和偏差条件下使用贝叶斯方法识别相关模型参数;7.3 节介绍加速寿命试验数据在故障预测中的实际应用;7.4 节介绍基于特定频域中熵变的轴承故障预测方法;7.5 节介绍其他应用示例。

7.1 现场测量与关节磨损预测

本节使用基于物理模型的故障预测方法(贝叶斯方法)对转动关节的磨损量进行预测。本节设计专用的现场测量装置,用于测量磨损过程和加载条件;利用贝叶斯方法对磨损系数的分布进行更新,该方法结合现场测量数据得到磨损系数的后验分布;运用马尔可夫链蒙特卡罗方法从给定的分布生成样本。结果表明,该方法可以缩小磨损系数的分布,并且以合理的置信度来预测未来磨损量。通过与无信息情况的比较,本节讨论了先验分布对磨损系数的影响。

7.1.1 动机和背景

大多数机械系统都以运动为特征。为了实现其设计功能,系统的各个部件必须相对运动,这不可避免地会沿着配合面(Mating Surface)产生滑动并导致磨损。磨损是指在相对运动中材料从接触面逐渐去除,最终导致系统失效。大多数系统在运动过程中都会发生机械磨损,因此在发生故障前预测其影响并估计系统的剩余使用寿命非常重要。

预测磨损量的常用方法是：①通过摩擦试验（Tribometer Test）估计磨损系数；②计算接触压力和滑动距离；③采用磨损模型计算磨损深度（Wear Depth）和磨损量。虽然这些方法是普遍适用的，但是磨损预测的限制是其仅适用于实际接触压力条件与摩擦试验（恒定）压力条件相匹配的情况。

然而，在实践中，接触压力通常随时间变化，而且通常接触压力在接触面的不同位置上并不相等。磨损系数不是材料的固有特性，而与工作条件有关，在所有可能的工作条件下计算磨损系数需要进行大量的磨损试验，这些试验非常耗时。此外，即使不同的零件由相同的材料制成，磨损系数的可变性也是显著的（Schmitz, et al., 2014）。因此，预测磨损量首选的方法是计算所考查的机械部件的磨损系数。由于计算磨损系数需要运动学信息（磨损量和滑动距离）和动力学信息（接触力/接触压力），需要设计一个现场测量装置测量这两方面的信息。本节介绍采用装有测量仪表的曲柄滑块机构（Mauntler, et al., 2007）测量这两方面的信息。现场测量通常包含不确定性，因此可以基于贝叶斯方法来更新磨损系数的统计分布，并且根据更新后的磨损系数来预测未来磨损情况。

本部分结构如下：7.1.2 节概括介绍了磨损模型和磨损系数；7.1.3 节介绍了曲柄滑块机构关节磨损的现场测量；7.1.4 节介绍了贝叶斯方法用于预测关节渐进磨损；7.1.5 节介绍了磨损系数识别与磨损量预测；7.1.6 节为相关结论。

7.1.2 磨损模型和磨损系数

磨损是两个或多个机械部件在具有接触压力的界面上相对运动（滑动）产生的一种常见物理现象。塑性变形是材料去除的主要机制，可以应用 Archard 磨损模型（Archard, 1953），这在文献（Lim and Ashby, 2002）中有相应讨论。Archard 磨损模型假设材料的去除量与滑动距离和法向载荷的乘积成线性关系。计算磨损系数的传统方法是，基于磨损量—滑动距离关系曲线（本例中的系统为未填充四氟乙烯聚合物系统），如图 7-1 所示。在该模型中，磨损量与法向载荷成正比。该模型在数学上表示为

$$\frac{V}{l} = K \frac{F_n}{H} \quad (7.1)$$

式中，V 是磨损量，l 是滑动距离，K 是无量纲磨损系数，H 是较软材料的布氏硬度（Brinell Hardness），F_n 是施加的接触力。

由于磨损系数是关注量，因此式（7.1）通常可写成

$$\kappa = \frac{V}{F_n \cdot l} \quad (7.2)$$

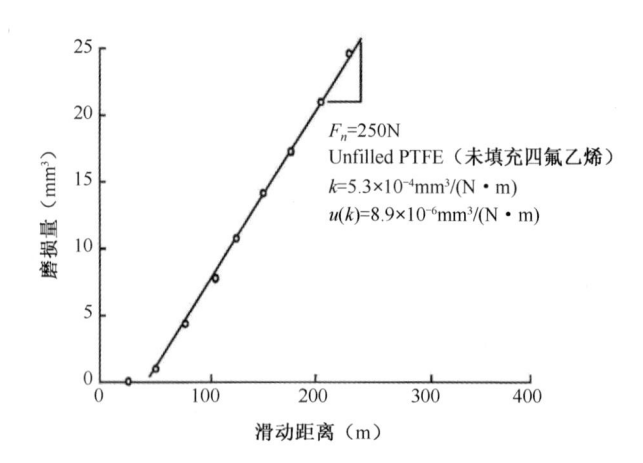

图 7-1　计算未填充四氟乙烯（PTFE）聚合物系统的
磨损系数（Schmitz, et al., 2004）

式中，无量纲磨损系数 K 和布氏硬度 H 被归为有量纲磨损系数 κ。因此，磨损分析的主要目标是确定在给定法向载荷和滑动距离下的磨损系数。磨损量相对较小，通常以 mm³ 为单位进行度量，因此 κ 的单位为 mm³/(N·m)。

在计算磨损系数时，所施加的法向力和接触面积在整个过程中保持恒定。如果法向力在滑动距离内变化，则式（7.2）中磨损系数的定义必须修改为

$$\kappa = \frac{V}{\int_0^l F_n(l)\mathrm{d}l} \tag{7.3}$$

在这个定义中，假设磨损系数与法向力无关，这在一般情况下是不正确的。但是，式（7.3）中的磨损系数 κ 可以理解为给定载荷剖面（Load Profile）的平均磨损系数。

磨损系数不是材料的固有特性，而与工作条件，如法向力和滑动速度有关。在特定的工作条件和给定的材料下，κ 的值可以通过试验得到（Kim, et al., 2005）。但是，试验不能代表机器的真实工作条件，尤其是当加载条件由于磨损的进展而发生变化时。因此，在摩擦试验中测量得到的磨损系数，可能不同于在实际机器上测量得到的磨损系数。

因为摩擦试验是在良好的受控环境下进行的，所以通过其得到的磨损系数是可靠的，但其可能不能反映真实的工作条件。相反，从实际机器上得到的磨损系数反映了实际工作条件，但其不是在实验室条件下得到的，因此现场测量的不确定性相对较大。本节的主要目的是通过使用统计工具来更准确地测量得到磨损系数，以降低现场测量不确定性的影响。测量得到的磨损系数可用于预测

未来的磨损量,从而合理安排维修间隔(Maintenance Interval)。

7.1.3 曲柄滑块机构关节磨损的现场测量

本节使用的曲柄滑块试验装置如图 7-2 所示。为了使机构中其他组件的动态影响最小化,从动连杆和滑动台(Slide Stage)之间的转动关节,以及用于线性滑动的棱柱型关节(Prismatic Joint),均采用多孔碳素空气轴承(Carbon Bearing)。

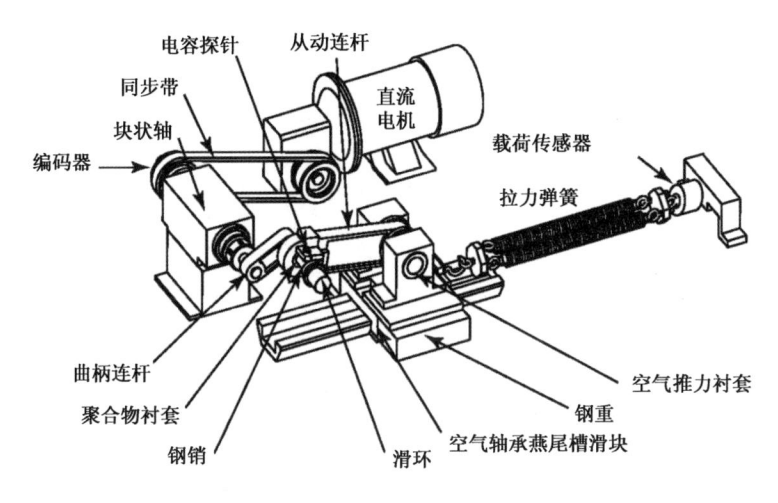

图 7-2 曲柄滑块试验装置

所研究的转动关节由一个直径 19.0mm 的装有仪表的钢销和一个聚合物衬套组成。钢销的一端被夹紧在曲柄连杆中并随其转动,而另一端在滑动摩擦力的作用下夹紧在从动连杆中的衬套中。钢销由淬硬钢制成,并且假定其足够坚硬(其表面不会发生明显磨损)。另外,聚合物衬套由聚四氟乙烯(Polytetrafluoroethylene,PTFE)制成,该材料柔软且易磨损。为了使磨损碎屑脱离接触区域并防止其影响磨损进程,在聚合物衬套中加工了凹槽。

附加的质量和拉力弹簧会影响关节力,从而可能加速磨损。在实践中,机构通常在附加质量和附加约束力的作用下工作。磨损模式或过程取决于 3 个因素:磨损系数、关节力、界面上的相对运动。因为不同的关节可能有不同的关节力和相对运动,所以需要对其进行测量。

由目标关节传递的力,通过内置在钢销中的载荷传感器(Load Cell)进行测量。两个全桥应变计阵列(Full-Bridge Arrays of Strain Gage)安装在销的颈部下方的部分,监测横向载荷,同时抵消弯曲应力。钢销的颈缩部分(Necked

Portion)及空心横截面也用于将应变定位到测量仪所连接的区域。在钢销的自由端安装一个滑环,可以将电源传输到应变计并将信号传出。载荷传感器经过自重校准,满量程为 400N,分辨率为 2N。

同时,两个正交安装的电容探针(Capacitance Probe)安装在钢销相对于聚合物衬套的位置。这些电容探针夹在从动连杆上,并且通过聚合物衬套进行电气绝缘。这些电容探针的测量范围为 1250μm,分辨率为 40nm。此外,钢销和目标都进行了电气接地。曲柄连杆的角位置由安装在主轴上的空心轴增量式编码器(Incremental Encoder)测量。

图 7-3 显示了在第 1 次循环和第 20585 次循环中,关节力与曲柄转角的函数关系。测得的关节力与采用耦合演化磨损模型(Coupled Evolution Wear Model,CEWM)的多体动力学仿真吻合良好(Mukras, et al., 2010)。当滑块改变其速度方向时,可以观察到高频振荡。然而,不同循环之间的关节力没有显著变化。因此,在所有循环中,关节力剖面是固定的。

(a) 第 1 次循环   (b) 第 20585 次循环

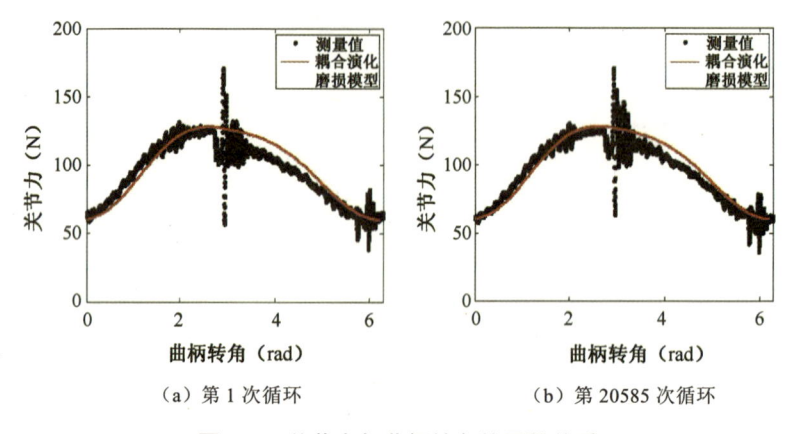

图 7-3 关节力与曲柄转角的函数关系

众所周知,应用载荷的不确定性是影响故障预测的重要因素。在不知道未来加载的情况下,预测的不确定性非常大,甚至使预测失去意义。有两种方法可以用来解决该问题。第一,虽然加载条件是可变的,但如果有足够的证据表明未来载荷与过去荷载相似,则可使用过去收集的关节力数据预测未来载荷。在这种情况下,可以使用统计方法表示未来加载条件。当然,由于不确定性的增大,预测寿命的不确定性也会增大。第二,磨损参数可以只使用过去的加载历史来表示。本节采用第二种方法。请注意,该方法也适用于可变加载历史。在这种情况下,计算量将比当前示例更大。

图 7-4 显示了使用电容探针测量的钢销中心位移。根据 δx 和 δy 的值计算磨损量。由于弹簧已预紧，接触点仅位于衬套的一侧。然而，钢销中心的位置随曲柄转角的变化而变化。这可以解释为由于弹簧力随曲柄转角的变化而引起的圆销表面（Rounded Pin Surface）和不同数量的弹性变形。表 7-1 和表 7-2 分别给出了 6 次循环中曲柄转角为 0 弧度和 π 弧度时的测量力，以及根据测量位移计算出的磨损量、滑动距离和磨损系数。虽然两种情况下的磨损系数都收敛，但收敛结果并不一致。这是因为关节力不随角度保持恒定，而且测量的磨损量具有不确定性。7.1.4 节将介绍一种统计方法改善磨损系数的估计。其思想是，首先基于前 5 次循环的测量数据估计包含不确定性的磨损系数，然后利用该信息预测第 6 次循环的磨损量。因为该循环的实际数据也已测量，所以可以通过比较测量结果和预测结果来评价该方法的准确性。

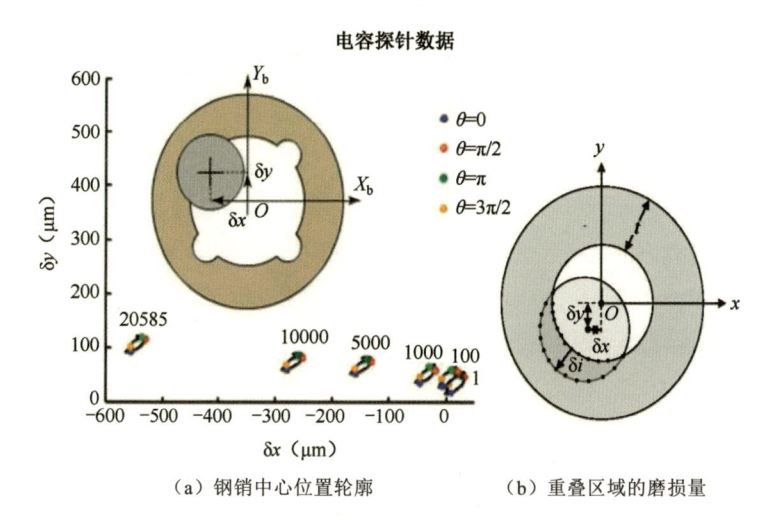

(a) 钢销中心位置轮廓　　(b) 重叠区域的磨损量

图 7-4　钢销位移的现场测量

表 7-1　使用 0 弧度处的钢销位置来计算磨损系数

循环次数（次）	力（N）	磨损量（mm³）	滑动距离（m）	磨损系数（mm³/(N·m)）
1	64.41	1.59	0.06	4134.80
100	62.80	2.57	5.99	68.25
1000	63.17	8.10	59.85	21.44
5000	64.77	24.48	299.24	12.63
10000	62.65	46.21	598.47	12.32
20585	59.96	93.90	1232.00	12.71

表 7-2 使用 π 弧度处的钢销位置来计算磨损系数

循环次数（次）	力（N）	磨损量（mm³）	滑动距离（m）	磨损系数（mm³/(N·m)）
1	103.87	7.29	0.06	11731.00
100	106.90	7.64	5.99	119.43
1000	114.04	9.55	59.85	13.99
5000	138.77	23.87	299.24	5.75
10000	143.50	44.41	598.47	5.17
20585	147.85	91.56	1232.00	5.03

7.1.4 贝叶斯方法用于预测关节渐进磨损

1. 似然函数与先验分布

这里使用第 3 章介绍的贝叶斯方法，利用测量的磨损量来识别磨损系数 κ。磨损量对应观测数据，磨损系数对应模型参数。获取后验分布的过程包括对似然函数和先验分布的正确定义，似然函数的选择会影响分析结果。在这种情况下，Martín 和 Pérez（2009）研究了广义对数正态分布，以灵活地适应多种类型的实验或观测数据。此外，选择合适的似然分布类型有多种方法。例如，Walker 和 Gutiérrez-Peña（1999）提出了一种简单的方法，即在没有实验数据可变性的信息时，可以选择一种模型。

在这项研究中，为了简单起见，假设了两种似然函数：正态分布和对数正态分布。除磨损系数外，还将实测磨损量的标准差作为一个未知的模型参数。在似然函数的计算中，给定循环的实际磨损量是通过 0 弧度和 π 弧度处的平均值来计算的（见表 7-1 和表 7-2）。将在特定循环测量的磨损量表示为 V，则对于给定磨损系数和标准差，数据的似然函数可定义为

$$f(V|\kappa,\sigma) \sim N(\mu,\sigma^2) \tag{7.4}$$

$$f(V|\kappa,\sigma) \sim \text{LN}(\eta,\zeta^2) \tag{7.5}$$

在式（7.4）和式（7.5）中，μ 和 σ 是磨损量的均值和标准差，η 和 ζ 是对数正态分布的两个参数。注意，$N(\mu,\sigma^2)$ 表示正态分布，而 $\text{LN}(\eta,\zeta^2)$ 表示对数正态分布。

在式（7.4）中，似然函数是用均值和标准差来定义的。在实际应用中，单次磨损量是在现场用电容探针测量的，但测量数据存在误差。在似然函数定义中，测量磨损量用作均值，但其误差未知。因此，似然函数中的标准差是未知

的，需要利用贝叶斯推断进行更新，标准差的分布代表了数据中存在的误差。

根据式（7.3），平均磨损量表示为接触力和滑动距离乘积的积分再乘以 κ。在实践中，该积分通过将循环划分为 q 个相等的间隔来进行离散计算：

$$\mu = \kappa N \left(\sum_{k=1}^{q} F_{n,k} \Delta l_k \right) \tag{7.6}$$

式中，$F_{n,k}$ 和 Δl_k 分别为第 k 段的接触力和滑动增量，N 为循环次数。为了简化式（7.6），假设接触力和滑动距离的分段乘积之和可以用平均接触力乘以累积滑动距离来表示，即

$$\mu = \kappa F_n l \tag{7.7}$$

式中，F_n 是平均接触力，$l = \sum \Delta l_k$ 是累积滑动距离。循环之间的力剖面是一致的，因此式（7.6）的结果为常数，根据实验数据其值为 5.966N·m。在式（7.5）中，有

$$\eta = \ln \mu - \frac{1}{2}\zeta^2, \quad \zeta = \sqrt{\ln\left(1 + \frac{\sigma^2}{\mu^2}\right)} \tag{7.8}$$

注意，均值只是 κ 的函数，因为式（7.6）中的其他所有项都已给出或固定。这是有意义的，因为 κ 和 σ 是根据观测数据 V 估计的未知参数。

对于 κ 的先验分布，采用 Schmitz 等（2004）定义的磨损系数：

$$f(\kappa) \sim N(5.05, 0.74) \times 10^{-4} \tag{7.9}$$

该先验分布是在恒定接触压力下的摩擦试验中获得的，以确定与当前研究相同材料的衬套的 κ。在贝叶斯方法中，通过将式（7.4）或式（7.5）与式（7.9）中提供的先验分布 $f(\kappa)$ 相乘来获得 κ 的后验分布。贝叶斯方法可能对先验信息敏感，因此也考虑了没有先验信息的情况（无信息先验），以研究先验信息的影响。此外，由于没有可用的先验信息，将似然函数的标准差 σ 考虑为无信息先验。无信息先验等价于覆盖整个范围的均匀分布先验。然而，在实践中，可以将第一个似然函数视为先验分布。

2. 马尔可夫链蒙特卡罗模拟方法

采用马尔可夫链蒙特卡罗（MCMC）模拟方法来得到后验分布。由于 MCMC 模拟方法是一种基于抽样的方法，其必须包含足够的样本，才能很好地捕捉分布的统计特征。有一些方法（Adlouni, et al., 2006；Plummer, et al., 2006）可用于确定收敛条件。在本研究中，利用图形化方法确定收敛条件是最简单的方法。图形化方法包括：在迭代的初始阶段丢弃一些值，并且监测后续迭代轨迹和直

方图，根据这些轨迹和直方图可以主观地判断是否收敛到一个平稳链（Stationary Chain）。作为 MCMC 模拟方法的一个例子，我们考虑了如下后验分布，即

$$p(\kappa,\sigma) \propto \left(\frac{1}{\sqrt{2\pi}\sigma}\right)^5 \exp\left[-\frac{1}{2}\sum_{k=1}^{5}\frac{(V_k - \kappa F_n l_k)^2}{\sigma^2}\right] \quad (7.10)$$

当获得的数据（也称现场磨损量 Vol_k）与磨损量方程（$\kappa F_n \Delta l_k$）的估计值之间的误差 ε 服从正态分布（均值为零标准差为 σ）时，式（7.10）是无信息先验的后验分布。因此，测量的磨损量可以表示为

$$\text{Vol}_k = \kappa F_n l_k + \varepsilon, \quad \varepsilon \sim N(0,\sigma^2) \quad (7.11)$$

当使用 n_y 个测量数据时，式（7.10）可改写为一般形式，即

$$p(\kappa,\sigma) \propto \left(\frac{1}{\sqrt{2\pi}\sigma}\right)^{n_y} \exp\left[-\frac{1}{2}\sum_{k=1}^{n_y}\frac{(V_k - \kappa F_n l_k)^2}{\sigma^2}\right] \quad (7.12)$$

若 n_y 为 1，则式（7.12）与正态分布式完全相同，式（7.10）表示的是 n 为 5 的情况。

图 7-5 和表 7-3 显示了式（7.10）的抽样结果。图 7-5（a）显示了 10000 次迭代的轨迹。如前所述，初始阶段被丢弃（Burn-in），因为这部分不收敛。丢弃值可以任意选择，在本例中，我们选择 4000 作为丢弃值（总样本的 40%）。图 7-5（b）给出了从 4001 次迭代开始的 6000 个样本得到的估计联合概率密度函数，而图 7-5（c）显示了式（7.10）的联合概率密度函数的精确解。可以看出，MCMC 模拟方法的抽样结果很好地遵循了解析分布。由表 7-3 可知，一阶统计矩（First Statistical Moment）误差小于 1%。

表 7-3 统计矩

	μ_κ	μ_σ	σ_κ	σ_σ	$\text{cov}(\kappa,\sigma)$
MCMC 模拟方法	7.82×10^{-4}	5.61	0.93×10^{-4}	2.59	0
精确解	7.76×10^{-4}	5.63	0.92×10^{-4}	2.51	0
误差（%）	0.79	0.47	1.09	3.13	0

一旦从 $[\kappa,\sigma]$ 的后验分布获得样本，就可以利用式（7.3）或式（7.6）获得磨损量的样本。在式（7.6）中，μ 表示由于未知参数的不确定性而获得的磨损量（作为分布），并且定义 90% 置信区间（CI）。预测区间（PI）的水平也可以通过将测量误差 σ 添加到式（7.6）的磨损量中来计算。

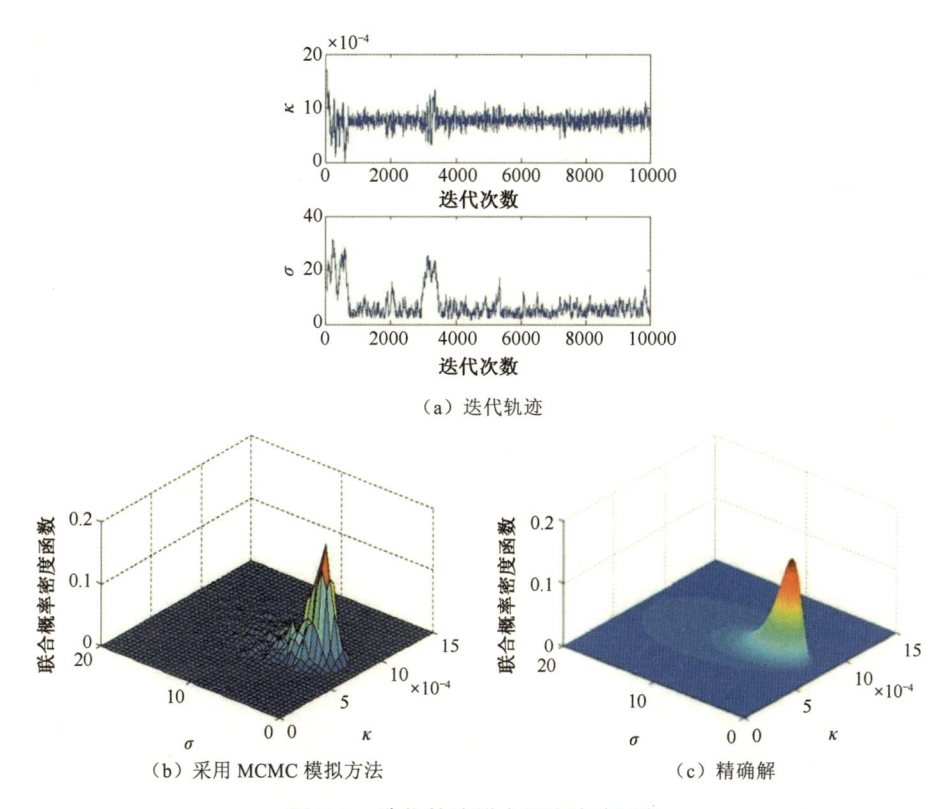

图 7-5 迭代轨迹联合概率密度函数

7.1.5 磨损系数识别与磨损量预测

1. 磨损系数的后验分布

利用表 7-1 和表 7-2 的前 5 组数据，采用马尔可夫链蒙特卡罗（MCMC）模拟方法进行 5 次更新，得到 κ 和 σ 的后验分布。最后一个数据集位于远端，用于预测验证。在 MCMC 模拟过程中，迭代次数固定为 10000 次，生成的概率密度函数如图 7-6 所示。似然函数考虑了正态分布和对数正态分布，先验分布考虑了无信息先验分布和正态分布。在无信息先验的情况下，图 7-6（c）中采用对数正态似然函数得到的概率密度函数形状比图 7-6（a）中采用正态似然函数得到的概率密度函数形状窄。如表 7-4 数据集序号 5 所示，对数正态似然函数的标准差（ 0.51×10^{-4} mm^3/(N·m)）比正态似然函数的标准差（ 0.9×10^{-4} mm^3/(N·m)）小约 43%，而均值几乎相等，分别为 7.89 和 7.88。这些结果表明，对数正态似然函数比正态似然函数具有更高的精度，前者优于后者的原因可能是对数正态分布的非负性，这正是存在磨损系数的情况。

通过比较两种先验的结果：图7-6（a）和图7-6（b），图7-6（c）和图7-6（d），可以看出使用正态先验导致低估 κ 均值。值得注意的是，发现最后一个数据集的实际 κ 值在 $5.03\times10^{-4} \sim 12.71\times10^{-4}\,\mathrm{mm^3/(N\cdot m)}$ 变化（见表7-1和表7-2），其平均值为 $8.5\times10^{-4}\,\mathrm{mm^3/(N\cdot m)}$。有先验知识的结果比无先验知识的结果差的原因可能是先验分布不准确；如前所述，摩擦磨损试验是在相同压力条件下进行的，而衬套中的接触压力不是恒定的。此外，磨损系数不完全由材料的固有特性决定，而是与接触压力和接触面积有关。还可以观察到，图7-6（a）、图7-6（c）中 κ 的后验分布接近带有厚尾（Heavy Tail）的拉普拉斯分布。虽然对数正态似然的分布较窄，但后验分布形状比较接近。另外，图7-6（b）、图7-6（d）中采用正态先验分布得到的后验分布形状与图7-6（a）、图7-6（c）中的分布形状有很大的不同。因此，可以得出结论：先验分布对后验分布具有重大影响，在一定程度上，这与先验信息和观测数据不一致有关。

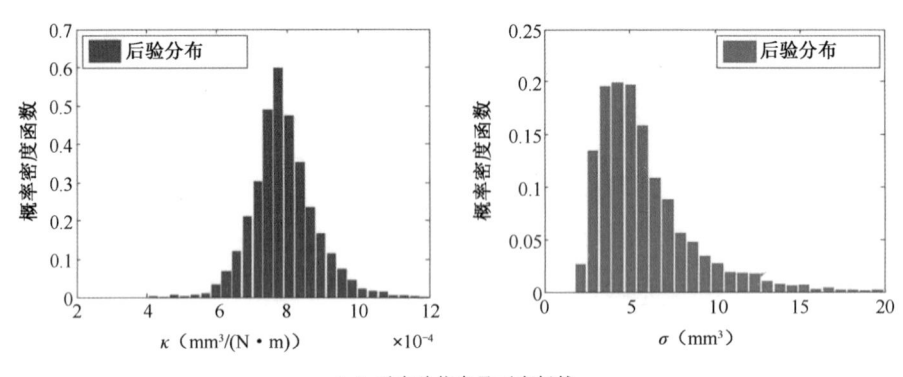

（a）无先验信息及正态似然

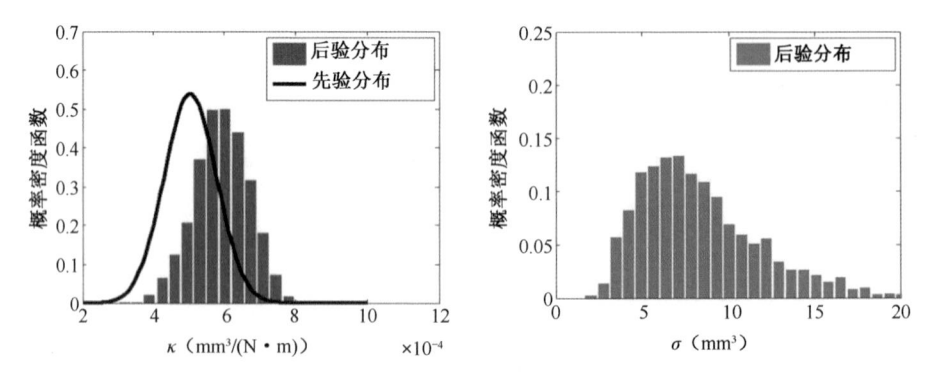

（b）正态先验及正态似然

图7-6　利用前5个数据集的后验分布

（c）无先验信息及对数正态似然

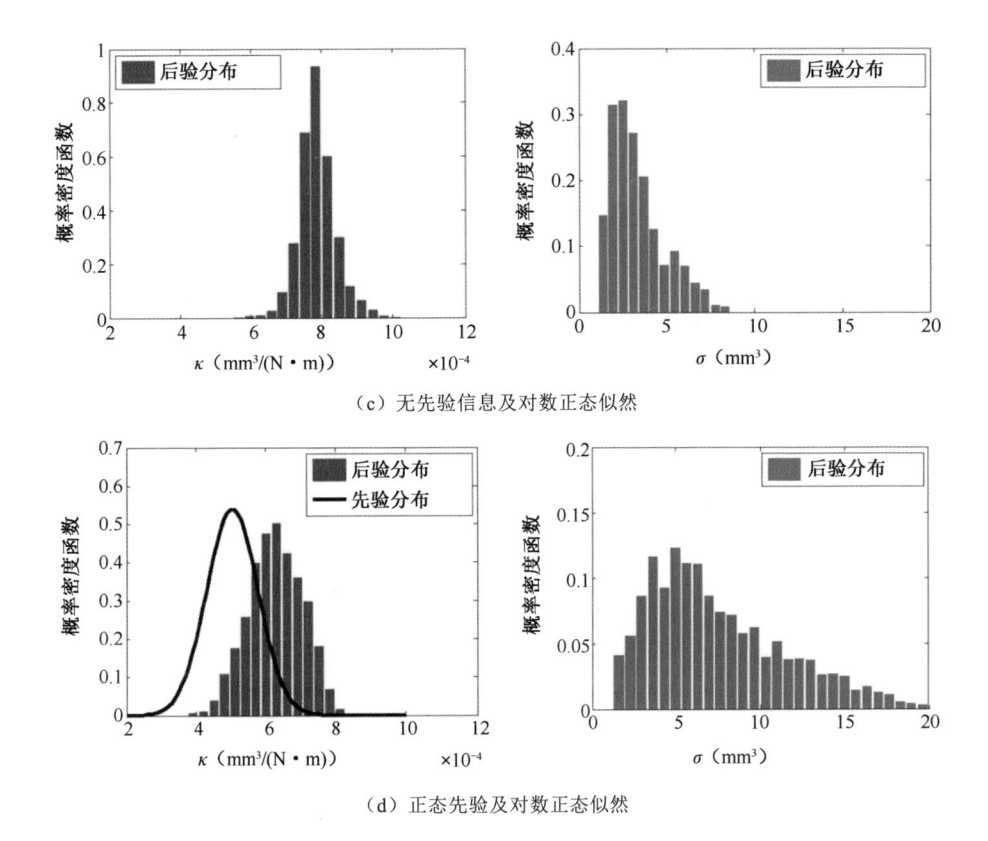

（d）正态先验及对数正态似然

图 7-6 利用前 5 个数据集的后验分布（续）

表 7-4 κ（$\times 10^{-4}$ mm^3/(N·m)）的均值和标准差

似然函数	先验分布	参 数	数据集序号			
			3	4	5	6
正态分布	无信息	均值	17.49	8.28	7.89	7.57
		标准差	10.02	2.32	0.90	0.40
	先验分布	均值	5.11	5.42	5.93	6.89
		标准差	0.73	0.73	0.76	0.57
对数正态分布	无信息	均值	20.81	8.89	7.88	7.64
		标准差	5.82	1.17	0.51	0.25
	先验分布	均值	5.46	5.67	6.29	7.41
		标准差	0.72	0.75	0.77	0.25

为了更详细地研究先验分布的影响，在每个数据集更新后获取 κ 的后验分布。均值和标准差在表 7-4 中给出，5%～95%置信区间（CI）及最大似然值

在图 7-7 中绘制。在图 7-7 中，星形标记表示最终更新后（利用第 6 个数据集进行更新后）分布的均值，这被用作早期正确预测的目标值。在图 7-7（a）、图 7-7（b）中，具有正态分布先验的置信区间（CI）比没有正态分布先验的置信区间（无信息性）低得多，并且不包括目标值。这一发现告诉我们：尽管通常建议使用先验信息来减小不确定性及加速收敛，但应该对其谨慎使用。在本研究中，磨损系数不是一种固有的材料特性，而是随工作条件而变化。这被证明是错误预测的原因，应该避免。然而，应该指出的是，情况并非总是如此。如果不同于当前示例，而是只有有限的数据可用，那么用户可能不得不更多地依赖先验信息，而不是数据带来的似然性。

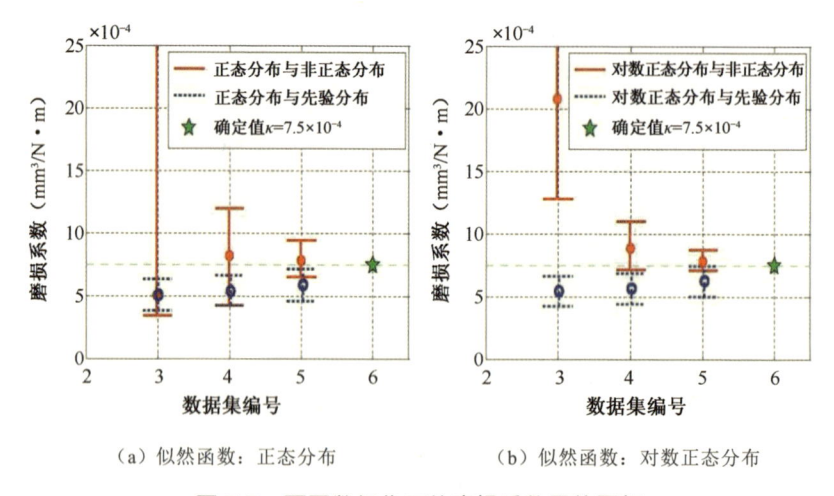

图 7-7 不同数据集下的磨损系数置信区间

2. 磨损量预测

一旦得到 κ 和 σ 的后验分布，这些信息就可以用于预测下一阶段的磨损量。为此，使用来自先前数据集的磨损系数的后验分布，来预测第 6 个数据集（20585 次循环）的磨损量。由于 κ 和 σ 的不确定性，预测的磨损量是一个概率分布。图 7-8 显示了磨损量分布的 5%～95% 置信区间和最大似然值，其中第 6 个数据集中的磨损量（92.73mm³）的实际值用作目标值。如前所述，所选先验分布的使用不能很好地预测磨损量。即使置信上限（Upper Confidence Limit）低于目标值，如果在设计决策中不谨慎使用该值，也可能意外导致失败。

比较正态似然分布和对数正态似然分布的结果，在正态似然情况下，第 3 阶段数据的区间较大。但是，随着数据集数量的增加，区间的大小会迅速减小。总

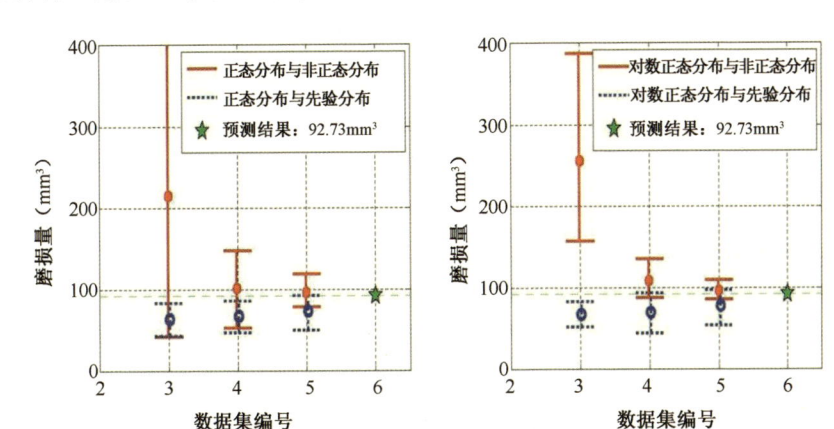

体而言，对数正态似然的结果区间小于正态似然的结果区间。

（a）似然函数：正态分布　　　　　（b）似然函数：对数正态分布

图 7-8　不同数据集下 20585 次循环的磨损量置信区间

在图 7-9 中，使用第 5 阶段的后验分布预测了第 6 阶段的磨损量分布，其中采用了似然函数和先验分布的不同组合，垂直线表示测量值。可以看出，无先验信息的结果比正态先验分布的结果好。正态先验分布中对磨损系数的估计不足，用先验预测的磨损量小于实际的磨损量。

在图 7-10 中，使用每个阶段的后验分布及测量数据（用点表示），给出了所有阶段磨损量的置信区间（CI）和预测区间（PI）。在两种似然函数的情况下，置信区间和预测区间有一种趋势，即从 1000 次循环开始随着循环次数的增加，

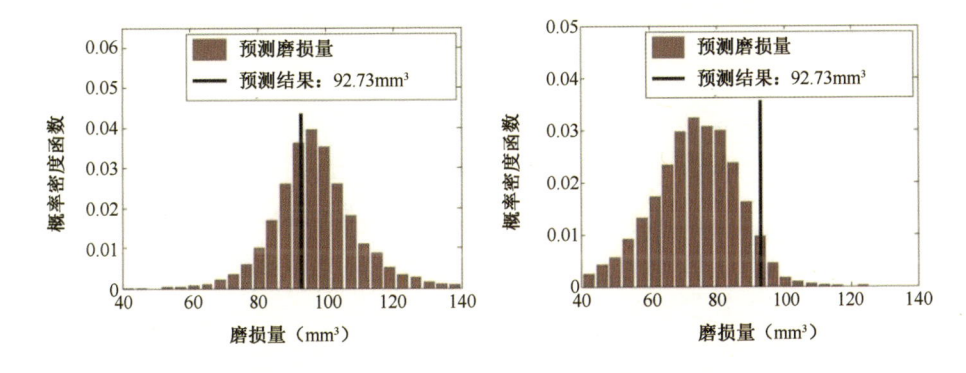

（a）正态分布似然函数及无先验　　　（b）正态分布似然函数及先验

图 7-9　20585 次循环磨损量的预测分布

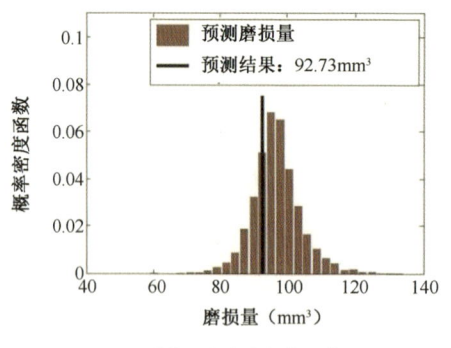

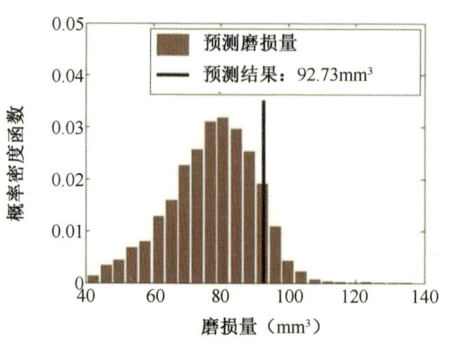

(c）对数正态分布似然函数及无先验　　（d）对数正态分布似然函数及先验

图 7-9　20585 次循环磨损量的预测分布（续）

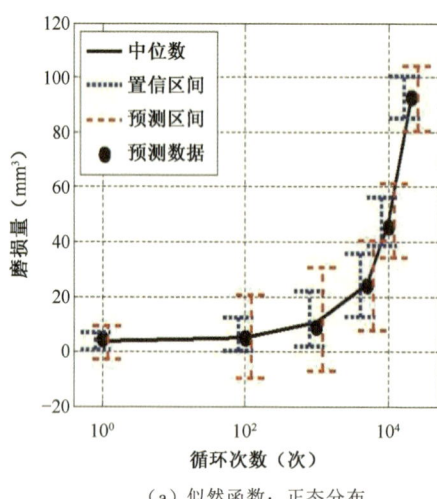

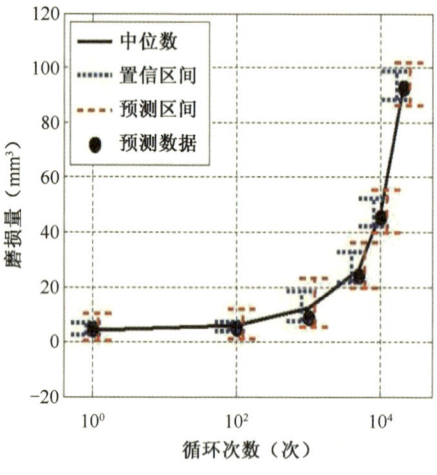

(a）似然函数：正态分布　　（b）似然函数：对数正态分布

图 7-10　磨损量的置信区间和预测区间

两者都开始逐渐减小。第 1 阶段和第 2 阶段的结果（分别为 1 次循环和 100 次循环）比其他高循环次数的结果有更小的区间，即使这两者是来自少量数据的结果。其原因是各参数的方差较大，但低周（Low Cycle）磨损量本身与高周（High Cycle）磨损量相比很小。虽然就故障预测而言，这些早期阶段并不是关注重点，但其估计结果还是相当准确的。表 7-5 提供了磨损量的置信区间和预测区间。对数正态分布的置信区间和预测区间均小于正态分布的置信区间和预测区间，这表明其准确性有所提高。

表 7-5 磨损量的置信区间和预测区间

			数据集序号					
			1	2	3	4	5	6
实测磨损量	合并		4.44	5.105	8.825	24.175	45.31	92.73
置信区间	正态分布	95%	6.61	12.13	22.14	35.75	56.25	100.38
		5%	0.75	0.35	2.03	12.78	38.87	85.09
		中位数	5.86	11.77	20.11	22.97	17.38	15.28
	对数正态分布	95%	6.61	7.06	18.73	32.88	52.27	99.04
		5%	2.50	3.60	7.66	21.52	42.31	88.78
		中位数	4.11	3.46	11.07	11.36	9.96	10.26
预测区间	正态分布	95%	9.19	20.32	30.96	40.34	60.64	104.04
		5%	-2.84	-9.18	-7.01	7.56	33.78	81.22
		中位数	12.03	29.50	37.97	32.78	26.87	22.82
	对数正态分布	95%	9.90	12.22	23.72	36.06	55.18	101.86
		5%	0.24	1.23	5.18	19.36	39.87	86.70
		中位数	9.66	10.99	18.53	16.70	15.30	15.15

7.1.6 结论

在本研究中，贝叶斯方法用于根据现场测量值来估算磨损系数的概率分布。前 5 组数据（第 1 次至第 10000 次循环）用于降低磨损系数的不确定性，最后一组数据（第 20585 次循环）用于预测的验证。数值结果表明，无先验信息下的后验分布比采用文献中先验分布的后验分布更为精确。出现这个结果的原因是，收敛的后验分布与先验分布有很大的不同。为了预测机械零件的磨损系数，建议同时测量磨损量、滑动距离和施加载荷。

7.2 不同噪声和偏差条件下使用贝叶斯方法识别模型参数

7.2.1 动机和背景

本书多次提到在基于物理模型的故障预测方法中最重要的步骤是识别模型参数。本节将在参数相关联且观测数据存在噪声和偏差的条件下，使用贝叶斯方法识别模型参数。对于 Paris 裂纹扩展模型，我们将会看到：①Paris 裂纹扩展模型的两个参数之间存在很强的相关性；②初始测量的裂纹尺寸与偏差之间存在很强的相关性。随着噪声水平的增加，贝叶斯方法无法识别关联参数，然而剩余使用寿命的预测相对准确。当噪声水平较高时，贝叶斯识别过程收敛较慢。

本节将疲劳损伤导致的结构退化的物理模型用于故障预测，主要原因是其损伤增长缓慢，并且控制其行为的物理机制认可度相对较高。本书的主要目的是介绍贝叶斯方法在模型参数识别和剩余使用寿命（维修前剩余循环数）预测中的应用。本书的重点是机身壁板在循环增压载荷（Repeated Pressurization Loading）作用下的裂纹扩展问题。在这类应用中，与其他不确定因素相比，施加载荷的不确定性相对较小。因此，在裂纹变得危险之前，可以根据识别的模型参数来预测裂纹扩展行为和剩余使用寿命。这些模型参数识别精度的提高，可以更准确地预测受检测结构部件的剩余使用寿命。

然而，识别模型参数和预测损伤扩展并不是一项简单的任务，其主要原因是结构健康检测系统数据的噪声和偏差，以及参数之间的相关性，而这些在实际应用中是普遍存在的。噪声来自随机环境的可变性，而偏差来自测量数据的系统性偏离，如校准误差。然而，有关在噪声和偏差条件下识别模型参数的研究还很有限，而参数之间的相关性尚未有研究或文献提及。

本节的主要目的是说明如何使用贝叶斯方法识别模型参数和预测剩余使用寿命，特别是当模型参数相互关联时。为了找出噪声和偏差对识别参数的影响，在节利用了合成数据，即测量数据是从假设的噪声和偏差模型中生成的。本节的关键在于，在数据的噪声和偏差下，如何使用贝叶斯方法来识别关联参数。

本部分内容结构具体如下：7.2.2 节介绍损伤增长模型和测量不确定度模型；7.2.3 节介绍贝叶斯方法用于损伤特性描述；7.2.4 节给出了结论。

7.2.2 损伤增长模型和测量不确定度模型

1. 损伤增长模型

本节采用一个简单的损伤增长模型来说明如何描述损伤增长参数。考虑这样一种情况，即在 I 型加载条件下，无限大的板中存在贯穿整个厚度的中心裂纹。7075-T651 铝合金板的加载条件和断裂参量（Fracture Parameter）如表 7-6 所示。在表 7-6 中，假设两个模型参数是均匀分布的，其上下限由实验数据分布得到（Newman, et al., 1999）。这些可以作为 7075-T651 铝合金板的损伤扩展参数。众所周知，这两个 Paris 裂纹扩展模型参数是强相关的（Sinclair and Pierie, 1990），但由于没有相关性水平的先验知识，最初假定两者不相关。利用裂纹尺寸的实测数据，通过贝叶斯方法可以得到这两个参数之间的相关结构（Correlation Structure）。由于分布很广，利用参数的初始分布预测剩余使用寿命毫无意义。使用结构健康检测系统所检测的特定壁板可能具有更窄的参数分布，甚至是确定性的值。

表 7-6　7075-T651 铝合金板的加载条件和断裂参量

特　性	名义应力 $\Delta\sigma$(MPa)	断裂韧性 K_{IC}($MPa\sqrt{m}$)	损伤参数 m	损伤参数 $\ln(C)$
分布类型	条件 1: 86.5 条件 2: 78.6 条件 3: 70.8	确定性值 30	$U(3.3, 4.3)$	$U(\ln(5e-11),$ $\ln(5e-10))$

2. 测量不确定度模型

在基于结构健康检测的系统中，安装在机身壁板上的传感器的作用是检测损伤的位置和程度。机身壁板上的裂纹会随着施加载荷的作用而增大，在这种情况下，会产生增压作用。然后，结构健康检测（SHM）系统检测裂纹。通常，SHM 系统在裂纹太小时无法检测到裂纹。许多 SHM 系统可以检测到尺寸为 5~10mm 的裂纹，因此，确定初始小裂纹尺寸的必要性不是太大。

在实践中，当 SHM 系统检测到尺寸为 a_0 的裂纹时，可以将其视为初始裂纹尺寸，将该时间作为初始循环。然而，a_0 中仍然可能包括来自测量的噪声和偏差。此外，断裂韧性 K_{IC} 也不具有重要性，因为相关单位可能希望在裂纹发展得更严重之前将设备送去维修。

本节的主要目的是表明测量数据可以用来识别裂纹扩展参数，从而可以预测裂纹的未来行为。本节模拟了 SHM 系统测量的裂纹尺寸的过程。一般来说，测量的损伤包含了偏差和噪声的影响，前者是确定性的，表示校准误差；后者是随机的，表示测量环境中的噪声。合成测量数据有助于参数研究，即不同的噪声和偏差水平可以显示识别过程受其影响的情况。本节考虑了两个不同的偏差水平，即+2mm 和-2mm，而噪声在 $-v$ mm~ $+v$ mm 均匀分布；考虑了 4 种不同的噪声水平：0mm、0.1mm、1mm、5mm，不同的噪声水平代表了结构健康检测系统的质量水平。

合成测量数据通过以下步骤生成：①假设真实参数 m_{true}、C_{true} 和初始半裂纹尺寸 a_0 已知；②对于给定的 N_k 和 $\Delta\sigma$，根据 $a_k = \left[N_k C \left(1 - \frac{m}{2}\right)(\Delta\sigma\sqrt{\pi})^m + a_0^{1-\frac{m}{2}} \right]^{\frac{2}{2-m}}$

计算真实裂纹尺寸；③在真实裂纹尺寸数据（包括初始裂纹尺寸）中添加确定性偏差和随机噪声。一旦获得了合成数据，裂纹尺寸的真值及参数的真值就不再用于故障预测过程。在本节中，各参数的真值为 $m_{true}=3.8$，$C_{true}=1.5\times10^{-10}$，$a_0=10\text{mm}$。

表 7-6 给出了 3 种不同的加载条件：前两个（$\Delta\sigma=86.5\text{MPa}$ 和 78.6MPa）用于估计模型参数，而最后一个（$\Delta\sigma=70.8\text{MPa}$）用于验证模型。使用两组数据来估计损伤增长参数的原因是在早期阶段利用更多具有损伤扩展信息的数据。从理论上讲，Paris 裂纹扩展模型参数的非线性函数，因此参数的真实值可以通过一组数据来识别。然而，随机噪声会延缓识别过程，尤其是当参数之间相关时，即通过关联参数的许多不同组合均可获得相同的裂纹尺寸。这种特性延迟了贝叶斯过程的收敛，使只有在剩余使用寿命的终点才能得到有意义的参数。初步研究表明，两组不同载荷条件下的数据有助于贝叶斯过程的快速收敛。这种情况可对应于两个不同厚度的机身壁板。

图 7-11 显示了 3 种不同加载条件（实心曲线）和带有不同偏差和噪声的合成测量数据 a_i^{meas}（三角形）的真实裂纹扩展曲线。值得注意的是，正偏差将数据偏移到实际裂纹扩展的上方。

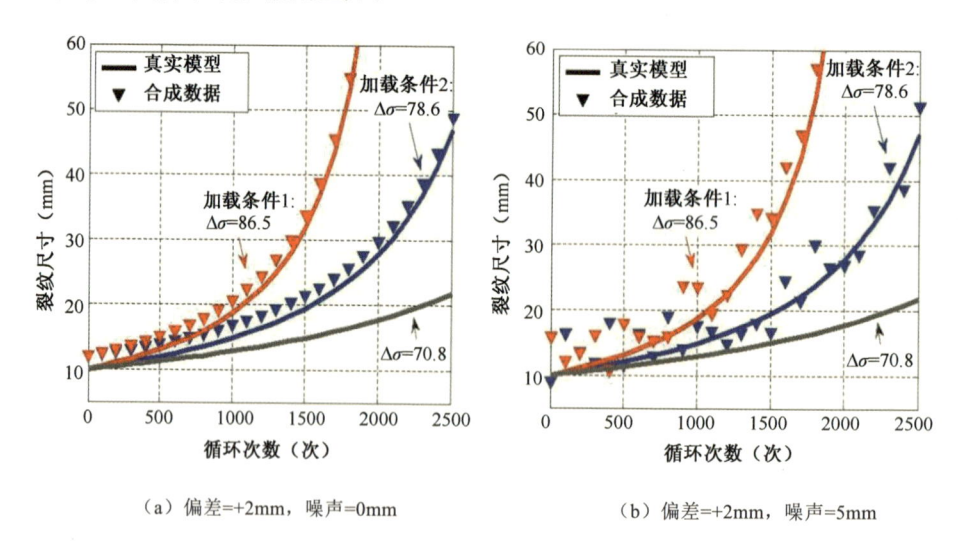

（a）偏差=+2mm，噪声=0mm

（b）偏差=+2mm，噪声=5mm

图 7-11　3 种不同加载条件和两组合成数据下的裂纹扩展

另外，噪声在测量循环中随机分布。假设每 100 次循环进行一次测量，且存在 n_y 个测量数据，测量的裂纹尺寸及其相应的循环表示为

$$a^{\text{meas}} = \left\{ a_0^{\text{meas}}, a_1^{\text{meas}}, a_2^{\text{meas}}, \cdots, a_{n_y}^{\text{meas}} \right\}$$
$$N = \left\{ N_0 = 0, N_1 = 100, N_2 = 200, \cdots, N_{n_y} \right\} \quad (7.13)$$

假设 N_{n_y} 次循环之后，裂纹尺寸将大于阈值，并且裂纹应被修复。

7.2.3 贝叶斯方法用于损伤特性描述

1. 损伤增长参数估计

一旦生成了合成数据（损伤尺寸和循环次数），即可将其用于识别未知的损伤增长参数。如前文所述，m、C 和 a_0 可以被视为未知的损伤增长参数。此外，偏差和噪声也是未知的（只是在前面生成裂纹尺寸数据时假设其为已知的）。在噪声情况下，噪声的标准差 σ 和确定性偏差 b 被视为未知参数。σ 的识别很重要，因为贝叶斯过程将依赖它。因此，本节的目标是利用实测裂纹尺寸数据来识别（或改进）这 5 个参数，将未知参数向量定义为 $\boldsymbol{\theta} = \{m, C, a_0, b, \sigma\}$。

根据实测裂纹尺寸 $\boldsymbol{a}^{\text{meas}}$，使用第 2 章介绍的贝叶斯方法识别未知参数，以及噪声和偏差水平。将先验概率密度函数与似然函数相乘，得到联合后验概率密度函数，即

$$f(\boldsymbol{\theta} | \boldsymbol{a}^{\text{meas}}) \propto f(\boldsymbol{a}^{\text{meas}} | \boldsymbol{\theta}) f(\boldsymbol{\theta}) \quad (7.14)$$

对于先验分布，损伤增长参数 m 和 C 采用均匀分布，如表 7-6 所述。对于其他参数，不使用先验分布，即无先验信息。因此，先验概率密度函数变为 $f(\boldsymbol{\theta}) = f(m)f(C)$。似然性是在给定参数值的情况下获得观测裂纹尺寸 $\boldsymbol{a}^{\text{meas}}$ 的概率。对于似然函数，假设其对于给定的 5 个参数（包括测量尺寸的标准偏差 σ）为正态分布：

$$f(\boldsymbol{a}^{\text{meas}} | \boldsymbol{\theta}) \propto \left(\frac{1}{\sqrt{2\pi}\theta_5} \right)^{n_y} \exp\left[-\frac{1}{2} \sum_{i=1}^{n_y} \left(\frac{a_i^{\text{meas}} - a_i(\boldsymbol{\theta}_{1:4})}{\theta_5} \right)^2 \right] \quad (7.15)$$

式中，$\boldsymbol{\theta} = \{m, C, a_0, b, \sigma\}$，且有

$$a_i(\boldsymbol{\theta}_{1:4}) = \left[N_i C \left(1 - \frac{m}{2} \right) (\Delta\sigma\sqrt{\pi})^m + a_0^{1-\frac{m}{2}} \right]^{\frac{2}{2-m}} + b \quad (7.16)$$

式（7.15）是带有偏差的 Paris 裂纹扩展模型中的裂纹尺寸，a_i^{meas} 是第 N_i 次循环的测量裂纹尺寸。一般来说，式（7.15）中的正态分布可能出现负裂纹尺寸，这在物理上是不可能的。因此，正态分布在零位置截断。

计算后验概率密度函数的一种基本方法是在确定有效范围（Effective Range）后，在网格点（Grid of Point）处按式（7.14）进行评估。然而，这种方法的缺点是，难以找到网格点的正确位置和比例及网格的间距等。特别是当需要多变量联合概率密度函数时，这正是本节研究的情况，计算成本与 M^5 成正比，其中 M 是网格在一个维度上的数量。另外，马尔可夫链蒙特卡罗（MCMC）模拟对变量的数量不太敏感，因此 MCMC 模拟是一种有效的解决方案（Andrieu, et al., 2003）。这里，利用式（7.14）中的后验概率密度函数的表达式，采用 MCMC 模拟的典型方法 Metropolis-Hastings（M-H）算法，提取了 5000 个参数样本。

2. 参数间相关性的影响

原始的裂纹尺寸数据是根据假设的参数真值生成的，因此贝叶斯方法的目的是使后验联合概率密度函数收敛到真值。因此，预计后验联合概率密度函数会随着 n_y 的增大（使用了更多的数据）而变窄。这个过程似乎很简单，但初步研究表明，后验联合概率密度函数可能会收敛到不同于的真值。研究发现，这一现象与参数之间的相关性有关。未知参数之间存在多处相关性，这里只考虑了最强的相关性，即两个 Paris 裂纹扩展模型参数之间，以及 a_0 与 b 之间。首先，两个 Paris 裂纹扩展模型参数 m 和 C 之间具有强相关性（Carpinteri and Paggi, 2007）。在数据完美的情况下，仅用 3 个数据就能很好地识别参数真值。然而，由于嵌入的噪声可能导致裂纹扩展速率与噪声数据不一致，使得这两个模型参数难以识别。此外，这可能减缓后验分布的收敛速度，因为当裂纹较小时，裂纹扩展速率尚不显著。随着裂纹扩展速率的增加，噪声的影响相对减小，这是接近寿命终点（EOL）时的情况。接下来，假设当测量环境没有噪声时初始检测裂纹尺寸为 $\bar{a}_0^{\text{meas}}$。该检测尺寸是初始裂纹尺寸与偏差之和，即

$$\bar{a}_0^{\text{meas}} = a_0 + b \tag{7.17}$$

因此，存在无限种可能的 a_0 和 b 组合来获得测量的裂纹尺寸。当测量数据与两个参数线性相关时，用单独一次测量来确定初始裂纹尺寸和偏差通常是不可行的。

为克服上述识别关联参数的困难，本研究采用了 2 种不同的策略：第 1 种，保留两个 Paris 裂纹扩展模型参数，因为随着裂纹的增长可以确定它们；第 2 种，a_0 和 b 之间的关系具有不同于模型参数（m、C）之间关系的特征，a_0 和 b 与时间无关，且其和是常量。因此，在假设偏差与初始裂纹尺寸完全相关的情况下，利用式（7.17）可将偏差从贝叶斯识别过程中去除。这个过程似乎很简单，

但困难在于式（7.17）中的常量 $\bar{a}_0^{\text{meas}}$ 是未知的。下面介绍估计 $\bar{a}_0^{\text{meas}}$ 的过程。

（1）假设测量的初始裂纹尺寸为 $a_0 = a_0^{\text{meas}}$。

（2）在给定 a_0 的情况下，使用贝叶斯方法更新 m、C、b、σ 的后验联合概率密度函数。

（3）根据后验联合概率密度函数计算 b 的极大似然值 b^*。

（4）估计 $\bar{a}_0^{\text{meas}} = a_0 + b^*$。

（5）利用 $b = \bar{a}_0^{\text{meas}} - a_0$ 消除 b，并且更新 m、C、a_0、σ 的后验联合概率密度函数。

图 7-12 显示了当真实偏差为 +2mm 时参数的后验联合概率密度函数分布：① $n_y = 13$（$N_{12} = 1200$ 次循环）；② $n_y = 17$（$N_{16} = 1600$ 次循环）。为便于绘图，将后验联合概率密度函数分为三组分别进行绘制。在本例中，假设数据中没有噪声，参数的真值用星号进行标记。在偏差为 –2mm 的情况下也获得了类似的结果。

首先，很明显，Paris 裂纹扩展模型的两个参数是强相关的。初始裂纹尺寸与偏差也是如此，事实上，偏差的概率密度函数可以根据式（7.17）和初始裂纹尺寸计算得到。然后，可以观察到，虽然与先验分布相比，后验分布在 $n_y = 13$ 处的 PDF 比较窄，但在 $n_y = 17$ 处更狭窄。最后，由于比例的原因，识别结果看起来与真值有较大不同，但除偏差外，识别结果的中位数与真值之间的误差最大约为 5%。偏差的误差看起来很大，但这其实是因为偏差的真值很小。偏差误差约为 0.5mm。初始裂纹尺寸存在相同大小的误差，这是由于其与偏差之间的

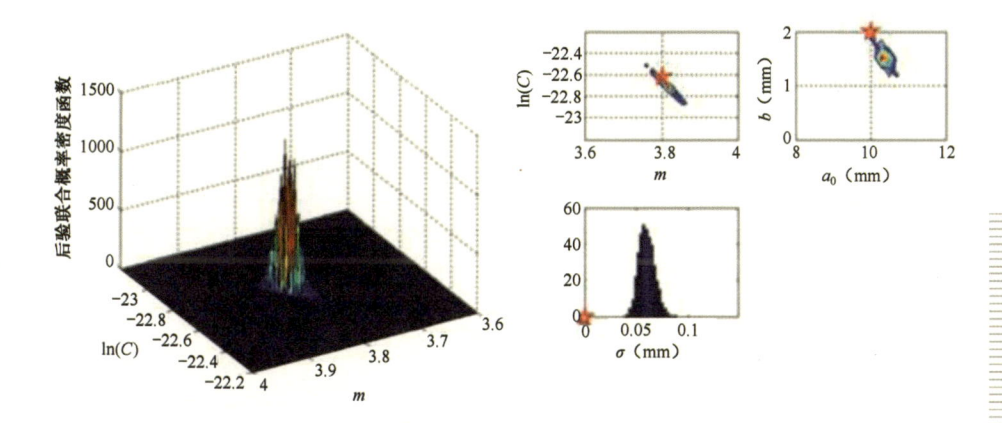

（a）$n_y = 13$（$N_{12} = 1200$ 次循环）

图 7-12 零噪声及真实偏差为 +2mm 时参数的后验联合概率密度函数分布

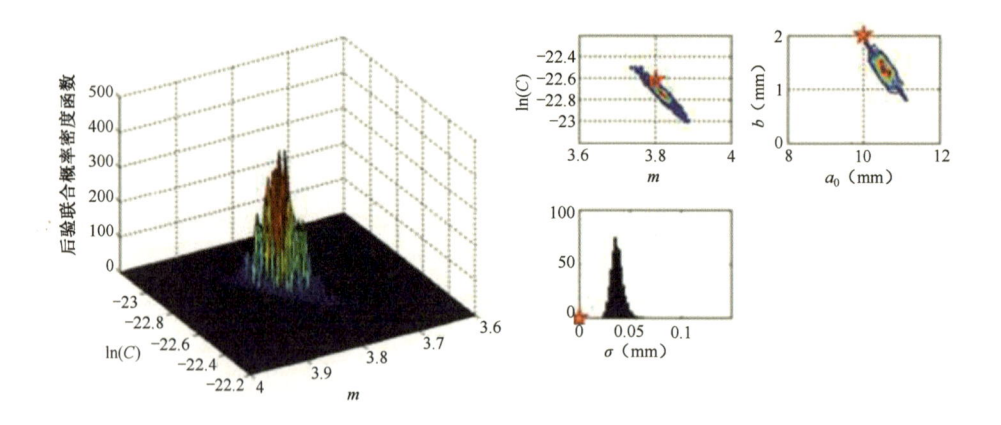

(b) $n_y = 17$ ($N_{16} = 1600$ 次循环)

图 7-12　零噪声及真实偏差为 +2mm 时参数的后验联合概率密度函数分布（续）

完全相关性。表 7-7 列出了本研究中考虑的所有情况，这些情况都显示出相似的误差水平。值得注意的是，识别出的噪声标准差 σ 并不收敛于其真值（真值为零）。零噪声数据可能会导致似然函数计算出现错误，因为这时式（7.15）中的分母变为零。然而，在实际情况下，噪声总是存在，因此不会发生这种情况。

表 7-7　识别参数的中位数及其与真值的误差

		$n_y = 13$				$n_y = 15$				$n_y = 17$			
		m	$\ln(C)$	a_0	b	m	$\ln(C)$	a_0	b	m	$\ln(C)$	a_0	b
真值		3.8	-22.6	10	±2	3.8	-22.6	10	±2	3.8	-22.6	10	±2
$b = +2$mm	中位数	3.82	-22.8	10.6	1.37	3.81	-22.7	10.4	1.53	3.82	-22.7	10.4	1.52
	误差（%）	0.49	0.57	5.67	31.7	0.32	0.37	4.00	23.6	0.47	0.44	3.84	24.2
$b = -2$mm	中位数	3.78	-22.5	9.50	-1.44	3.78	-22.5	9.51	-1.41	3.78	-22.5	9.49	-1.35
	误差（%）	0.40	0.50	4.96	28.0	0.40	0.48	4.94	29.5	0.55	0.55	5.11	32.7

下一个例子是研究噪声对参数的后验概率密度函数的影响。当真实偏差为 +2mm 时，在 3 种不同噪声水平下的后验分布如图 7-13 所示。当偏差为 -2mm 时也得到了类似的结果。圆点、正方形和五角星分别表示 0.1mm、1mm 和 5mm 的噪声水平。

中位数位置用符号表示：圆形表示噪声水平为 0.1mm；正方形表示噪声水平为 1mm；星形表示噪声水平为 5mm。每条垂直线段代表后验概率密度函数的

90%置信区间。实心水平线是参数的真值。在噪声水平为 0.1mm 的情况下,所有参数得到准确识别,两个 Paris 裂纹扩展模型参数的置信区间非常窄。在噪声水平为 1mm 的情况下,随着数据数量的增加,初始裂纹尺寸和偏差得到了准确识别,而两个 Paris 裂纹扩展模型参数的置信区间没有变窄。此外,中位数与参数真值有些不同,这是因为噪声太大,无法准确识别关联参数。随着噪声水平增加到 5mm,得到的结果越来越不准确。因此,可以得出结论,噪声水平是在使用贝叶斯方法识别关联参数中重要的影响因素。然而,这并不意味着就不能预测剩余使用寿命。即使这些参数由于相关性而无法准确识别,也可以相对准确地预测剩余使用寿命,这将在后面的内容进行详细讨论。

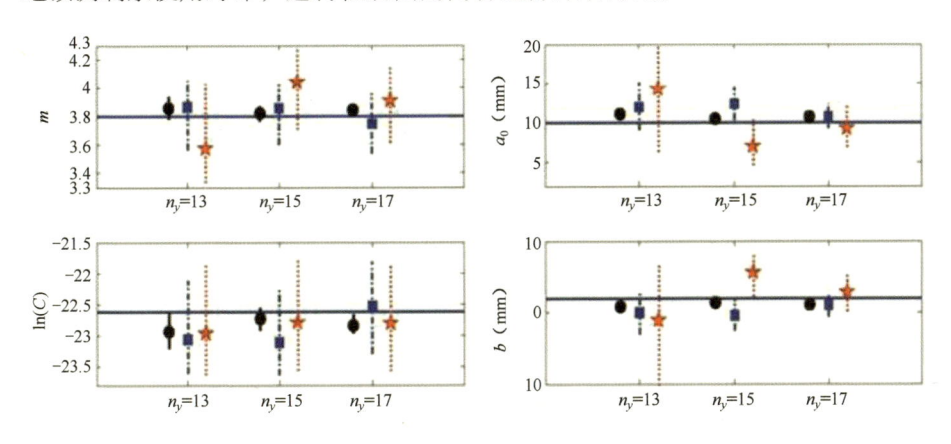

图 7-13　3 种不同噪声水平下的后验分布(偏差=+2mm)

3. 损伤扩展与剩余使用寿命的预测

在识别得到参数之后,即可将其用于预测未来的损伤行为。参数的联合概率密度函数是以 5000 个样本的形式提供的,因此也将使用相同数量的样本来估计裂纹扩展并预测剩余使用寿命。首先,利用从马尔可夫链蒙特卡罗(MCMC)模拟方法获得的 5000 组参数,使用式(7.16)计算 N_k 次循环后的相应 5000 个裂纹尺寸 a_k。然后,将随机测量误差加入预测的裂纹尺寸中。为此,从正态分布(零均值及识别出的 5000 个 σ 样本)生成 5000 个测量误差样本。然后,可以根据中位数与真实裂纹扩展的接近程度,以及预测区间的大小来评估预测的质量。当真实偏差为+2mm 时,裂纹扩展的结果如图 7-14 所示。不同颜色的曲线代表不同的加载条件。实心曲线是真实的裂纹扩展,而虚线是预测裂纹扩展分布的中位数。

(a) 噪声水平为 1mm, $n_y=13$

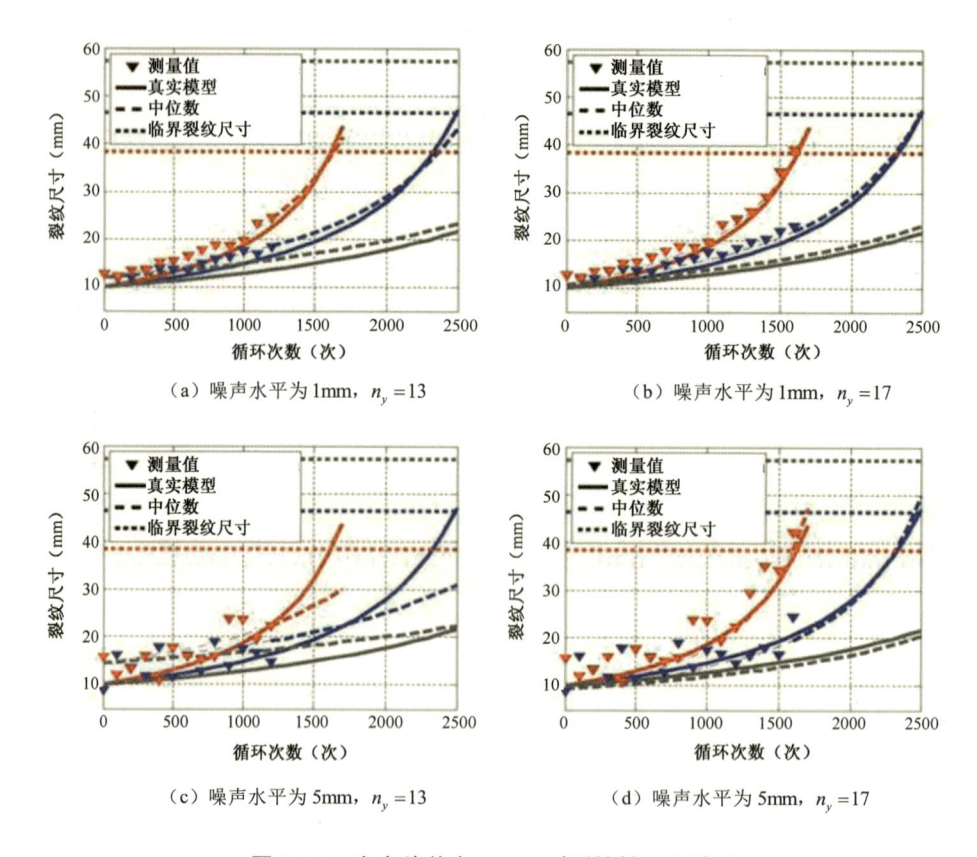

(b) 噪声水平为 1mm, $n_y=17$

(c) 噪声水平为 5mm, $n_y=13$

(d) 噪声水平为 5mm, $n_y=17$

图 7-14　真实偏差为+2mm 时裂纹扩展的结果

由于参数的不确定性，结果是以分布形式获得的，但为了便于观察，在图中仅显示预测裂纹扩展尺寸的中位数。另外，不同载荷下的临界裂纹尺寸以水平线表示。与前几章不同的是，这里针对不同的加载条件采用了不同的临界裂纹尺寸。因为参数的后验分布是对称的，所以均值、众数和极大似然估计之间没有差异。

图 7-14 显示，当噪声水平小于 1mm 时，预测结果接近真实裂纹扩展情况。即使噪声水平为 5mm，随着数据量的增加，预测裂纹扩展结果也接近真值。这意味着，如果有大量数据（很多关于裂纹扩展的信息），即使噪声水平很高，也可以准确地预测未来的裂纹扩展情况。然而，当噪声水平较高时，收敛速度较慢，几乎在使用寿命终点才能做出准确预测。

从图 7-14 可以看出，即使没有准确识别出参数的真值，也可以合理的精度来预测裂纹扩展情况及剩余使用寿命。其原因是，相关参数 m 和 C 共同作用，以预测式（7.18）中的裂纹扩展。例如，如果 m 被低估，那么作为补偿，贝叶斯过程会高估 C。此外，如果数据中存在较大的噪声，则估计参数的分布会变得更宽，这可以覆盖由于识别参数的不准确而带来的风险。因此，可以安全地进行裂纹扩展和剩余使用寿命的预测。

为了观察噪声水平对预测得到的剩余使用寿命的不确定性的影响，图 7-15 绘制了剩余使用寿命的中位数和 90%置信区间，并将其与真实剩余使用寿命进行了比较。当裂纹尺寸达到临界值时，即 $a = a_C$，可通过式（7.18）来计算剩余使用寿命，以循环次数 N_f 表示，有

$$N_f = \frac{a_C^{1-m/2} - a_k^{1-m/2}}{C\left(1 - \dfrac{m}{2}\right)(\Delta\sigma\sqrt{\pi})^m} \tag{7.18}$$

由于参数的不确定性，剩余使用寿命也表示为一个分布，这是通过用 5000 个预测裂纹扩展数据和识别的模型参数替换式（7.18）中的 a_k 及模型参数 m、C 获得的。在图 7-15 中，实心对角线是不同加载条件（$\Delta\sigma$ 分别为 86.5mm、78.6mm、70.8mm）下的真实剩余使用寿命。当噪声水平小于 1mm 时，预测寿命的精度和准确度都相当好，这与裂纹扩展的结果是一致的。在大噪声（噪声水平为 5mm）的情况下，中位数接近真实剩余使用寿命，并且随着更多数据的使用，宽的区间逐渐变窄。因此，可以得出结论，虽然数据中存在较大的噪声和偏差，但预测的剩余使用寿命是合理的。

7.2.4 结论

在本研究中，采用贝叶斯方法识别 Paris 裂纹扩展模型参数，该模型控制飞机壁板中的裂纹扩展，而裂纹扩展尺寸由结构健康检测系统进行测量，测量数据中带有噪声和偏差。本研究重点讨论了关联参数的影响，以及噪声和偏差的影响，采用解析表达式明确给出了初始裂纹尺寸与偏差之间的相关性，并且使用贝叶斯方法确定了两个 Paris 裂纹扩展模型参数之间的相关性。结果表明，关联参数的识别对噪声水平敏感，而剩余使用寿命的预测对噪声水平相对不敏感。研究发现，当噪声水平较高时，需要大量的数据来缩小参数的分布。当参数相关时，很难确定参数的真值，但关联参数共同作用可以准确预测裂纹扩展情况和剩余使用寿命。

(a) 噪声水平为 0.1mm

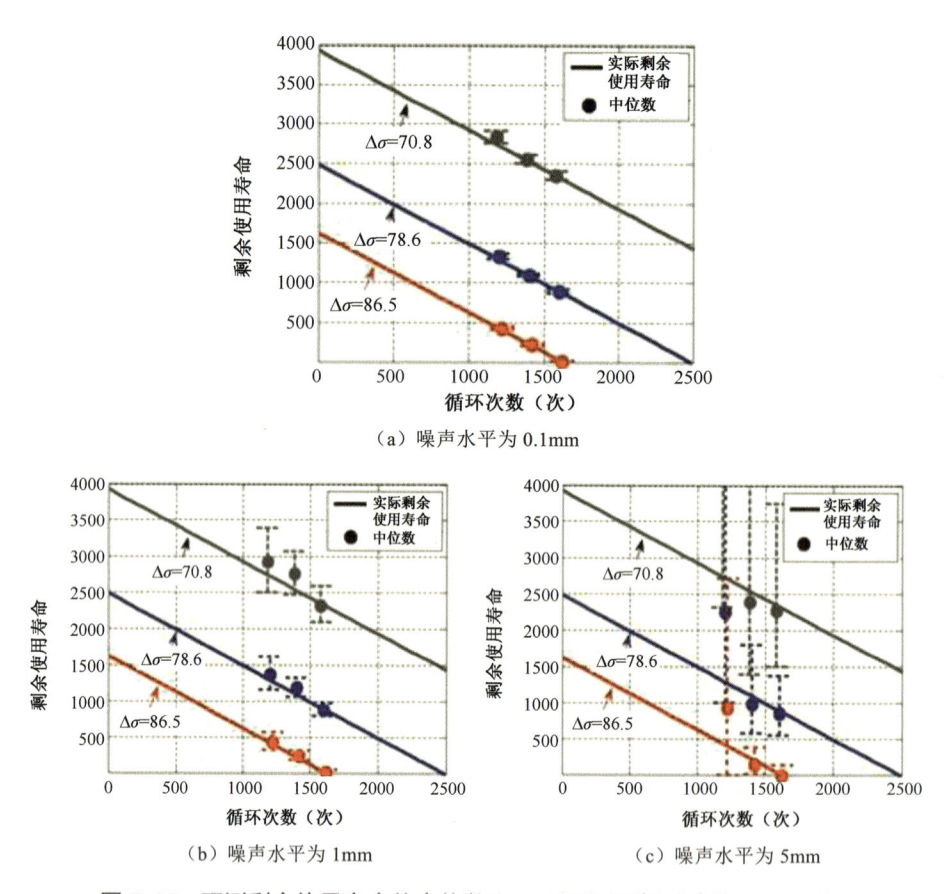

(b) 噪声水平为 1mm

(c) 噪声水平为 5mm

图 7-15 预测剩余使用寿命的中位数和 90% 预测区间（偏差=+2 mm）

7.3 加速寿命试验数据在故障预测中的实际应用

故障预测是指，基于先前使用过程中获得的损伤数据，预测在役系统的未来损坏/退化及剩余使用寿命。当物理模型和加载条件可用时，通常采用的故障预测方法是基于物理模型的故障预测方法；当只有损伤数据可用时，则采用数据驱动的故障预测方法。无论采用哪类故障预测方法，损伤数据都非常重要，但由于时间和成本的原因，从在役系统获取数据的代价很高。相关单位经常在恶劣的操作条件下进行加速寿命试验，以进行设计验证，受此启发，本节介绍了利用加速寿命试验期间获得的退化数据进行故障预测的方法。以裂纹扩展数据为例，在过载条件下综合生成的裂纹扩展数据，可用于预测现场工作条件下的损伤扩展和剩余使用寿命。根据物理模型和现场加载条件的可用性，本节考虑了 4 种不同的场景。利用加速寿命试验数据，基于物理模型的故障预测的早期阶段预测精度得到提高，解决了使用数据驱动的故障预测方法中数据不足的问题。

7.3.1 动机和背景

故障预测基于先前使用过程中获得的损伤数据，预测在役系统的未来损坏/退化及剩余使用寿命。虽然故障预测有助于视情维护，但是与定期预防性维修相比，故障预测维修被认为是一种更经济、更有效的维修策略，为了实践可行，仍使用加速寿命试验数据来验证。本研究面临的情况是，在役系统中的损伤数据数量有限，主要原因是获取损伤数据的时间和成本代价很高。但是，由于相关单位经常将加速寿命试验用于设计验证，因此更容易从加速寿命试验中获得损伤数据，这是在比在役工作条件更恶劣的条件下进行的试验。

虽然文献中已有利用加速寿命试验数据进行寿命估算的研究（Nelson，1990；Park and Bae，2010），但大多用于估算一组系统的平均寿命，而不是一个特定系统的寿命，特定系统可能经历不同于其他系统的加载历史。因此，在役使用条件没有得到反映，很难将这些方法用于故障预测。如果将加速加载条件作为现场工作条件，直接将加速寿命试验数据作为退化数据，这时故障预测可能会产生偏向保守的寿命预测。故障预测领域的研究人员已经认识到了这个问题（Celaya, et al., 2011），于是研究人员开发了利用加速寿命试验数据的另一种方法：当物理模型不可用时，这些数据可用于建立退化模型（Skima, et al., 2014）。然而，在这种情况下，这种退化模型适用于预测加速加载条件下的剩余使用寿命，但不适用于标称工作条件（Nominal Operating Condition）。

本节提出了几种方法，利用从加速寿命试验中获得的渐进损伤数据来预测现场运行的特定系统的剩余使用寿命。假设在加速寿命试验期间，在系统中设置了传感器或对系统进行了定期检查，以测量损伤增长情况，直到损伤增长到阈值为止。阈值是指在系统不进行维修就无法继续工作的状态对应的损伤值，而系统损伤增长到阈值的时间称为系统寿命终点（EOL）。该方法还假设现场的当前系统截至当前时间具有类似的损伤数据。研究目标是预测当前系统的寿命终点，以便在系统达到不可操作状态（Inoperable Situation）之前安排维修。这种预测涉及诸多不确定性，因此研究需要在概率框架（Framework of Probability）内进行。本研究的重点在于最后一个场景，即针对物理模型和加载条件都不可用的情况，提出了一种映射方法（Mapping Method）来弥补数据驱动的故障预测方法中由于数据不足而导致的精度不足。

本部分内容如下：7.3.2 节利用裂纹扩展示例对该问题进行定义；7.3.3 节介绍加速寿命试验数据的应用；7.3.4 节给出结论。

7.3.2 问题定义

1. 故障预测方法

基于物理模型的故障预测方法假设有一个描述损伤行为的物理模型可用，并且将物理模型与测量数据结合起来，以预测未来的损伤行为。物理模型可表示为使用条件、经历循环（Elapsed Cycle）或时间，以及模型参数的函数。在通常情况下，使用条件和时间是给定的，而模型参数需要进行识别。由于损伤行为依赖模型参数，参数识别是预测未来损伤行为的最重要问题。在几种算法中，本研究将使用第 2 章介绍的粒子滤波（PF）。

数据驱动的故障预测方法利用观测数据（训练数据）信息来识别损伤状态，并且在不使用任何特定物理模型的情况下预测未来的状态。通常，该方法可只采用先前的损伤状态作为输入变量，这样可以建立损伤数据之间的关系，而不需要物理模型或加载条件的信息。然而，输入变量的选择是灵活的，例如，如果有加载信息，可以将其包括在内，这能够提高预测精度。

数据驱动的故障预测方法的性能取决于训练数据的数量和质量。如果相同的系统在相同加载条件下有相同的损伤增长数据，那么数据驱动的故障预测方法可以准确预测当前系统的损伤增长。然而，在实践中，这样的数据很少。本研究的一个重要目标是证明加速寿命试验数据可以作为数据驱动的故障预测方法的训练数据。因此，本研究面临的一个技术挑战是，如何利用在更恶劣的加载条件下获得的加速寿命试验数据训练在标称加载条件下运行的当前系统。

2. 裂纹扩展示例

为了说明本研究的主要观点，本节以在重复加压载荷下飞机机身壁板的裂纹扩展问题为例进行研究，其损伤扩展基于 Paris 裂纹扩展模型，即

$$\frac{\mathrm{d}a}{\mathrm{d}N} = C(\Delta\sigma\sqrt{\pi a})^m \quad (7.19)$$

对式（7.19）两边进行积分，即可求出 a 为

$$a = \left[NC\left(1 - \frac{m}{2}\right)(\Delta\sigma\sqrt{\pi})^m + a_0^{1-\frac{m}{2}} \right]^{\frac{2}{2-m}} \quad (7.20)$$

式中，a_0 为初始半裂纹尺寸；a 为循环次数 N 条件下的半裂纹尺寸；m 和 C 为模型参数。模型参数主要用于控制裂纹扩展行为，在给定加载信息下，$\Delta\sigma$ 可以根据特定循环次数下的实测裂纹尺寸来识别裂纹扩展行为，并且通过将识别参数代入未来加载条件下 Paris 裂纹扩展模型的方式，对未来循环周期的裂纹尺寸进行预测。

结合式（7.19），生成合成测量数据，其中假设真实损伤扩展参数：$m_{\text{true}}=3.5$，$C_{\text{true}}=6.4\times10^{-11}$，初始半裂纹尺寸 $a_0=10\text{mm}$。真实参数仅用于生成合成数据。假设加速寿命试验是在 $\Delta\sigma$ 分别为 145MPa、140MPa 和 135MPa 这 3 个高应力范围下进行的，而实际工作条件是 $\Delta\sigma=68\text{MPa}$。为了模拟实际工作情况，在使用式（7.19）生成的合成数据中加入在 $-v\sim+v\text{mm}$ 均匀分布的随机噪声。在实验室进行的加速寿命试验环境比现场的试验环境更易控制，因此加速寿命试验数据采用 $v=0.7\text{mm}$，而现场工作条件采用 $v=1.5\text{mm}$。图 7-16 显示了在不同加载条件下带有随机噪声的合成裂纹扩展数据，图 7-16（a）中的 3 组加速寿命试验数据用于提高在役系统损伤的预测精度，这些数据在图 7-16（b）中以星形标记显示。本研究的独特之处在于，利用图 7-16（a）中的加速寿命试验数据，预测图 7-16（b）中在应力水平较低的现场工作条件下的损伤状态。

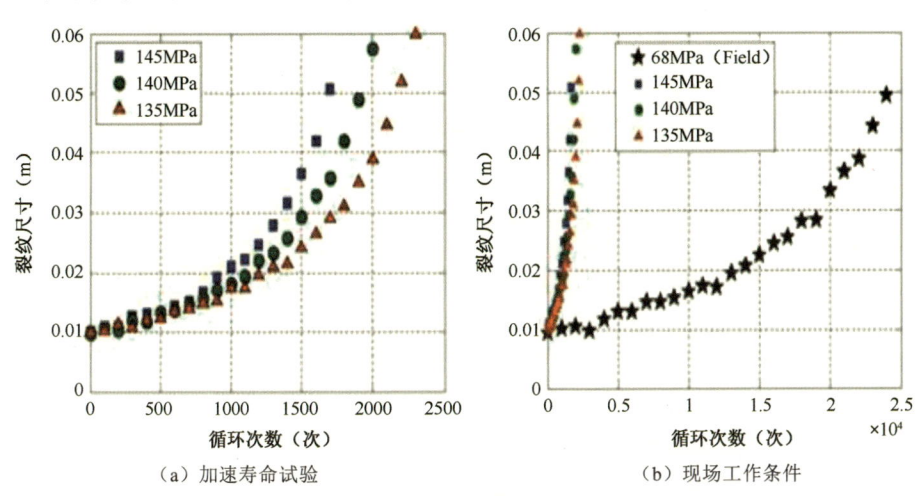

图 7-16 在不同加载条件下带有随机噪声的合成裂纹扩展数据

7.3.3 加速寿命试验数据的应用

本节介绍了应用加速寿命试验数据的 4 种情况。情况分类的依据是物理模型和现场载荷条件的可用性，如表 7-8 所示。

表 7-8　应用加速寿命试验的 4 种情况

	情况 1	情况 2	情况 3	情况 4
物理模型	可用	可用	不可用	不可用
现场载荷条件	可用	不可用	可用	不可用
可用的方法	基于物理模型的故障预测方法（算法采用粒子滤波法）	—	数据驱动的故障预测方法（算法采用神经网络）	—

1. 情况 1：物理模型和加载条件都可用

这是传统的基于物理模型的故障预测方法，使用式（7.19）中的 Paris 裂纹扩展模型。在这种情况下，加速寿命试验数据对于故障预测是不必要的，也就是说，仅使用现场数据就可以预测未来的损伤状态。但是，加速寿命试验数据可用于提高早期故障预测精度、减小不确定性，因为额外的数据可以为损伤参数提供更好的先验信息。

为了说明加速寿命试验数据的影响，这里假设特定机身壁板的 Paris 裂纹扩展模型参数 m 和 C 未知。在此情况下，从通用材料 Al 7075-T651 的参数值开始是很自然的。Newman 等（1999）认为，由于制造的可变性，这些材料参数是均匀分布的随机变量：$m \sim U(3.3, 4.3)$，$\ln(C) \sim U\left(\ln\left(5 \times 10^{-11}\right), \ln\left(5 \times 10^{-10}\right)\right)$。这些参数共有 5000 个随机样本，如图 7-17（a）所示，图中的星形标记表示参数的真实值，需要利用裂纹扩展的测量数据进行估计。图 7-17（a）中模型参数的先验分布范围非常大，该分布无法为裂纹扩展预测提供有价值的信息。

我们的目标是通过将加速寿命试验数据合并到粒子滤波（PF）中，以缩小先验参数分布范围。图 7-17（b）显示了使用图 7-16（a）中 3 个加速寿命试验数据的缩小分布范围。结果表明，所得分布的离散度远小于图 7-17（a）中先验分布的离散度。

同时可以看到，由于两个 Paris 裂纹扩展模型参数之间有很强的相关性，贝叶斯过程不能识别单个参数的真值。相反，该过程收敛到两个 Paris 裂纹扩展模型参数形成的窄带。正如前文所指出的，该窄带之内两个 Paris 裂纹扩展模型参数的不同组合，其裂纹扩展行为相似。总之，加速寿命试验数据的优点是，当前系统的故障预测可以从更好的先验分布开始，如图 7-17（b）所示。

为了进行比较，采用图 7-17（a）、图 7-17（b）中的两个分布作为先验分布，使用粒子滤波对现场工作条件下的数据在每个测量循环进行分布更新。然后，利用更新后的分布来预测剩余使用寿命的分布，如图 7-18（a）、图 7-18（b）所示。由于模型参数的不确定性，预测的剩余使用寿命也不确定，图 7-18 中显示了中位数及 90%置信区间。图 7-18（b）是使用加速寿命试验数据作为先验信息的情况，其从早期阶段就显示出相当准确和精确的结果。此外，表 7-9 给出了情况 1 的故障预测指标。

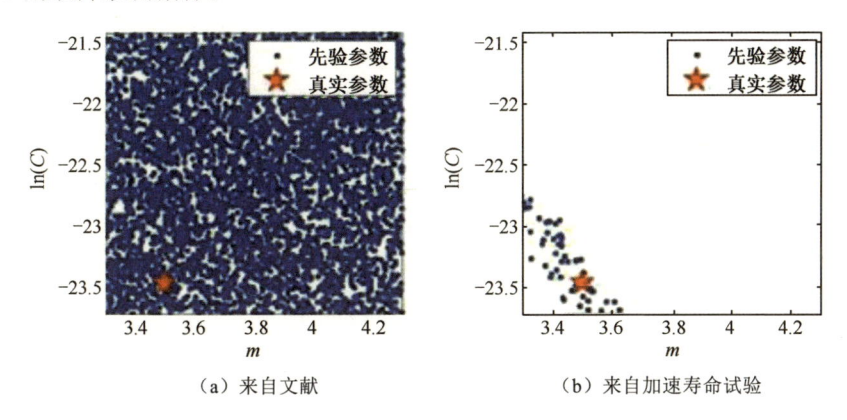

（a）来自文献

（b）来自加速寿命试验

图 7-17　两个 Paris 裂纹扩展模型参数的先验分布

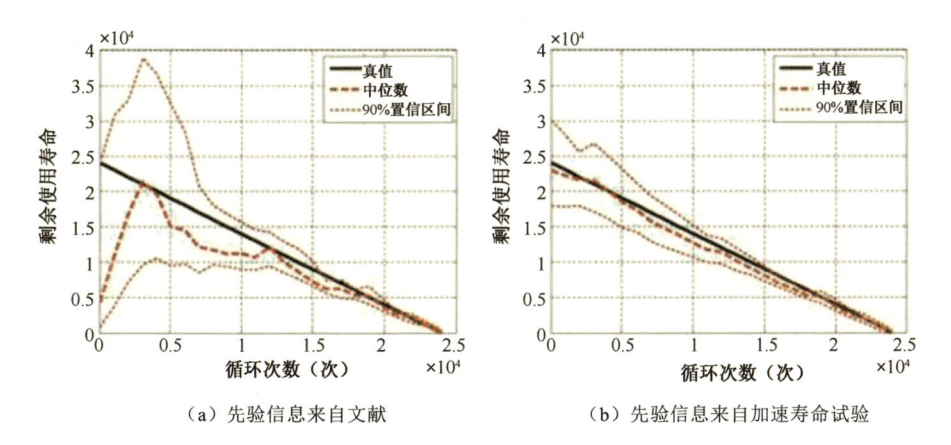

（a）先验信息来自文献

（b）先验信息来自加速寿命试验

图 7-18　情况 1 的剩余使用寿命预测

表 7-9　情况 1 的故障预测指标

	预测范围（PH）（α=10%）	$\alpha - \lambda$ 准确度（α=10%, λ=0.5）	相对精度（λ=0.5）	累积相对精度
先验信息来自文献	11000	假（0.2504）	0.9161	0.8479
先验信息来自加速寿命试验数据	22000	真（0.6046）	0.9240	0.9285

2. 情况 2：物理模型可用，加载条件不可用

在故障预测中，加载条件是模型的输入，因此加载条件和物理模型同样重要。在加速寿命试验中，对系统施加特定载荷（或载荷历史）是一个标准过程（Standard Process）。但在现场运行中，实际工作载荷难以测量，而且不同时间的载荷可能不同。因此，情况 2 是物理模型可用（其模型参数仍然未知），但加载条件不可用。在后文中，考虑了实际载荷恒定但其大小未知的情况。

当实际工作载荷不确定时，一般可合理地假设其范围。这里，假设不确定载荷在 50～90MPa 均匀分布，而真实载荷为 68MPa。对于给定的物理模型，预测剩余使用寿命分为 3 种情况：①同时更新参数和不确定载荷；②用参数的给定分布来更新载荷；③用给定的不确定载荷来更新参数。然而，第 3 种情况（记为情况 2-C）没有意义，因为无法利用不确定载荷来减小不确定性。因此，下面只考虑同时更新参数和不确定载荷（记为情况 2-A）、用参数给定的分布来更新载荷（记为情况 2-B）这两种情况。

对于情况 2-A，利用加速寿命试验数据改善两个参数的先验分布，然后利用现场数据对不确定载荷和两个参数进行更新。因此，贝叶斯方法更新所有 3 个变量的联合概率密度函数。与情况 1 一样，使用两种不同的先验信息［见图 7-17（a）、图 7-17（b）］进行剩余使用寿命预测的比较，如图 7-19 和表 7-10 所示。虽然很难直观地观察两者之间的差异，但根据表 7-10 中的故障预测指标可知，使用加速寿命试验数据的先验知识比使用文献中的先验知识得到的结果稍好一些。有趣的是，使用一个明显更窄的先验分布只会略微改善剩余使用寿命的预测效果，这是因为模型参数与载荷之间存在相关性。

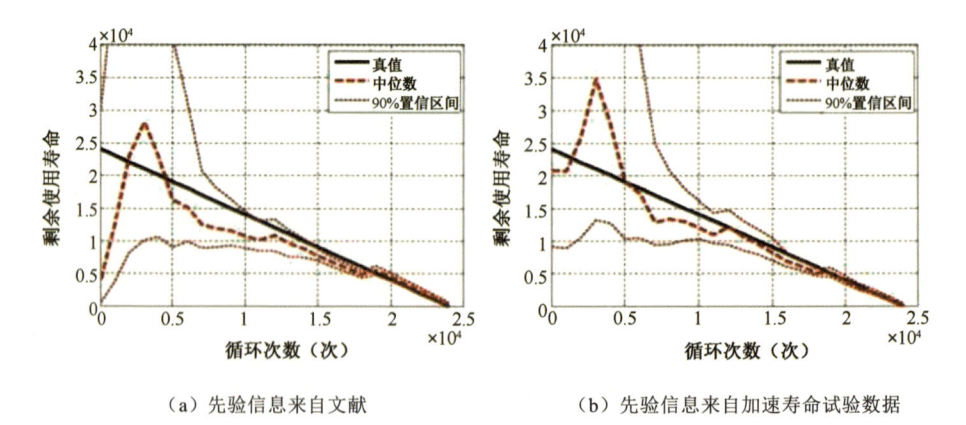

(a) 先验信息来自文献　　　　　　　(b) 先验信息来自加速寿命试验数据

图 7-19　情况 2-A 的剩余使用寿命预测

表 7-10 情况 2-A 的故障预测指标

	预测范围 （$\alpha=10\%$）	$\alpha-\lambda$ 准确度 （$\alpha=10\%$, $\lambda=0.5$）	相对精度 （$\lambda=0.5$）	累积相对 精度
先验信息来自文献	11000	假（0.3246）	0.8739	0.8116
先验信息来自 加速寿命试验数据	13000	假（0.4728）	0.9704	0.8643

虽然与加速寿命试验数据相比，文献中具有均匀先验分布的情况在寻找参数和载荷的准确值方面可能收敛速度较慢，但如果相关性得到较准确的预测，剩余使用寿命的预测也可以是准确的。然而，如果模型参数较多，并且参数之间存在多个相关性时，窄的先验分布可能优于均匀先验分布。

情况 2 中利用加速寿命试验数据最好的情况是情况 2-B。参数以分布形式给出，如图 7-17 所示，且仅利用测量数据更新加载条件。图 7-20 和表 7-11 表明，使用加速寿命试验数据先验信息得到的结果明显优于使用文献中先验信息得到的结果，并且得到了所有情况中的最佳预测结果（见表 7-10 和表 7-11）。此外，由于参数的分布是从真实的加载（加速寿命试验）中获得的，可以识别得到真实的加载。

（a）先验信息来自文献

（b）先验信息来自加速寿命试验数据

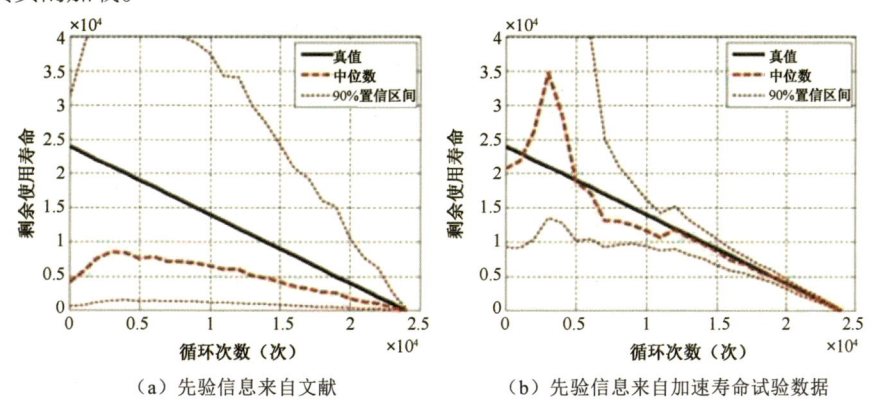

图 7-20 情况 2-B 的剩余使用寿命预测

表 7-11 情况 2-B 的故障预测指标

	预测范围 （$\alpha=10\%$）	$\alpha-\lambda$ 准确度 （$\alpha=10\%$, $\lambda=0.5$）	相对精度 （$\lambda=0.5$）	累积相对 精度
先验信息来自文献	2000	假（0.0578）	0.4627	0.4450
先验信息来自 加速寿命试验数据	11000	真（0.5182）	0.9727	0.8751

3. 情况3：物理模型不可用，加载条件可用

与情况2正好相反，情况3是物理模型不可用但加载条件可用的情况。由于物理模型不可用，数据驱动的故障预测方法成为合适的选择。这种情况可以采用神经网络（NN），并向输入变量中添加加载条件来处理。首先，图7-21显示了未使用加速寿命试验数据的损伤预测结果，即只能从现场工作条件获取训练数据。在这种情况下，短期预测在13000次循环后开始变得有效，如图7-21（a）所示，但长期预测与真实损伤增长不同。19000次循环的结果与13000次循环的结果类似，如图7-21（b）所示。虽然19000次循环的置信区间小于13000次循环的置信区间，但长期预测的中位数仍然偏离了真实损伤增长，90%置信区间也未能包括真实损伤增长。

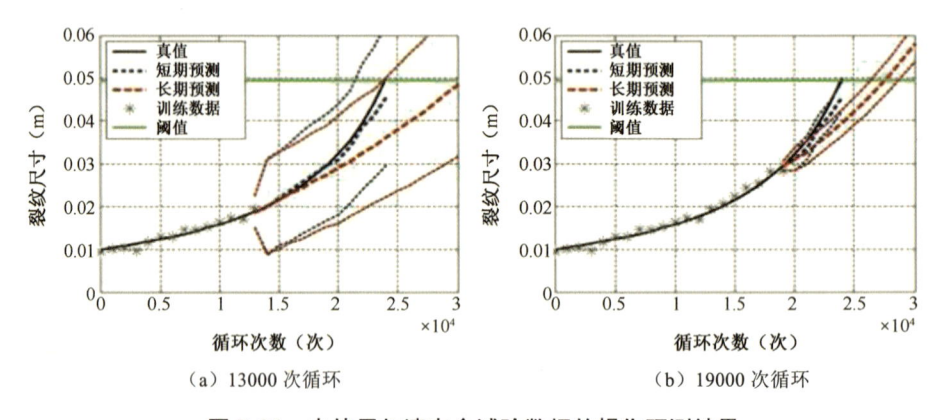

图 7-21 未使用加速寿命试验数据的损伤预测结果

作为对比，当使用加速寿命试验数据作为训练数据时，在早期循环的短期预测获得了良好的结果，如图7-22（a）所示。此外，长期预测也接近真实损伤增长，在19000次循环时具有窄的置信区间，如图7-22（b）所示。这些结果表明，即使加速寿命试验中的加载条件与标称加载条件不同，加速寿命试验数据也可以作为训练数据。

4. 情况4：物理模型和加载条件都不可用

情况4也是数据驱动的故障预测，与情况3一样，但此处加载条件不可用，并且没有物理模型，因此无法更新。在这种情况下，需要在与现场工作条件相似的加载条件下获得大量训练数据，但是由于时间和成本的原因，获得这些训练数据的代价高昂。

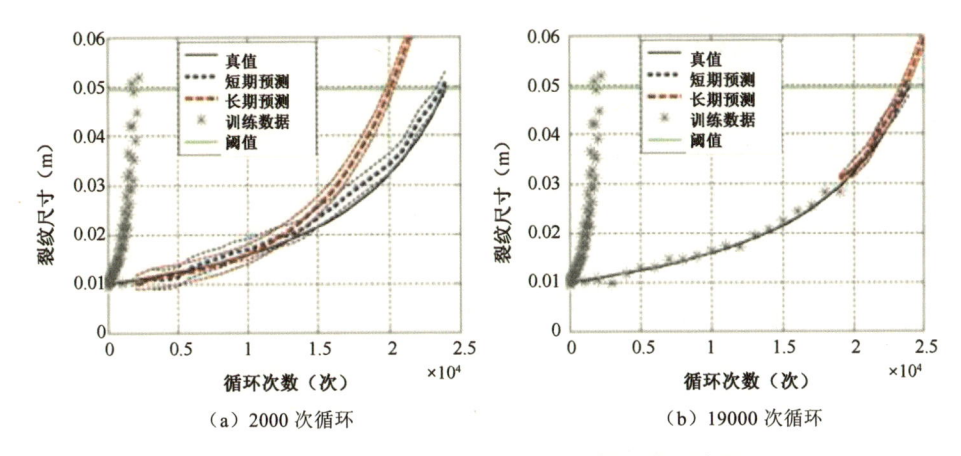

第 7 章 机械设备故障预测与健康管理应用案例

（a）2000 次循环

（b）19000 次循环

图 7-22 使用加速寿命试验数据的损伤预测结果

在本部分内容中，将加速寿命试验条件下的损伤数据映射为现场工作条件下的损伤数据，以便将其用作训练数据。

加速寿命试验数据与现场数据之间，采用逆幂律模型（Inverse Power Model）进行映射。该模型广泛应用于电绝缘、轴承、金属疲劳等问题。逆幂律模型在寿命和载荷的对数之间成线性关系（Nelson，1990）：

$$\text{Life} = \frac{\beta_1}{\text{Load}^{\beta_2}}, \quad \log(\text{Life}) = \log(\beta_1) - \beta_2 \log(\text{Load}) \quad (7.21)$$

式中，Life 为系统的寿命；β_1、β_2 为系数，需要使用在至少两种不同加载条件下测量得到的寿命数据来计算；Load 为系统的载荷水平。一旦确定了系数，就可以根据式（7.21）来计算现场工作条件下系统的寿命。

为了应用逆幂律模型进行预测，应确定式（7.21）中的两个系数 β_1、β_2。首先，寿命定义为损伤尺寸达到阈值时的循环次数。例如，如图 7-23 所示，当损伤阈值为 50mm 时，系统在 3 个载荷（145MPa、140MPa 和 135MPa）作用下的寿命分别为 1734 次循环、1947 次循环和 2241 次循环。这 3 个点对应于图 7-23（b）中的不同标记。3 个点所在线的斜率对应系数 β_2，而 log(Load) = 0 的 y 截距对应于 $\log(\beta_1)$。当只有两组数据可用时，可以通过在对数尺度图（Logarithmic Scale Graph）中连接一条直线来计算这两个系数。当有两组以上的数据可用时，可以采用回归来计算这两个系数。

一旦确定了这两个系数，就可以利用式（7.21）计算实际工作载荷下的寿命；示例载荷为 50～90MPa、等间距为 5MPa 的载荷，如图 7-23（c）中的星形标记所示。

可以对不同的阈值重复此过程，如图 7-23（a）、图 7-23（b）中的多条虚线所示，然后将相同载荷的寿命结果连接起来，得到图 7-23（c）中的实线。然而，不确定的载荷范围（50～90MPa）被证明过宽，因为图 7-23（c）显示在该范围内损伤增长具有显著不同的速率。相反，如果现场损伤数据可以持续 10000 次循环，则很容易将实际工作载荷的范围缩小到 65～75MPa。因此，本研究在 65MPa、70MPa 和 75MPa 这 3 种载荷下分别生成 3 组映射数据，并且用作训练数据。

3 个映射步骤产生 3 个不确定源，分别对应图 7-23（a）～图 7-23（c）。

（1）加速寿命试验数据回归的不确定性：加速寿命试验数据［见图 7-23（a）中的标记］以每 100 次循环处的损伤尺寸给出，因此需要建立回归模型，以计算给定阈值（损伤尺寸）下的寿命（循环次数）。通过在神经网络（NN）中随机选取初始权重参数，构建在每种加载条件下的 30 个回归模型，在每种加载条件下回归结果的中位数如图 7-23（a）中的 3 条曲线所示。

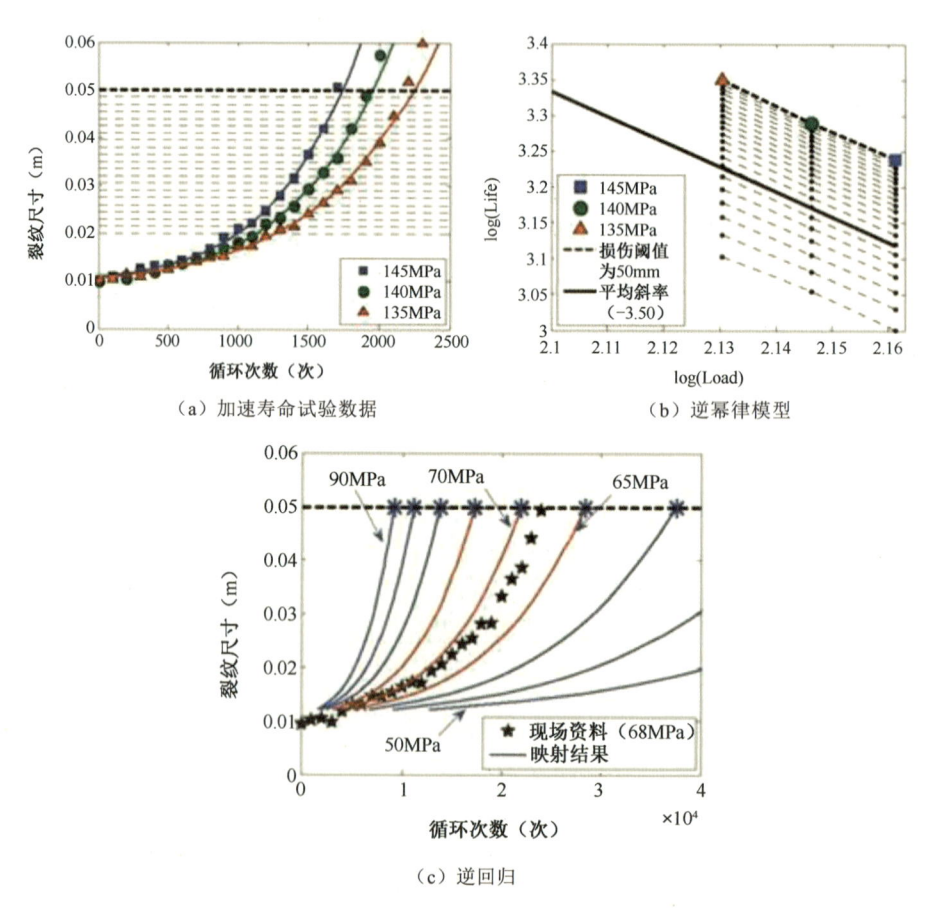

（a）加速寿命试验数据

（b）逆幂律模型

（c）逆回归

图 7-23 基于寿命与载荷对数线性关系的映射过程

（2）逆幂律模型中的不确定性：计算的寿命数据中的不确定性对映射系数的影响。事实上，由于对数关系，系数的微小变化会导致映射结果的巨大差异。但是，如果出现以下情况，则仅考虑 y 截距 $\log(\beta_1)$ 的不确定性：①如图 7-23（b）所示，不同阈值下的斜率几乎相同；②斜率和 y 截距具有很强的线性关系。平均斜率-3.5 是由 630 个斜率确定的，这些斜率是由位于 20~50mm 的 21 个阈值和 30 组回归模型组合得到的，如图 7-23（b）中任意 y 截距的实线所示。固定斜率的 $\log(\beta_1)$ 的不确定性，采用贝叶斯方法从 30 个样本中识别得出。

（3）逆回归（Inverse Regression）中的不确定性：第一个回归模型是计算给定损伤阈值下的寿命循环次数（Life Span Cycle）。然而，为了估计给定循环次数时损伤尺寸的不确定性，有必要建立逆回归模型。因此，本节建立了 30 组二次回归模型来计算给定循环的损伤尺寸，这与实际载荷数据一致。

最后，27000（30×30×30）个可能性的映射不确定性如图 7-24（a）所示。在图 7-24 中，不确定性的影响由标记的高度表示，即 90%置信区间。作为参考，在 3 种不同载荷水平下的真实损伤增长用实线表示。映射数据与真实数据接近，并且不确定性水平与现场数据中的噪声水平相当。为了将最终映射数据用于映射，可以从 27000 个数据集中随机选择一组损伤增长，或者可以开发处理损伤数据不确定性的其他方法。然而，请注意，映射结果接近真实损伤增长，不确定性很小，并且训练数据具有与真实工作载荷下数据相似的噪声水平，这有助于预测真实工作载荷下的损伤增长。虽然出于学术目的讨论了不确定性的可能来源，但是在映射过程中只考虑中位数并添加噪声也是可行的。图 7-24（b）显示了用于训练的最终映射数据，这是通过将噪声添加到映射结果的中位数而获得的。噪声均匀分布在-1mm~+1mm，其取值水平可根据当前时间的现场数据大致确定。图 7-25 显示了损伤预测结果，在短期预测和长期预测中，使用映射数据的结果比不使用映射数据的结果好得多。

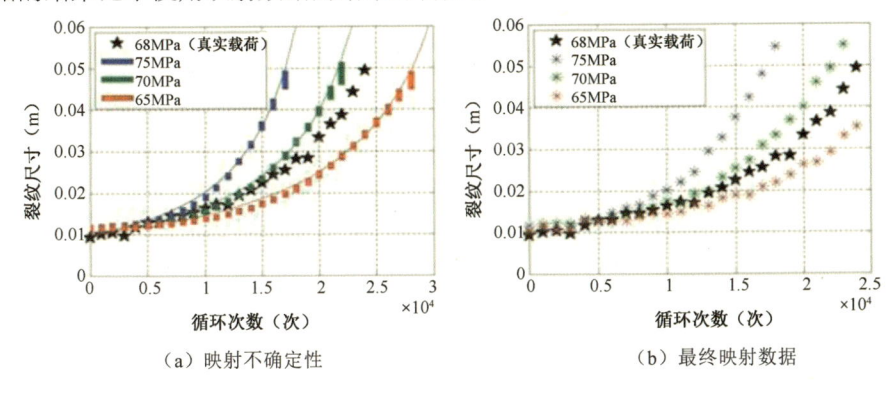

（a）映射不确定性　　　　　（b）最终映射数据

图 7-24　标称条件和加速条件数据之间的映射

(a) 不使用映射数据

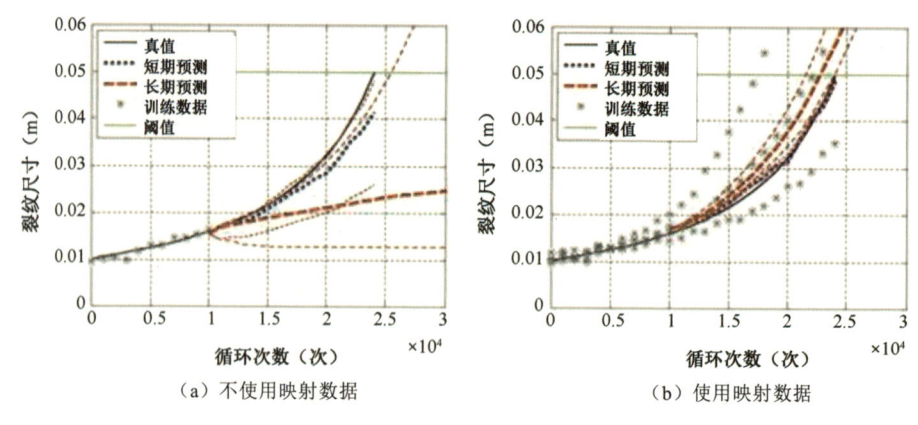

(b) 使用映射数据

图 7-25 情况 4 的损伤预测结果

这些结果表明，加速寿命试验数据有以下应用：①通过映射可以反映现场工作条件下的损伤增长和剩余使用寿命；②通过适当的映射方法可以作为标称条件下的训练数据。

7.3.4 结论

本节介绍了利用加速寿命试验数据进行故障预测的 4 种方法，以弥补有限数量的在役损伤数据。4 种不同情况是：①给出了物理模型和加载条件；②仅给出了物理模型；③仅给出了加载条件；④既没有给出物理模型，也没有给出加载条件。在这 4 种情况下，使用加速寿命试验数据均可提高早期阶段的预测精度。特别是，在标称条件和加速条件数据之间进行适当的映射，可以弥补第 4 种情况下的数据不足，而这是实际应用中最常见的情况。

7.4 基于特定频域中熵变的轴承故障预测方法

7.4.1 动机和背景

轴承失效（Spall Failure）是旋转机械失效的主要原因之一，80%～90%的航空发动机失效是由轴承失效引起的。如果轴承维修不当，则可能导致灾难性故障。由于轴承一经安装就不能拆卸，因此使用者不容易掌握退化程度及何时需要维修。可以通过测量系统响应，如振动信号、油路磨粒和热成像等，间接评估损伤程度，这些信号可以用于发现特定频率下轴承失效机制与信号强度之间的关系，从而可以估计当前的损伤程度。然而，在轴承失效的情况下，由于损伤增长迅速，很难及时发现损伤而导致不能为维修做好准备。

人们付出了诸多努力来预测轴承的寿命。Yu 和 Harris（2001）提出了一种基于应力的滚珠轴承疲劳寿命模型，该模型优于以往的轴承寿命模型，但未考虑使用过程中的不确定性。Bolander 等（2009）开发了飞机发动机轴承的物理退化模型，但这仅限于典型滚柱轴承（Roller Bearing）外滚道上的剥落。由于建立物理退化模型颇具挑战性，因此大多数轴承故障预测研究都转向从振动信号中提取退化特征（Loutas, et al., 2013; He and Bechhoefer, 2008; Li, et al., 2012; Kim, et al., 2012; Boškoski, et al., 2012; Sutrisno, et al., 2012）。已有的一些研究结果表明，剩余使用寿命的预测结果较好，但很难推广，而且在很大程度上依赖给定的振动信号，即使在相同的使用条件下，这些振动信号在名义上相同的轴承上也会存在差异。

图 7-26 绘制了来自科学技术实验室（FEMTO）的轴承试验数据（Nectoux, et al., 2012），体现出预测轴承故障面临的挑战。图中，蓝色的数据表示加速度计在发生故障前测量的振动信号，红色水平线表示阈值（加速度为 20g）。注意，这两个完全不同的信号是在相同的使用条件下，从名义上相同的轴承上获得的。一般来说，很难在信号的性质、寿命甚至阈值上找到任何一致性。测试 1 [见图 7-26（a）] 的寿命约为 2800 次循环，而测试 2 [见图 7-26（b）] 的寿命约为 870 次循环，甚至其加速信号尚未达到阈值。

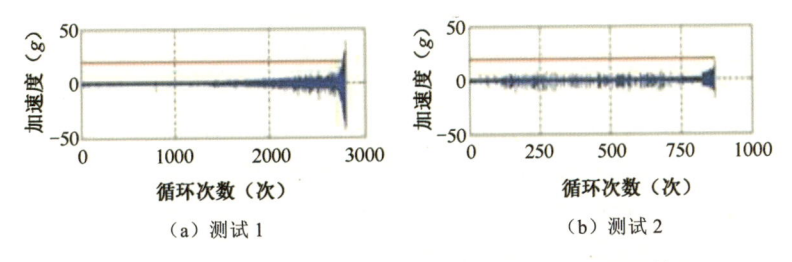

（a）测试 1

（b）测试 2

图 7-26　名义上相同的轴承在相同使用条件下的振动信号

本节提出了一种基于特定频域熵变（Entropy Change）的振动信号提取轴承退化特征的方法。系统的熵随着系统特性的改变而改变，如机械能和化学能。然而，很难从原始数据中发现这些变化，基于频域熵变是系统动力学、损伤和噪声信号的综合结果。观察振动信号性质随着机械条件的变化而变化，将信号分解为不同的频率，并且选择和分析那些显示出与损伤相关的一致变化的频率。更详细的解释和过程见 7.5.2 节。

利用 FEMTO 轴承试验数据（Nectoux, et al., 2012）演示基于熵的方法，其试验装置和轴承信息如图 7-27 所示（关于试验装置的更详细说明见 *IEEE PHM*

2012 Prognostic Challenge 2012），振动信号每隔 10s 在 0.1s 时段内进行监测，采样速率为 25.6kHz，因此每 10s 内的 0.1s 视为一个周期，而每个周期有 2560 次采样。此设置是必要的，否则数据量将非常大。

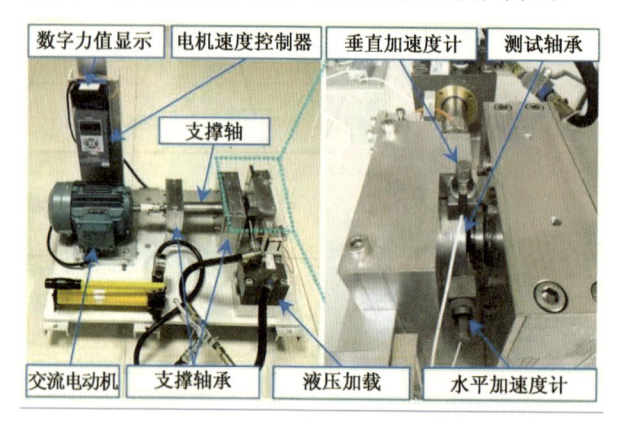

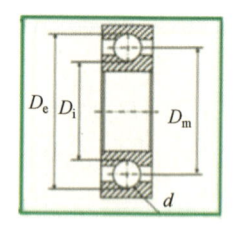

图 7-27 试验装置和轴承信息（Nectoux, et al., 2012）

数据使用条件和试验数据如表 7-12 所示。根据施加在被测轴承上的径向力和转速的不同，本研究采用两种不同的使用条件。使用条件 1、使用条件 2 的径向力和转速分别设置为：4kN 和 4.2kN 和 1650RPM（rad/min）。从每种条件获得 7 组直至发生故障的试验结果。每种条件下的 3 组数据作为训练数据来预测其他轴承的剩余使用寿命。这里根据原始振动信号，认为当加速度达到 20 倍的重力加速度时轴承失效。

表 7-12 数据使用条件和试验数据

	使用条件 1	使用条件 2
径向力（kN）	4.0	4.2
转速（RPM）（rad/min）	1800	1650
数据集数量	7（第 1 组～第 7 组）	7（第 1 组～第 7 组）

本部分内容结构如下：7.4.2 节介绍了退化特征的提取方法和属性；7.4.3 节根据 7.4.2 节的结果进行故障预测；7.4.4 节讨论了所提出方法的通用性；7.4.5 节给出了结论和未来工作的建议。

7.4.2 退化特征的提取方法和属性

在许多情况下，即使在故障即将发生之前，信号也没有发生变化，因此很难将原始数据中的振动信号定义为退化特征。本节提出了一种基于频域中熵变的退化特征提取方法。

1. 用于退化特征提取的信息熵

熵是系统无序性和随机性的度量。在物理学中，熵的变化是用能量流来解释的。当一个系统从其他系统吸收能量时，该系统的熵将会增加；反之，熵将会减少。因而，一个孤立系统的总熵从不减少。熵还有一个数学概念，称为信息熵或香农熵（Shannon Entropy），其为信息的平均量（Shannon，1948）。在这个概念中，熵的增加意味着数据中所包含信息的丢失，从而增大了不确定性。许多研究人员认为物理熵和信息熵是相互关联的（Brillouin，1956；Bao, et al.，2010），但也存在相反的观点（Frig and Wendl，2010）。对于轴承问题，随着外力功被损伤的引发/增长所消耗，轴承中的总能量会增加（Wang and Nakamura，2004），这会使熵增加（Bao, et al.，2010）。然而，本研究所使用的信息或数据是分解后的振动信号，而不是轴承退化过程中的总热力学能（Thermodynamic Energy），这意味着信息熵更符合实际情况。因为物理熵和信息熵之间是否存在联系是一个有争议的话题，所以这里只考虑将信息熵作为表达振动信号变化的工具，而不是将信息熵与物理熵联系起来。

1）信息熵

在信息论中，熵的计算式为（Shannon，1948）

$$H(X) = -\sum_{i=1}^{n} f(x_i) \log_2 f(x_i) \tag{7.22}$$

式中，X 是一个信息源；n 是 X 的可能结果的数量；$f(x_i)$ 是每个结果的概率。在轴承问题中，X 表示加速度数据的格子。将最小值与最大值之间的加速度数据归一化后，0 和 1 之间的归一化区间被 255 个间隔（线）分开，划分为格子，如图 7-28 所示。最初总共有 256 个格子，图 7-28 中还列出了每个格子中可以定位的数据。第 1 个格子、第 2 个格子分别包含小于 1/500 的数据、介于 1/500 和 3/500 的数据，最后的格子也是如此［初始格子数量和数据大小两方面标准的原因是，式（7.20）是根据计算机使用情况而开发的］。在数据分配之后，具有非空数据的格子的数量成为可能结果的数量 n，即 256-n 个格子是空的。概率 $f(x_i)$ 是第 i 个格子中的数据数除以数据总数，这与统计学中的概率质量函数（Probability Mass Function）的概念基本相同。

式（7.22）表示熵随着格子数 n 的增加而增加，并且每个格子的概率是均匀的，这对应如图 7-29（a）所示的数据在 0～1 分布的情况。$k+1$ 次周期处的熵比 k 次周期处的熵高，因为振幅数据（Amplitude Data）以均匀概率分配到更多的格子中。注意，熵是利用从零次周期到当前周期的所有数据进行计算的。也就是说，熵的计算使用累积数据。图 7-29（b）显示了相反的情况，即 $k+1$ 次周期处的熵比 k 次周期处的熵低。k 次周期和 $k+1$ 次周期的格子数量相同，但 $k+1$ 周期的数据更多地位于中间格子，这使得熵减少。

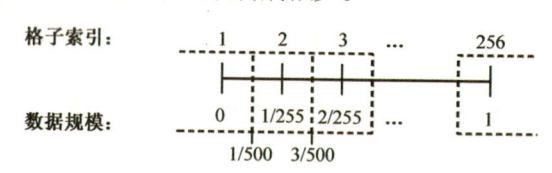

图 7-28 轴承问题信息源示意

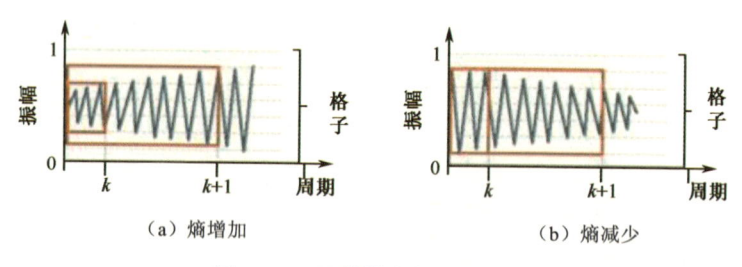

（a）熵增加

（b）熵减少

图 7-29 两种熵变情况的示意

2）熵作为退化特征

图 7-30 显示了使用条件 1 的数据集 1 和数据集 2 的归一化原始数据，以及利用截至当前周期的累积数据得到的时域中的熵变化。在图 7-30（a）中，熵随着振动能量的增加（振幅增大）而增加。

（a）使用条件 1 数据集 1

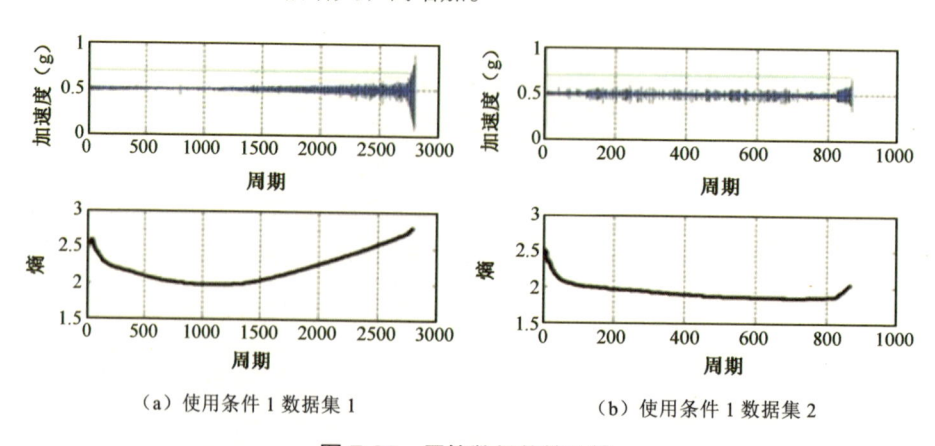

（b）使用条件 1 数据集 2

图 7-30 原始数据的熵计算

熵变与振动能量有关，而振动能量与损伤退化有关，因此熵可以作为损伤退化特征。然而，需要注意的是，熵随着振动信号的变化而开始变化，这意味着除非振动信号发生变化，否则无法观察到熵的变化。然而在大噪声环境下，许多轴承试验的振动信号直到发生故障前才表现出显著的变化，如图 7-30（b）所示。因此，将熵变化作为损伤特征是很困难的。

代替时域的熵变，将轴承在每个周期（0.1s）的 2560 个原始数据变换到频域，并且绘制每个频率的熵与周期数的关系曲线。如果快速傅里叶变换（FFT）中存在 Nf 个频率，则可绘制熵与周期数的 Nf 条关系曲线。这里的思想是，在这些不同频率的熵曲线中，选择那些对所有轴承测试集显示出一致熵变化的频率作为损伤特征。当振动信号分解为不同频率时，随着周期数的增加，某些频率的振幅增大，而其他频率的振幅减小。图 7-31（a）、图 7-31（b）分别显示了在使用条件 1 数据集 1 中某频率振幅和熵的增加和减少。频域的振幅比时域的信号明显增大，这是因为时域信号是所有频率振幅的总和，其中包括振幅的增大和减小。对于图 7-31（c）和图 7-31（d）中的使用条件 1 的数据集 2，这一点表现得更为明显。

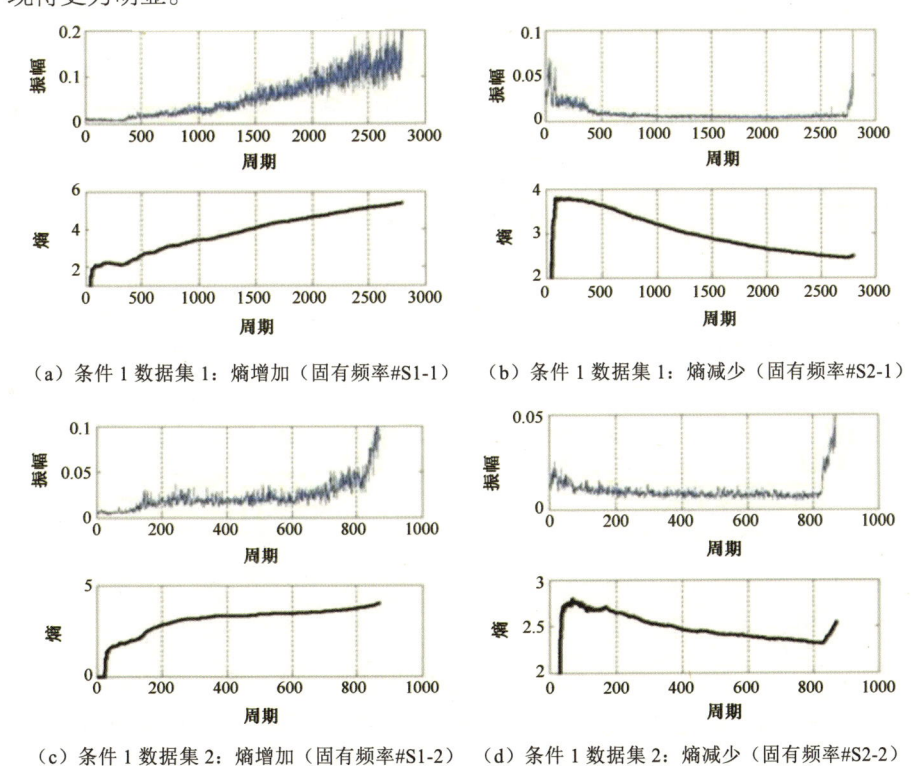

（a）条件 1 数据集 1：熵增加（固有频率#S1-1）　（b）条件 1 数据集 1：熵减少（固有频率#S2-1）

（c）条件 1 数据集 2：熵增加（固有频率#S1-2）　（d）条件 1 数据集 2：熵减少（固有频率#S2-2）

图 7-31　特定频域下利用振幅来计算熵

可以预料，在时域中，振幅会随着损伤程度的增加而增大，即使在早期阶段很难观察到；而在频域中，该结论可能只对局部缺陷（Localized Defect）成立。在实践中，系统的振动特性随着退化的进行而不断变化。固有频率随着损伤增长导致的刚度降低而变化，局部缺陷处的周期性特征可能消失，这是因为随着损伤的发展，滚动元件的运动变得不规则且容易受到干扰（Haward，1994）。

下面的案例可以解释由于损伤增长引起的频域振幅变化的不同行为。假设随着损伤的增长，系统的固有频率逐渐改变。图 7-32 显示了振动特性变化时特定频率下（2.4Hz、2.3Hz、2.2Hz）的幅值变化。如果图 7-32（a）中的时域数据是连续的，那么图 7-32（b）中的频率振幅将是狄拉克 δ 函数（Dirac Delta Function），其在 2.4Hz、2.3Hz 和 2.2Hz 处的幅值为 5。本案例的分辨率为 0.5Hz，而上述频率的数值不是 0.5 的整数倍，因此图 7-32（b）中存在噪声响应（Noisy Response），这在实际应用中也很常见。从图 7-32（b）可以看出，当固有频率从 2.4Hz 变为 2.2Hz 时，在频率 2.0Hz 处的振幅增大，如图 7-31（a）、图 7-31（c）所示，而在频率 2.5Hz 处的振幅减小，如图 7-31（b）、图 7-31（d）所示。

根据图 7-31 中的熵曲线和图 7-32 中的讨论，可以看到振幅在某些频率上增大，而在其他频率减小。

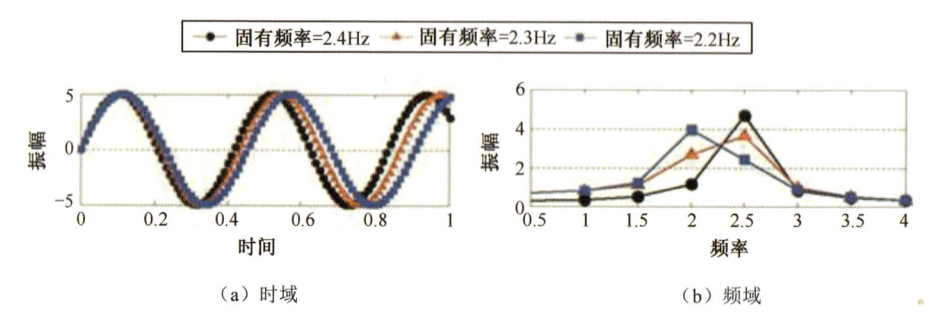

图 7-32 振动特性变化时特定频率下的振幅变化

实际上，两者都可以作为退化特征。对 14 个 FEMTO 数据集的分析发现，所有数据集中熵的减少趋势是一致的，并且可以发现一些重要属性；相反，从熵的增加趋势中找不到共同的特征。即使熵明显增加，其行为也是不可预测的。因此，熵幅值的减少比熵幅值的增加更加稳定和一致。此外，我们还发现，所有数据集均在频率约 4kHz 处表现出熵减少，这可能取决于系统的结构，如轴承类型和滚动元件的数量。因此，频域中的熵减少被作为退化特征。基于频域中熵变的退化特征的详细提取过程，将在 7.4.3 节中进行说明。

2. 退化特征的提取步骤

退化特征的提取步骤如图 7-33 所示，具体说明如下。

步骤 1：利用 FFT 将时域信号转换为频域信号。如前文所述，一个周期包括 2560 个振动信号采样（在 0.1s 期间以 25.6kHz 的采样速率进行数据采集），使用 FFT 将其转换为频域信号（Walker，1996）。不同周期（0～1400 个周期）共有 1401 个不同的 FFT 结果。

步骤 2：按频率重构 FFT 结果（按频率绘制）。以固定频率（如图 7-33 中频率为 1），绘制加速度振幅与周期关系曲线。在一个固定的频率上采集不同周期的振幅进行绘图，这里称为按频率绘制。FFT 结果是对称的，且在 0Hz～25.6kHz 有 2560 个不同的频率，因此有 1280 个频率可以作为退化特征的候选频率，也就是说有 1280 条幅值—周期数关系曲线。

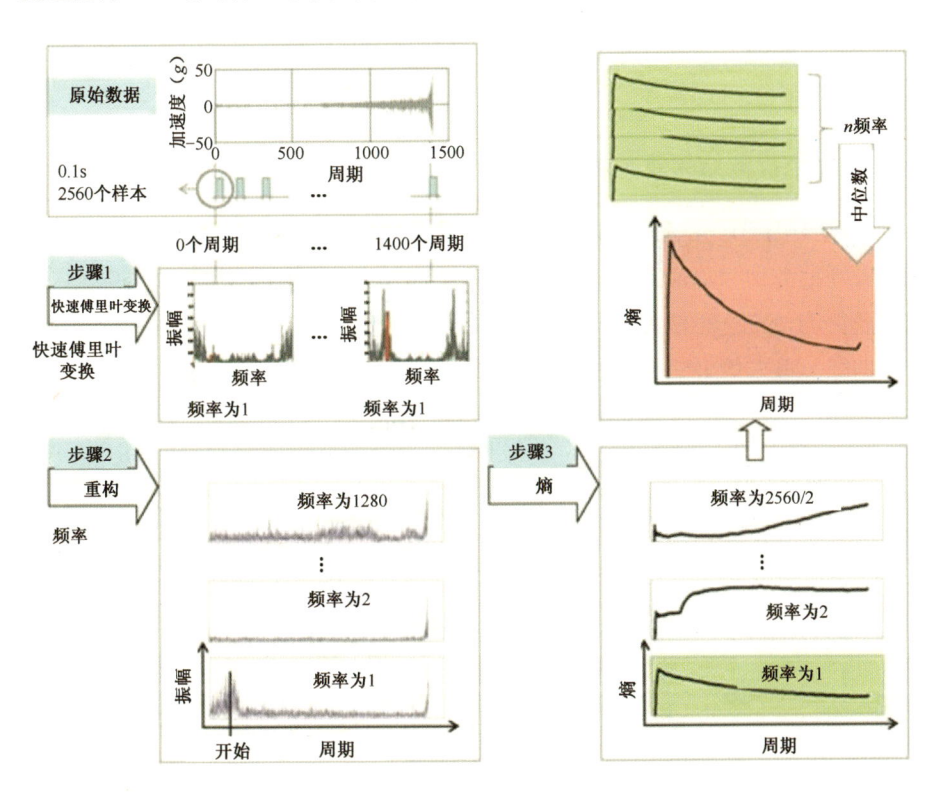

图 7-33 退化特征提取步骤

步骤 3：计算熵并选择显示出熵减少的频率。利用步骤 2 中的频域振幅与周期关系曲线，使用式（7.22）计算熵，最终得到 1280 条熵与周期的关系曲线。图 7-33 的步骤 3 说明了熵的不同轨迹。选择其中熵减少的频率，如频率为 1。如果多个频率显示出熵减少，那么这些熵的中位数随周期数的变化将被作为损伤特征。

在计算熵时要考虑两点。第一，熵计算的起始周期需要根据频域振幅确定，以避免初始效应。例如，选择一个振幅或趋势在早期周期发生显著变化的点作为启动周期，因为这之前的行为可能与由于系统初始未对准引起的大振动有关，如图 7-33 步骤 2 中的频率为 1。不同数据集的起始周期可能有所不同，但通常位于 12～100 个周期内。第二，选择频率的方法是基于使用熵数据的线性回归的斜率。如果选择的斜率较大但频率很少，则退化特征会很清晰，同时频率的数量太少也无法代表一般特征，因此无法明确地找到不同测试集的共同属性。在本研究中，选取熵斜率在前 25 位的频率。起始周期和频率的选择会影响特定数据集的计算结果，但对于所提出方法而言轴承问题的整体属性不会改变（将在本节后面讨论）。

3. 特征提取结果及其属性

根据 7.4.1 节中的程序提取的退化特征如图 7-34 所示，所有 14 个数据集的熵随着周期数的增加而减少。每条曲线都是通过在每个周期中取 25 个熵值的中位数获得的，这些熵的值是根据选定的频率计算的，显示出熵的值一致下降。根据熵曲线，最大熵、最小熵和寿命终点的定义如图 7-35 所示。

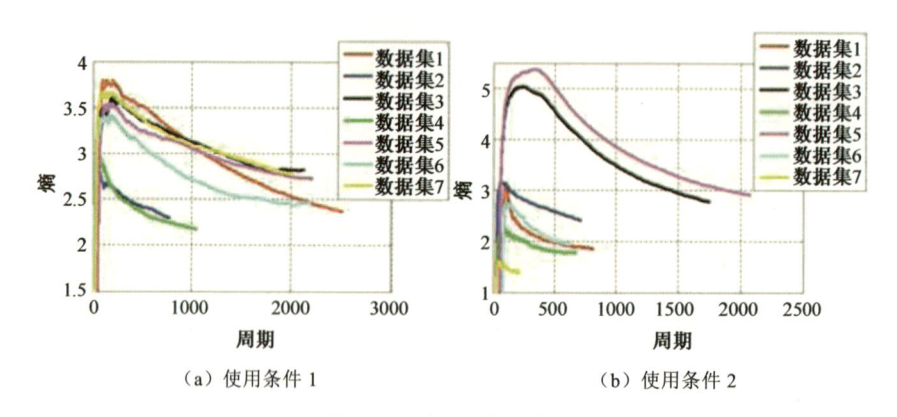

（a）使用条件 1　　　　　　　　（b）使用条件 2

图 7-34　提取退化特征

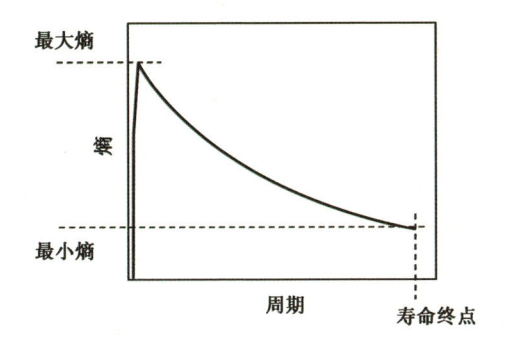

图 7-35 最大熵、最小熵和寿命终点的定义

在使用所提出的方法时,有两个主要的发现。

第一,最大熵与寿命终点成正比,如图 7-36(a)所示。初始阶段较高的能量可能与更长的寿命相关。

(a)最大熵与寿命终点之间的关系　　　　(b)两组退化率

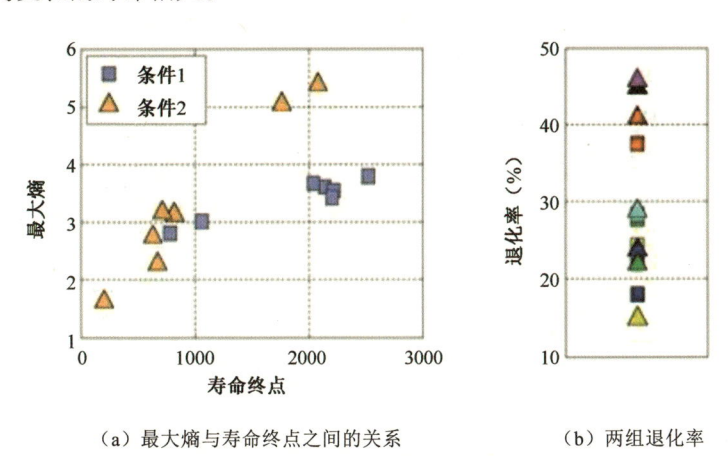

图 7-36 提取的特征中的两个重要属性

可以通过基于训练数据得到的最大熵和寿命终点之间的线性关系预测剩余使用寿命。

第二,在使用最大熵和最小熵定义退化率 dr 时,有

$$\mathrm{dr} = 1 - \frac{\mathrm{Entropy}_{\min}}{\mathrm{Entropy}_{\max}} \qquad (7.23)$$

结果是,退化率可分为两组,如图 7-36(b)所示。这两组可能与两种不同的失效机制有关。两组退化率分别分布在 20% 上下和 40% 上下,这两个值可作为阈值。7.4.3 节基于这两种方法,即利用线性关系或退化率与熵趋势的关系预测剩余使用寿命。

7.4.3 故障预测

即使可以得到失效（真正的寿命终点）前的振动信号，但为了对维修进行计划安排，假设阈值为真正的寿命终点的 90%。每 50 个周期重复图 7-33 中的特征提取过程以选择特征频率，虽然所选频率在每个周期可能不同，但随着周期的增加，所选频率逐渐稳定并收敛到 4kHz 左右，如图 7-37 所示。因此，在所选频率收敛之后执行剩余使用寿命预测，即在图 7-37 中的红色垂线之后执行。剩余使用寿命的预测有两种方法：①利用最大熵与寿命终点之间的线性关系；②利用熵趋势与阈值。

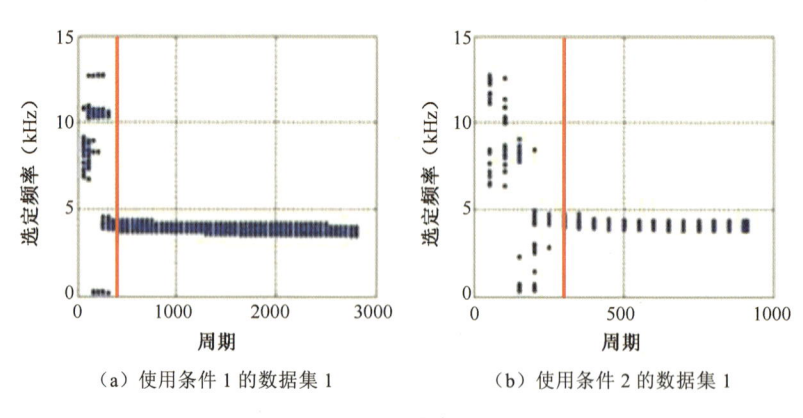

（a）使用条件 1 的数据集 1　　（b）使用条件 2 的数据集 1

图 7-37　选定频率

如前文所述，来自每个条件的 3 组数据（数据集 1、数据集 2 和数据集 3）被用作训练数据。这些数据集用于构造最大熵与寿命终点之间的线性关系，如图 7-38（a）所示。

（a）最大熵和寿命终点之间的线性关系　　（b）退化率（阈值）

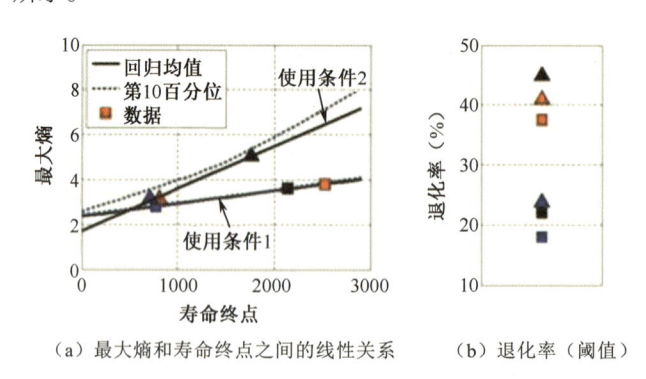

图 7-38　来自 3 组训练数据的信息

1. 熵趋势法（E.trend Method）：熵趋势与阈值

在熵趋势法中，基于以下模型预测熵的未来行为：

$$\text{Entropy} = \beta_1 \exp\left[\beta_2 (\text{Cycle})^{\beta_3}\right] \qquad (7.24)$$

式（7.24）遵循图 7-34 中的熵趋势。利用截至当前时间的最大熵周期的数据，采用非线性回归方法，识别出式（7.24）中的 3 个未知参数 β_1、β_2、β_3。将识别参数后的模型进行外推，直到达到阈值，以预测剩余使用寿命。阈值由每个条件的 3 组数据（数据集 1、数据集 2 和数据集 3）的退化率确定，如图 7-38（b）所示。6 组训练数据的退化率被分为两组，每组的平均值作为一个阈值，分别为 21% 和 41%。

根据线性回归模型，可以确定当前数据趋势是属于 21% 的阈值还是 41% 的阈值，如图 7-38（a）所示。作为例证，使用条件 2 数据集 3 的未来熵趋势预测结果如图 7-39 所示。图 7-39（a）中，黑色实线表示直至寿命终点（EOL）的真实趋势；黑色圆圈表示识别式（7.24）中 β_1、β_2、β_3 而使用的数据；绿色虚线表示按退化率为 21% 计算的阈值。从当前周期（700 个周期）延伸的红色虚线是基于式（7.24）和已识别参数（$\beta_1 = 6.15 \times 10^6$，$\beta_2 = -12.14$，$\beta_3 = 0.0244$）预测的熵趋势。预测熵趋势和阈值的交点是预测的寿命终点，图中显示为红色垂直虚线。结果显示，如果使用 21% 的阈值，则寿命共有 691 个周期，而剩余使用寿命为-9 个周期，没有意义，因为当前 700 个周期的退化率已经超过了 21%。

如果使用图 7-38（a）中的线性回归来估计阈值，结果可能会有所不同。图 7-39 中的最大熵为 5.08，这对应于图 7-38（a）中回归模型平均值的 1780 个周期的寿命终点（$\text{Entropy}_{\max} = 1.70 + 0.0019 \text{EOL}$，因为这只是为了阈值分类，所以使用实线）。与此结果相比，691 个周期的寿命终点太过短暂。考虑 1780 个周期的最小熵，将新阈值估计为 43%，这是通过将熵趋势［见图 7-39（a）中的红色虚线］外推到第 1780 个周期获得的。新估计的阈值接近另一组训练数据得到的阈值（41%），因此使用 41% 的阈值重新预测剩余使用寿命，如图 7-39（b）所示。在阈值为 41% 的情况下，预测的剩余使用寿命为 833 个周期，与真实（1059 个周期）的误差约为 0.2134（其计算方法是将真实剩余使用寿命减去预测值所得差除以真值）。

2. 剩余使用寿命的预测结果

各预测集的剩余使用寿命的预测结果如图 7-40 所示，其中，黑色实线为真实剩余使用寿命，绿色垂线为频率收敛时的周期数，蓝色虚线和红色虚线分别

(a) 阈值为21%　　　　　　　　　　　　(b) 阈值为41%

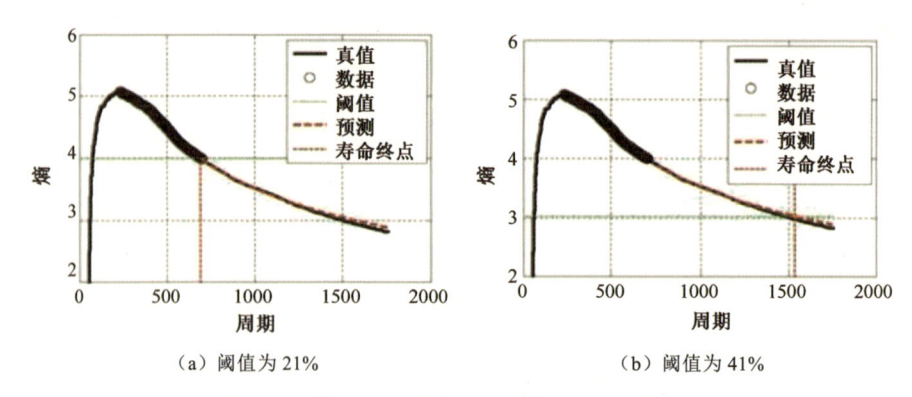

图 7-39　退化预测结果（使用条件 2 数据集 3）

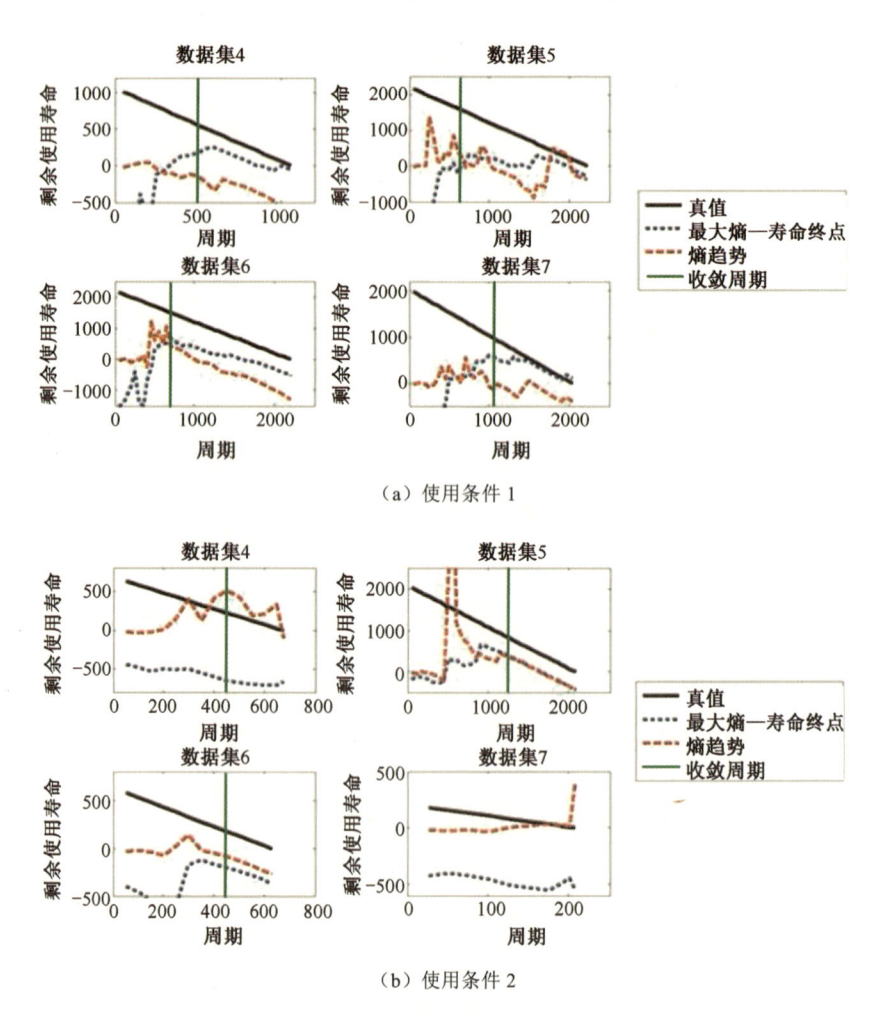

(a) 使用条件 1

(b) 使用条件 2

图 7-40　使用 3 个训练数据集的剩余使用寿命预测

为基于最大熵—寿命终点（Max.E-EOL）和熵趋势（E. Trend）方法的预测结果。使用条件 1 的最大熵—寿命终点方法的结果比熵趋势方法的结果更接近真实剩余使用寿命，而使用条件 2 的最大熵—寿命终点方法的效果并不好，因为在使用条件 2 下的寿命终点很近、最大熵很小，但小熵时的 10‰给出了非常保守的预测，如图 7-38（a）所示。

我们认为，当选定的频率收敛（绿色垂直线）后，剩余使用寿命的结果是可靠的。然而，随着周期的推进剩余使用寿命预测值由负值变为正值。例如，在图 7-40（a）中数据集 5 的趋势结果在 1500 个周期时为负，但在 1800 个周期时为正。由于未来周期的剩余使用寿命是未知的，因此假设剩余使用寿命小于 50 个周期时，将进行维修。在这种情况下，已使用寿命是按进行维修时所在周期计算的。已使用寿命与寿命终点的比值如表 7-13 所示，该比值越高，预测效果越好。然而，它无法预测使用条件 2 数据集 7 的剩余使用寿命，其中失效发生在所选频率收敛之前。考虑到这套轴承的寿命终点很近，该轴承似乎有明显的初始缺陷。除此轴承外，本节还计算了 7 个结果比值的平均值。考虑最大熵—寿命终点方法和熵趋势方法中的保守结果，已使用寿命所占比值的平均值为 0.56（使用条件 1 为 0.47、0.29、0.45、0.52，使用条件 2 为 0.67、0.78、0.71）。另外，当忽略保守结果并转入下一个预测步骤选择乐观结果时，平均值为 0.78（使用条件 1 为 0.81、0.32、0.72、1.08，使用条件 2 为 1.04、0.79、0.71）。也就是说，轴承平均已使用寿命占 56%或 78%。考虑维修成本和风险，可以在最大熵—寿命终点方法和熵趋势方法之间进行选择。

表 7-13 已使用寿命与寿命终点的比值（使用 3 个训练数据集）

使用条件	方 法	数据集 4	数据集 5	数据集 6	数据集 7
使用条件 1	最大熵—寿命终点方法	0.81	0.29	0.72	1.08
	熵趋势方法	0.47	0.32	0.45	0.52
使用条件 2	最大熵—寿命终点方法	0.67	0.79	0.71	失败
	熵趋势方法	1.04	0.78	0.71	失败
保守平均值		0.56	0.53	0.64	
乐观平均值		0.78	0.54	0.71	

到目前为止，训练集都采用前 3 个数据集。现在，给出不同组合的 3 个训练数据集的预测结果，以验证本书提出的方法，如表 7-14 所示。在 35 种（从 7 种

中任意选择3种）可能的组合中，选择了10种组合。在每种情况下，随机选择3个数据集，但排除3个数据集中最大熵与寿命终点之间不成比例关系的组合。根据这3组数据确定每种情况下的阈值水平，以及最大熵与寿命终点之间的线性关系，如图7-38所示，并且将其用于预测每种情况下剩余4个轴承的剩余使用寿命。对所有情况重复该过程。

表7-14列出了在每种情况下保守结果和乐观结果的平均值，计算方法与表7-13相同；还计算了10种情况的统计结果（3‰、最小值和最大值）。

表7-14 已使用寿命与实际寿命的比值（不同组合的3个训练数据集）

	情况1	情况2	情况3	情况4	情况5
数据集	[1 2 3]	[3 4 5]	[1 3 4]	[2 5 7]	[1 3 7]
保守平均值	0.56（7）	0.67（7）	0.60（7）	0.58（8）	0.54（8）
乐观平均值	0.78（7）	0.71（5）	0.72（7）	0.71（7）	0.68（8）
不能用乐观结果进行预测		两组		一组	
	情况6	情况7	情况8	情况9	情况10*
数据集	[1 2 5]	[2 3 5]	[1 4 5]	[2 6 7]	[4 5 6]
保守平均值	0.63（7）	0.56（7）	0.70（7）	0.45（8）	0.64（6）
乐观平均值	0.87（7）	0.84（6）	0.75（6）	0.55（6）	0.80（3）
不能用乐观结果进行预测		一组	一组	两组	三组
	最小值	第25百分位	中位数	第75百分位	最大值
保守平均值	0.45	0.56	0.59	0.64	0.70
乐观平均值	0.55	0.71	0.74	0.80	0.87

注：*其中一组的剩余使用寿命无法用所提出的方法进行预测。

根据这些结果，可以平均使用保守方法和乐观方法分别获得轴承寿命的56%~64%和71%~80%。但是需要注意的是，有几组结果无法通过乐观结果进行预测，表7-14中的平均结果是排除这些结果后得出的（括号中的数字表示计算平均值的轴承总数）。对高安全性系统使用乐观结果时，必须非常小心。此外，在第10种情况下，其中一组的剩余使用寿命无法用所提出的方法进行预测。

7.4.4 方法通用性讨论

本章提出的方法的主要发现是，熵逐渐减小到一定阈值水平，并且寿命终点与最大熵成正比。如果在其他应用中也能发现这些属性，则该方法可能具有广泛的适用性。此外，如果能发现使用条件对这些属性的影响，则可使用较少的训练数据来实现更准确的预测。本节将针对以上问题进行讨论。

1. 另一轴承应用

这里利用另一轴承应用的试验结果验证所提出方法的属性，这些试验结果由美国国家科学基金智能维修系统工业/大学合作研究中心——美国智能维护系统中心（Center for Intelligent Maintenance）提供（Lee, et al., 2007）。

4个双列轴承（Double Row Bearing）（16个滚柱）安装在轴上，转速和径向载荷分别为2000RPM和6000磅（Lbs），如图7-41所示。当累积的碎片超过一定水平时，试验停止，共有3组试验数据可用。对试验组1和试验组3进行重复开停操作（对试验组2进行连续监测直至寿命终点）。

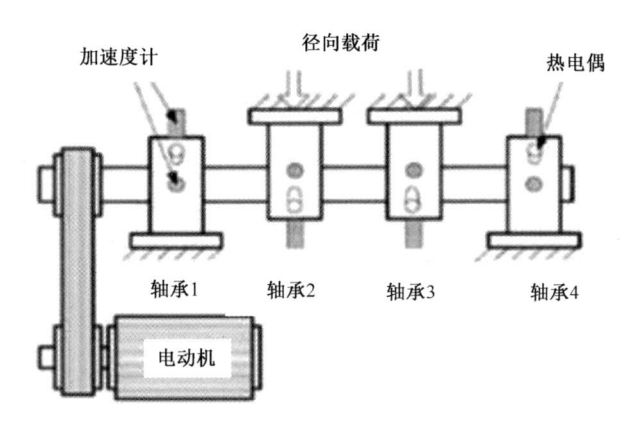

图 7-41 智能维修系统轴承示意

3个数据集的失效情况汇总如表7-15所示。数据集3的最大熵与其寿命终点的比值较小，然而，很难断定寿命终点与最大熵是否成正比，因为数据非常小，并且在运行期间有几次开停操作（Run-and-Stop）。至少，失效发生在每组4个轴承中最大熵最小的轴承上。另外，数据集2、数据集3、数据集1的轴承4的阈值在70%左右。数据集1的轴承3（48%）和所有其他轴承（70%）之间的差异与科学技术实验室（FEMTO）轴承中20%和40%的差异相似。由于数据集的数量太少，运行中的开停操作对振动信号和熵计算都有影响，而且同一个轴上的4个轴承在失效过程中会相互作用，因此很难得出明确的结论。

表 7-15　3 个数据集的失效情况汇总

数 据 集	最大熵最小值	失效轴承	失效元件	阈值	寿命终点	最 大 熵
数据集 1	轴承 4	轴承 3 轴承 4	内座圈 滚子元件	48% 65%	1940 个周期	1.37 1.00
数据集 2	轴承 1 轴承 4	轴承 1	外圈	73%	886 个周期	0.81
数据集 3	轴承 3	轴承 3	外圈	71%	4003 个周期	0.68

2. 阈值/最大熵—寿命终点与使用条件的关系

在前文中，智能维修系统（IMS）轴承的阈值为 50%～70%，这不同于科学技术实验室（FEMTO）轴承的阈值 20%～40%。

FEMTO 轴承的周期是以小时为单位的，其寿命为 2～7 小时，而 IMS 轴承的寿命为 7～30 天。这意味着，FEMTO 轴承处于加速寿命试验条件下，而 IMS 轴承处于标称条件下。因此，退化率（阈值）与外加载荷之间似乎存在某种关系，但由于缺乏试验数据，在研究中未发现该关系。但是，如果能够建立这种关系，就可以用少量的训练数据来确定阈值。

根据图 7-36（a）中的使用条件 1 和使用条件 2，斜率似乎与载荷成比例。如果能找到斜率与使用条件之间的关系，将有助于利用最大熵与寿命终点之间的关系进行预测。然而，两个使用条件不足以验证这种关系。未来，利用在不同使用条件下更多的数据集，可以对该关系进行进一步分析。

7.4.5　结论和未来工作的建议

综上所述，特定频域中熵变的轴承故障预测方法基于固定频率下熵的变化，从振动信号中提取退化特征，并且将其用于预测轴承应用的剩余使用寿命。该方法的主要作用和特点如下。

（1）从振动信号中发现退化特征，随着运行周期数的增加，该退化特征逐渐减小。

（2）同一个应用中不同试验组的退化率相似，可以用作阈值。

（3）寿命终点与最大熵成比例，可以将其用于无阈值的另一种预测方法。

利用在两种不同使用条件下的 14 组轴承试验数据对该方法进行验证。对已使用寿命的分析发现，基于该方法可使用 59%～74% 的轴承寿命。

考虑到目前文献中预测能力的水平，该方法的结果是显著的，但仍然存在局限性。首先，熵趋势呈现指数衰减，一个很小的阈值扰动，就可能对寿命预测的效果产生很大影响。其次，所提出方法基于累积振动数据，轴承系统在实际运行条件下可能会持续很长时间，因此需要存储大量的数据。最后，基于振动信号开发的方法，对观测到的属性没有物理解释。

在未来的工作中，该方法可能会通过解决上述局限性而得到改进。此外，研究使用条件对阈值水平，以及最大熵—寿命终点曲线斜率的影响，可以证实该方法的通用性。虽然该方法还没有在其他轴承应用中得到验证，但是对 14 组轴承数据的分析表明该方法具有潜力，而 7.4.4 节的结果的判断也表现出这种可能性。

7.5 其他应用示例

美国国家航空航天局（NASA）网站上有几组真实的测试数据。例如，铣床磨损数据（Agogino and Goebel，2007）提供了直接测量的磨损深度（Wear Depth），以及从 3 种不同类型的传感器（声发射、振动和电流传感器）间接测量的信号。这些数据可以作为从传感器信号中提取退化特征或健康指数的良好来源。7.4 节中两种轴承应用的数据也来自美国国家航空航天局网站。如果传感器信号表现出随周期推进而发生的某些变化，则可以将其作为退化数据。网站中给出的大多数数据都需要特征提取过程，就像 7.4 节中的轴承问题一样，因为数据是在实际情况下由传感器测量的。

在实际应用中，健康监测数据可能不是一个确定性值，其可能是分布的，即在某些情况下，用于故障预测的健康监测数据可能是分布的。例如，同一系统在相同的使用条件下给出了多组损伤数据，而使用条件（如加载条件）也具有不确定性，需要考虑分布。本节将使用分布类型数据来讨论损伤特征提取和故障预测。

当分布数据在给定的时间周期内给出时，最好的方法是将分布参数化，并且使用确定性的分布参数进行故障预测。分布类型在损伤退化过程中可能会发生变化，因此使用灵活分布类型（Flexible Distribution Type）非常重要，以便能够模拟不同的分布形状（Distribution Shape）。在许多标准分布类型中，Johnson 分布具有 4 个参数，在表示不同的分布形状方面非常灵活，因此，这里将采用 Johnson 分布。

在 Johnson 分布（Johnson，1949）的基础上，可以用 4 个参数来表示分布数据，其中 4‰对应概率 0.0668、0.3085、0.6915 和 0.9332（称其为 4 个分位数，用于表示分布)。图 7-42 显示了正态分布和 β 分布的 Johnson 分布示例。黑色实线是每个分布的精确概率密度函数；条形图是使用 4 个分位数（星形标记）的 Johnson 分布结果。当正确给出 4 个分位数时，Johnson 分布可以表示任何其他分布类型。

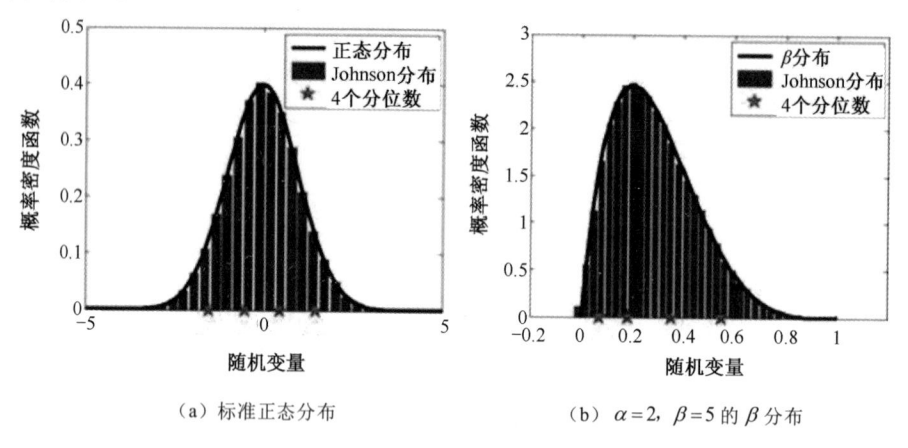

（a）标准正态分布　　　　（b）$\alpha=2$，$\beta=5$ 的 β 分布

图 7-42　Johnson 分布示例

作为分布数据的示例，这里考虑裂纹扩展示例。使用式（7.21）生成分布式合成测量数据，其中，假设真实的损伤增长参数 $C_{true}=1.5\times10^{-10}$，初始半裂纹尺寸 $a_0=10$mm，载荷幅值 $\Delta\sigma=78$MPa，分布式模型参数 $m\sim U(3.8-0.027, 3.8+0.027)$，然后添加在 $-1\sim1$mm 均匀分布的低水平噪声，其结果如图 7-43（a）所示。每个周期有 5000 个采样作为测量数据，在第 0 个、第 800 个、第 1500 个和第 2200 个周期中的分布如图 7-43（b）所示，其真实损伤尺寸（当 $m=3.8$）显示为黑色方形标记。结果表明，随着周期的推进，分布形状发生了变化。

利用数据驱动类中的神经网络进行带有分布数据的退化预测，通过增加输出节点，可以方便地处理多变量输出。在本示例中，Johnson 分布的 4 个分位数被视为输出。4 个分位数（其在第 2500 个周期中的示例在图 7-43 中用星形标记表示）表示了每个周期的退化数据，但同时会使得输入和输出变量的数量增加 4 倍。当采用先前两个数据作为输入变量时，输入和输出的总数分别为 8 个（2×4）和 4 个（1×4）。

如图 7-44 所示为采用 Johnson 分布的神经网络的损伤预测结果。在图 7-44（a）中，未来损伤增长的中位数非常接近真值，90%置信区间也涵盖了每个周期的损伤分布。图 7-44（b）、图 7-44（c）分别显示了在第 1600 个周期和第 2400 个周期预测的和测量的损伤分布之间的比较,其误差列于表 7-16 中。

(a) 每 100 个周期的测量数据　　(b) 测量数据的分布

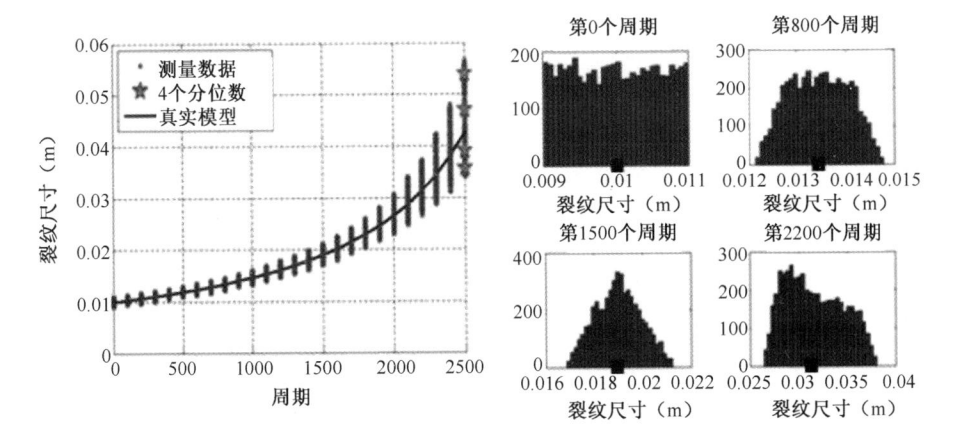

图 7-43　分布式合成数据

表 7-16　预测结果与测量结果之间的误差

	周　期　数	第 1600 个	第 1800 个	第 2000 个	第 2200 个	第 2400 个
第 6.7 百分位数	测量	0.0186	0.0210	0.0239	0.0276	0.0327
	预测	0.0186	0.0210	0.0240	0.0279	0.0332
	误差(%)	0.03	0.02	0.58	0.95	1.82
第 30.9 百分位数	测量	0.0196	0.0221	0.0253	0.0296	0.0354
	预测	0.0197	0.0225	0.0261	0.0308	0.0374
	误差(%)	0.63	1.54	2.89	4.18	5.75
第 69.1 百分位数	测量	0.0207	0.0237	0.0278	0.0333	0.0413
	预测	0.0207	0.0237	0.0276	0.0329	0.0402
	误差(%)	0.10	0.01	0.59	1.35	2.66
第 93.3 百分位数	测量	0.0218	0.0251	0.0296	0.0363	0.0463
	预测	0.0218	0.0253	0.0299	0.0363	0.0453
	误差(%)	0.32	0.82	0.78	0.09	2.20

最大误差幅值为 5.75%,在第 2400 个周期处,即从第 1500 个周期向前预测了 900 个周期。结果表明,采用 Johnson 分布的神经网络适用于带有分布数据的损伤分布预测。

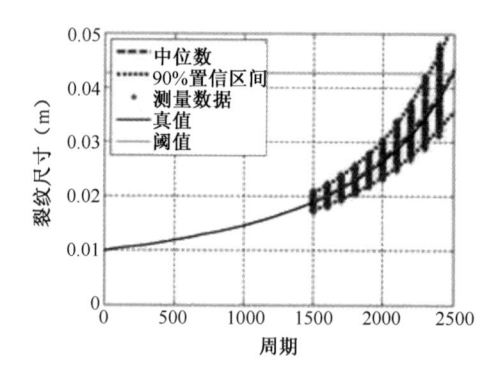

(a) 损伤增长预测

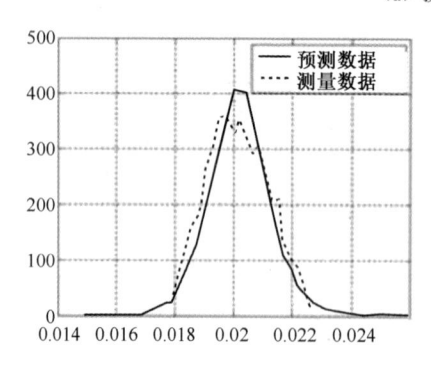

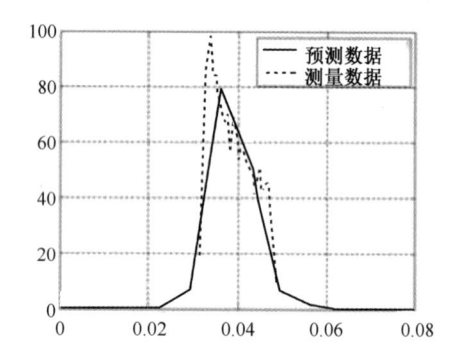

(b) 第 1600 个周期的损伤分布　　　　　(c) 第 2400 个周期的损伤分布

图 7-44　采用 Johnson 分布的神经网络的损伤预测结果

第 8 章

电子设备故障预测与健康管理应用案例

电子部件的退化通常伴随着其电参数偏离初始值。这种电参数偏离又会导致电路性能下降，并且最终导致电路故障而造成功能失效。现有的电子部件参数化故障预测方法的重点是识别单调偏差的参数，并且对其随时间的发展情况进行建模。然而，在实际应用中，部件一般集成在复杂电子电路组件、产品或系统中，因此监测部件级参数一般是不可行的。

本章介绍了几种常见的电子设备故障预测与健康管理应用，具体结构如下：8.1 节介绍了基于核学习的电子部件健康评估；8.2 节介绍了基于模型滤波的剩余使用寿命预测；8.3 节介绍了锂离子电池的故障预测与健康管理；8.4 节介绍了发光二极管的故障预测与健康管理。

8.1 基于核学习的电子部件健康评估

本节介绍了以部件为中心的健康评估方法，该方法使用了基于核的机器学习技术，利用从表现出参数故障的电路组成部件的响应中提取的特征，而不是对部件级参数进行健康评估。健康评估问题可以表述为一个基于核的学习问题，本节简要介绍了基于核的学习及核背景下的超参数选择背景，并且为其制订了一个有效的解决方案。

8.1.1 基于核的学习方法

基于核的学习方法可用于获取学习数据集（为电路建立的故障字典）中的非线性关系，如图 8-1 所示，其原理是将数据从特征空间映射到高维空间，并在映射空间中对线性模型进行拟合。映射到高维空间的任务，可通过核函数的内积形式计算。给定新的测试数据，将测试数据映射到高维空间，然后计算测试数据 x_t 和其他所有训练数据 $\{x_i\}_{i=1}^n$（包括健康和故障）之间的相似度指标，对测试数据做出决定。

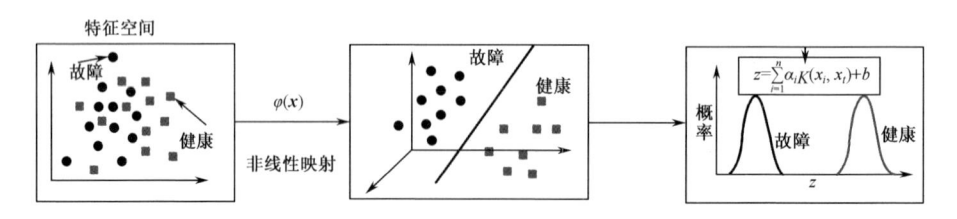

图 8-1　基于核学习方法的基本原理

函数 $K(x_i, x_t): \mathbb{R}^{n_d} \times \mathbb{R}^{n_d} \to \mathbb{R}$ 决定了测试特征 x_t 和训练特征 x_i 之间的相似度，长度为 n_d，通常考虑一个参数化的核函数系列。例如，自动相关行列式高斯核函数为

$$K(x_i, x_t) = \exp\left(-\sum_{j=1}^{n_d} \frac{\|x_{i,j} - x_{t,j}\|^2}{\sigma_j}\right) \quad (8.1)$$

参数化为 $\sigma = [\sigma_1 \quad \sigma_2 \quad \cdots \quad \sigma_{n_d}]$，其中 σ 通常称为核参数。此外，在具有容差的情况下，学习数据集是有噪声的，因此还必须包括一个正则化参数 γ，其作用是控制决策函数的复杂性。

辅助决策的中间度量 z [在分类中，决策函数是 $\text{sign}(z)$；对于回归函数，z 是输出；对于健康估计（用 HI 表示），$\text{HI} = g(z)$] 的测试数据 x_t 的表示形式为

$$z = \sum_{i=1}^n \alpha_i K(x_i, x_t) + b \quad (8.2)$$

式中，$[\alpha_1 \quad \alpha_2 \quad \cdots \quad \alpha_n \quad b]$ 是模型参数，n 表示可供学习的总训练特征。模型参数估计依赖正则化参数 γ、y 和核参数选择，上述参数统称为超参数 h。通过学习算法为给定训练数据集自动选择超参数值的问题，称为模型选择问题。

模型选择问题可以通过在超参数网格上优化误差指标的方式解决，如 v-fold 交叉验证误差。然而，网格搜索方法并不能覆盖整个超参数空间，而且计算成本很高（取决于特征向量 $\boldsymbol{x}$ 的长度 n_d），相关文献也给出了基于梯度下降的方法的模型选择。然而，只有当验证措施是凸（或凹）的情况下，基于梯度下降的方法才是最佳方法；否则，基于梯度下降的方法会受到局部最小值问题的影响。另

外，基于不同解决方案相互作用的进化搜索方法现在也已经成功应用于超参数估计，其目的是搜索空间区域以分配更多的资源。然而，在高维搜索空间中，最好以梯度下降所提供的方向信息为基础进行搜索。因此，本研究借鉴了 Zhou 等的研究成果，将梯度下降的优点与进化搜索结合，以解决电路健康估计背景下的模型选择问题。

8.1.2 健康评估方法

本节提出的电路健康评估方法包括学习和测试两个阶段。在学习阶段，首先构建一个故障字典，并且在此基础上训练基于核的学习算法。在测试阶段，通过使用基于训练的核算法，提取并比较存储在所构建故障字典中的特征，从而评估电路的健康状态。

为了构建故障字典，首先，我们使用故障模式、机制及影响分析或历史数据，也可以使用测试结果，来确定被测电路中的关键部件。然后，我们确定关键部件将如何表现出参数故障，之后进行故障设置仿真。对于确定的每个关键部件及其可能表现出故障的每种模式，必须进行故障设置仿真。因此，如果有 4 个关键部件，并且每个关键部件可以在两种不同模式下表现出故障，例如，在 Sallen-Key 带通滤波器中，有 8 个（4×2）故障设置条件和 1 个无故障条件，即一个 Sallen-Key 带通滤波器电路有 9 个故障条件。

关键部件属于分立部件，如电解电容或绝缘栅双极型晶体管，它们有很大的风险表现出参数偏差，并且最终会导致电路无法发挥预期功能。例如，假设一个低通滤波器设计为可通过频率小于 2kHz 的信号，如果其关键部件出现参数偏差，并且导致电路允许通过频率为 3kHz 的信号，则认为该电路已经失效。

对于电子电路而言，行为特征一般被认为是嵌入在时间和频率响应中的一种或两种特征。因此，必须使用测试信号对电路进行激励，以提取特征。例如，滤波器电路特征包含在其频率响应中。为了从频率响应中提取特征，必须用脉冲信号或扫频信号来激励滤波电路，具体使用哪种信号进行激励取决于滤波电路是线性的还是非线性的。

在确定关键部件及其故障模式（该部件如何表现出参数偏差）之后，可在仿真环境（如 PSPICE）中针对假设故障条件进行电路测试，并且根据激励测试信号来提取特征。在本节中，故障条件是指被测电路中的关键部件偏离预定的故障范围，该故障范围大于实际的容许范围，从而使被测电路不能执行其预定功能。除进行电路测试外，也可以进行故障设置测试。然而，考虑到电路的复杂性和关键部件的数量，这项工作可能非常耗时。基于被测电路响应，应用信号处理技术，如小波变换，并利用接口提取特征。关于被测电路特征提取方法的介绍有大量文献，可根据需要将其用于电路健康估计。在各种故障条件下提取的特征应存储在同一个故障字典中。

假设训练过程中可用的特征用 $S = \{x_i, y_i\}_{i=1}^n$ 表示，其中，x_i 是从电路对测试激励响应中提取的长度为 n_d 的属于特征空间 X 的第 i 个特征向量，y_i 是属于特征空间 Y 的第 i 个特征向量，$y_i = +1$ 表示在电路健康时提取的特征向量 x_i，$y_i = -1$ 表示在电路故障时提取的特征向量 x_i（电路中的部件参数偏差导致的电路特性超出规定范围）。电路健康估计问题的目标是在给定 S 的情况下，对测试输入 x_t 的指标 HI（$HI \in [0,1]$）进行估计。

在基于核的方法中，将特征向量 x 映射到一个高维空间，其中健康和故障类别是可线性分离的。计算中间度量 z，目的是使用式（8.1）识别测试点在高维空间中的映射位置。对于给定的超参数选择，可以对式（8.2）中的模型参数进行最优估计。例如，在 LS-SVM 或正则化网络中，模型参数可以通过解线性方程组

$$\begin{bmatrix} \Omega + \dfrac{1}{\gamma} I & 1 \\ 1^T & 0 \end{bmatrix} \begin{bmatrix} a \\ b \end{bmatrix} = \begin{bmatrix} Y \\ 0 \end{bmatrix} \quad (8.3)$$

的方式来进行估计。式中，$a = [\alpha_1 \ \alpha_2 \ \cdots \ \alpha_n]^T$，$Y = [y_1 \ y_2 \ \cdots \ y_n]^T$，$1 = [1,1,1,\cdots,1]_{n \times 1}^T$，$I$ 是 $n \times n$ 矩阵，$\Omega = [\Omega_{ij}] = [K(x_i, x_j)]$。

为估计时间 t 的电路健康指标 HI_t，应将该指标视为健康的条件概率，也就是说，如果被测电路是健康的，并且没有关键部件表现出参数偏差，HI_t 就是 x_t 被提取的概率。Platt 证明，根据式（8.2）的预测结果，故障条件概率可以使用逻辑回归函数表示。因此，基于 Platt 后验类概率函数，可以使用式（8.4）从 z_t 估计电路健康指标 HI_t：

$$HI_t = P(y_t = +1/x_t) = g(z_t) = \dfrac{1}{1 + \exp(Az_t + B)} = p_t \quad (8.4)$$

式中，A 和 B 是通过在训练数据集 S 上使用牛顿回溯方法估计的参数。从式（8.4）中可以看出，HI_t 取决于 z，z 取决于超参数 h。因此，对于给定的 S，为实现健康评估的最佳精度，恰当地选择 h 是必要的。图 8-2 示意性地表示了电路健康评估方法的基本情况。

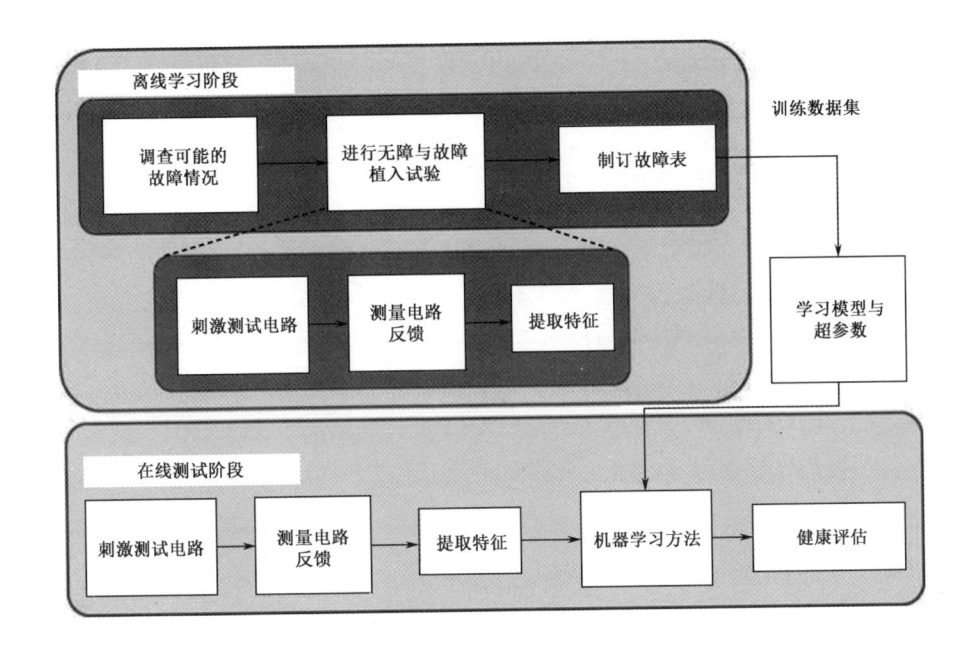

图 8-2 电路健康评估方法的基本情况

1. 基于似然函数的模型选择

模型选择问题通常是构建一个能够通过概率进行解释的目标函数解决的，目标函数的形式为 $F+\lambda R$，其中，F 取决于经验损失，R 是正则化项，λ 是正则化参数。有学者（GlasmachersandIgel，2010）认为，目标函数最好表示为后验概率的负对数，而不是选择超参数先验。在此基础上，本节提出了一个目标函数，将 Platt 后验类概率函数推广为负对数似然函数。

令 p 表示被测电路的健康估计，从中提取特征向量 $\boldsymbol{x}$。如果 $y_i=+1$（电路健康），特征向量 $\boldsymbol{x}_i$ 的似然函数 $\mathcal{L}(*)$ 为 p_i；如果 $y_i=-1$（电路故障），$\mathcal{L}(*)$ 则为 $1-p_i$。似然函数可以表示为

$$\mathcal{L}(\boldsymbol{x}_i,y_i)=p_i^{\left(\frac{y_i+1}{2}\right)}(1-p_i)^{\left(\frac{1-y_i}{2}\right)} \tag{8.5}$$

然而，在式（8.5）中，p_i 是 z_i 的函数，即 $p_i=g(z_i)$，而 z_i 又取决于模型参数 a 和 b [见式（8.2）]，而上述参数又取决于超参数 $\boldsymbol{y}$ 和 $\boldsymbol{a}$ [见式（8.3）]。因此，似然函数本质上是一个超参数的函数。目标函数通常定义在从训练数据集中提取的交叉验证数据集上。因此，成本函数是交叉验证数据集 $\tilde{S}=\{x_l,y_l\}_{l=1}^L$ 上的负对数似然函数：

$$\mathcal{L}_{\tilde{S}}(\gamma,\sigma) = -\sum_{l=1}^{L}\left(\left(\frac{y_l+1}{2}\right)\log(p_l) + \left(\frac{1-y_l}{2}\right)\log(1-p_l)\right) \quad (8.6)$$

式中，$p_l = \dfrac{1}{1+\exp(Az_l+B)}$，$z_l = \sum_{i=1}^{n}\alpha_i K(x_i, x_l) + b$。

对于模型选择而言，研究的重点是实现 k-fold 交叉验证对数概率最小化

$$\overline{\mathcal{L}} = \sum_{k=1}^{K} \mathcal{L}_{\tilde{S}_k}(\gamma,\sigma) \quad (8.7)$$

式中，$S = \tilde{S}_1 \cup \tilde{S}_1 \cup \cdots \cup \tilde{S}_K$ 是训练数据集划分为 K 个不相交的子集，$\mathcal{L}_{\tilde{S}_k}(\gamma,\sigma)$ 表示给定不变集 S_k 的目标函数。

2. 模型选择的优化方法

为了确定能够减小泛化误差的超参数值，该优化问题在数学上可以表示为

$$h^* = \arg\min_{h \in \mathcal{H}} \mathcal{L}_S(h) \quad (8.8)$$

式中，$\mathcal{L}_S(h)$ 表示式（8.8）中交叉验证集 $\tilde{S}$ 上的似然函数 $\overline{\mathcal{L}}$，$\mathcal{H}$ 表示超参数的解空间。假设 $\mathcal{L}_S(h)$ 有一个唯一的全局最优解 h^*。

很多全局优化方法，如粒子群优化方法或模拟退火方法都可解决这个问题。全局优化方法可以迭代重复以下两个步骤：①从解空间上的中间分布生成候选解；②使用候选解对中间分布进行更新。各种全局优化方法之间的区别在于进行上述两个步骤的方式。Zhou 等提出了一种具有更快收敛率的全局优化方法，该方法通过将全局优化问题重新表述为随机滤波问题的方式求解。Zhou 等证明了基于滤波的全局优化方法要优于交叉熵方法和模拟退火优化方法。Boubezoul 和 Paris 证明，使用交叉熵方法选择支持向量机分类器的超参数所获得的分类精度，要比使用粒子群优化方法或网格搜索优化方法获得的分类精度更高。基于随机滤波的全局优化方法能够在搜索过程中包含方向性信息，我们将其纳入研究以解决模型选择问题。

随机滤波的目的是通过对动态系统状态的一系列噪声观测估计系统中的未观测状态。未观测状态对应待估计的最优解；滤波中的噪声需要随机引入优化算法；未观测状态的条件分布是在解空间上的分布，随系统发展逼近集中在最优解上的最优解函数。因此，寻找最优解的任务是通过依次估计条件密度的程序进行的。要实现随机滤波方法，我们还需要某种近似的方法。粒子滤波是一种广泛使用的顺序蒙特卡罗方法，该方法不会对状态分布进行约束，也不需要对过程噪声进行高斯假设。因此，我们采用粒子滤波器进行全局优化，以解决模型

选择问题。

通过构建一个适当的状态空间模型，优化问题可转化为滤波问题。令状态空间模型为

$$h_k = h_{k-1} - \varepsilon \nabla \mathcal{L}(h_{k-1}), \quad k=1,2,\cdots \tag{8.9}$$

$$e_k = \mathcal{L}(h_k) - v_k \tag{8.10}$$

式中，h_k 是待估计的未观测状态（新的超参数集），e_k 是带有噪声 v_k 的观测（需要随机引入优化算法）。

在式（8.9）中，$\nabla\mathcal{L}(h_k)$ 表示似然函数 $\mathcal{L}_S(h)$ 相对于超参数 h_k 的梯度。由于 $\mathcal{L}(h_k)$ 是一个对数似然函数，只要核函数是可微的，该函数对超参数就是可微的。如果选择自动相关行列式的高斯核函数，则通过求解以下线性方程组即可求得 $\nabla\mathcal{L}(h_k)$：

$$\frac{\partial \mathcal{L}_S}{\partial \gamma} = \sum_{l=1}^{L} \frac{\partial \mathcal{L}_S}{\partial p_l} \left[\frac{-A\exp\left[A\boldsymbol{\psi}^{\mathrm{T}}(x_l)\boldsymbol{\beta}\right]}{p_l^2} \right] \boldsymbol{\psi}^{\mathrm{T}}(x_l)\dot{\boldsymbol{\beta}}\boldsymbol{\psi}^{\mathrm{T}}\dot{\boldsymbol{\beta}} \tag{8.11}$$

$$\frac{\partial \mathcal{L}_S}{\partial \sigma_i} = \sum_{l=1}^{L} \frac{\partial \mathcal{L}_S}{\partial p_l} \left[\frac{-A\exp\left[A\boldsymbol{\psi}^{\mathrm{T}}(x_l)\boldsymbol{\beta}\right]}{p_l^2} \right] \left\{ \boldsymbol{\psi}^{\mathrm{T}}(x_l)\dot{\boldsymbol{\beta}} + \dot{\boldsymbol{\psi}}^{\mathrm{T}}(x_l)\boldsymbol{\beta} \right\} \tag{8.12}$$

式中，$p_l = \left(1 + \exp\left(A\boldsymbol{\psi}^{\mathrm{T}}(x_l)\boldsymbol{\beta} + B\right)\right)^{-1}$，$\boldsymbol{\psi}^{\mathrm{T}}(x_l) = \left[k(x_1,x_l)\,k(x_2,x_l)\cdots k(x_n,x_l)\,1\right]$，且 $\boldsymbol{\beta} = \begin{bmatrix} \alpha_1 & \alpha_2 & \cdots & \alpha_n & b \end{bmatrix}^{\mathrm{T}}$。

在式（8.11）和式（8.12）中，求解方法为 $\dot{\boldsymbol{\beta}} = -\boldsymbol{P}^{-1}\dot{\boldsymbol{P}}\boldsymbol{\beta}$，其中，

$$\boldsymbol{P} = \begin{bmatrix} \boldsymbol{\Omega} + \dfrac{1}{\gamma}\boldsymbol{I} & \boldsymbol{1} \\ \boldsymbol{1}^{\mathrm{T}} & 0 \end{bmatrix}$$

图 8-3 说明了超参数优化的粒子滤波方法，算法总结如下（为便于理解，假设超参数为一维）。首先，假设超参数 $\mathcal{H}$ 的解空间上有一个分布 b，如图 8-3（a）所示，该分布表示在解空间不同区域出现全局最优的概率。按照独立同分布的方式对超参数空间进行随机抽样，得到每种超参数 h_k^j 选择的相应泛化误差，如式（8.7）所示。其次，超参数根据其梯度 $\nabla\mathcal{L}(h_k^N)$ 进行更新，如图 8-3（b）所示。再次，具有最小泛化误差的超参数（表现最好的粒子）被选为所有泛化误差的 $1-\rho$ 分位数，如图 8-3（c）所示。最后，根据解空间中表现最优的粒子位置，更新分布 b，如图 8-3（d）所示。分布 b 是由粒子及其相关权重表示的，因此分布 b 可以实现各种形状，而不必建立参数化模型。重复上述步骤，直到分布 b 接近最优函数，此时即可确定全局最优解。

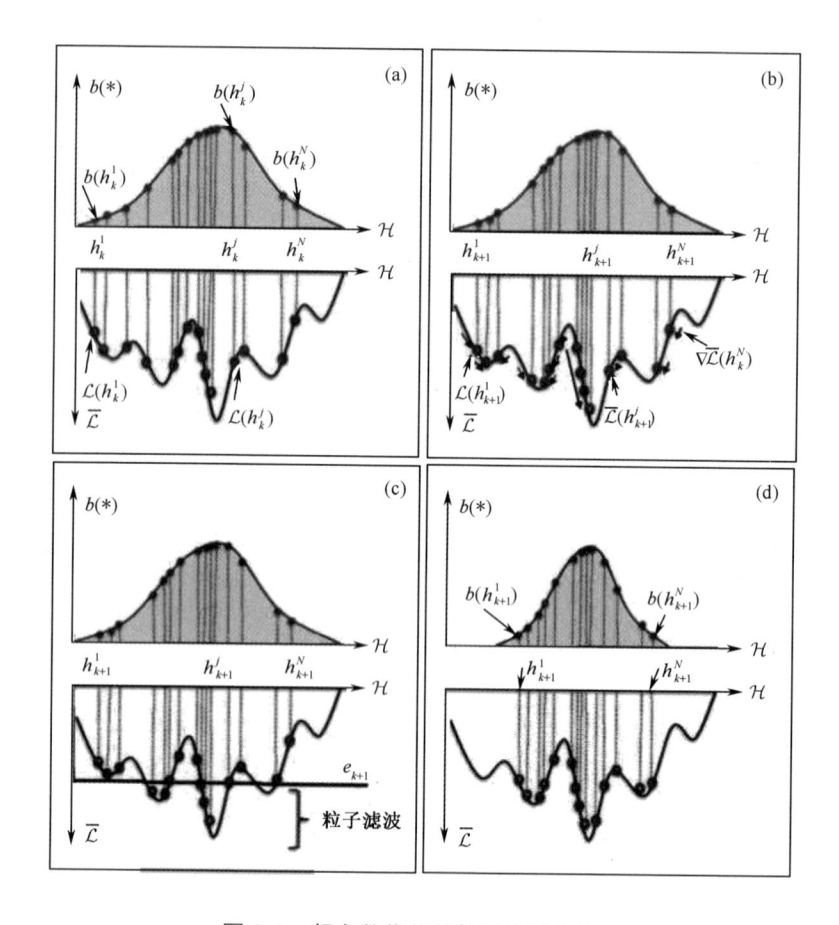

图 8-3 超参数优化的粒子滤波方法

算法 8.1：超参数优化的粒子滤波算法

输入：从故障字典中训练特征

$$S = \{x_i, y_i\}_{i=1}^{n}$$

输出：估计的最佳超参数 h（$h \in \mathcal{H}$）。

（1）初始化步骤：指定 $\rho \in (0,1]$ 及一个定义在 $\mathcal{H}$ 上的初始概率密度函数（Probability Density Function，PDF）b_0，令 $k=1$。

（2）观测构造步骤：令 e_k 是 $e_k\{\mathcal{L}(h_1^j)\}_{j=1}^{N}$ 的样本 $1-\rho$ 分位数。如果 $k>1$ 且 $e_k < e_{k-1}$，则设 $e_k = e_{k-1}$。

（3）状态更新步骤：根据系统动态模型，更新超参数空间中的粒子位置，即

$$h_k = h_{k-1} - \varepsilon \nabla \mathcal{L}(h_{k-1}), \quad k = 1, 2, \cdots$$

（4）贝叶斯更新步骤：$b_k(h_k) = \sum_{j=1}^{N} w_k^j \delta(h_k - h_k^j)$，其中权重根据

$$w_k^j \propto \phi(\mathcal{L}(h_1^j) - e_k)$$

计算 $J=1$，并归一化。

（5）重采样步骤：从 $b_k(h_k)$ 构建连续近似值，然后进行独立同分布采样，得到 $\{h_{k+1}^j\}_{j=1}^{N}$。

停止标准：如果标准差 $b_k(h_k) < \omega$，则停止；否则，$k \leftarrow k+1$，并且进入观测构造步骤。

8.1.3 实施结果

前文给出了所研究的电路健康评估方法，该方法使用模型自适应的核方法来评估基准 Sallen-Key 带通滤波器电路和 DC-DC 降压转换器系统的健康状态。本节的重点是在单次故障条件下的电路健康评估，其中被测电路的一个关键部件正在发生退化。

在离线学习阶段，我们在 PSPICE 环境中进行了测试前仿真，以了解被测电路在健康条件和故障条件下的行为，因此，我们在关键部件中设置了不同故障强度。当所有部件都在其容差范围内变化时，即 $(1-T)X_n < X < (1+T)X_n$，其中，T 是容差范围，X 是部件的实际值，X_n 是部件的标称值，则认为电路是健康的。如果任何部件的变化超出容差范围，即 $X < (1-T)X_n$ 或 $X > (1+T)X_n$，则认为该电路发生参数偏差。发生参数偏差不一定意味着电路已经失效，只有当电路部件的参数偏差超出容许范围，并且导致电路无法发挥其预期功能时，才认为电路已经失效。此类特征是在假设故障条件下从电路对测试激励响应中提取的，并且存储在故障字典中，以便在在线健康评估期间使用。

美国马里兰大学先进寿命周期工程中心在此前的研究中已经进行了加速寿命试验，我们将电阻和电容的参数退化数据用于验证上述电路健康评估方法。电阻器的退化趋势是从 2512 陶瓷片式电阻器（300Ω）的温度循环测试（-15～125℃，停留 10min）中得到的。另外，Sallen-Key 带通滤波器电路的电容器退化趋势则是通过对 0.44nF 嵌入式电容器的温度和电压老化测试（125℃，285V）得到的。对于 DC-DC 降压转换器系统中的低通滤波器电路，电容器退化趋势是从电解电容器在 105℃的等温老化试验中得到的。

1. Sallen-Key 带通滤波器电路

图 8-4 是中心频率为 25kHz 的 Sallen-Key 带通滤波器的示意图，C_1、C_2、R_2 和 R_3 是该被测电路的关键部件，该被测电路的失效条件假定为中心频率发生 20% 漂移，或者中心频率的增益增加 2 倍或减少 1/2（相对于额定增益值）。在这项研究中，我们对被测电路的故障条件进行了分配，目的是评估诊断方法的性能。然而，在实际应用中，电路的故障条件要么根据电路在整个系统中的功能来定义，要么根据电路部件在发生灾难性故障前所表现出的参数漂移水平来定义。

在离线学习阶段，在关键部件中设置故障，并且改变其严重程度，目的是得出电路按照既定故障条件发生故障的阈值。一个关键部件的故障严重程度，即电路性能满足故障条件，可表示为该关键部件的故障范围。表 8-1 列出了关键部件、标称值、容限和故障严重程度。

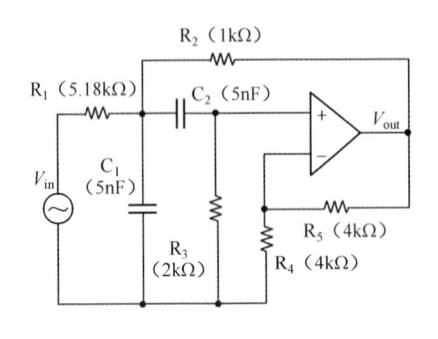

图 8-4 中心频率为 25kHz 的 Sallen-Key 带通滤波器的示意图

表 8-1 关键部件及其故障范围

关键部件	标 称 值	容 限	故障严重程度
R_3	2kΩ	5%	10%
R_2	1kΩ	5%	15%
C_1	5nF	5%	15%
C_2	5nF	5%	15%

对于 Sallen-Key 带通滤波器，如果任何一个关键部件发生退化，则通带形状就会发生变化。图 8-5 显示了 Sallen-Key 带通滤波器在无故障和有故障设置条件下，其关键部件传递函数的幅度和相位。

为了获取频率响应变化，我们使用一个频率带宽大于滤波器电路的扫频（测试）信号对电路进行激励。如图 8-6 所示，本研究使用了一个 100Hz~2MHz 的扫频（测试）信号（扫频信号幅值为 5V），并按照 100ms 的时间窗口作为测试激励，这确保了滤波器电路能够被其所敏感的所有频率激励。

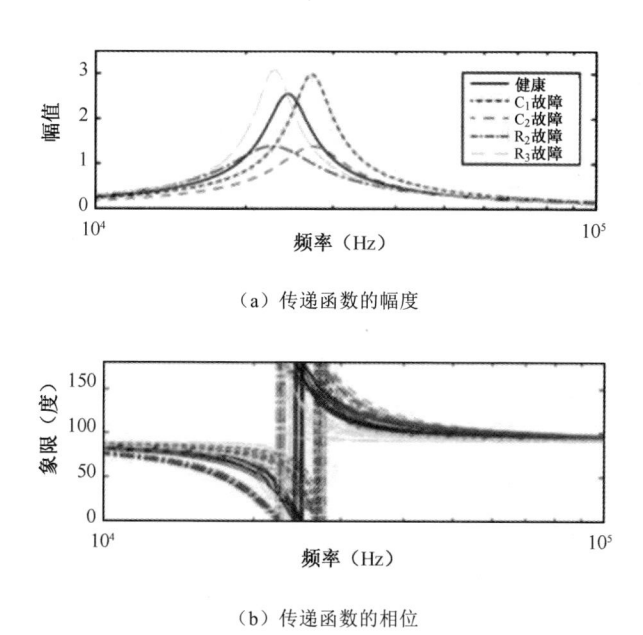

第 8 章　电子设备故障预测与健康管理应用案例

（a）传递函数的幅度

（b）传递函数的相位

图 8-5　Sallen-Key 带通滤波器关键部件传递函数的幅度和相位（有故障和无故障）

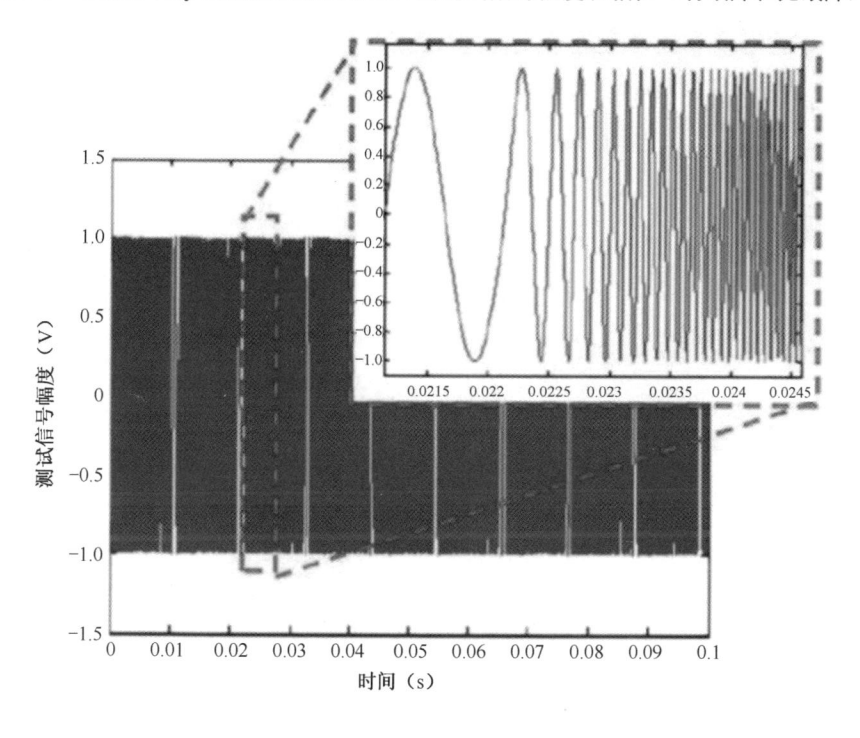

图 8-6　扫频（测试）信号示例

从被测电路对扫频（测试）信号的时域响应中提取两类特征，即小波特征和统计属性特征。傅里叶分析是最常用的信号分析方法，一般可用于提取信号中的信息。然而，傅里叶变换仅能够给出信号的全局频率内容，因此只适合分析静止信号。在非稳态信号中，任何时间上的变化都会扩散到整个频域，并且无法通过傅里叶分析检测出来。因此，不能使用傅里叶变换区分事件发生的时间，这对于故障诊断来说是一个缺点，因为需要分析的各种信号预计会包含时间变化频率。小波分析已被证明可以揭示信号的各个方面的特征，如趋势、断点和不连续性，这也是在滤波器电路故障诊断中选择小波特征的原因。

信号的小波分析可自动追溯到多分辨率分解的概念。小波分析能够计算信号与系列函数的相关性，系列函数则是基于母小波的移位和缩放产生的，从而能够将感兴趣的信号映射到一组随时间连续变化的小波系数上。小波变换的离散形式包括对缩放参数和移位参数进行采样，但不包括对信号或变换进行采样。这使得时间分辨率在高频条件下很高，而频率分辨率则在低频条件下很高。

在小波变换的离散时间形式中，多分辨率的概念与多速率滤波器组理论的概念密切相关。因此，在确定离散信号的小波系数时应使用滤波器组，也就是说，较低分辨率水平的近似系数要经过高通滤波和低通滤波（从母小波中得到），然后进行二次采样，从而得到较高分辨率水平的细节和近似系数，如图 8-7 所示。

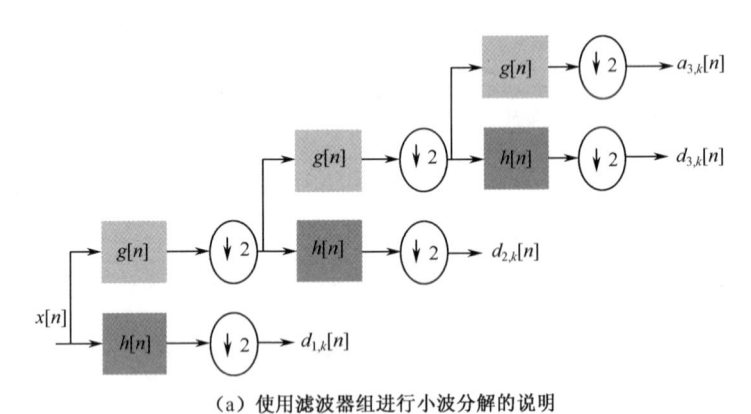

（a）使用滤波器组进行小波分解的说明

图 8-7 确定离散信号的小波系数

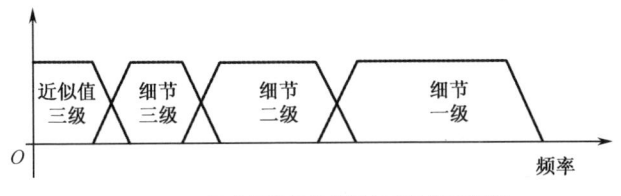

(b) 三级分解的细节和近似值的频率范围

图 8-7 确定离散信号的小波系数（续）

通过离散小波变换，本节利用多级滤波器组将被测电路对扫频（测试）信号的时域响应分解为近似信号和细节信号。信号中包含的信息则使用通过计算各级分解的细节系数中所包含能量的方式，并且基于提取特征进行表示，即

$$E_j = \sum_k |d_{j,k}|^2, \quad j = 1:J \tag{8.13}$$

式中，E_j 表示第 j 级分解的细节系数 d_k 的能量。提取的第二组特征是被测电路对测试信号的时域响应的峰度和熵。峰度是一种统计性质，在形式上定义为表示概率密度函数（PDF）在不影响方差的情况下移动的均值的标准化四阶矩。因此，峰度给出了信号分布中尾部分布的度量，该度量与具有高值并出现在分布尾部中的信号中的突变有关。峰度的数学形式为

$$\text{kurt}(x) = \frac{E(x - E(x))^4}{\left(E(x - E(x))^2\right)^2} \tag{8.14}$$

另外，熵提供了一个衡量信号信息容量的标准，表示与从一组发生概率已知的可能事件中选择一个事件有关的不确定性。对于离散时间信号而言，熵的定义为

$$\text{entropy}(x) = -\sum_i P(x = a_i) \log P(x = a_i) \tag{8.15}$$

式中，a_i 是 x 的可能值，$P(x = a_i)$ 是相关概率。

本节使用提取特征进行了电路健康评估。在离线测试中，本节模拟了 250 个无故障案例（每个部件都在其容差范围内变化），以及 400 个具有不同故障水平的故障案例（至少有一个电路部件的变化超出容差范围）。在每次模拟过程中，使用扫频（测试）信号对 Sallen-Key 带通滤波器电路进行激励并提取特征。特征及其类别标签（健康或故障）则用于训练基于核的健康估计器。用于超参数选择的粒度为 50，已知超参数的取值范围为 $10^{-6} \sim 10^6$，因此超参数搜索是在 $[-15, +15]$ 的 $\log(h)$ 平面内进行的。图 8-8 给出了训练错误率与迭代次数的关系。

从图 8-8 中可以看出，随着迭代次数的增加，训练错误率下降，这表明所提出的超参数优化方法正向着全局最小值发展。在迭代次数超过 15 次后，随着超参数优化方法接近全局最小值，训练错误率会降低。

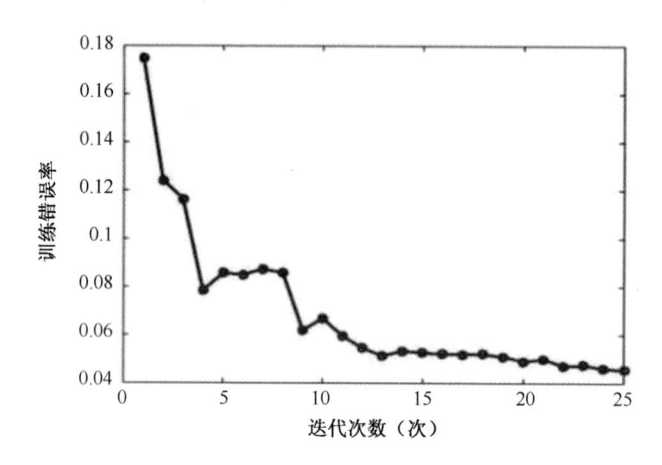

图 8-8 训练错误率与迭代次数的关系

为了验证该方法，利用加速寿命试验中电阻和电容的退化趋势重新估计带通滤波器电路中部件的退化情况。在部件退化的每个层面，电路层面的特征都被提取出来，并且作为输入给训练的基于核的健康评估器，然后进行电路健康估计，该验证结果如表 8-2、图 8-9～图 8-12 所示。对于每个关键部件，本节评估了两种退化途径，并且对相应的电路健康状态进行了估计。在表 8-2 中使用了以下术语对电路健康状态估计方法进行评估。

T_A：实际电路故障时间；
t_F：根据 HI_t 估计的故障时间（HI_t 小于 0.05 的时间）；
t_{PF}：发出参数故障警报的时间（HI_t 小于 0.95 的时间）；
F_F：估计时间 t_F 的故障严重程度；
F_{PF}：在 t_{PF} 时间的故障严重程度。

图 8-9～图 8-12 包括基于核的健康估计结果，以及与健康估计方法的结果进行比较。电路的理想健康状态 HI_t^I 也在图中显示，主要作用是验证健康状态估计方法能够反映出现参数故障部件故障强度的增加情况。电路在时间 t 的理想健康状态 HI_t^I 定义为

$$HI_t^I = 1 - \left[\frac{X - (1 \pm T)X_n}{X_n\left[(1 \pm T_f) - (1 \pm T)\right]} \right] \qquad (8.16)$$

第 8 章 电子设备故障预测与健康管理应用案例

式中，T_f 是关键部件的故障阈值。根据式（8.16），HI_t^I 是一种理想的情况，此时电路中的所有部件都在标称值工作，并且在容差范围内没有发生变化。实际情况并非如此，因为电路部件的值并不总是等于其标称值。因此，预计该健康估计方法会产生尽可能接近 HI_t^I 的健康估计结果。

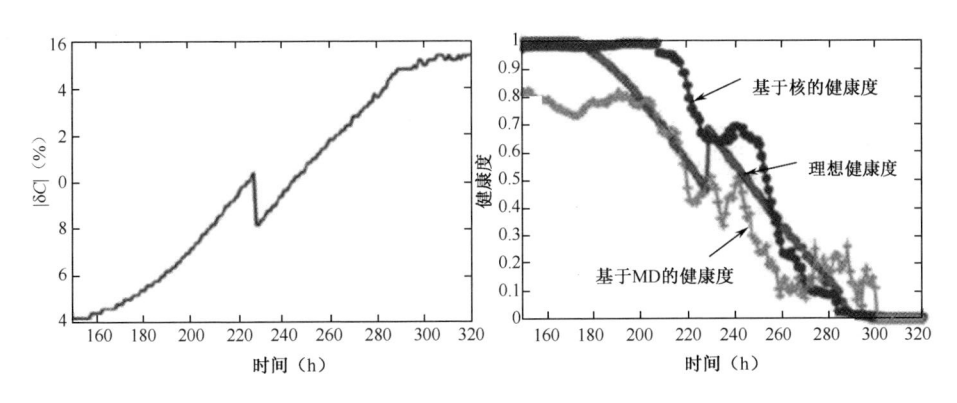

（a）Sallen-Key 带通滤波器 C_1 的参数故障进展　　（b）使用基于核的方法和基于 MD 的方法对 C_1 部件故障进行健康评估

图 8-9　验证结果（关键部件为 C_1）

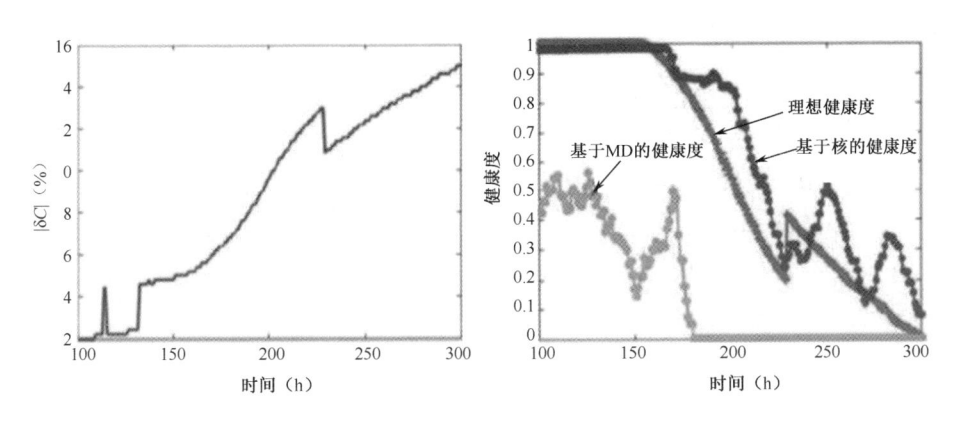

（a）Sallen-Key 带通滤波器 C_2 的参数故障进展　　（b）使用基于核的方法和基于 MD 的方法对 C_2 部件故障进行健康评估

图 8-10　验证结果（关键部件为 C_2）

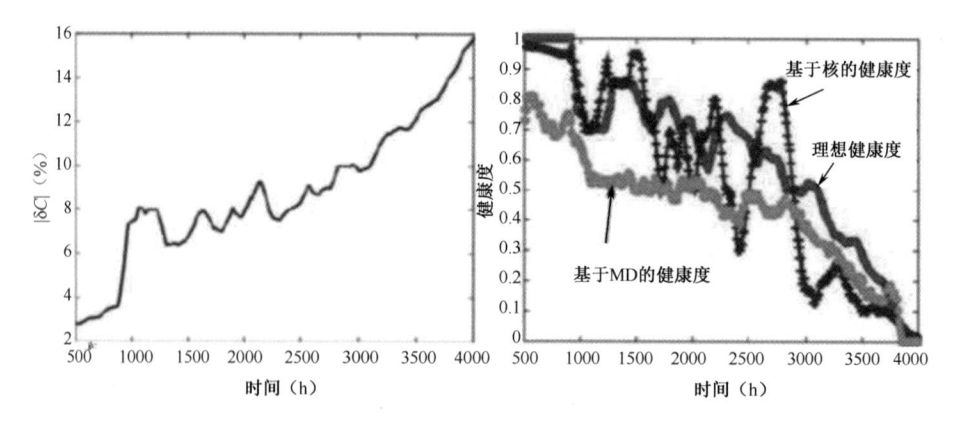

故障预测与健康管理技术及应用案例分析

(a) Sallen-Key 带通滤波器 R_2 的参数故障进展

(b) 使用基于核的方法和基于 MD 的方法对 R_2 部件故障进行健康评估

图 8-11　验证结果（关键部件为 R_2）

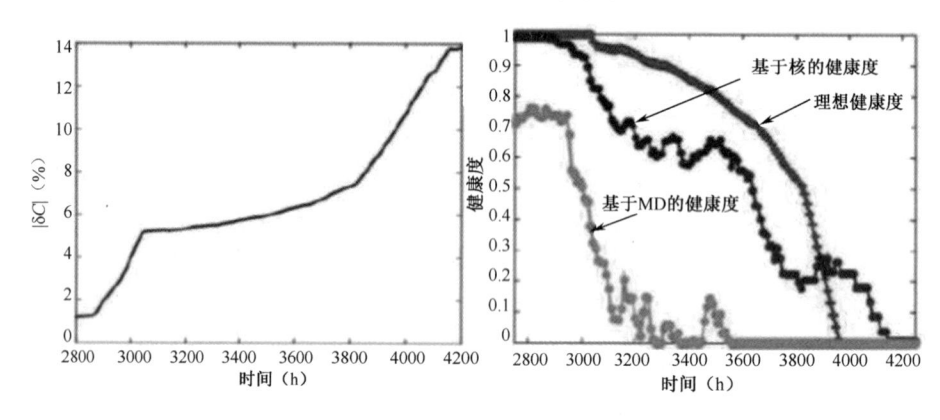

(a) Sallen-Key 带通滤波器 R_3 的参数故障进展

(b) 使用基于核的方法和基于 MD 的方法对 R_3 部件故障进行健康评估

图 8-12　验证结果（关键部件为 R_3）

表 8-2　Sallen-Key 带通滤波器上开发的健康估计方法的性能结果

部件	容限（%）	故障范围（%）	t_{PF}(h)	t_F(h)	F_{PF}(%)	F_F(%)	T_A(h)
C_1	5	15	214	285	8.6	14.4	298
	5	15	212	280	7.6	13.4	302
C_2	5	15	171	302	6.0	15.0	302
	5	15	209	308	9.4	15.4	298

续表

部件	容限（%）	故障范围（%）	t_{PF}(h)	t_F(h)	F_{PF}(%)	F_F(%)	T_A(h)
R$_2$	5	15	7200	8340	5.83	20.0	8170
	5	15	900	3870	4.46	14.71	3900
R$_3$	5	10	2970	4120	3.16	13.0	3970
	5	10	2890	3840	4.25	14.4	3810

从表 8-2、图 8-9～图 8-12 可以看出，基于核的方法可以识别出随故障强度的增加电路健康状态的下降情况；基于 MD 的方法可以跟踪 C$_1$ 和 R$_3$ 部件故障的被测电路健康状态的下降情况。然而，基于 MD 的方法对 C$_2$ 和 R$_2$ 部件的健康估计值并没有遵循实际健康状态 HI$_t^A$ 的趋势。这可能是由于与健康电路相比，在 C$_2$ 或 R$_2$ 部件中出现故障时，滤波器的传递函数增益的相似性。基于非线性核的方法比现有方法具有更优越的性能，因为前者仍然可以识别频率变化，并且得出紧跟 HI$_t^A$ 的健康估计。

2. DC-DC 降压转换器系统

DC-DC 降压转换器系统能够实现直流电压水平转换（如 12V 到 5V），并且支持多种低功耗的电子产品运行。DC-DC 降压转换器系统内的 3 个关键电路是低通滤波器电路、分压器反馈电路和开关控制电路，这 3 个关键电路都具有独立的电路部件，并且已知在现场使用中会出现参数偏差，如图 8-13 所示。在这项验证研究中，我们研究了低通滤波器电路和分压器反馈电路的健康估计。

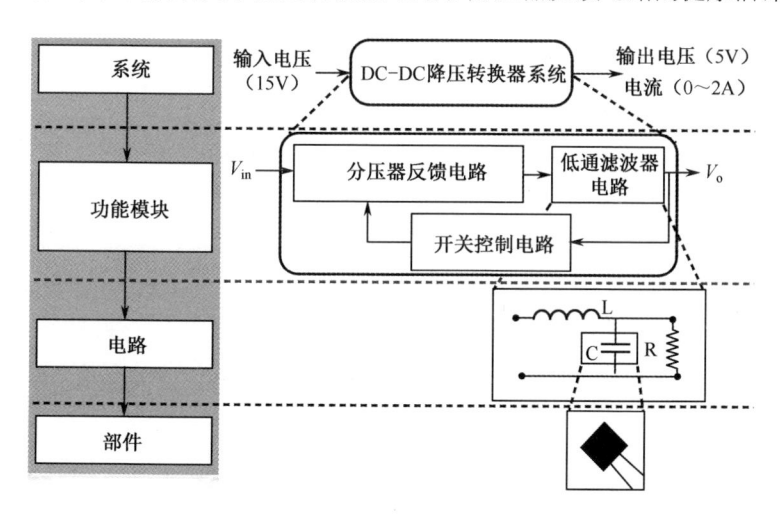

图 8-13 DC-DC 降压转换器系统

DC-DC 降压转换器系统中的电解电容低通滤波器电路如图 8-14 所示，其用于消除直流输出电压的噪声。电解电容器的退化会增加直流输出纹波，从而对由转换器供电的电子设备造成损伤。电容值经常用作预测电解电容故障的前兆参数。然而，如果将电容器放置在电路中，电容值就无法提取。因此，低通滤波器电路拓扑结构一般用于获取电解电容器的参数退化情况。

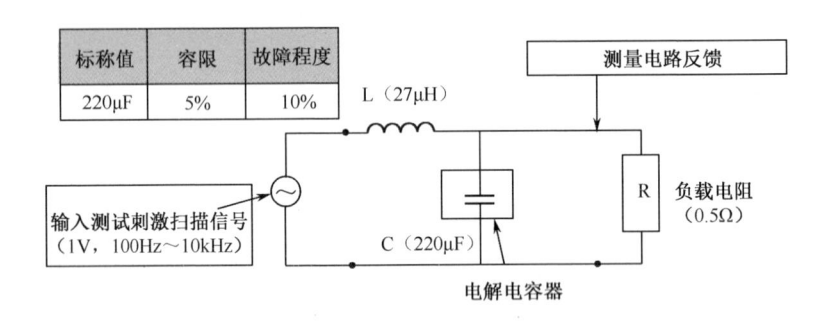

图 8-14　DC-DC 降压转换器系统中的电解电容低通滤波器电路

利用频率范围为 100Hz～10kHz 的扫描信号对低通滤波器电路进行仿真。使用小波包变换从电路响应中提取频率特征和统计特征。频率特征包括使用离散小波变换进行六阶分解的近似系数和详细系数所包含的能量，小波变换中使用了 Haar 母小波；统计特征包括被测电路对扫频信号响应的峰度和熵。最后，从低通滤波器电路中提取了 14 个特征。

我们使用提取到的特征进行电路健康评估。在离线测试中，模拟了 200 个无故障案例（每个部件都在其容差范围内变化）和 200 个故障设置情况。从电解电容的加速寿命试验中得出 4 种不同的退化趋势，并将其用于模拟 DC-DC 降压转换器系统低通滤波器中的参数故障。图 8-15～图 8-18 给出了在不同的参数故障进展中，基于核的方法估计的相应电路健康状态与实际健康状态的对比。从实际健康状态 HI_t^A 退化曲线可以看出，电容随时间的变化是渐进的，在 2250 小时的测试中从未达到故障范围（10%）。不过，基于核的健康估计器还是进行了故障时间的估计。

此外，使用不同的退化趋势估计的电路健康状态结果并不像 HI_t^A 退化趋势那样一致，健康评估性能的这种变化可能是由于电路中其他部件在其容差范围内变化造成的。

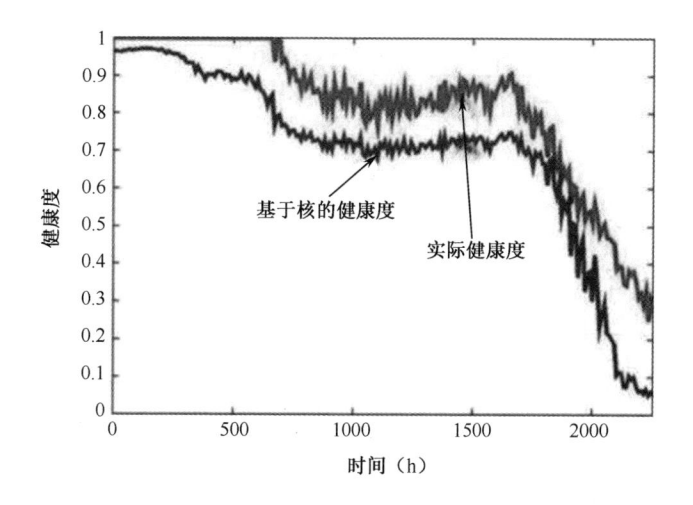

图 8-15 在 C-Run 1（测试方案 1）的参数故障进展中，使用基于核的方法估计的低通滤波器电路健康状态（下方曲线）与实际健康状态 HI_t^A（上方曲线）的对比

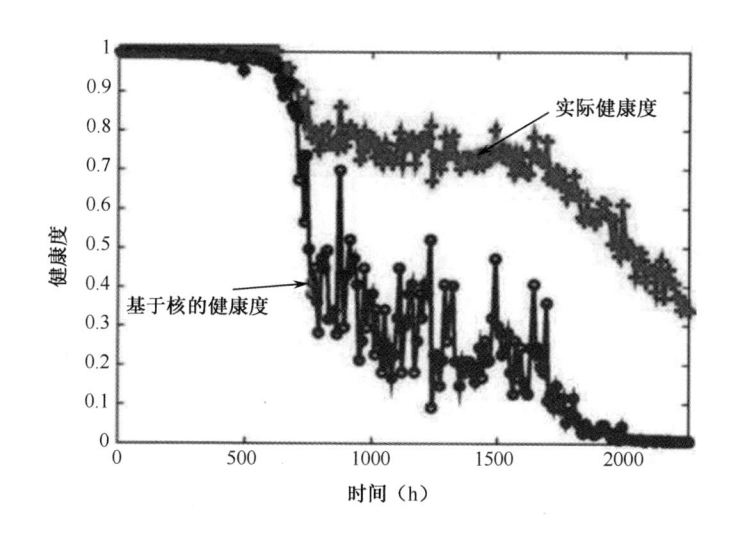

图 8-16 在 C-Run2（测试方案 2）的参数故障进展中，使用基于核的方法估计的低通滤波器电路健康状态（下方曲线）与实际健康状态 HI_t^A（上方曲线）的对比

在 DC-DC 降压转换器系统中，通过分压电路获得输出直流电压的反馈，并且输入开关控制电路，以调节直流电压。如果电阻 R_1 和 R_3 发生退化，如图 8-19 所示，反馈电压就会不同，从而导致开关过调或欠调。电阻值经常作为预测

电阻故障的前兆参数。上述方法并没有单独监测两个电阻，而是利用反馈电路拓扑结构来获取电阻的退化情况。反馈电路使用一个阶梯电压信号（0~5V）进行激励，每 100ms 上升 1V。电路产生的电压响应被直接用作健康估计器的输入，结果如图 8-20、图 8-21 所示。

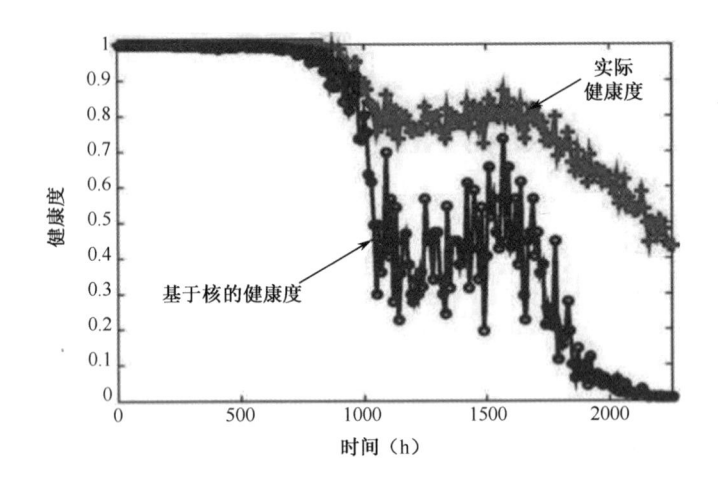

图 8-17 在 C-Run3（测试方案 3）的参数故障进展中，使用基于核的方法估计的低通滤波器电路健康状态（下方曲线）与实际健康状态 $HI_t^{\wedge}$（上方曲线）的对比

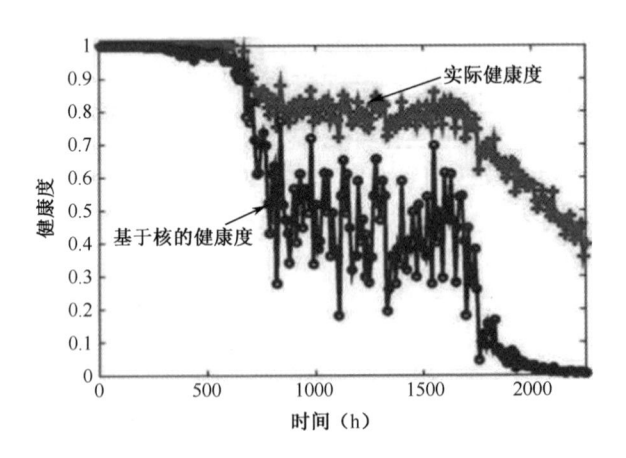

图 8-18 在 C-Run4（测试方案 4）的参数故障进展中，使用基于核的方法估计的低通滤波器电路健康状态（下方曲线）与实际健康状态 $HI_t^{\wedge}$（上方曲线）的对比

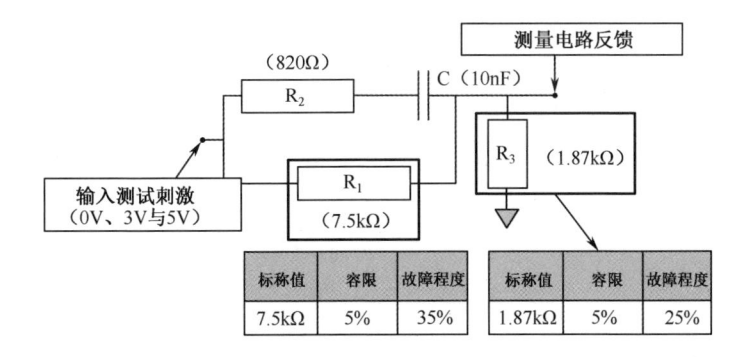

图 8-19 DC-DC 降压转换器系统中的分压器反馈电路示意

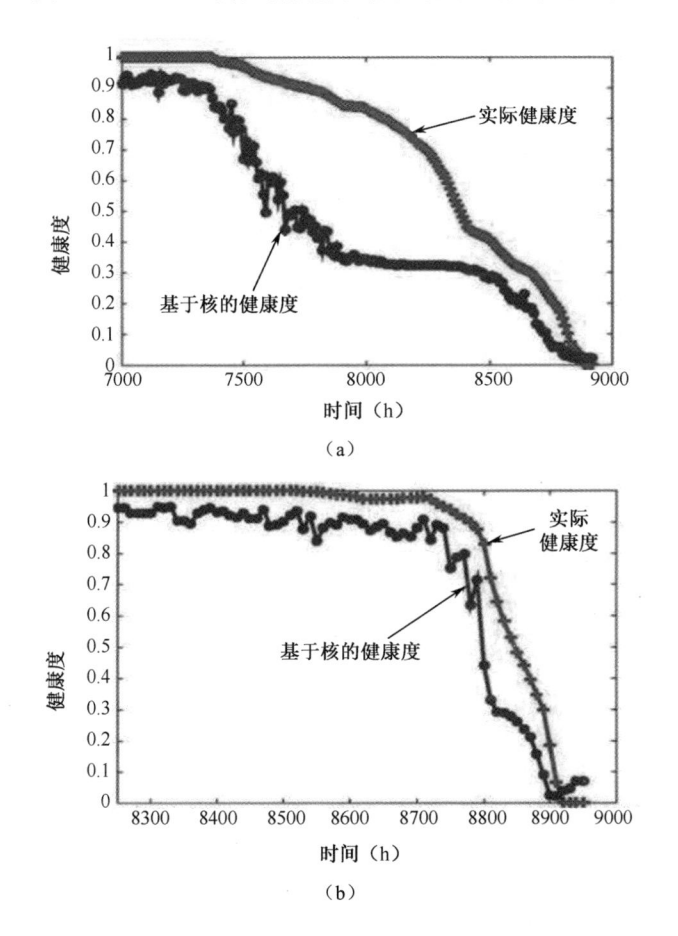

（a）

（b）

图 8-20 在 R_1 参数故障发展过程中，使用基于核的方法估计的分压器反馈电路健康状态（下方曲线）与实际健康状态 HI_t^A（上方曲线）的比较，（a）和（b）分别表示两种不同退化趋势

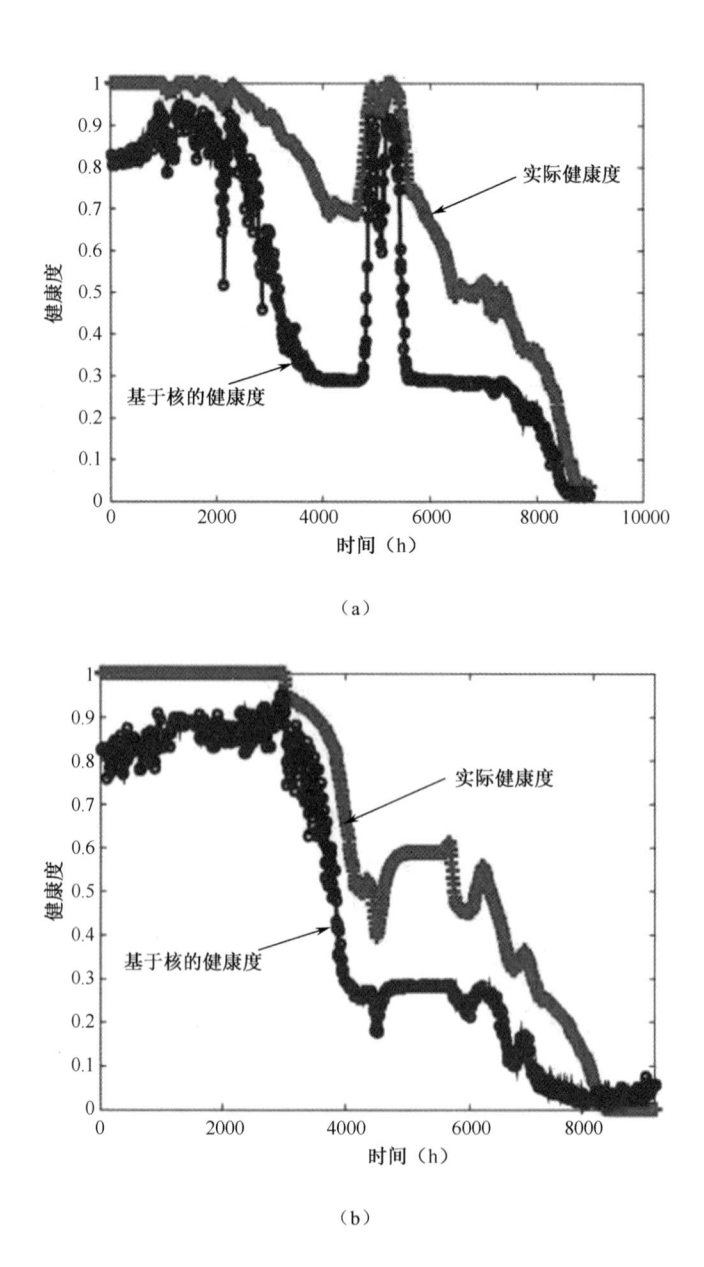

图 8-21 在 R_3 参数故障发展过程中的分压器反馈电路健康状态退化趋势，使用核方法估计（下方曲线）与实际健康状态 HI_t^A（上方曲线）的比较，（a）和（b）分别表示两种不同退化趋势

表 8-3 总结在 DC-DC 降压转换器系统中健康估计方法的性能结果。用于性能分析的术语与表 8-2 所述的术语相同。

表 8-3　在 DC-DC 降压转换器系统上健康估计方法的性能结果

部　件	容限（%）	故障范围（%）	t_{PF}(h)	t_F(h)	F_{PF}(%)	F_F(%)	T_A(h)
C	5	10	230	2230	3.24	8.56	>2250
	5	10	630	1830	4.01	5.87	>2250
	5	10	810	2010	6.01	7.56	>2250
	5	10	580	1930	3.17	6.39	>2250
R_1	5	35	0	8800	0.15	30.46	8890
	5	35	0	8930	0.09	28.52	8950
R_3	5	25	0	8420	0.25	29.15	8050
	5	25	0	7150	0.24	19.95	8180

从表 8-3 可以看出，健康评估器能够确定参数故障开始在低通滤波器电路中出现的瞬间。然而，分压器反馈电路的情况并非如此。估计的健康状态概率总是小于 0.95，即使电阻 R_1 和 R_3 在其容差范围内也是如此。另外，估计器能够检测分压器反馈电路的实际故障时间。然而，对于低通滤波器电路，健康估计器能够给出早期故障警告（估计的故障时间 t_F 小于实际的故障时间 T_A）。这表明，本节提出的方法甚至在电路实际故障发生之前就发出了早期故障警告。虽然在任何故障预测与健康管理模块中这都是一种理想功能，但差值（$T_A - t_F$）不应太大，从而造成有用寿命浪费。从表 8-3 可以推断出，DC-DC 降压转换器系统低通滤波器电路中的电解电容器的差值（$T_A - t_F$）是电容总寿命的 20%。在时间 t_F 中提取的特征可能与电路故障时提取的特征相似，模型自适应核方法判定提取特征属于健康的概率小于 5%。因此，虽然该方法可以获取健康状态的退化趋势，但仍有改进余地，在早期故障和故障检测方面需要保持一致。

8.2　基于模型滤波的剩余使用寿命预测

预测问题涉及对系统或设备使用寿命进行估计，其中剩余使用寿命被定义为从预测时间到估计使用寿命的持续时间。在电子部件参数出现偏差所导致的电路功能故障情况下，退化部件不一定表现出硬件故障。退化只是随着部件参数发生偏差所表现出的电路特性变化。出现参数故障的部件仍可能继续工作，但该部件所属的电路可能无法在允许的、预定的范围内工作。本节提出了一种基于模型滤波的方法，然后将其用于预测电子电路中出现参数故障的部件的剩余使用寿命。该方法依赖一个基于第一原理的模型，该模型描述了电路部件中参数故障的发展过程，并且采用随机滤波技术首先解决"电路健康状态—参数故障"的联合估计问题，然后解决故障预测问题，其中估计的"电路健康状态—参数故障"在时间上具有向前传播的特性，因而能够预测剩余使用寿命。

本节主要内容如下：8.2.1 节从数学上提出了故障预测问题；8.2.2 节介绍了电路退化建模；8.2.3 节介绍了基于模型的故障预测方法；8.2.4 节介绍了基于仿真的试验结果，在 DC-DC 降压转换器系统的关键电路上展示了基于模型的融合故障方法。

8.2.1 故障预测问题

为了实现基于模型的故障预测，需要一个由一个或多个指标组成的健康状态向量，这些指标应能够通过反映系统或电路性能退化的方式不断发展。在大多数故障预测应用中，一般选择一个能够表现单调趋势的可测量参数作为健康状态向量。然而，在某些应用中，如在电路故障预测中，健康状态向量必须从电路对测试激励响应中提取的特征来构建。无论健康状态向量是被测参数还是由被测参数构造的变量，基本假设都应根据动态状态空间模型进行变化，即

$$x(t) = f(t, x(t), \theta(t), u(t)) + v(t) \tag{8.17}$$

$$y(t) = h(t, x(t), \theta(t), u(t)) + n(t) \tag{8.18}$$

式中，$x(t) \in \mathbb{R}^{n_x}$ 表示长度为 n_x 的健康状态向量，$y(t) \in \mathbb{R}^{n_y}$ 是长度为 n_y 的测量向量，$\theta(t) \in \mathbb{R}^{n_\theta}$ 是必须与状态 $x(t)$ 一起进行估计的未知参数向量，$u(t) \in \mathbb{R}^{n_u}$ 是输入向量，$v(t) \in \mathbb{R}^{n_x}$ 是过程噪声，$n(t) \in \mathbb{R}^{n_y}$ 表示测量噪声，$f(*)$ 和 $h(*)$ 分别表示状态和测量方程。

目标是预测健康状态向量会演变到超过某个可接受性能期望的时间瞬间。该时间瞬间表示电路性能无法再能够保证系统可靠运行，其可以通过一组要求 $\{r_i\}_{i=1}^{n_r}$ 表示。例如，n_r 可表示系统中关键电路的数量，对于每个关键电路，$r_i: \mathbb{R} \to \mathbb{B}$ 表示一个函数，该函数能够将实际健康状态空间中的一个子空间映射到布尔域，$\mathbb{B} \triangleq \{0,1\}$。例如，假设 $x(t) \in [0,1]$ 表示关键电路的健康状态，其中，$x(t)=1$ 表示该关键电路是健康的，$x(t)=0$ 表示该关键电路已经失效。在这种情况下，要求可以定义为 $r(x(t))=1$，即 $0.05 < x(t) \leq 1$，一旦关键电路失效，则 $r(x(t))=0$。

上述单独电路要求可以合并为一个系统终止使用寿命的单一阈值函数，即 $T_{EOL}: \mathbb{R}^{n_x} \to \mathbb{B}$，定义为

$$T_{\text{EOL}}(x(t)) = \begin{cases} 1, & 0 \in \{r_i\}_{i=1}^{n_r} \\ 0, & \text{其他} \end{cases} \quad (8.19)$$

式中，$T_{\text{EOL}}=1$ 表示系统关键电路中至少有一个阈值违反了设定要求。现在，估计使用寿命和剩余使用寿命可定义为

$$\text{EOL}(t_P) \triangleq \inf\{t \in \mathbb{R} : (t \geqslant t_P) \wedge (T_{\text{EOL}}(x(t)) = 1)\} \quad (8.20)$$

$$\text{RUL}(t_P) = \text{EOL}(t_P) - t_P \quad (8.21)$$

式中，估计使用寿命表示从预测时间 t_P 到系统发生故障的最早时间，如式（8.20）所示。在实际应用中，建模、测量及 $x(t_0)$ 初始状态的选择不确定性，都会造成估计的不确定。因此，将估计使用寿命和剩余使用寿命作为概率分布进行计算是一种合理的做法（不采用点估计方法），故障预测的目标是计算预测时间 t_P 的条件概率 $p(\text{RUL}(t_P)|y(t_0:t_P))$。故障预测过程如图 8-22 所示，其中有标号和无标号的变量分别表示估计值和实际值。例如，估计使用寿命和剩余使用寿命分别表示估计的剩余使用寿命和实际的剩余使用寿命。

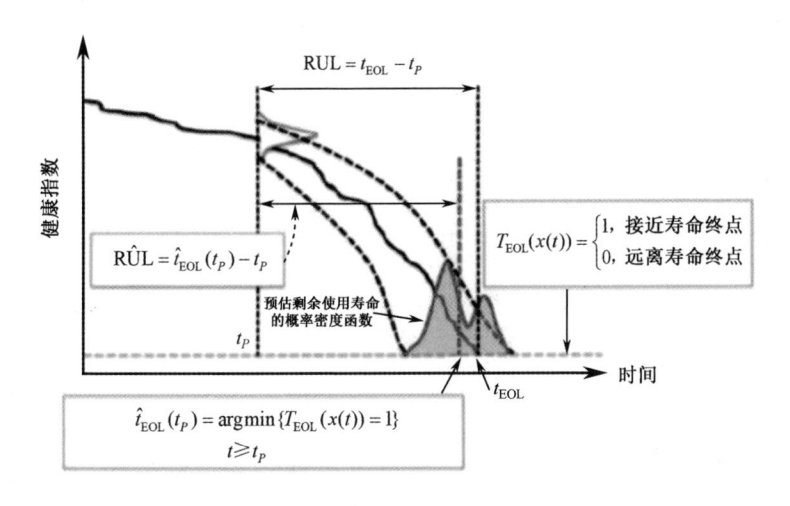

图 8-22　故障预测过程

8.2.2　电路退化建模

为了实现基于模型的故障预测，根据式（8.17）和式（8.18），第一步是识别或构建一个健康状态向量 $x(t)$，$y(t)$ 相当于基于核的健康估计器产生的 HI_t，$x(t)$ 则相当于 $\widehat{\text{HI}}_t$（来自 $y(t)$ 的健康状态估计）。下一步是确定参数 $\theta(t)$、输入矢量 $u(t)$，并在此基础上建立状态 $f(*)$ 和测量方程 $h(*)$。

用于电路退化建模说明的简单单元件电路如图 8-23 所示。为了对电路退化进行建模，假设电路性能退化是由一个或多个电路部件参数漂移引起的，因此未来某个时间的电路健康状态是当前电路健康状态与电路部件参数漂移所导致健康状态下降的总和，图 8-23 中的图形说明可表示为

$$x(t+\Delta t) = x(t) + g\left(\frac{\Delta p_1}{\Delta t}, \frac{\Delta p_2}{\Delta t}, \cdots, \frac{\Delta p_N}{\Delta t}\right) \quad (8.22)$$

式中，$x(t)$ 表示时间 t 的健康状态；Δp_i 表示第 i 个电路部件在 Δt 上的参数漂移；N 表示电路中关键部件的总数；p_i 表示任何部件参数的漂移，如电容、等效串联电阻等。下一步是定义式（8.22）中的函数 $g(\cdot)$。为了定义 $g(\cdot)$ 的结构，首先假设一个简单电路有一个部件、一个电源和一个负载，如图 8-23 所示。

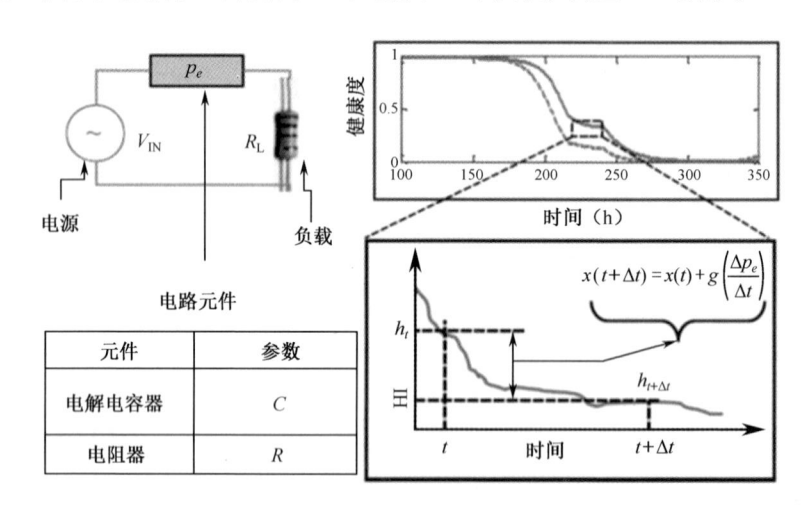

图 8-23　用于电路退化建模说明的简单单元件电路

该电路性能的下降仅取决于 p_e 的参数偏差。也就是说，当 $\Delta p_e(t) = 0$ 时，该电路健康状态 $x(t) = 1$；同样，当 p_e 的参数偏差达到最大允许偏差时（假设 $\Delta p_e(t) = Y_{max}$），电路健康状态 $x(t) = 0$。因此，在短时间内该电路的健康状态变化可以表示为

$$\frac{x(t+\Delta t) - x(t)}{\Delta t} = \frac{-1}{|Y_{max}|}\Delta p_e(t) \quad (8.23)$$

Y_{max} 上的模量是因为电路部件中的偏差可以增大也可以减小。例如，如果是嵌入式电容器，则预计 C 会随着时间减小；如果是电解电容器，则 ESR 会随着退化增加。模数可以包含上述两种情况。

从式（8.23）可以看出，在未来的一个瞬间，电路的健康状态可以表示为

$$x(t+\Delta t) = x(t) + \frac{-1}{|Y_{max}|}\frac{\mathrm{d}p_e}{\mathrm{d}t}\Delta t \qquad (8.24)$$

式（8.23）中的 $-1/|Y_{max}|$ 项可以看作健康指标 x 对成分参数 p_e 变化的敏感性，因此使用 S_e^x 来代替，表示健康状态对参数偏差的敏感性 $p_e S_e^x$ 可以很容易地通过故障设置的方式来确定。

式（8.24）中的第二项所对应的部件参数偏差，只有在发现该部件有故障时才适用（参数偏差超过了可接受的容差范围）。因此，式（8.24）可以进一步表示为

$$p_e S_e^x x(t+\Delta t) = x(t) + \left\{S_e^x \frac{\mathrm{d}p_e}{\mathrm{d}t}\Delta t\right\}_{(p_e \in F)} \qquad (8.25)$$

式中，$p_e \in F$ 表示这是一个指标函数，只在部件有问题时才使用。对于具有一个或多个部件的电路而言，电路健康状态退化模型可以扩展为

$$x(t+\Delta t) = x(t) + \sum_{i=1}^{N}\left\{S_{e_i}^x \frac{\mathrm{d}p_{e_i}}{\mathrm{d}t}\Delta t\right\}_{(e_i \in F)} \qquad (8.26)$$

式中，N 表示电路中关键部件的总数，$S_{e_i}^x$ 表示电路健康指标 x 对电路部件 e_i 参数偏差的敏感性，$\mathrm{d}p_{e_i}$ 表示电路部件 e_i 的参数偏差。

式（8.26）中的电路健康退化模型，可以简化为带有过程噪声的基于矩阵的状态空间模型，即

$$x(t+\Delta t) = x(t) + \boldsymbol{P}^\mathrm{T}(t)\boldsymbol{I}(t)\boldsymbol{S} + v(t) \qquad (8.27)$$

式中，$\boldsymbol{P} = \left[\dfrac{\mathrm{d}p_{e_1}}{\mathrm{d}t}, \cdots, \dfrac{\mathrm{d}p_{e_N}}{\mathrm{d}t}\right]$，$\boldsymbol{I}$ 是一个对角线故障矩阵，而 $\boldsymbol{S} = \left[S_{e_1}^x, \cdots, S_{e_N}^x\right]$ 是确定性的敏感性向量。尽管式（8.27）中的 $\boldsymbol{P}$ 表示关键电路部件的参数偏差，但是该向量元素是未知的，因为部件无法实时测量。因此，比较式（8.27）和式（8.17）可知，$\boldsymbol{P}$ 相当于未知参数向量 $\boldsymbol{\theta}$，必须与状态 x 一起进行估计，$\boldsymbol{I}$ 相当于输入向量 $\boldsymbol{u}$，可从故障诊断模块中获得。

8.2.3 基于模型的故障预测方法

基于模型的故障预测方法分两步实现。

1. 第一步

从噪声健康状态值（由基于核的学习方法估计）进行健康状态估计，其中健康状态和参数向量都需要估计，即计算 $p(\boldsymbol{x}(t),\boldsymbol{\theta}(t)|\boldsymbol{y}(t_0:t))$。很多随机滤波

算法，如无迹卡尔曼滤波或粒子滤波，都可用于联合估计具有非线性系统模型的状态参数向量。粒子滤波在故障预测学界使用广泛，因为该方法能够估计具有非高斯噪声的非线性系统状态，而无须对状态参数向量的条件概率密度函数施加约束。出于同样的原因，本研究也使用了基于采样重要性重采样的粒子滤波器进行剩余使用寿命估计。

在粒子滤波器中，状态参数的概率密度函数使用一组离散加权样本表示，通常称为粒子，即

$$\{(x_t^i\theta_t^i),w_t^i\}_{i=1}^M \quad (8.28)$$

式中，M 表示粒子数，对于每个粒子 i，x_t^i 表示健康状态估计值，θ_t^i 表示参数偏差估计值，w_t^i 表示时间 t 的权重。在每个时间瞬间，粒子滤波器使用过去的状态参数估计值和实时测量值估计当前状态。为了实现上述多步骤计算，首先需要使用一个与状态 x_t 无关的过程，从过去时间瞬间参数估计中得出参数向量 θ_t 估计。典型方法是使用以下随机游走过程：$\theta_t = \theta_{t-\Delta t} + \xi_{t-\Delta t}$，其中，$\xi$ 是零均值高斯等分布的采样。然而，在电路预测应用中，θ 定义为电路部件的参数偏差。对于部分离散成分，可以使用基于第一原理的模型来描述参数偏差。例如，在有些学者（Kulkarni, et al., 2011）的研究中，电解电容的电容偏差使用以下线性方程描述：

$$C_t = C_{t-\Delta t} - \Theta v_e \Delta t \quad (8.29)$$

式中，C_t 表示时间 t 的电容；Θ 为模型常数，取决于电容器的几何形状和材料；v_e 表示电解液的体积。也有人研究了类似的模型（Smet, Forest, Huselstein, et al., 2011），还有学者分别研究了绝缘栅双极型晶体管（Celaya, Saxena, Saha, et al., 2011）、金属氧化物半导体场效应晶体管（Patil, Das, Pecht, 2012）、电解电容和嵌入式电容（Alam, Azarian, Osterman, et al., 2011）。上述模型可以代替随机游走过程来描述未知参数向量 θ 的演变过程。因此，本书所提出的电路故障预测方法可以在整个电路退化模型中利用现有的基于物理模型的电路部件故障模型，并且将其与数据驱动的电路健康状态估计结合在一起，从而实现融合的故障预测结果。

在参数向量更新之后，电路健康状态就会从式（8.27）的系统方程中估计出来，之后再利用重要性重采样原理计算相关权重。算法 8.2 给出了状态信息的粒子滤波算法，图 8-24 给出了简单粒子滤波所涉及的步骤。

算法 8.2：状态信息的粒子滤波算法

输入：$\{(x_{t-\Delta t}^i, \theta_{t-\Delta t}^i), w_{t-\Delta t}^i\}_{i=1}^M, u_{t-\Delta t}, t, y_t$

输出：$\{(x_t^i, \theta_t^i), w_t^i\}_{i=1}^M$

伪代码：

for $i = 1$ to M do
$\quad \theta_t^i \sim p(\theta_t \mid \theta_{t-\Delta t}^i)$
$\quad x_t^i \sim p(x_t \mid x_{t-\Delta t}^i, \theta_{t-\Delta t}^i, u_{t-\Delta t})$
$\quad w_t^i \sim p(y_t \mid x_t^i, \theta_t^i, u_t)$
end for
$W \leftarrow \sum_{i=1}^M w_t^i$
for $i = 1$ to M do
$\quad w_t^i \leftarrow w_t^i / W$
end for
$\{(x_t^i, \theta_t^i), w_t^i\}_{i=1}^M \leftarrow \mathrm{Resample}\left(\{(x_t^i, \theta_t^i), w_t^i\}_{i=1}^M\right)$

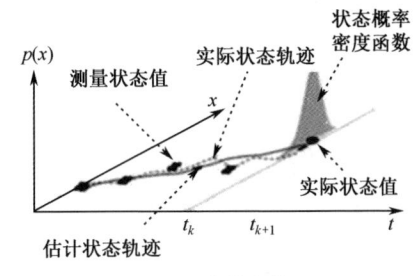

（a）初始条件

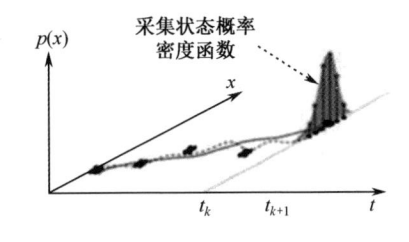

（b）初始分布的粒子采样

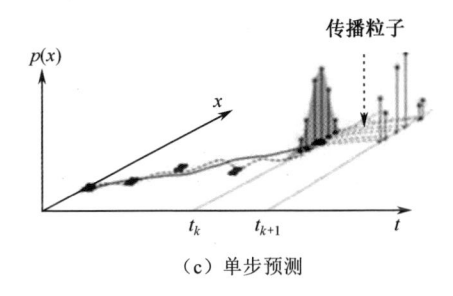

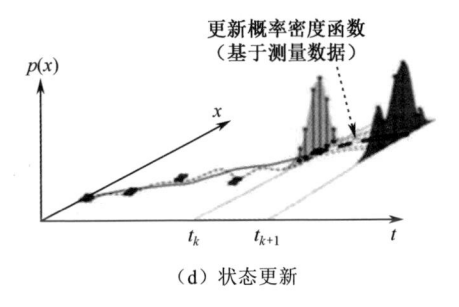

（c）单步预测

（d）状态更新

图 8-24　简单粒子滤波所涉及的步骤

在迭代结束之后，对估计状态参数向量粒子进行简并，必要时重新采样。在重新采样过程中，剔除权重最小的粒子，这样可以集中精力处理权重较大的粒子。关于简并和重采样的更多内容，可参阅相关文献（Arulampalam, et al., 2002）的研究成果。

2. 第二步

基于模型的故障预测的第二步涉及剩余使用寿命预测，目标是利用联合状态参数估计 $(x(t_P), \theta(t_P) | y(t_0 : t_P))$ 计算出时间 x_t^i 的 $p(\text{RUL}(t_P) | y(t_0 : t_P))$。解决剩余使用寿命预测问题的方法是让状态参数向量粒子在没有贝叶斯更新的情况下演变，直到每个粒子的阈值函数评估为 $T_{\text{EOL}}(x_t^i) = 1$。预测时间 $t : t \geqslant t_P$，使用式（8.21）计算 $\text{RUL}_{t_p}^i$，其中终止使用寿命 $T_{\text{EOL}}(x_t^i) = 1$ 提供了 $\text{EOL}_{t_p}^i$。算法 8.3 给出了剩余使用寿命预测方法的伪代码。

算法 8.3：剩余使用寿命预测方法的伪代码

输入：$\left\{ (x_{t_p}^i, \theta_{t_p}^i), w_{t_p}^j \right\}_{i=1}^{M}$

输出：$\left\{ (x_t^i, \theta_t^i), w_t^j \right\}_{i=1}^{M}$

伪代码：

```
for i = 1 to M do
    t ← t_p
    θ_t^i ← θ_{t_p}^i
    x_t^i ← x_{t_p}^i
    While T_EOL(x_t^i) = 0 do
        θ_{t+Δt}^i ~ p(θ_{t+Δt} | θ_t^i)
        x_{t+Δt}^i ~ p(x_{t+Δt} | x_t^i, θ_t^i, u_t)
        ...
        t ← t + Δt
        x_t^i ← x_{t+Δt}^i
        θ_t^i ← θ_{t+Δt}^i
    end while
    EOL_{t_p}^i ← t
    RUL_{t_p}^i ← EOL_{t_p}^i - t_p
end for
```

8.2.4 试验结果

本节介绍了基于仿真的试验结果，在 DC-DC 降压转换器系统的两个关键电路——低通滤波器电路（见图 8-14）和分压器反馈电路（见图 8-19）上展示了基于模型的融合故障方法。本节内容的重点是在关键部件退化中的单次故障条件下进行电路故障预测。在未来的工作中，还须考虑两个或更多个部件发生参数漂移的情况。

虽然故障预测结果是通过基于仿真的试验获得的，但部件的退化趋势是从加速寿命试验中获得的。电阻器的退化趋势是从 2512 陶瓷片式电阻器（300Q）的温度循环测试（-15～125℃，停留 10min）中得到的。另外，电容器退化趋势是由同时进行的纹波电流（电流强度为 1.63A）和 105℃下等温老化测试得到的，测试对象是一个参数为 680mV、35V 的液体电解电容器。

1. 低通滤波器电路

使用 8.1 节中的方法，从提取特征中估计低通滤波器电路的健康状态，并将其作为预测模块的输入。图 8-25 给出了随电解电容参数故障发展，低通滤波器电路健康状态的下降情况，并且给出了 $E(x(t)|y(t_0:t))$ 相对于时间的变化情况。观察到的健康状态曲线表示使用 8.1 节中的方法计算的噪声健康状态。估计健康曲线则表示使用式（8.27）中模型估计出的健康状态。图 8-26 给出了液体电解电容器电容的估计参数偏差。电解电容器电容的估计参数偏差与地面真实值的偏差可归因于 HI_t^A，以及基于核方法产生的电路健康状态估计之间的差异（见图 8-6）。

图 8-25 和图 8-26 中的估计健康状态曲线共同表示了联合状态参数估计。从图 8-26 可以看出，式（8.26）开发的模型能够获取部件的参数实际偏差退化趋势，而无须对部件进行单独监测。这种能力在以前的电路诊断或故障预测研究中从未被证明过。

为了进行故障预测，必须定义一个与健康状态有关的故障阈值函数。根据 8.1 节内容，理想的故障阈值应该是 $x(t) = 0$。为了得出一个比较保守的剩余使用寿命估计值，在本研究中使用健康值 0.05 作为故障阈值。基于上述故障阈值，低通滤波器电路在第 183 小时发生故障。低通滤波器电路的故障预测则通过使用以下未知参数向量动态演变模型的方式来实现：

$$\theta_t = \theta_{t-\Delta t} + m_1 \Delta t \qquad (8.30)$$

式中，m_1 是模型常数，在每次迭代中通过曲线拟合来进行估计。然而，在实际应用中，最好针对给定的电容器材料和几何形状来估计 m_1。式（8.30）与基于失效物理的液态电解电容器模型（Kulkarni, Celaya, Goebel, et al., 2011）相似。

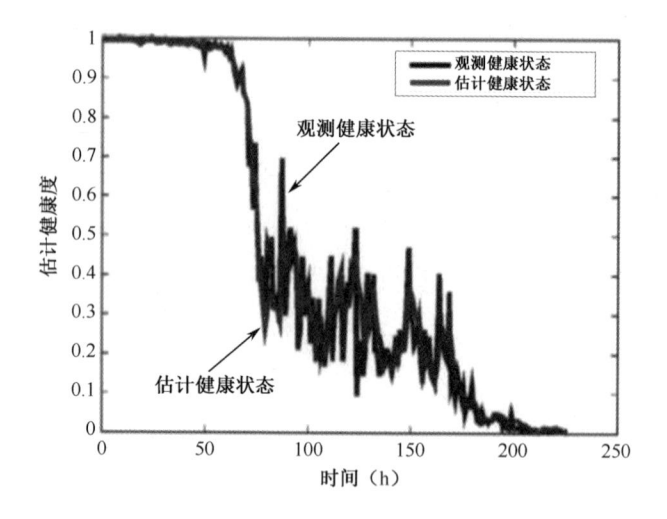

图 8-25 随电解电容参数故障发展，低通滤波器电路健康状态的下降情况

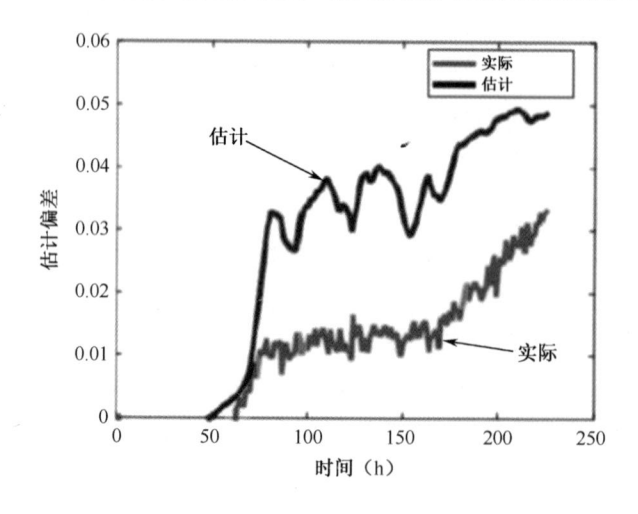

图 8-26 液体电解电容器电容的估计参数偏差

图 8-27 给出了低通滤波器电路的预测结果，要求在给定的预测点 $\alpha - \lambda$，预测的剩余使用寿命分布 β，必须落在实际剩余使用性能的 α 之内。本案例研究使用了 $\alpha=0.30$ 和 $\beta=0.5$，表明预测寿命分布至少有 50%分布于与真实寿命 30%的误差范围之内，即 28～52h。从图 8-27 可以看出，最早在 149 小时内获得可接受的剩余使用寿命估计，表明故障预测距离为 34 小时。剩余使用寿命估

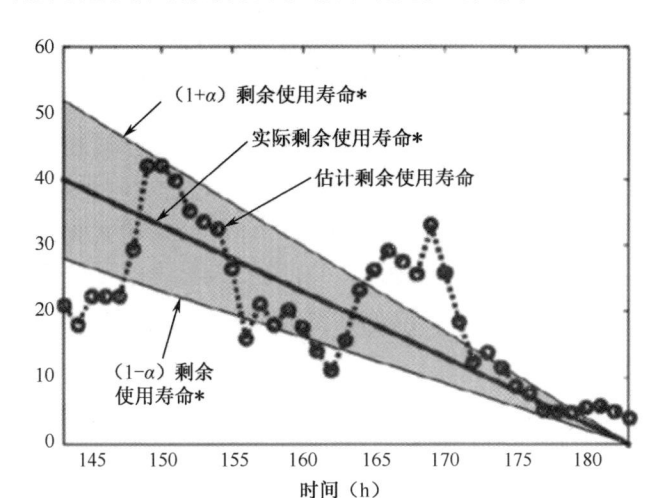

计值的波动可能是健康估计数波动或建模不确定性造成的。

图 8-27 使用基于模型的滤波方法对低通滤波器电路进行剩余使用寿命估计的结果

2. 分压器反馈电路

分压器反馈电路使用一个阶梯电压信号（0~5V）提供激励，每 100ms 电压上升 1V。电路产生的电压响应直接可以用作 8.3 节中健康估计器的输入，下面的电阻退化模型则用于分压器反馈电路的未知参数向量演化：

$$\boldsymbol{\theta}_t = \boldsymbol{\theta}_{t-\Delta t} + m_2 e^{m_3 t} \left[e^{m_3 \Delta t} - 1 \right] \quad (8.31)$$

式中，m_2 和 m_3 是模型常数，在每次预测迭代时通过曲线拟合进行估计。式（8.31）中的电阻退化模型与文献（Lall，Lowe，Goebel，2012）提出的因焊点退化而增加电阻的二次微分方程的解相似。

图 8-28 给出了电阻 R_1 故障发展导致的分压器反馈电路的健康状态下降情况。图 8-29 给出了分压器反馈电路电阻 R_1 的估计偏差。最后，由于电阻 R_1 故障发展，分压器反馈电路的剩余使用寿命估计结果如图 8-30 所示。实际的电路性能故障发生在 2310 小时，而基于模型滤波的故障预测方法可以在 2000 小时内实现可靠性预测。给定的预测点 $\alpha - \lambda$ 和故障阈值的细节与低通滤波器拓扑结构相同。图 8-31~图 8-33 给出了电阻 R_3 故障发展导致的类似结果，其中实际的电路性能故障发生在 8950 小时，而可靠的剩余使用寿命估计值在 6000 小时就已经产生。

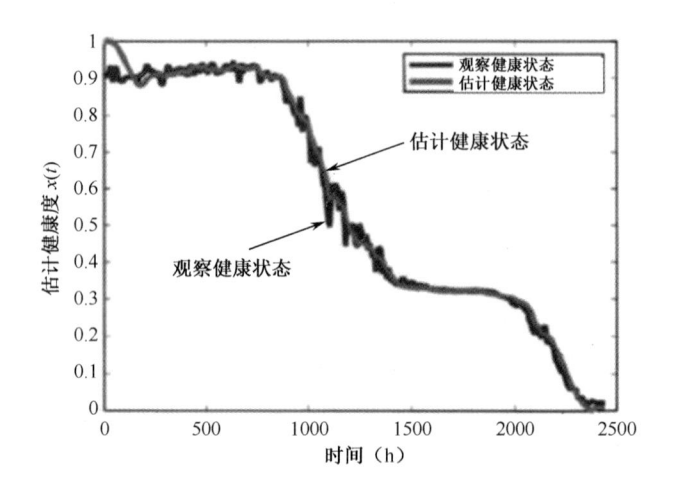

图 8-28 电阻 R_1 故障发展导致的分压器反馈电路的健康状态下降

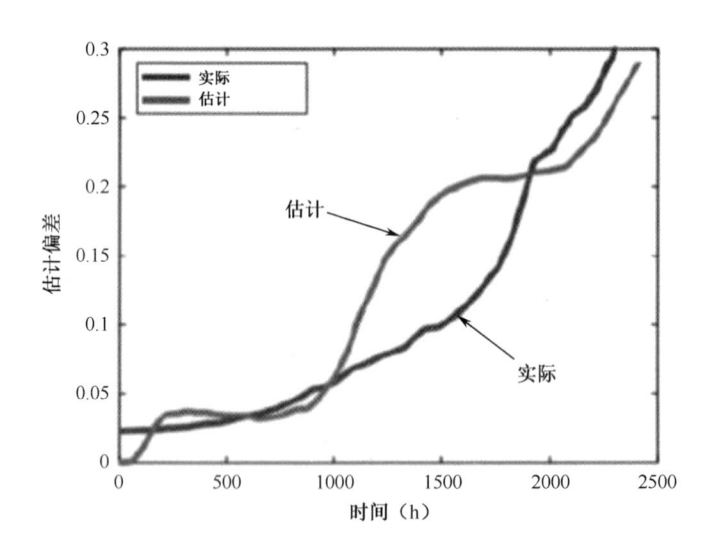

图 8-29 分压器反馈电路中电阻 R_1 的估计偏差

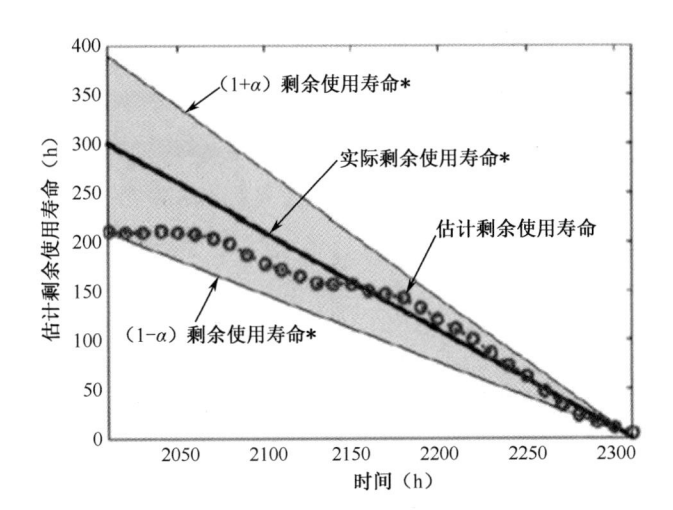

第 8 章　电子设备故障预测与健康管理应用案例

图 8-30　由于电阻 R_1 故障发展，分压器反馈电路的剩余使用寿命估计结果

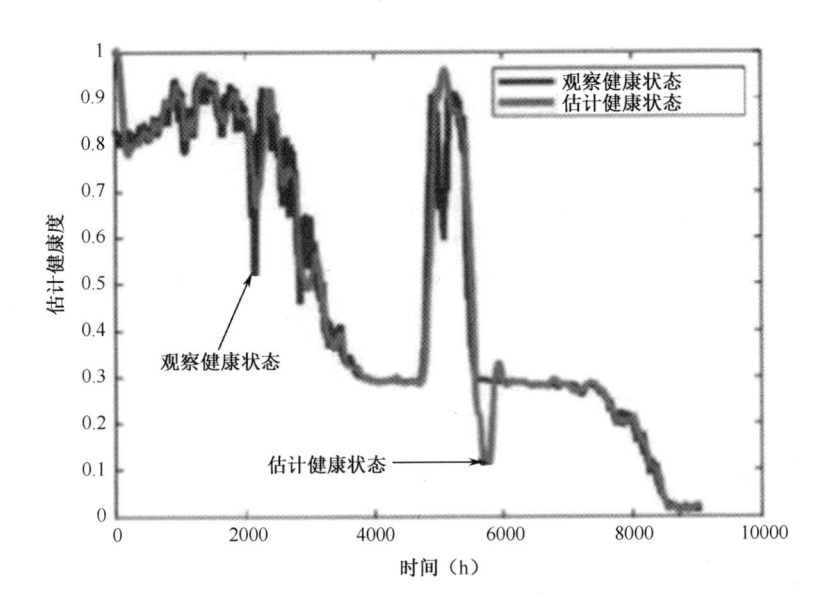

图 8-31　由于电压 R_3 故障发展，分压器反馈电路的健康状态下降

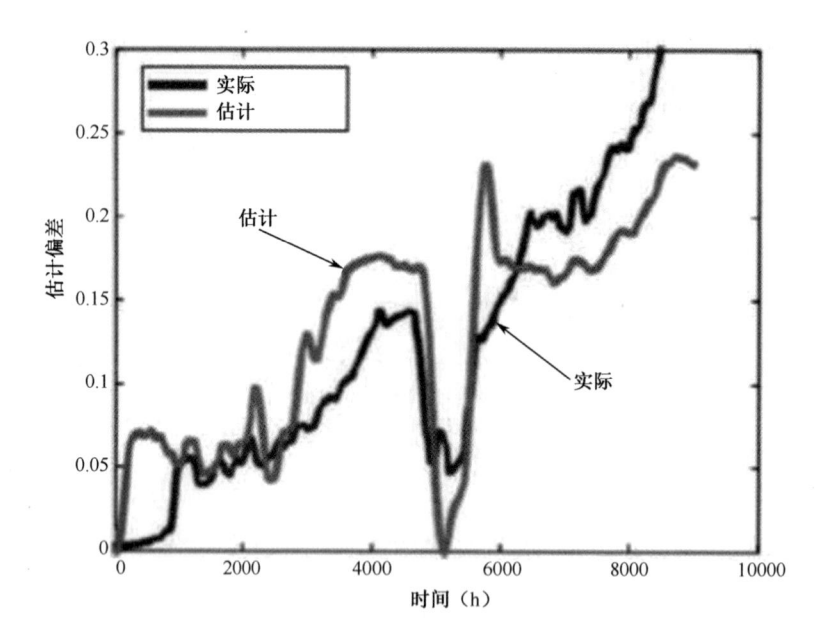

图 8-32　分压器反馈电路中电阻 R_3 的估计偏差

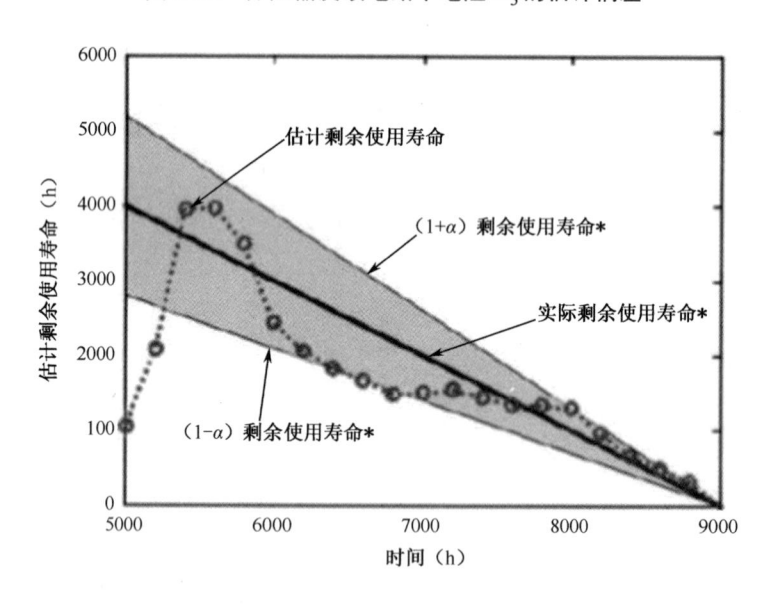

图 8-33　电阻 R_3 故障发展，分压器反馈电路的剩余使用寿命估计结果

3. 剩余使用寿命预测的误差来源

在图 8-27 和图 8-33 中，剩余使用寿命的预测趋势与预期的剩余使用寿命趋势没有线性关系。剩余使用寿命预测的误差来源可以是估计电路健康状态的

波动（退化模型的输入）或退化模型的不确定性。为了确定剩余使用寿命预测的误差来源，我们进行了模拟退化试验，而没有采用实际加速寿命试验的退化趋势。在模拟退化试验中，分压器反馈电路的电阻 R_3 设定为逐渐发生退化，其他所有部件则使用额定值。图 8-34 给出了在这种情况下的相应电路健康状态估计。

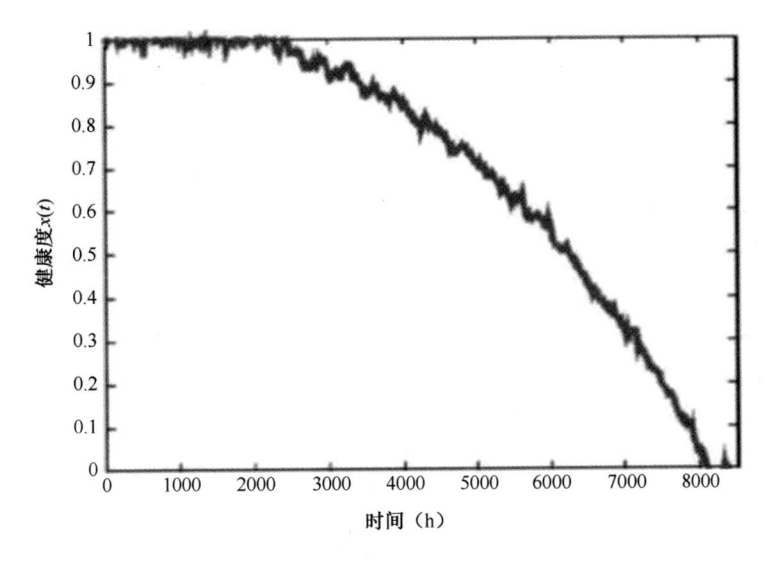

图 8-34　由于电阻 R_3 的故障发展，分压器反馈电路健康状态的估计结果

图 8-35 给出了使用式（8.31）的退化模型估计的电阻 R_3 超过其容差的情况。从图 8-35 可以看出，随着模拟退化，参数估计的误差已经明显降低。最后，由于电阻 R_3 的故障发展，分压器反馈电路的剩余使用寿命估计结果如图 8-36 所示。实际电路性能故障发生在 8050 小时。基于模型的滤波故障方法可以实现可靠预测，最早为 7000 小时。此外，剩余使用寿命的预测趋势与预期的剩余使用寿命趋势一致。上述结果表明，剩余使用寿命预测误差的主要来源是作为退化模型输入的健康值的波动，而不是模型本身。

4. 基于第一原理的模型效果

试验是在有随机游走模型和没有随机游走模型（或有基于第一原理的模型和没有基于第一原理的模型）的情况下进行的，目的是确定使用基于第一原理的模型对 θ_t 剩余使用寿命预测的改进情况。图 8-37 和图 8-38 以 $\alpha-\lambda$ 图的形式分别给出了基于 θ_t 随机游走模型，以及基于 θ_t 第一原理的模型对分压器反馈电路的剩余使用寿命的预测结果。显然，与该被测电路的随机游走模型的剩余使用寿命预测结果相比，基于第一原理的模型的剩余使用寿命预测结果更加可靠和稳健。此外，故障前 100 小时和前 50 小时的剩余使用寿命预测结果的方差显示，使用基于第一原理的模型预测剩余使用寿命的置信度要比使用简单随机游走模型更好。

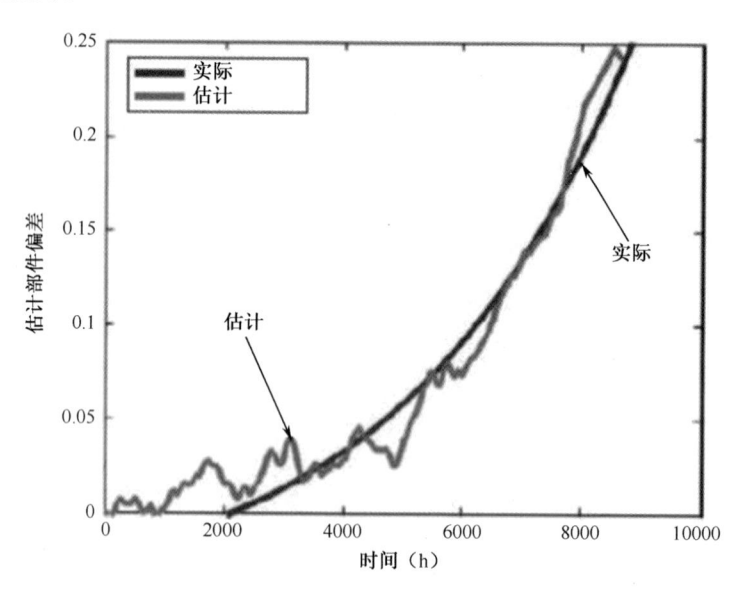

图 8-35　分压器反馈电路中电阻 R_3 的估计偏差与模拟的部件退化

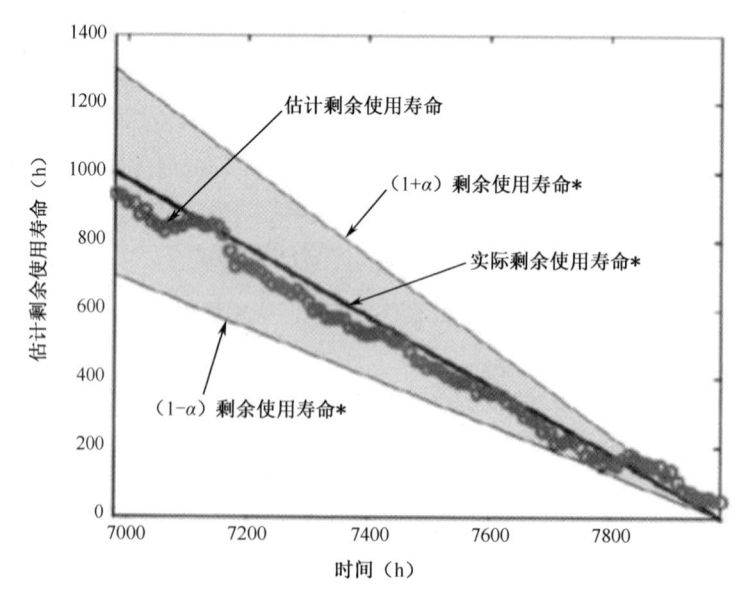

图 8-36　由于电阻 R_3 故障的发展，分压器反馈电路的剩余使用寿命估计结果

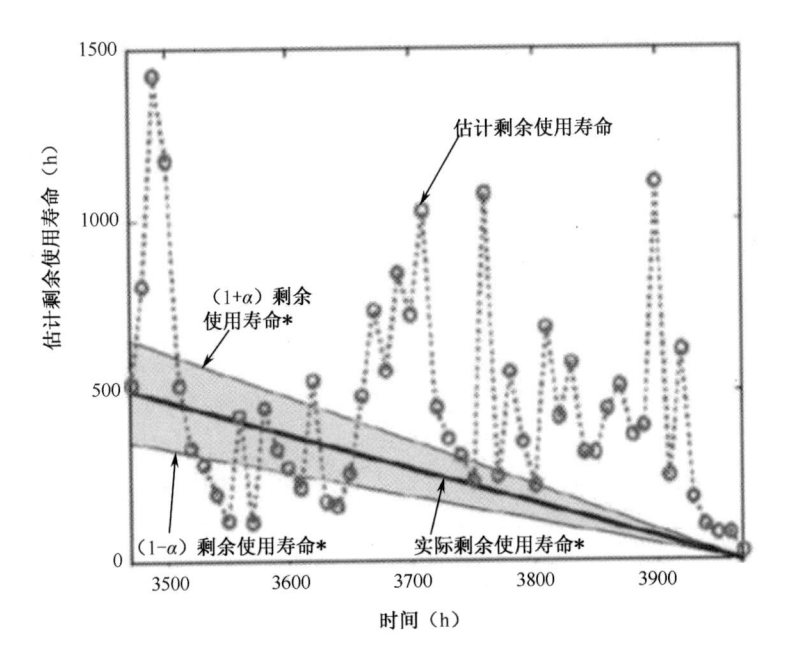

图 8-37 基于 θ_t 的随机游走模型对分压器反馈电路的剩余使用寿命的预测结果

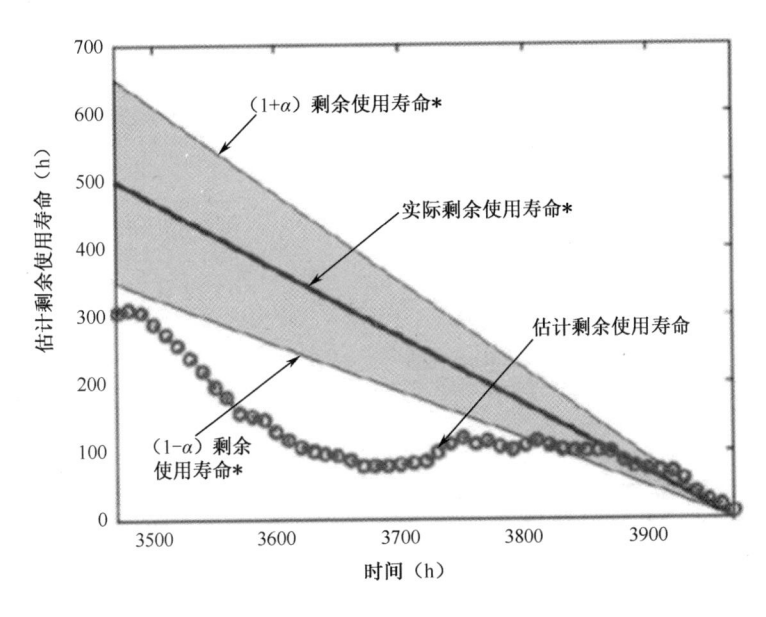

图 8-38 基于 θ_t 第一原理的模型对分压器反馈电路的剩余使用寿命的预测结果

8.3 锂离子电池的故障预测与健康管理

随着锂离子电池在便携式消费电子产品、任务关键型国防和空间系统等领域的广泛使用，对锂离子电池进行健康监测和故障预测就显得至关重要。锂离子电池的退化是由于各种电化学副反应及其运行寿命中产生的机械应力造成的。准确的健康状态估计对于预测锂离子电池的使用寿命，以及在发生故障之前提前做出更换的决定都非常必要。充电状态估计对于锂离子电池也很关键，因为其有助于预测锂离子电池的充电结束的时间节点。本节简要说明了用于锂离子电池状态估计和剩余使用寿命预测的故障预测和健康管理技术。

对锂离子电池进行建模对于锂离子电池的状态估计和健康管理非常必要。然而，基于物理模型的电池模型对于板载硬件实施可能相当复杂，而且计算量很大。此类基于物理模型的电池模型需要使用假设和数学技术进行简化。因此，研究人员已经开发了很多数据驱动的故障预测方法，并且将其用于锂离子电池状态估计和健康管理。

本节的内容如下：8.3.1 节讨论了充电状态估计的方法，并且给出了基于两个试验数据的案例研究来阐述此类方法；8.3.2 节介绍了一种锂离子电池故障预测与健康管理方法，目的是在电池寿命的早期就进行板载应用的剩余使用寿命预测；8.3.3 节进行了总结。

8.3.1 充电状态估计

充电状态是指电池的剩余电量（Ah）与其真实标称容量的比。充电状态可以表明还剩下多少电量，以及何时需要充电。同时，充电状态还能够为电池管理系统提供信息，使电池在安全工作窗口内工作，避免电池的过度使用。鉴于目前的板载传感技术，充电状态无法直接测量。充电状态为

$$\text{SOC}(T) = \text{SOC}(0) - \frac{\eta \int_0^T i \text{d}t}{C_n} \tag{8.32}$$

式中，$\text{SOC}(T)$ 和 $\text{SOC}(0)$ 分别是时间 T 和初始点的充电状态；η 是库仑效率（$\eta=1$ 为放电，$\eta<1$ 为充电）；i 是电流（i 为正表示放电，i 为负表示充电）；C_n 是额定容量，并且是循环数 n 的函数。

充电状态估计方法可以分为 3 种：库仑计数、机器学习和基于模型的滤波估计。

库仑计数是估计充电状态的一种简单方法，以 Ah 为单位积累净电荷，如

式（8.32）所示。库仑计数是一种开环估计器，不能消除测量误差且不能确定干扰的积累。此外，库仑计数也不能确定初始充电状态，同时不能解决由自放电所引起的初始充电状态变化。如果不能确定初始充电状态，那么库仑计数将导致充电状态估计的累积误差。考虑到上述情况，建议定期进行重新校准，并且广泛采用多种方法，如对电池完全放电或参考其他测量方法（如开路电压方法）。

机器学习方法，包括人工神经网络、基于模糊逻辑的模型和支持向量机，均可用于充电状态估计。机器学习方法依靠黑箱方法对电池进行建模，并且需要大量的训练数据进行学习。此外，在方法中，针对所有可能使用条件的模型通用化仍然是一个挑战。

基于模型的滤波估计方法由于其闭环性质和对各种不确定性的建模能力而得到了广泛应用。锂离子电池的电化学模型和等效电路模型都是为了获取电池的动态行为。电化学模型通常以具有多个未知参数的偏微分方程的形式呈现，准确性很高，但由于对内存和计算的要求很高。为了保证模型的准确性和可行性，在电池管理系统中已经实现了等效电路模型，如增强型自校正模型和滞后模型，以及一阶或二阶电阻/电容网络模型。开路电压是电池等效模型中的一个重要元素，其本质上是充电状态的一个函数。利用开路电压方法的前提是，电池需要休息很长一段时间，使其端电压接近开路电压。然而，在实际应用中，长时间的休息是不可能的。为了弥补开路电压方法的缺陷，基于状态空间模型的非线性滤波方法已经被开发，该方法结合库仑计数和开路电压的方式，能够提高对充电状态的估计能力。下面介绍两个关于充电状态估计的案例研究，以详细说明此类方法。

1. 充电状态估计案例研究 1

本部分介绍一种基于机器学习的方法（神经网络）和基于物理模型的方法（无迹卡尔曼滤波器）的混合充电状态估计方法：为了获取电池动态的时间常数，多个电流、电压和温度测量值被用作神经网络的输入，而充电状态作为神经网络的输出。神经网络的输入数和神经网络结构是通过构造方法确定的，其中神经网络的泛化能力和准确性已经进行了优化。为了减小神经网络的估计误差，本案例使用无迹卡尔曼滤波器来滤掉神经网络估计中的异常值。无迹卡尔曼滤波器的效果已经证明比扩展卡尔曼滤波器的效果更好，主要原因是其对任何非线性系统都能精确到三阶。该模型使用动态应力测试数据进行训练，并且使用US06公路驾驶时间表的数据进行验证。

1）神经网络

神经网络是一种智能计算工具，已广泛用于系统建模、异常检测、故障预测和分类。神经网络由一组相互连接的简单处理器组成，这种处理器称为神经元，能够模仿人脑的信息处理和知识获取能力。神经网络的如下几个特点使其成为系统建模的一个有吸引力的选择：①神经网络可以使用足够的神经元和神经层来适应任何非线性函数，并且适用于复杂系统建模；②神经网络可以学习并更新自身的内部结构，以适应不断变化的环境；③神经网络在数据处理方面非常高效，因为其在计算方面具有并行性；④神经网络在本质上是数据驱动的，能够在没有详细物理信息的情况下建立一个系统模型。

神经网络由一个带有节点的输入层表示输入变量，用一个或多个带有节点的隐藏层来模拟系统输入和输出之间的非线性关系，用一个输出层表示系统的输出变量。图 8-39 给出了用于充电状态估计的多层前馈神经网络结构。神经网络的输入是电流（I）、电压（V）和温度（T），输出是电池的充电状态。相邻两层之间的节点是相互连接的。输入层负责传递具有权重的输入，输入层不进行任何处理操作。隐藏层和输出层属于处理层，每个节点都有激活函数。双曲正切函数 sigmoid 常用在隐藏层中作为激活函数，其定义为

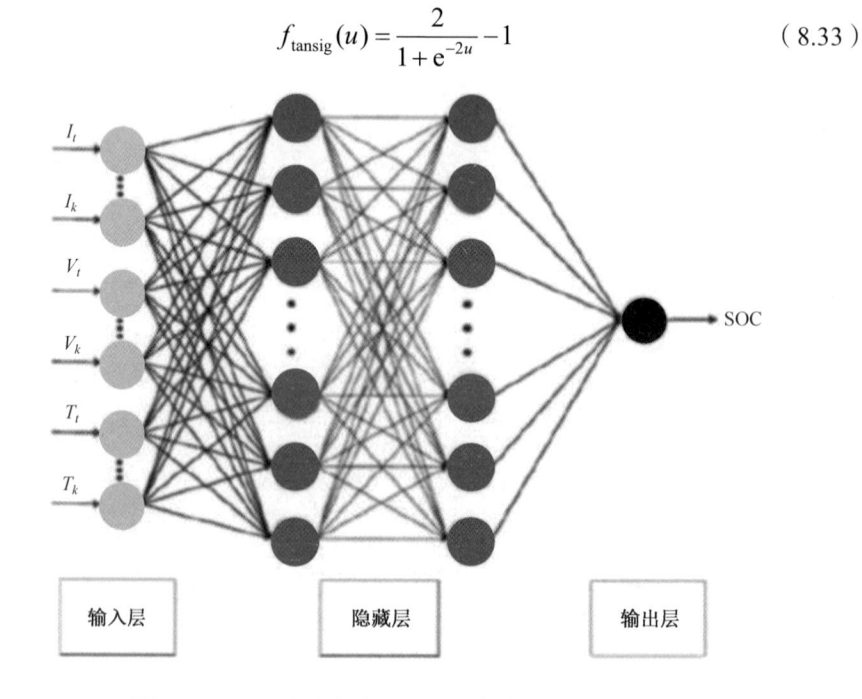

$$f_{\text{tansig}}(u) = \frac{2}{1+e^{-2u}} - 1 \quad (8.33)$$

图 8-39　用于充电状态估计的多层前馈神经网络结构

在输出层，线性传递函数用作回归问题和拟合问题的激活函数：

$$f_{\text{lin}}(u) = u \tag{8.34}$$

本案例研究使用反向传播算法来确定网络中的权重和偏差。反向传播意味着网络训练期间的误差可以从输出层传播到隐藏层，然后传播到输入层，从而估计每个节点的最佳权重。

2）训练和测试数据

随着电动汽车中电池的发展，充电状态估计的准确性变得非常重要。然而，训练神经网络存在的一个实际问题是，电动车的真实负载条件非常复杂和不确定。负载条件会随路况、车速和驾驶方式的变化而发生变化。因此，在充电状态跨度、电流和电压范围，以及负载变化率方面，训练数据应尽可能地覆盖真实的负载条件。训练数据库可以从使用模拟驾驶循环的电池测试中构建。另外，在电动车的现场应用中收集的数据也可以用来改善神经网络的性能。此外，神经网络络应该具备泛化能力，以应对训练数据库中未包含的负载条件。

本案例使用的训练数据是基于动态应力测试配置文件收集的，符合美国高级电池联盟测试程序的规定。图 8-40（a）给出了动态应力测试的电流曲线。虽然动态应力测试由各种不同振幅和长度的电流阶梯组成，并且考虑了再生充电，如图 8-40（a）中的负振幅所示，但其仍然是对电池真实负载条件的一种简化。使用动态应力测试作为训练数据来检验神经网络在复杂现实负载条件下估计充电状态的准确性和能力，本案例对电动汽车通常使用的 LiFePO_4 电池进行了测试，电池最大容量为 2.3Ah。将电池放在温度室中测量电池的温度，采用 Arbin BT2000 来控制电池的充电/放电。动态应力测试分别在温度为 0℃、10℃、20℃、30℃、40℃和50℃的环境下进行，以构建不同温度下的训练数据库。

神经网络的测试数据应与训练数据不同。在此项研究中，测试数据是使用 US06 驾驶时间表收集的，如图 8-40（b）所示，US06 模拟了高速公路的驾驶条件。就电流变化率而言，US06 比动态应力测试更复杂。上述电池测试剖面用来测试神经网络的健壮性和泛化性。US06 测试分别在温度为 0℃、10℃、20℃、25℃、30℃、40℃和50℃的环境下进行，训练数据不包括在温度为 25℃下的数据。

美国联邦城市驾驶时间表如图 8-40（c）所示。

对数据进行适当的归一化处理，可以提高神经网络训练的效率和健壮性。因此，在训练之前，输入被归一化到[−1,+1]内，具体方法是

$$x = \frac{2(x - x_{\min})}{(x_{\max} - x_{\min})} - 1 \quad (8.35)$$

式中，$x_{\min}$ 和 $x_{\max}$ 分别是神经网络的输入向量 x 中的最小值和最大值。在测试步骤中，使用与训练数据相同的 $x_{\min}$ 和 $x_{\max}$ 对测试数据进行缩放。

(a) 动态应力测试的电流曲线

(b) US06驾驶时间表

(c) 美国联邦城市驾驶时间表

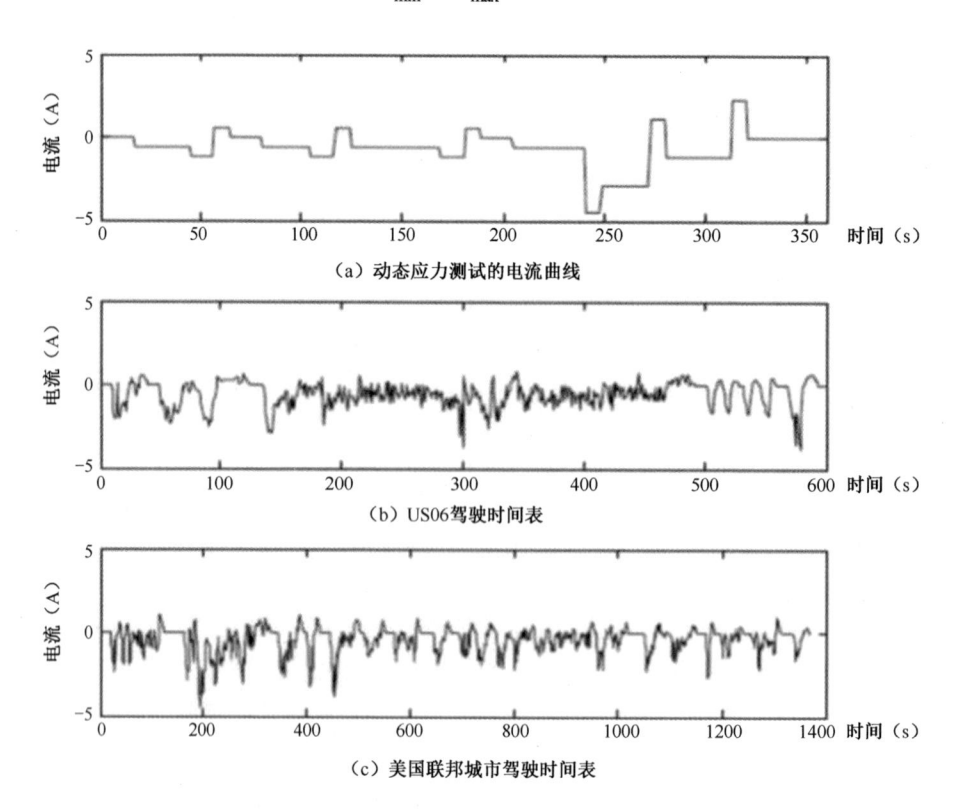

图 8-40　电池测试剖面

3) 神经网络结构确定

在本案例研究中，神经网络的输入是电流和电压的测量结果。由于电池中存在电容电阻，以前的样品中的电流和电压会影响现在的电池状态，因此以前样品的测量结果也需要输入神经网络中。此外，为了避免神经网络发生过度训练，本案例在每 4 个样本中选择 1 个样本来训练神经网络。神经网络在时间 i 的输入是 $[I(i), I(i-4), \cdots, I(i-4k), V(i), V(i-4), \cdots, V(i-4k), T(i), T(i-4), \cdots, T(i-4k)]$，输出是充电状态 SOC($i$)，其中 k 为常数，其值取决于电池系统响应的时间常数，并且应在训练神经网络之前确定。k 值和隐藏层的神经元数量 n 是通过优化不同参数值训练误差的方式确定的，在这项研究中 k 为 30，n 为 5。

4）训练和测试结果

图 8-41 给出了在不同温度下 US06 测试数据的估计充电状态和实际充电状态，其中实曲线是通过库仑计数计算的充电状态。电池是从 100%的充电状态开始放电的，而且电流传感器校准效果很好，积分误差可以忽略不计，因此实曲线可以认为是实际的充电状态。US06 测试数据的均方误差在 4%以内，但在某些温度下的最大误差可能大于 10%。误差主要在中间充电状态范围内（30%~80%），这是因为磷酸铁锂电池的放电具有平坦特性。这个问题不能通过使用更多隐藏层或将神经网络训练到较低的均方误差（如 0.001）等方式来轻易解决，因为这样可能会使神经网络过度拟合。

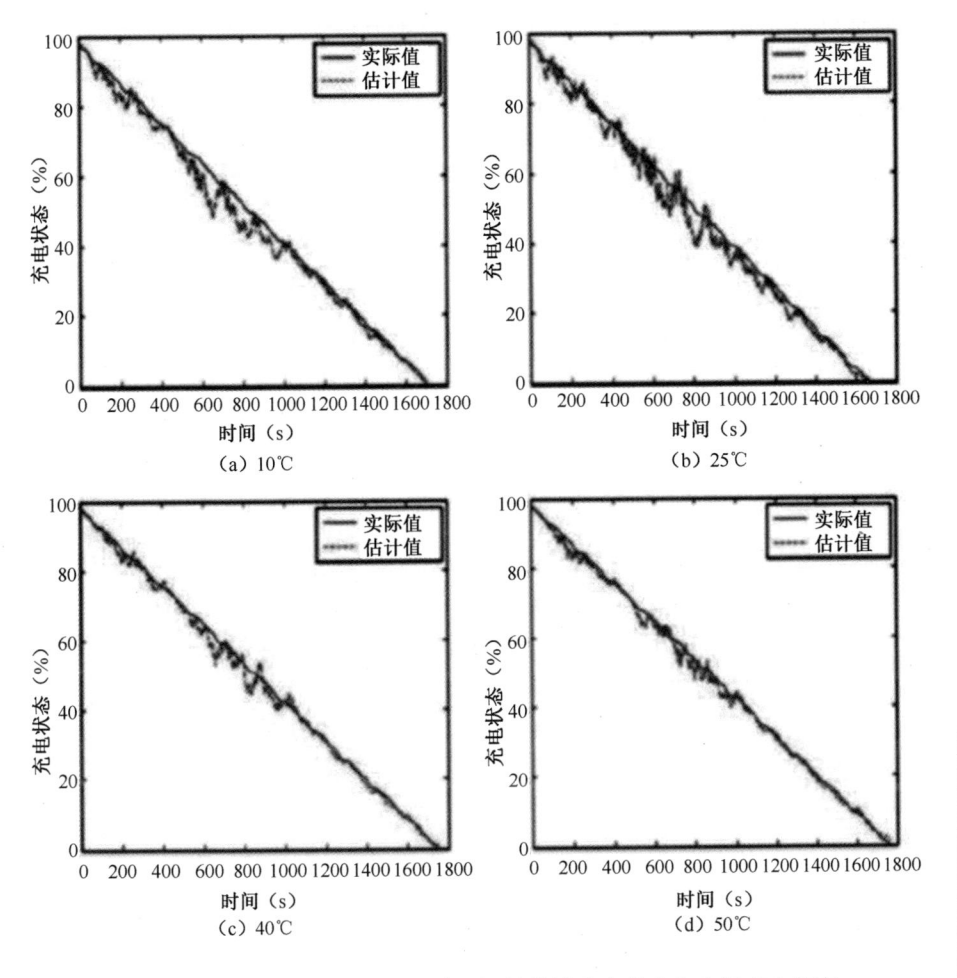

图 8-41 不同温度下 US06 测试数据的估计充电状态和实际充电状态

对于许多应用，如电动车，其估计充电状态主要围绕实际充电状态平滑发展，这样电动车的剩余电量预测就不会突然跳跃或下降使用户感到困惑了。为了实现具有足够精度的平滑估计，本案例研究采用了无迹卡尔曼滤波器处理神经网络输出，并对误差进行滤波。

5）无迹卡尔曼滤波器应用

利用无迹卡尔曼滤波器进行滤波是一种典型的滤波方法，能够提供基于无迹变换的递归状态估计。无迹变换方法可以利用多个特定西格玛点来获取高斯分布的均值和方差，也可以根据传播的西格玛点来获取基于随机变量的非线性系统的后验分布。无迹卡尔曼滤波器已经在许多问题中得到了应用，因为利用该方法可以得出比扩展卡尔曼滤波器更好的估计结果。此外，与需要状态和测量函数导数的扩展卡尔曼滤波器不同，无迹卡尔曼滤波器是无导数的。因此，基于神经网络的充电状态模型可以很容易地纳入无迹卡尔曼滤波器并进行估计。

为了构建一个可用于无迹卡尔曼滤波器估计的状态空间模型，神经网络的充电状态输出被认为是测量噪声。因此，选择神经网络充电状态模型作为测量模型，充电状态模型是在库仑计数基础上得出的。无迹卡尔曼滤波器的目的是过滤掉神经网络输出中的噪声，从而提高充电状态估计的准确性。充电状态模型为

$$\text{状态函数：} SOC(k+1) = SOC(k) - \frac{I \times \Delta t}{Q_{\max}} + v \quad (8.36)$$

$$\text{测量函数：} NN(k+1) = SOC(k) + w \quad (8.37)$$

式中，I 为电流；$Q_{\max}$ 为最大容量；$NN(k+1)$ 为神经网络在时间 $k+1$ 的充电状态输出；v 和 w 分别为状态噪声和测量噪声。

神经网络的输出可以使用无迹卡尔曼滤波器进行滤波以改善估计效果。图 8-42 给出了 US06 在不同温度下经过无迹卡尔曼滤波器滤波后的充电状态估计结果。神经网络的输出是无迹卡尔曼滤波器估计的初始充电状态。从图 8-42 中可以看出，无迹卡尔曼滤波器的估计能够获取在所有温度下充电状态的演变情况。在 25℃时，通过独立神经网络对 US06 进行的充电状态估计产生了 3.3% 的均方误差和 12.4% 的最大误差。在无迹卡尔曼滤波器降噪后，均方误差减小到 2.5%，最大误差减小到 3.5%。因此，无迹卡尔曼滤波器是一种有效减小神经网络充电状态估计误差的方法。经无迹卡尔曼滤波器滤波后，充电状态估计的均方误差在 2.5% 以内，不同温度下的最大误差在 3.5% 以内。

2. 充电状态估计案例研究 2

本案例研究了基于温度的内阻电池模型与非线性滤波方法的结合，内阻电池模型改善了锂离子电池在不同温度的动态负载条件下的充电状态估计。在不同温度下进行了 3 次测试，动态应力测试和美国联邦城市驾驶时间表是在不同温度下测试的两种动态负载条件，分别用于确定模型参数和验证估计性能。开路电压—充电状态—温度测试的目的是将开路电压—充电状态行为扩展到温度领域。由于系统的各种不确定性，本案例研究使用了基于无迹卡尔曼滤波器的充电状态估计器，因为与扩展卡尔曼滤波器相比，其具有能够达到非线性三阶的优势。试验是在额定电量为 1.1Ah 的磷酸铁锂电池上进行的。

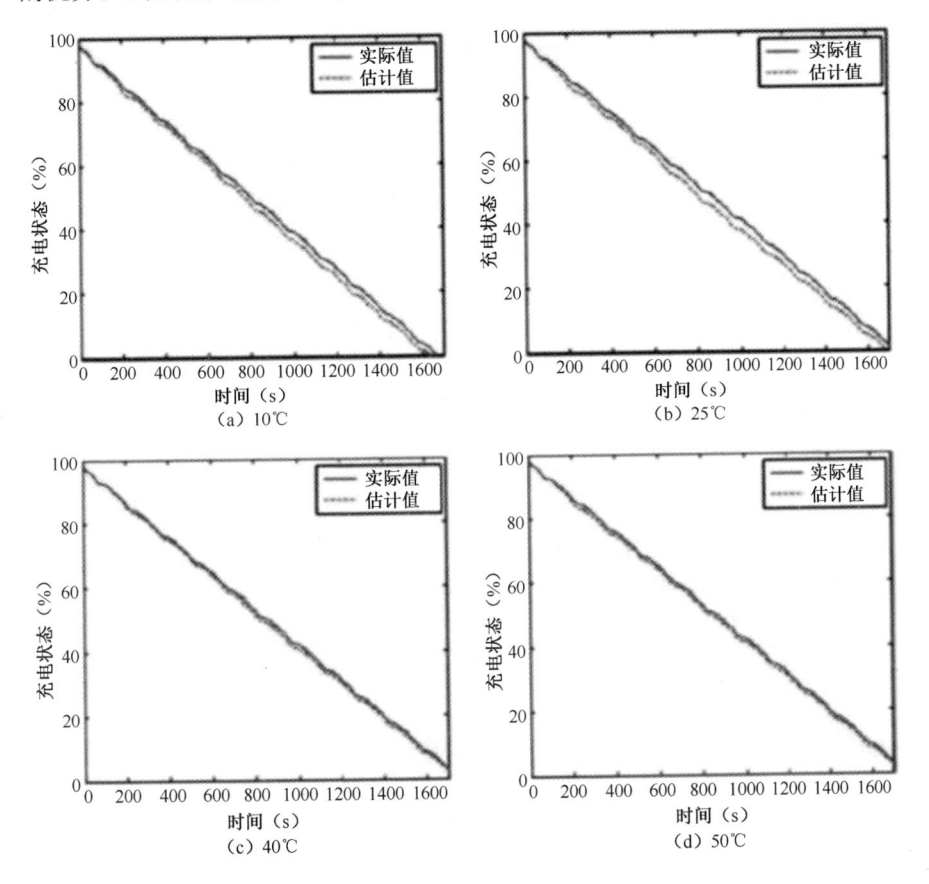

图 8-42 US06 在不同温度下经过无迹卡尔曼滤波器滤波后的充电状态估计结果

1）开路电压—充电状态—温度测试

开路电压是电池充电状态的函数。如果电池能够休息很长一段时间，直到端电压接近真正的开路电压,那么开路电压就可以用来准确地推断充电状态。然而,这种方法对于动态充电状态估计并不适用。为了解决这个问题,充电状态可以通过结合开路电压的在线识别和预先确定的离线开路电压—充电状态查询表来估计。考虑到开路电压—充电状态查询表的温度依赖性,开路电压—充电状态测试从 0℃到 50℃(间隔 10℃)进行。在每个温度下的测试程序如下:首先,使用 1C 的恒定速率的恒定电流对电池进行完全充电(1C 的恒定速率意味着电池完全放电大约需要 1 小时),直到电压达到截止电压 3.6V,电流为 0.01C;其次,电池以 C/20 的恒定速率完全放电,直到电压达到 2.0V,相当于 0%的充电状态;最后,电池以 C/20 的恒定速率完全充电至 3.6V,相当于 100%的充电状态。电池的端电压被认为是真实平衡电位的近似值。图 8-43 给出了 20℃时的开路电压曲线,充电过程中的平衡电位比放电过程中的平衡电位高,这说明开路电压在充电/放电过程中存在滞后效应。在本案例研究中,开路电压曲线定义为充电/放电平衡电位的平均值,同时忽略滞后效应。此外,当充电状态相对于特定电池容量进行归一化时,开路电压—充电状态曲线可以认为是在同一测试条件下同一类型的唯一曲线。图 8-43 中的小图强调了 25%~80%充电状态平坦开路电压斜率。

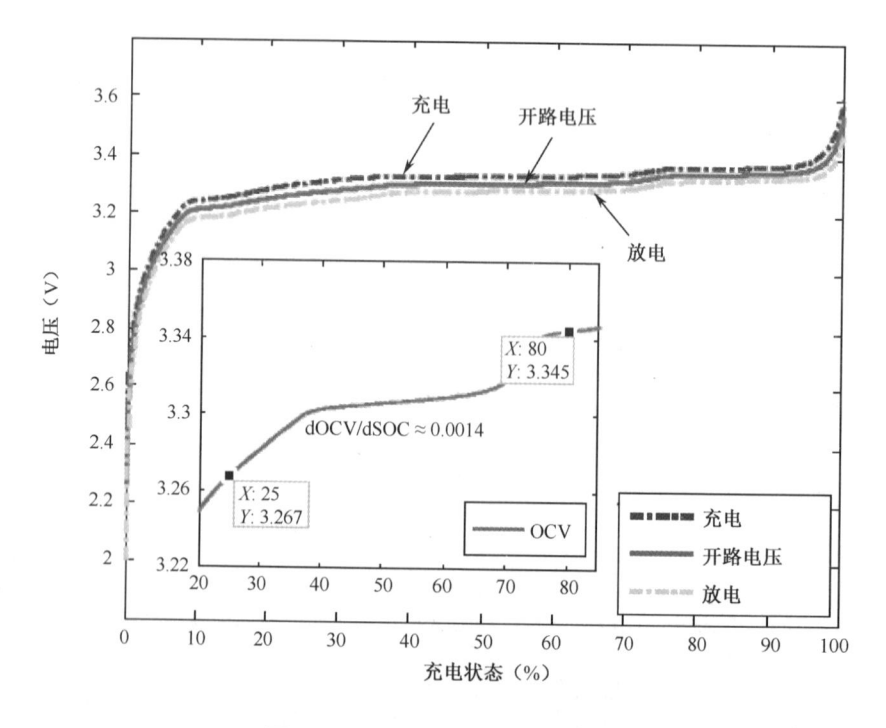

图 8-43 20℃时的开路电压曲线

2）电池建模和参数识别

对于锂离子电池，内阻电池模型是通用的，可以直接使用估计参数来描述电池的动态。尽管具有更多参数的复杂模型可能会得出更好的拟合结果，如有几个平行电压电容网络的等效电路模型，但复杂模型同时会带来过度拟合的风险，还可能为在线估计引入更大的不确定性。特别是考虑到温度因素，应对电池建模施加更多的复杂性。因此，如果简单模型具有泛化能力并能够提供足够好的拟合结果，那么简单模型比复杂模型更受欢迎。本案例研究提出了基于电池原始内阻模型的修改模型，目的是平衡模型的复杂性和电池充电状态估计的准确性。电池原始内阻模型示意如图 8-44 所示。

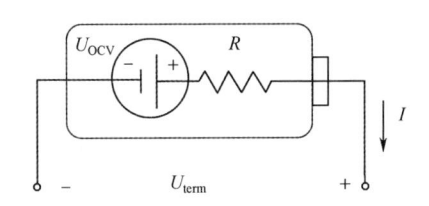

图 8-44 电池原始内阻模型示意

$$U_{\text{term},k} = U_{\text{OCV}} - I_k R \quad (8.38)$$

$$U_{\text{OCV}} = f(\text{SOC}_k) \quad (8.39)$$

在式（8.38）和式（8.39）中，$U_{\text{term},k}$ 是在时间 k 的正常动态电流负载下测量的终端电压；I_k 是同一时间的动态电流，正电流表示放电，负电流表示充电；R 是电池的简化总内阻。开路电压是电池充电状态的一个函数，应按照开路电压—充电状态—温度测试中的程序进行测试。电池模型，即式（8.38）可以根据测量的终端电压和电池的电流直接推断开路电压，然后可以使用 $f^{-1}(\text{OCV})$ 来估计充电状态，即开路电压—充电状态查询表。

在磷酸铁锂电池上进行动态应力测试，确定式（8.38）中的模型参数 R。以动态应力测试在 20℃时的电流和电压曲线为例（见图 8-45），基于电池测试台，以 1s 的采样周期，测量和记录从完全充电到空的电压和电流。累积电荷量（试验充电状态）是由 100%充电状态同步计算出来的。因此，参数 R 可以使用电流、电压和开路电压—充电状态序列，并通过最小平方算法进行拟合。

3）用于改进模型的开路电压—充电状态—温度表

如 8.3.2 节所述，从 0~50℃获得了 6 条开路电压曲线,间隔温度为 10℃。图 8-46（a）展示了在不同温度下 30%至 80%充电状态之间开路电压—充电状态曲线的差异。可以看出，当开路电压相同（3.3V）时，在 0℃时的充电状态比在其他温度较高下的充电状态大得多。这说明在低温下电荷的可释放能力降低。图 8-46（b）给出了在 3 个温度（0℃、20℃和 40℃）下，特定开路电压（3.28~3.32V，间隔为 0.01V）对应的充电状态。

(a)测量的电流

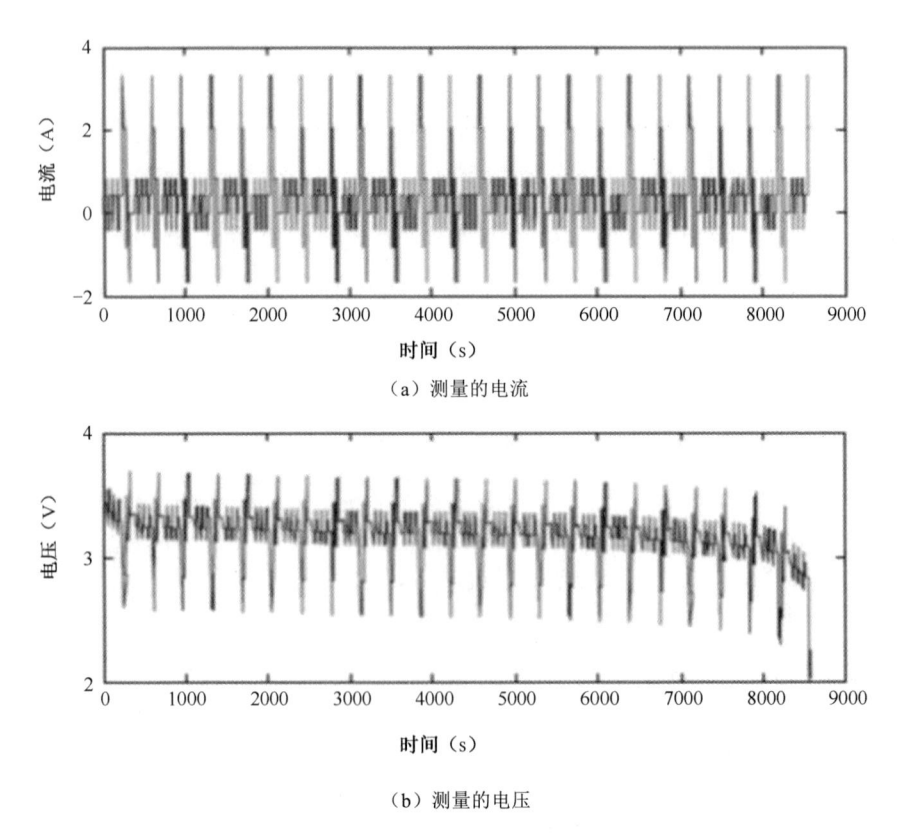

(b)测量的电压

图 8-45　动态应力测试在 20℃时的电流和电压曲线

通过图 8-46（b）可以发现一个值得关注的问题。在不同温度下，相同的开路电压对应不同的充电状态。例如，在开路电压为 3.30V 时，0～40℃的充电状态差异达到约 22%。因此，在电池电气模型中加入开路电压—充电状态—温度关系就能够提高模型的准确性。改进后的电池模型为

$$U_{\text{term},k} = U_{\text{OCV}}(\text{SOC}_k, T) - I_k R(T) + C(T) \qquad (8.40)$$

其中，U_{OCV} 是充电状态和环境温度（T）的函数；$C(T)$ 是关于温度的函数，其作用是减小由于模型模拟不准确和环境条件所造成的偏移。

图 8-46（b）中另一个值得关注的问题是，在相同的温度条件下，开路电压中 0.01V 的微小偏差将导致充电状态的巨大差异，这也是如图 8-43 所示的问题。因此，如果从电池模型中直接推断充电状态，就需要很高的模型模拟准确性和测量精度。为了解决这个问题，并提高充电状态估计的准确性，本案例研究采用了基于模型的无迹卡尔曼滤波器。

(a) 不同温度下 30%~80%充电状态之间的开路电压—充电状态曲线

(b) 0℃、20℃和40℃时特定开路电压对应的充电状态

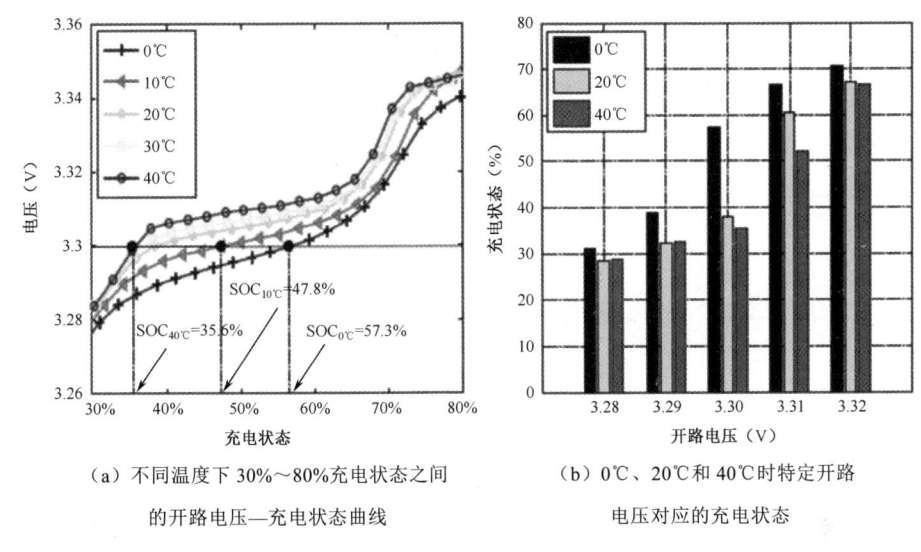

图 8-46 不同温度下的开路电压曲线及特定开路电压对应的充电状态

4) 模型验证

基于式 (8.40) 的电池模型, 需要注意的一个问题是, 具体的开路电压—无迹卡尔曼滤波器查找表应根据环境温度 (这里将其视为平均值) 来选择。最小二乘法拟合也可以用来确定模型参数 R 和 C, 拟合模型参数列表和模型拟合统计如表 8-4 所示。

表 8-4 拟合模型参数列表和模型拟合统计

T (℃)	R (Ω)	C	平均绝对误差 (V)	均方根建模误差	相关系数矩阵 (e_k, I_k)
0	0.2780	-0.0552	0.0153	0.0188	1.36×10^{-13}
10	0.2396	-0.0436	0.0112	0.0134	8.45×10^{-14}
20	0.2249	-0.0360	0.0087	0.0105	1.09×10^{-13}
25	0.2020	-0.0326	0.0080	0.0095	1.02×10^{-13}
30	0.1838	-0.0289	0.0073	0.0085	-7.62×10^{-13}
40	0.1565	-0.0237	0.0060	0.0071	2.85×10^{-13}
50	0.1816	-0.0201	0.0099	0.0131	3.15×10^{-14}

相关系数矩阵 (e_k, I_k) 的值接近零, 表明残差和输入变量几乎不存在线性关系。因此, 修正之后的电池模型可以更好地拟合动态电流负载。一个有意义的结论是, 可以使用回归曲线在环境温度 T 上对 C 值进行拟合, 如图 8-47 所示, 可以选择指数函数来拟合 T 上的 C 值, 因为电池的内部元素 (电池电阻) 遵循

Arrhenius 方程(对温度具有指数依赖关系)。在本案例研究中,分别在 0℃、10℃、20℃、25℃、30℃和 40℃各取 5 个 C 值用于曲线拟合,其中 C 值(50℃)用于测试这个指数函数的拟合性能。图 8-47 给出了基于 C 值和拟合曲线的 95%预测界限。显然,C 值(50℃)下降到了 95%的预测界限内。可以看出,图 8-47 中的 $C(T)$ 函数可以用来估计未进行相应温度试验情况下的 C 值。

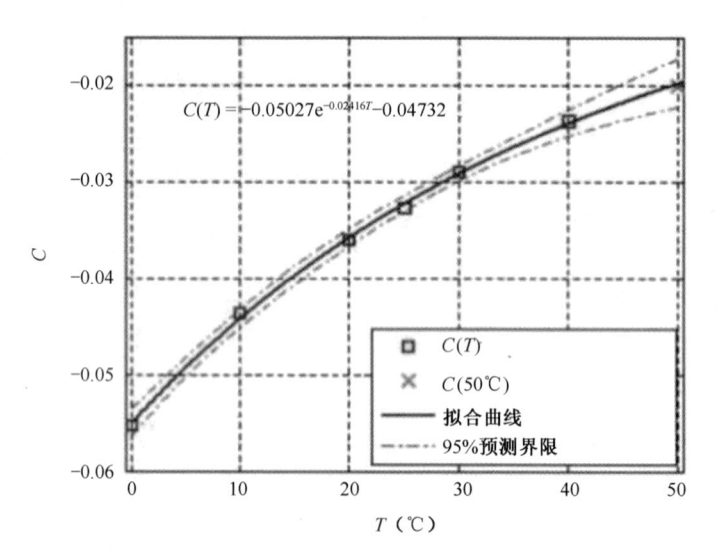

图 8-47 基于 C 值和拟合曲线的 95%预测界限

5)在线估计算法的实现方法

在线充电状态估计具有很强的非线性。这一点从任何电池模型中都可以看出来,开路电压与充电状态有非线性关系。此外,模型不准确、测量噪声和使用条件的不确定性,都会导致估计发生偏差。基于模型的非线性滤波方法可用于动态充电状态估计,其目的是估计隐藏系统状态、估计用于系统识别的模型参数,或者两者兼而有之。因此,本案例研究提出了一种基于误差反馈的无迹卡尔曼滤波器方法,以转移系统噪声的方式来提高充电状态估计的准确性。

状态函数:

$$SOC(k) = SOC(k-1) - I(k-1)\Delta t/C_n + \omega_1(k-1) \quad (8.41)$$

$$R(k) = R(k-1) + \omega_2(k-1) \quad (8.42)$$

测量函数:

$$U_{term}(k) = U_{OCV}(SOC(k),T) - I(k)R(k,T) + C(T) + \vartheta(k) \quad (8.43)$$

式中,$I(k)$ 为时间 k 的输入电流;Δt 为采样间隔,根据采样率此处为 1s;C_n 为额定容量,测试对象的额定容量为 1.1Ah;$\omega_1(k)$、$\omega_2(k)$ 和 $\vartheta(k)$ 是零均值的白色随机过程。

图 8-48 给出了用于模型验证的联邦城市驾驶时间表曲线（环境温度为 20℃）。联邦城市驾驶时间表是一种基于汽车工业标准车辆时间—速度曲线的动态电动汽车性能测试。在本案例研究中，该时间—速度曲线转换为动态电流曲线，然后用于电池测试和模型验证。

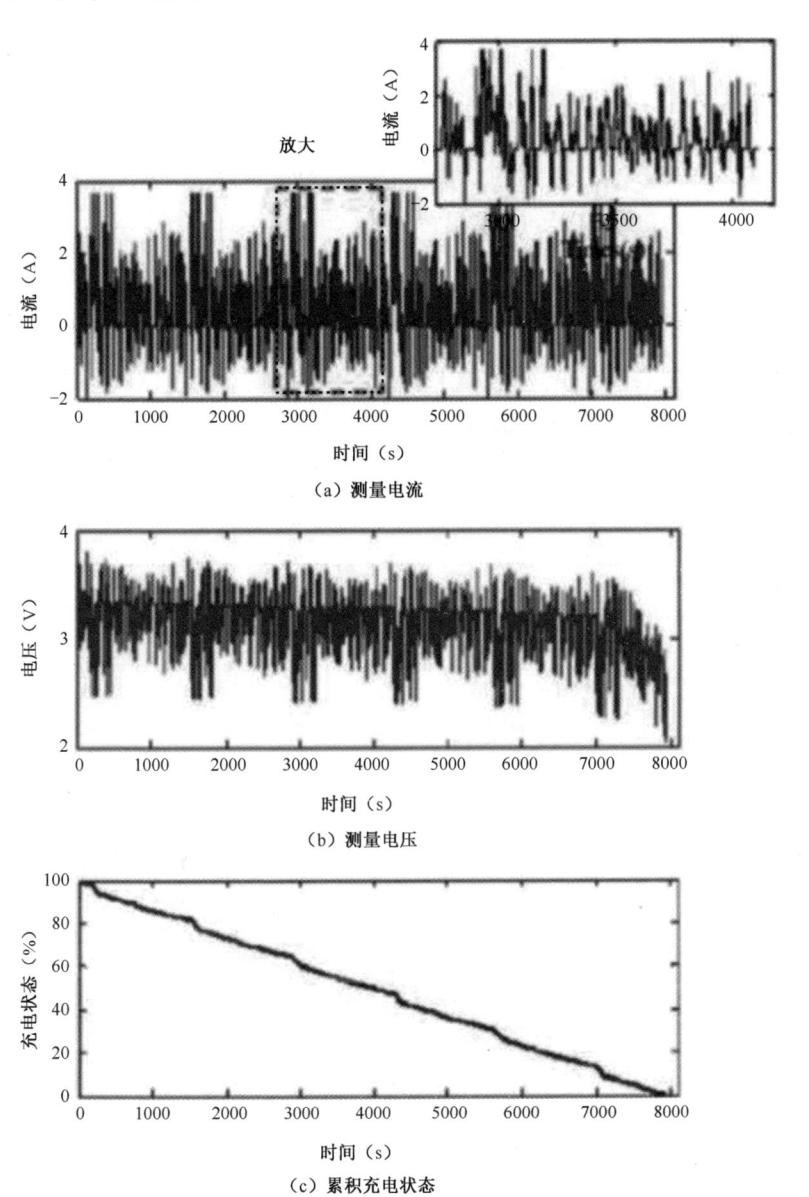

(a) 测量电流

(b) 测量电压

(c) 累积充电状态

图 8-48 用于模型验证的联邦城市驾驶时间表曲线（环境温度为 20℃）

本案例研究比较了使用无迹卡尔曼滤波器方法从两个不同查询表中估计的充电状态。假设最初的开路电压—充电状态是在25℃下测试的,图8-49给出了在40℃下进行动态联邦城市驾驶时间表测试的估计结果。图8-49(a)给出了分别基于开路电压—充电状态下和开路电压—充电状态—40℃下的估计端电压与测量端电压之间的误差;图8-49(b)给出了这两个开路电压—充电状态条件下的估计充电状态。

(a) 估计端电压与测量端电压之间的误差

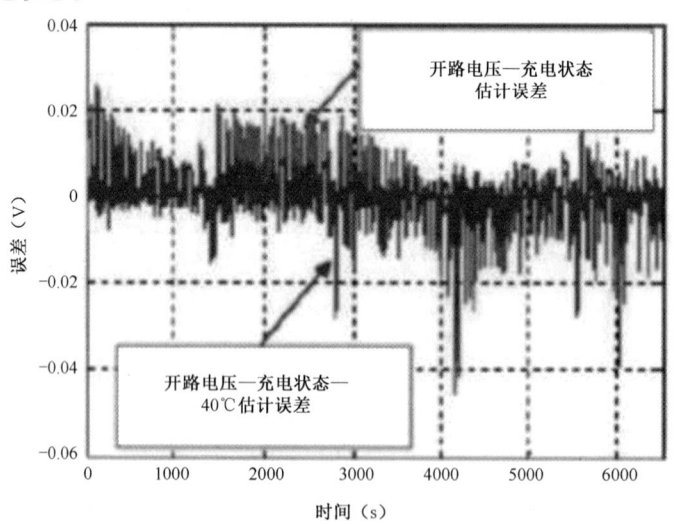

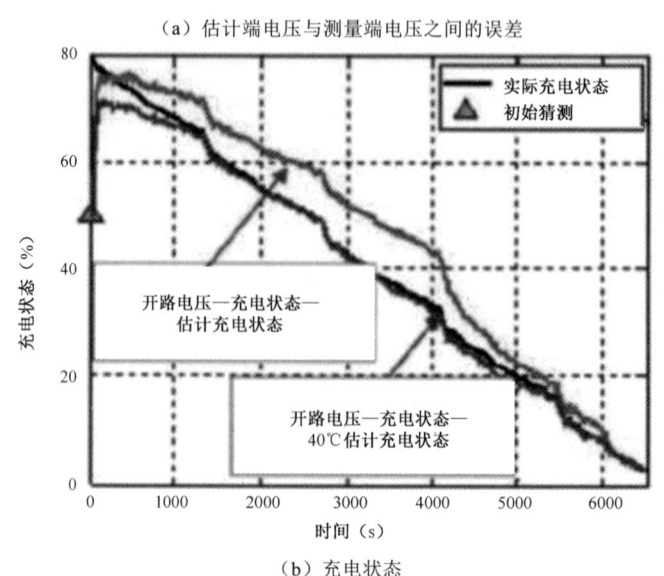

(b) 充电状态

图8-49 使用两种不同的开路电压—充电状态表的估计端电压与测量端电压之间的误差,以及实际充电状态和估计充电状态

如图8-49（b）所示，当所选的开路电压—充电状态与环境温度一致时，估计充电状态确实与实际充电状态接近，并且迅速收敛。当使用初始的开路电压—充电状态（不进行温度校正）时，则会与实际充电状态存在巨大偏差。

8.3.2 锂离子电池故障预测

本节介绍了一种故障预测与健康管理方法，目的是在电池寿命的早期就进行板载应用和剩余使用寿命预测。基于数据分析，本节提出了一个由两个指数函数组成的新模型来模拟电池容量衰减趋势。该模型在建模的准确性和复杂性之间达到了一个很好的平衡，并且能够准确获取电池容量衰减趋势的非线性特征。为了在早期就实现准确预测，本节使用了两种方法，使模型参数能够迅速适应特定的电池系统和负载条件。第1种方法是基于Dempster-Shafer（DS）理论的初始模型参数选择。DS理论是一种有效的数据融合方法，在传感器信息融合、专家意见组合、分类器组合等方面具有很多应用，DS理论允许从现有电池数据中收集信息，从而获得具有最高置信度的初始模型参数。第2种方法是贝叶斯蒙特卡罗方法，其主要用于根据新的测量结果对模型参数进行更新。通过贝叶斯蒙特卡罗方法获得的调整参数，可以推断确定电池容量衰减模型，并且进行健康状态和剩余使用寿命预测。本节所提出的电池故障预测与健康管理方法能够在电池寿命早期进行准确预测，不需要大量训练数据，并且有可能应用于车载电池故障预测与健康管理系统。

1. 电池容量衰减建模

随着电池的老化，其最大可用容量将会减小。为了研究电池容量衰减，本节测试了两种类型的商业锂离子电池。电池循环是在室温下使用Arbin BT2000电池测试系统进行多次充放电测试完成的。A型电池的放电电流为0.45A，电池的充电和放电在制造商规定的截止电压处停止。因为进行了充分的充电—放电循环，所以使用库仑计数法对被测试电池的容量进行估计。通过电池容量测试得到的电池容量数据可以用来预测电池的健康状态和剩余使用寿命。

图8-50给出了4个不同A型电池的容量衰减趋势。可以看出，电池容量衰减以近乎线性的方式发生，然后明显减小。电池容量衰减通常是由电池电极和电解液之间发生的副反应造成的，副反应会消耗锂。固体沉淀物作为副反应的产物出现并黏附在电极上，这会增大电池的内阻。上述反应的综合作用会降低电池储存电能的能力。电池容量衰减与内部阻抗增大密切相关，因此电池容量

衰减的潜在模型也可以是指数模型。基于试验数据回归分析，本节发现以下形式的模型可以很好地描述 4 个不同 A 型电池（A1、A2、A3、A4）的容量衰减趋势，R 的平方始终大于 0.95，最大均方根误差限制在 0.0114。

$$Q = a\exp(bk) + c\exp(dk) \qquad (8.44)$$

式中，Q 是电池容量；k 是循环次数；a 和 c 表示初始电池容量；b 和 d 表示电池容量衰退速率。

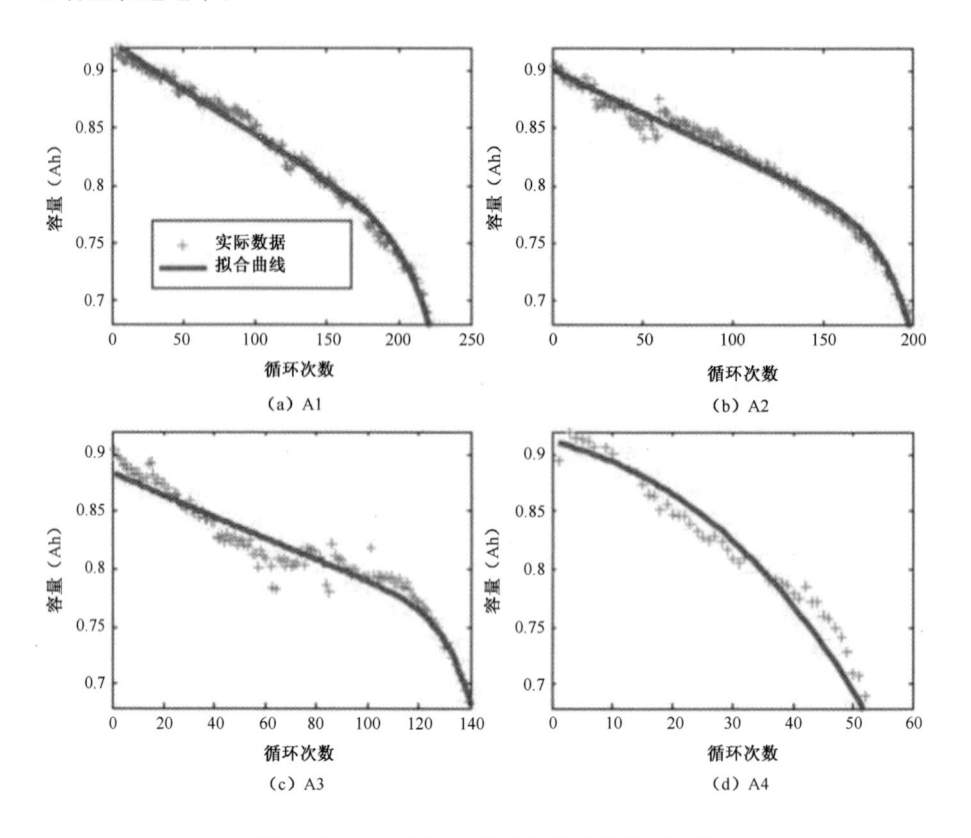

图 8-50 4 个不同 A 型电池的容量衰减趋势

2. 电池故障预测的不确定性

该模型可以很好地适用于每种电池。然而，我们也很容易发现，每种电池的容量衰退趋势之间可能存在很大的差异。这些差异可能来自以下几个方面。

（1）固有的系统不确定性：由于制造装配和材料特性的不确定性，电池可能具有不同的初始容量。每种电池也可能单独受到杂质或缺陷的影响，因而可能导致不同的容量衰退速度。

（2）测量的不确定性：不确定性可能来自测量设备的背景噪声和系统的过程噪声。

（3）使用环境的不确定性：电池容量衰减的速率会受到使用条件的影响，如环境温度、放电电流率、放电深度和衰退期。

（4）建模的不确定性：回归模型是对电池容量衰退模拟的一种近似方法，其可能存在一定的建模误差。

在式（8.44）中，如果模型参数定义不准确，那么预测就会出现误差。因此，我们需要使用不确定性管理工具来说明电池容量估计中的噪声或误差、电池化学和负载条件变化情况等要素。因此，采用 DS 理论和贝叶斯蒙特卡罗方法来确保电池容量衰退模型适应特定的电池系统和负载条件。最终的剩余使用寿命预测可以使用概率密度函数，这样就可以对故障预测的置信度进行评估。

为了在电池寿命早期阶段就能实现准确预测，电池容量衰退模型参数应能够表示电池的真实物理反应，这一点至关重要。可用的电池数据可以用来进行参数初始化，初始参数的良好组合能够缩短模型对真实系统响应的收敛时间。DS 理论混合组合规则用于获得上述基础（或"先验模型"），然后将其用于基于贝叶斯蒙特卡罗方法的模型更新。本节提出了 DS 理论混合组合规则，可以根据每个数据集的置信度对证据进行组合。动态应力测试使用 A1、A2 和 A3 电池的数据初始化模型参数的详细步骤不在本章的研究范围内。动态应力测试给出的综合参数值为：$a = -0.00022$，$b = 0.04772$，$c = 0.89767$，$d = -0.00094$。

3. 基于贝叶斯蒙特卡罗方法的模型更新

在确定初始参数值并收集电池容量数据之后，就可以根据贝叶斯蒙特卡罗方法对模型参数进行更新。随着更多的电池容量数据出现，参数估计将逐渐收敛到真实值。为了建立不确定性模型，假设参数 a、b、c、d，以及回归模型的误差都服从高斯分布，即

$$\begin{aligned} a_k &= a_{k-1} + \omega_a, & \omega_a &\sim \mathcal{N}(0, \sigma_a) \\ b_k &= b_{k-1} + \omega_b, & \omega_b &\sim \mathcal{N}(0, \sigma_b) \\ c_k &= c_{k-1} + \omega_c, & \omega_c &\sim \mathcal{N}(0, \sigma_c) \\ d_k &= d_{k-1} + \omega_d, & \omega_d &\sim \mathcal{N}(0, \sigma_d) \end{aligned} \quad (8.45)$$

$$Q_k = a_k \exp(b_k k) + c_k \exp(d_k k) + v, \quad v \sim \mathcal{N}(0, \sigma_Q) \quad (8.46)$$

式中，Q_k 是在周期 k 测得的电池容量；$\mathcal{N}(0, \sigma_Q)$ 是高斯噪声［平均值为 0，标准差（SD）为 σ］；初始值 a_0、b_0、c_0 和 d_0 均设定为基于 DS 理论从训练数据

中获得的模型参数的加权和；$X_k = [a_k, b_k, c_k, d_k]$ 是周期 k 的参数向量，目标是在一系列电池容量测量的情况下估计参数向量 X_k 的概率分布 $P(X_k | Q_{0:k})$，$Q_{0:k} = [Q_0, Q_1, \cdots, Q_k]$。在贝叶斯框架内，后验分布 $P(X_k | Q_{0:k})$ 可以通过两个步骤进行递归计算，这两个步骤就是预测和更新。

这种后验密度的递归传播在一般情况下只是一种概念性的解决方案。很难使用解析方法来计算后验分布，因为需要计算复杂的高维积分。然而，通过采用蒙特卡罗抽样，有可能近似数值求解贝叶斯蒙特卡罗更新问题。关键理念是使用一组带有相关权重的随机样本来表示概率密度函数，并且根据样本和权重来计算估计值，具体为

$$P(X_k | Q_{0:k}) \approx \sum_{i=1}^{N} w_k^i \delta(X_k - X_k^i) \tag{8.47}$$

式中，X_k^i（$i=1, 2, 3, \cdots, N$）是一组从 $P(X_k | Q_{0:k})$ 中抽取的独立随机样本；w_k^i 是与每个样本 X_k^i 相关的贝叶斯重要性权重；$\delta(\cdot)$ 是狄拉克三角函数。

4. 健康状态故障预测和剩余使用寿命估计

基于贝叶斯蒙特卡罗方法，参数向量可以在每个周期内进行更新。在参数向量更新过程中，使用 N 个样本来近似后验概率密度函数。每个样本表示一个候选模型向量 X_k^i（$i=1, 2, \cdots, N$），因此 Q 的预测将有 N 个可能的轨迹，并且有相应的贝叶斯重要性权重 w_k^i。然后，可以通过以下方法计算周期 k 处每个轨迹的 k 步预测结果：

$$Q_{k+h}^i = a_k^i \exp(b_k^i(k+h)) + c_k^i \exp(d_k^i(k+h)) \tag{8.48}$$

预测的估计后验概率密度函数可以通过每个轨迹上的预测与相关的权重得到：

$$P(Q_{k+h} Q_{0:k}) \approx \sum_{i=1}^{N} \omega_k^i \delta(Q_{k+h} - Q_{k+h}^i) \tag{8.49}$$

在周期 k 的 h 步预测的期望值或平均值计算公式为

$$\bar{Q}_{k+h} = \sum_{i=1}^{N} \omega_k^i Q_{k+h}^i \tag{8.50}$$

由于故障阈值定义为额定容量的 80%，第 i 个轨迹在周期 k 时的剩余使用寿命估计值 L_k^i 的求解公式为

$$0.8Q_{\text{rated}} = a_k^i \exp\left(b_k^i\left(k+L_k^i\right)\right) + c_k^i \exp\left(d_k^i\left(k+L_k^i\right)\right) \quad (8.51)$$

则周期 k 的剩余使用寿命分布可以近似为

$$P(L_k Q_{0:k}) \approx \sum_{i=1}^{N} \omega_k^i \delta\left(L_k - L_k^i\right) \quad (8.52)$$

周期 k 的剩余使用寿命预测的期望值或平均值的计算公式为

$$\overline{L_k} = \sum_{i=1}^{N} \omega_k^i L_k^i \quad (8.53)$$

综上所述，图 8-51 给出电池故障预测流程。首先，DS 理论用来结合现有的电池数据集，以便得到一个贝叶斯蒙特卡罗方法更新的起点。随着逐渐获得监测对象电池容量的测量结果，使用贝叶斯蒙特卡罗方法来更新模型参数，并且跟踪电池容量衰退趋势。通过将模型外推到失效阈值，可以进行剩余使用寿命预测。

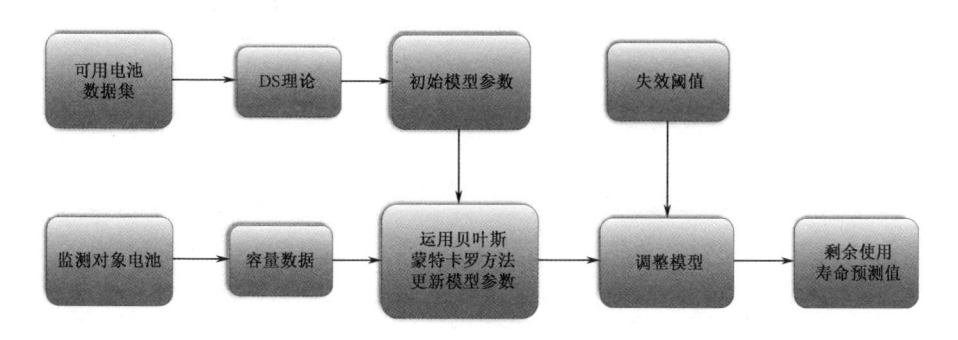

图 8-51 电池故障预测流程

5. 故障预测结果

A1、A2 和 A3 电池的容量数据可以通过 DS 理论得出初始模型。与其他 3 个电池相比，A4 电池的容量衰退趋势差异最大，因此将其用作测试样本，目的是验证提出的算法。图 8-52 给出了 A4 电池在第 18 个循环的故障预测结果，其中只使用了前 18 个循环的数据来更新模型。剩余使用寿命预测的平均误差是 1 个循环，估计剩余使用寿命的标准差是 6 个循环。图 8-53 是 A4 电池在第 32 个循环时的预测结果。由于有更多的数据可用于模型参数更新，因此平均剩余使用寿命预测的准确性得到了提高，预测的失效循环次数与实际值更加吻合，剩余使用寿命预测的标准差降到 2 个循环，这意味着预测的置信度提高。

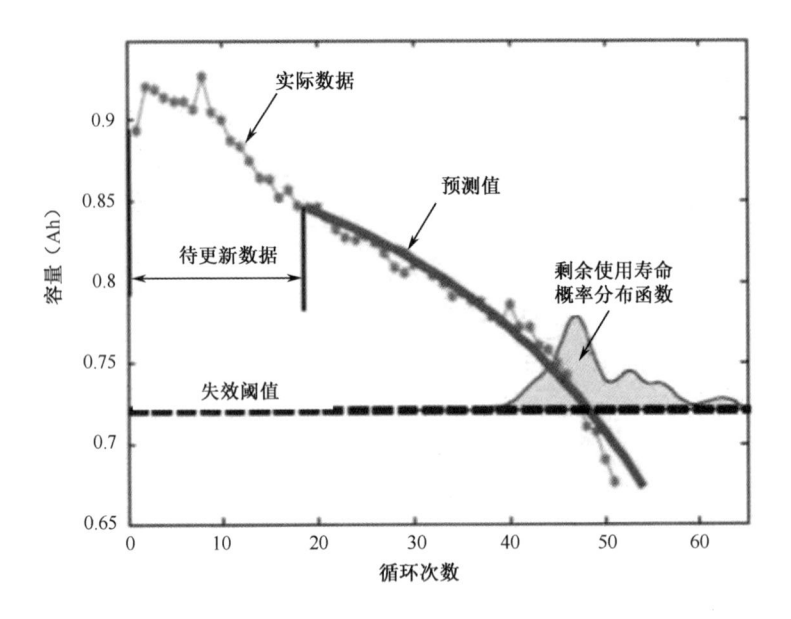

图 8-52　A4 电池在第 18 个循环时的预测结果

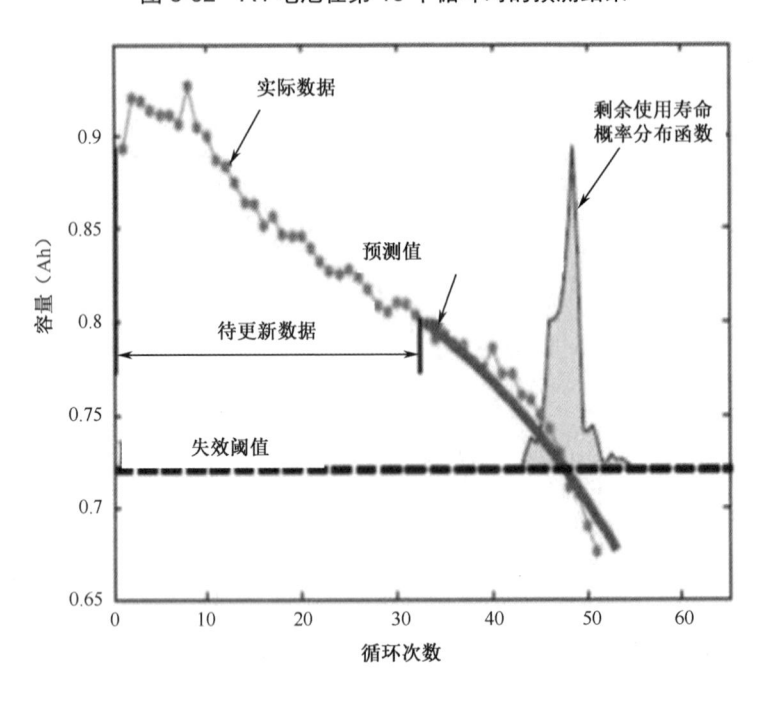

图 8-53　A4 电池在第 32 个循环时的预测结果

8.3.3 结论

研究锂离子电池故障预测与健康管理的目的是改善对电池的控制、管理和维护，并且使电池系统能够安全、可靠地运行。上述目标可以通过实时监测电池参数和应用建模技术来准确估计电池充电状态、健康状态和剩余使用寿命等来实现。本节利用 3 个案例研究介绍了最先进的锂离子电池故障预测与健康管理方法，其中包括机器学习方法和基于模型的故障预测方法。可以看出，电池状态估计和故障预测是一个需要业界开展更多研究的领域，以便为在线应用开发准确、计算简单、可推广的电池模型。基于故障预测与健康管理的锂离子电池决策框架，有助于提供基于故障预测信息的任务规划和维护调度建议，并且可以实时控制电池的使用情况，从而优化电池的使用寿命周期性能。

8.4 发光二极管的故障预测与健康管理

发光二极管因在各种应用中的多功能性，以及在普通照明、汽车灯、通信设备和医疗设备等市场中不断增长的需求而备受关注。准确、有效地预测发光二极管的寿命或可靠性，已经成为固态照明领域的关键问题之一。故障预测与健康管理是一种有助于解决工程问题（如故障诊断、寿命估计和可靠性预测）的技术，其中包括物理学、数学和工程学等多种学科方法。本节简要说明了适用于发光二极管的故障预测与健康管理方法，如使用模拟方法优化发光二极管设计、缩短鉴定测试时间，为发光二极管系统实现基于状态的维修，以及为投资回报率分析提供相关信息。

传统的电子产品可靠性预测方法，包括《电子设备可靠性预测军事手册》（MIL-HDBK-217）、可靠性信息分析中心旨在替代 MIL-HDBK-217 的方法（RIAC-217 Plus）、Telcordia 标准和 FIDES[①]，虽然都能对电子部件和系统进行可靠性预测，但是对于预测实际现场故障（如软故障和间歇性故障，这是富电子产品系统中最常见的故障模式）不够准确。上述预测方法可能导致高度误导性的预测结果，并且可能导致不良设计和决策。故障预测与健康管理是一种对产品（或系统）在其实际运行条件下进行可靠性评估和预测的方法。故障预测与健康管理利用包括物理学、数学和工程学在内的多学科方法来解决工程问题（如故障诊断、寿命估计和可靠性预测），主要使用失效物理模型和原位监测技术检测

---

① FIDES 为拉丁语，译为信任。

健康状态的偏差或退化情况，预测电子产品和系统在现场运行时的可靠性及剩余使用寿命。故障预测与健康管理正在成为高效系统级维护的关键技术之一。

基于物理模型的故障预测与健康管理方法，主要使用产品寿命周期内关于负载和失效机制的知识来设计和评估可靠性。这种方法基于对产品潜在的故障模式、故障机制和故障点的识别，并且将其作为产品寿命周期内负载条件的函数。每个失效部位的应力表示为负载条件、产品几何形状和材料性能的函数，然后使用损伤模型来确定故障的产生和传播机制。在这种方法中，故障模式、机制及影响分析可用来识别大功率白光发光二极管照明在各个层面（芯片、封装和系统层面）出现的故障，并且提出适当的基于物理模型的损伤模型来识别具有高风险的故障机制。相关结果可以通过评估故障时间的方式来提高量化可靠性，或者对在一组给定几何形状、材料结构、环境和使用条件下发生故障的概率进行预测。

在富电子产品系统中，故障模式是可识别的电气症候，通过电气症候即可观察到故障（开路或短路），每种故障模式都可能是由物理、化学或机械驱动的一个或多个不同故障机制造成的。故障机制可分为过应力（灾难性）故障和磨损（渐进性）故障。过应力故障是由于单一载荷（应力）条件超过强度特性的阈值产生的，磨损故障则是与长期施加负载（应力）有关的累积性损伤结果。如图8-54所示，发光二极管的故障层级可分为：①单二级管；②封装发光二极管；③装于基材的发光二极管；④发光二极管模块；⑤发光二极管光源；⑥照明系统。与其他富电子产品系统一样，大功率白光发光二极管照明的故障也是由上述机制造成的。

8.4.1 发光二极管芯片级的建模和故障分析

1. 发光二极管芯片的光电仿真

发光二极管芯片由基于氮化镓（GaN）的PN结制成，具有多量子阱，可产生蓝光。如图8-55（a）所示，使用金属有机化学气相沉积技术在蓝宝石衬底（Al_2O_3）上生长GaN基外延层的方式，可制造出一个发光二极管芯片。该芯片从上到下包括：一个宽度120nm的氧化铟锡层（ITO），一个宽度240nm的Mg掺杂P-GaN层，一个宽度180nm的InGaN多量子阱层（MQW），一个宽度2μm的Si掺杂N-GaN层，一个宽度150μm的蓝宝石衬底（Al_2O_3）。此外，在氧化铟锡层上进行表面粗化处理，提高发光二极管芯片的光提取效率，并将镍/金接触电极制作成典型的对称形状，宽度为 10μm，周围则是宽为 10μm 的 SiO$_2$ 绝缘层。然后，将芯片从晶圆上切成 45mm×45mm 的方块。本节提出了一种光电数字模拟方法来预测传统蓝光发光二极管芯片的光强分布模式。在这种方法中，假设多量子阱层上的电流密度和光发射能量遵循相同分布的方式，将发光二极管芯片模型的电气和光学仿真联系起来。发光二极管芯片电极的几何形状如图 8-55（b）所示。

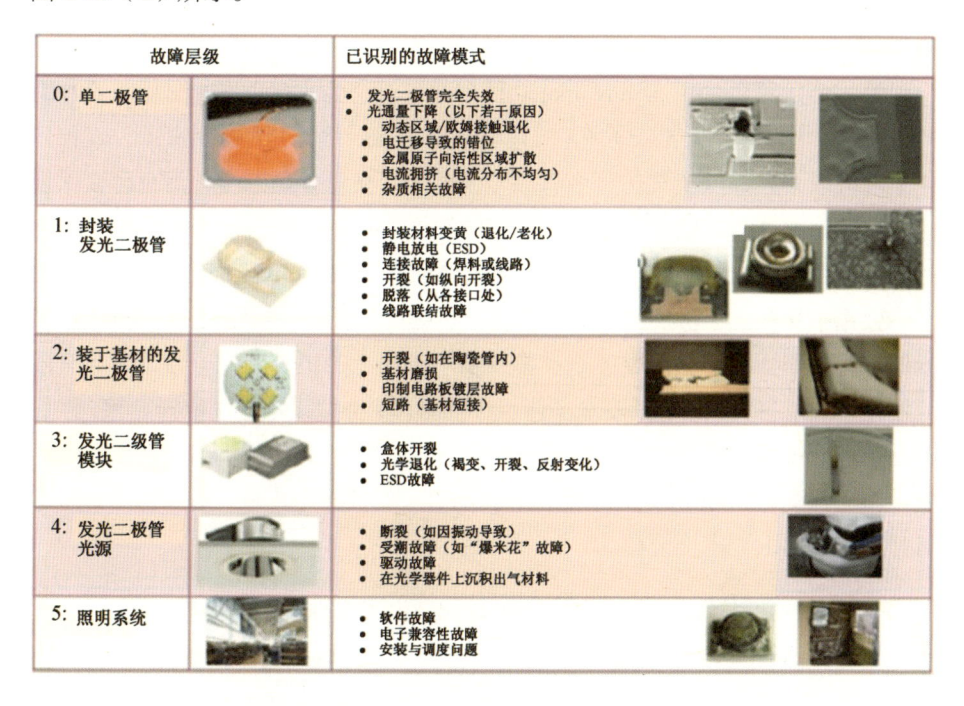

故障层级		已识别的故障模式	
0：单二极管		• 发光二极管完全失效 • 光通量下降（以下若干原因） • 动态区域/欧姆接触退化 • 电迁移导致的错位 • 金属原子向活性区域扩散 • 电流拥挤（电流分布不均匀） • 杂质相关故障	
1：封装 发光二极管		• 封装材料变黄（退化/老化） • 静电放电（ESD） • 连接故障（焊料或线路） • 开裂（从各纵向开裂） • 脱落（从各接口处） • 线路联结故障	
2：装于基材的发 光二极管		• 开裂（如在陶瓷管内） • 基material磨损 • 印制电路板镀层故障 • 短路（基材短路）	
3：发光二极管 模块		• 盒体开裂 • 光学退化（褐变、开裂、反射变化） • ESD 故障	
4：发光二极管 光源		• 断裂（如因振动导致） • 受潮故障（如"爆米花"故障） • 驱动故障 • 在光学器件上沉积出气材料	
5：照明系统		• 软件故障 • 电子兼容性故障 • 安装与调度问题	

图 8-54　发光二极管的故障层和已识别的故障模式

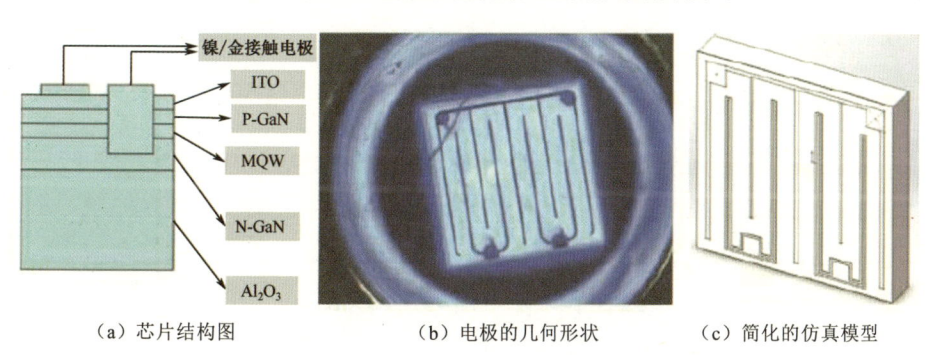

（a）芯片结构图　　（b）电极的几何形状　　（c）简化的仿真模型

图 8-55　发光二极管芯片

图 8-56 说明了本试验的数值建模过程，具体包括 3 个阶段。

```
3D芯片模型  →  电流密度分布仿真  →  光学仿真
Solidworks软件   ANSYS Multiphysics软件   LightTools软件
```

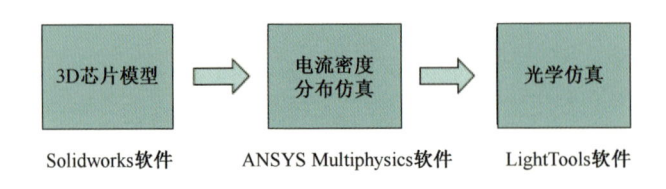

图 8-56　数值建模过程示意

第 1 个阶段，使用 Solidworks 软件创建了一个表示蓝色发光二极管芯片的 3D 芯片模型。如图 8-55（c）所示，模型电极和接合垫圆角简化为矩形。这种简化不仅可以大大降低电气仿真中有限元模型的网格划分复杂度，而且可以保证模型的准确性。

第 2 个阶段，将建立的芯片模型导入 ANSYS Multiphysics 软件，对蓝色发光二极管芯片多量子阱层上的电流密度分布进行仿真。该模型使用 Solid226 元素进行网格划分。仿真的目的是计算多量子阱层上的电流密度分布，因此有限元模型中的所有材料，包括多量子阱层中的材料，都假设其遵循欧姆定律，然后在此基础上进行简化。表 8-5 给出了模型中材料的电阻率和热导率。在模型的阳极上施加强度为 350mA 的驱动电流，在阴极上施加接地电位，通过仿真获得多量子阱层上的电流密度分布。

表 8-5　模型中材料的电阻率和热导率

材　料	电阻率（Ω·m）	热导率（W·m^{-1}·K^{-1}）
Al$_2$O$_3$	10.0	25
N-GaN	0.0001	230
MQW	150	230
P-GaN	0.042	230
ITO	540	0.75
镍/金（电极）	2.4×10^{-8}	200
SiO$_2$	10^{-6}	7.6

第 3 个阶段，在进行电流密度分布仿真之后，使用 LightTools 软件对同一个芯片模型进行进一步的光学仿真。如图 8-57 所示，芯片模型放置在一个大的基底上。在光学仿真中，光线设定为在蓝色发光二极管芯片的多量子阱层的顶部表面发射。式（8.54）给出了多量子阱层上的电流密度分布和光发射能量

分布的理论关系。

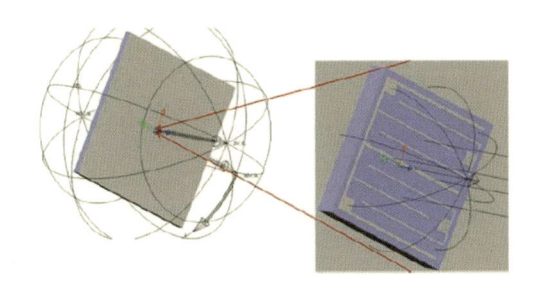

图 8-57 光学模型说明

$$R(x) = \frac{\gamma \eta_{\text{IQE}}}{q} J(x) \quad (8.54)$$

式中，$R(x)$ 是光发射能量分布；$J(x)$ 是电流密度分布；γ 是活性层的平均光子发射能量；η_{IQE} 是内部量子效率；q 是电荷量。

通过假设蓝色发光二极管芯片表现出统一的 η_{IQE}，即能够解决多量子阱层上电流密度分布和光发射能量分布之间的比例关系。因此，在光学仿真中，多量子阱层表面的光发射能量分布应用于从电气仿真中提取的相同电流密度分布。为了应用这种分布，芯片模型的多量子阱层平均离散成一个 20×20 的网格，如图 8-58 所示。然后，利用基于网格元素平均电流密度分布的空间轨迹，将光发射能量分布应用于多量子阱层的顶部表面。此外，在氧化铟锡层的表面设置 50% 的扩散和 50% 的近镜面反射，以模拟氧化铟锡的散射特征，并且将衬底表面的反射率设置为 90%，以模拟衬底表面的反射效果。最后，构造一个球体接收器来收集从芯片模型发出的光能。

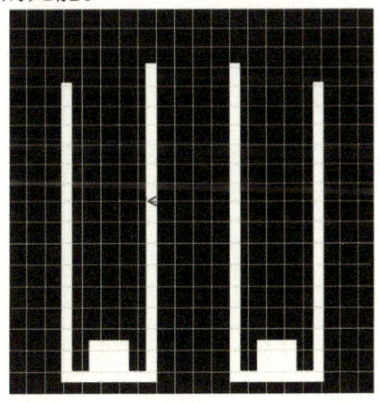

图 8-58 芯片模型的多量子阱层离散化

表 8-6 给出了光学仿真中各层的光学特性。芯片模型共设置了 50 万条光线从多量子阱层的顶部表面发射，芯片模型的辐射功率是由一个远场接收器进行收集的。

表 8-6　光学仿真中各层光学特性

材　料	折射率	反射性	光密度
Al$_2$O$_3$	1.8	—	0.046
N-GaN	2.4	—	0.046
MQW	2.4	—	0.046
P-GaN	2.4	—	0.046
ITO	1.9	—	0.046
镍/金（电极）	—	1.5	3
SiO$_2$	1.5	—	0.046

图 8-59（a）给出了流经多量子阱层的电流密度分布矢量图。电流沿着芯片轴向流过多量子阱层。多量子阱层上的电流密度分布是非常不均匀的，从 0～1.45×10^{-6} A·mm^{-2} 不等。如图 8-59（b）所示，在阳极下方区域观察到相当高的电流密度，但在邻近区域急剧下降。

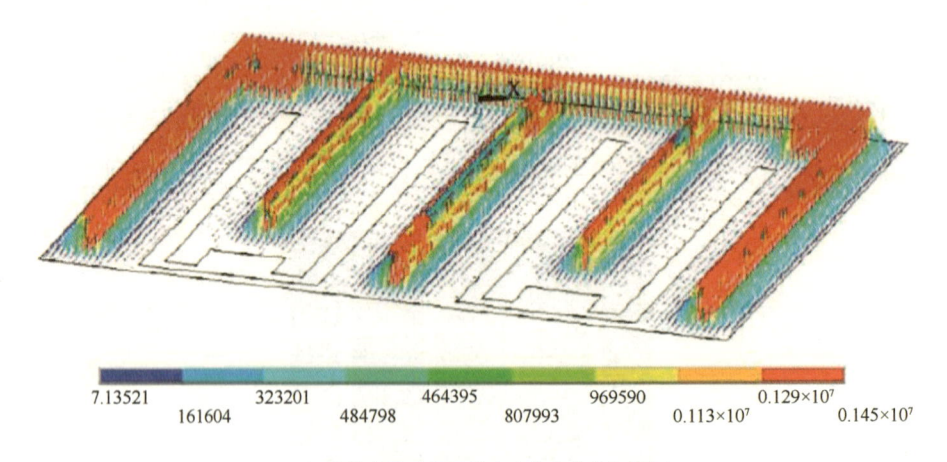

（a）流经多量子阱层的电流密度分布矢量图

图 8-59　电流密度

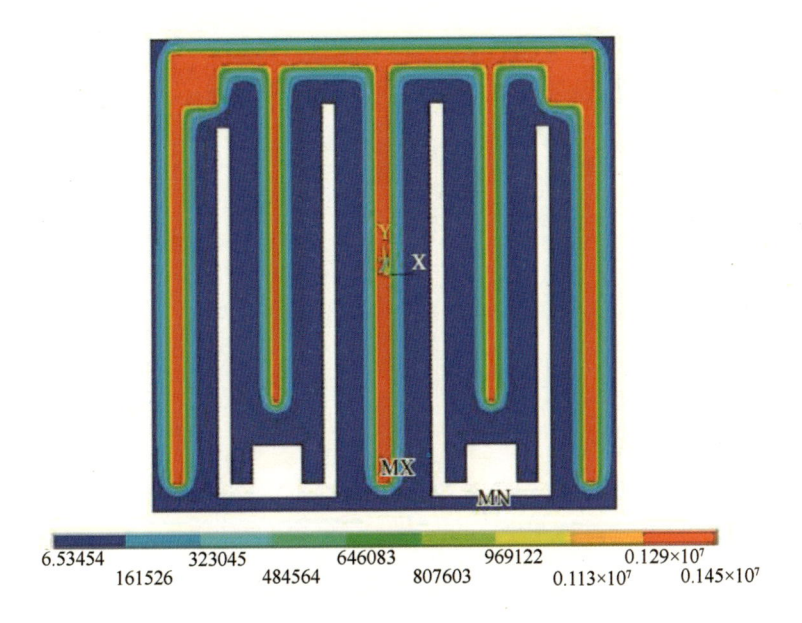

(b) 多量子阱层上电流密度分布仿真的等高线图（该图颜色表示见色板部分）

图 8-59　电流密度（续）

从电流密度仿真的结果来看，多量子阱层的每个网格元素上的电流密度是通过平均该元素内所有节点的电流密度进行计算的。计算出的电流密度可以进一步用于在多量子阱层的顶部表面分布光发射能量。使用蒙特卡罗光线追踪仿真，计算并记录了从 0°～175° 方向的光发射能量分布模式（角度增量为 5°）。图 8-60(a) 给出了预测的发光二极管芯片在 0° 和 90° 的光发射能量分布模式。由于阳极和阴极图案之间的结构不对称，两个预测的光发射能量分布图案略有不同。为了验证光电仿真结果，本节将发光二极管芯片黏合在 5050 发光二极管引线框架中，并且使用 SIG-400 测角系统对光发射能量分布模式进行试验测量。总的来说，如图 8-60(b) 所示，仿真和试验测量的光发射能量分布模式之间具有良好的一致性，这两种模式都是根据所有方向角光发射能量分布模式的平均值计算出来的。由于试验中框的内表面阻挡了少量从发光二极管芯片发出的光，在靠近衬底表面的低角度下，测量的光发射能量略低于预测值。

2. 发光二极管的芯片级故障分析

研究表明，由于非辐射重组增加，发光二极管活性层的退化会降低光输出功率和功率效率，导致这种退化的因素如下。

(a) 预测的发光二极管芯片在0°和90°的光发射能量分布模式

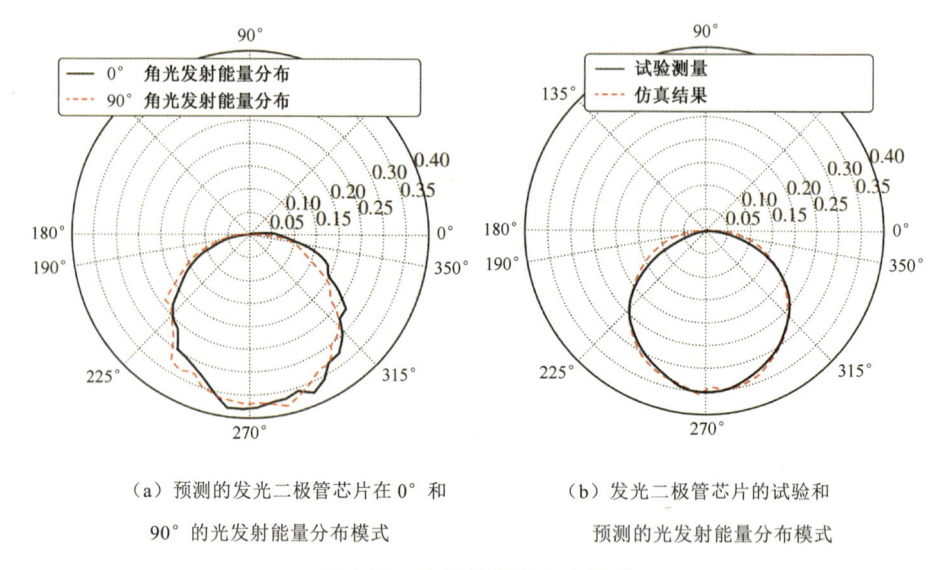

(b) 发光二极管芯片的试验和预测的光发射能量分布模式

图 8-60 光发射能量分布模式

缺陷，如位错、暗线和暗斑，是怀疑导致非辐射重组增加的因素，其将大部分电子—空穴重组能量转化为热量。载流子连续性方程式（8.55）已广泛用于显示在量子阱层有源区中发生的辐射、非辐射和 Auger 重组，以及与载流子泄漏离开有源层之间的定性竞争关系。如式（8.56）所示，可以使用 Shockley-Hall-Read 重组率表示非辐射重组系数，不断增加的缺陷密度 N_t 能够对非辐射重组产生影响，并且能够在一定的正向电流值下降低光输出强度。在通常情况下，I/V 曲线也可能意味着发生芯片级退化。在上述测试中已经观察到 I/V 曲线退化和功率输出损失之间的定性关系，主要取决于两个参数——正向偏压和温度。

$$\frac{dn}{dt} = \frac{J}{ed} - Bn^2(t) - An(t) - Cn^3(t) - f_{\text{leak}}(n) \quad (8.55)$$

$$A = N_t v_{\text{th}} \sigma \quad (8.56)$$

式中，$\frac{J}{ed}$ 是电流注入率；$Bn^2(t)$ 是自发发射率（或发光辐射项）；$An(t)$ 表示在缺陷处积累的非辐射载流子。A、B、C 分别为非辐射、辐射、俄歇复合系数；$f_{\text{leak}}(n)$ 包括载流子从活性层中泄漏出来的情况；N_t 是陷阱的缺陷密度；v_{th} 是载流子热速度；σ 是电子捕获截面面积。

导致非辐射重组发射增加的另一个因素是掺杂物或杂质在量子阱层区域中的扩散。在老化过程中，由于氢和镁之间的相互作用，在不断升高的结温下工作会使二极管 P 结的欧姆接触和半导体材料的电气性能发生退化。在氮化镓基发光二极管中，由于 Mg 掺杂剂的高活化能，氮化镓基外延层必须覆盖一层厚厚的 Mg 掺杂剂才能获得足够的载流子密度，但在高温 P 结层的生长过程中，Mg 原子很容易从表面扩散到量子阱作用区。有学者（Lee, et al., 2009）观察到这种扩散可以沿着任何位错缺陷方向加速，并且在非常高的温度和电压条件下会发生一种或另一种光学退化。

8.4.2 发光二极管封装级的建模和故障分析

1. 荧光粉转换型白色发光二极管封装的热学和光学仿真

由于相对较低的能耗、高显色性、高可靠性和高环境友好性，荧光粉转换型白色发光二极管被认为是传统普通照明应用（如白炽灯和荧光灯）最合适的替代品。封装被认为是实现发光二极管光源电致发光功能和大规模生产的有效手段，同时也是保护发光二极管芯片不受环境腐蚀的手段。通常，白色发光二极管封装由发光二极管芯片、荧光粉材料、硅胶封装、透镜、导线连接、芯片连接、散热器和引线框架组成。然而，如此多的封装材料会导致更复杂的故障机制和更高的成本。为了实现当前行业对封装尺寸最小化、保证性能均匀性、降低封装成本和提高制造效率的要求，通过在蓝色发光二极管芯片上压制一层薄的荧光粉薄膜的芯片级封装已被视为生产白色发光二极管芯片的一项有前途的技术，具体称为"无封装白色发光二极管"。为了获得不同高色彩还原白色发光二极管，现在已经开发了多色荧光粉薄膜，通过选择适当荧光粉混合物的方式来生产白色发光二极管（见图 8-61）。

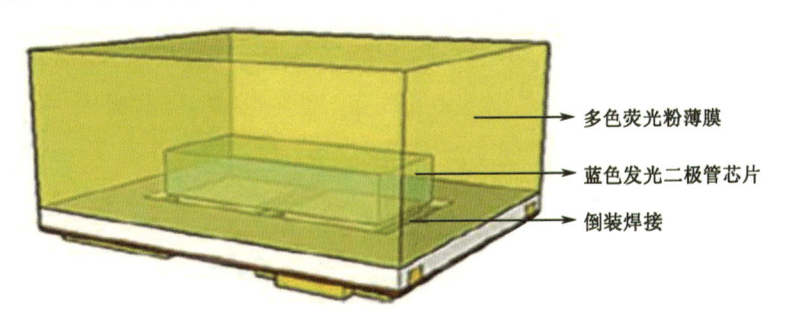

图 8-61 基于多色荧光粉薄膜的白色发光二极管芯片级封装结构

发光二极管芯片的电致发光和荧光粉材料的光致发光高度依赖热量，因此需要提前对热管理进行研究。首先，当白色发光二极管芯片级封装在热环境中运行时，可以使用红外测温法测量其表面的热分布。如图 8-62 所示，当环境温度为 55℃时，白色发光二极管芯片级封装附近的外壳温度可以使用红外测温仪获取，约为 80℃，其热分布与图 8-63 所示的热分布仿真结果相符。

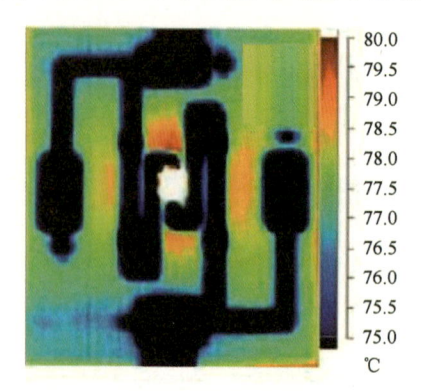

图 8-62　红外测量仪测得的热分布结果（环境温度为 55℃）

图 8-63　热分布仿真结果（该图颜色表示显色板部分）

白色发光二极管的一般发光机制是蓝色或紫外发光二极管芯片的短波长光和荧光粉发出的长波长光的混合。输入光与荧光粉发出的长波长光的相互作用被认为是一个复杂的能量转换和光学追踪过程。根据能量守恒定律，输入的短波长光的一部分能量转化为热量，而其余部分转化为长波长光。如式（8.57）所示，蓝色发光二极管芯片的输入功率（E_{input}）可以转换为透过硅树脂的蓝光光子能量（$E_{transmitted}$）、荧光粉吸收的用于光转换的能量（$E_{converted}$），以及斯托克斯位移（E_{ss}）和非辐射（E_{nonRad}）产生的热量。

$$E_{input} = E_{transmitted} + E_{converted} + E_{ss} + E_{nonRad} \quad (8.57)$$

在光学追踪过程中，光的散射、吸收和转换通常被认为是大多数基于钇铝石榴石（YAG）的黄色荧光粉模型的主导效应。用于高色彩还原白色发光二极管的多色荧光粉薄膜通常由两个以上的单色荧光粉在硅基中混合制备，但其光谱不能由单个单色荧光粉的每个光谱进行简单叠加的方式来表示。这种非线性可能是荧光粉颗粒之间对发光的再吸收，以及荧光粉颗粒之间的多重转换造成的。图 8-64 给出了多色荧光粉薄膜的发光机制，入射蓝光进入硅树脂基体，其中绿色（G525）、橙色（O5544）、红色（R6535）荧光粉（主要的无机材料分别为铝酸盐、硅酸盐、氮化物）均匀分散在其中。光子在不同的荧光粉颗粒之间多次转换，转换后光的波长变得更长（红移）。

使用 LightTools 软件进行仿真研究，利用 Mie 理论并考虑到光散射、吸收和转换效应，预测两个白色发光二极管芯片级封装的光谱功率分布。首先，根据

图 8-61 中描述的封装结构，建立一个由 3014 蓝色发光二极管芯片、多色荧光粉薄膜和 Al_2O_3 陶瓷衬底组成的三维基本模型。然后，将密度、单位体积内颗粒大小和密度、荧光粉激发/发射光谱，以及硅树脂反射指数放入 Mie 计算，使用光线追踪法模拟了两个白色发光二极管芯片级封装的光谱功率分布。图 8-65 比较了光谱功率分布的实际测量结果和仿真结果，可以得出两个白色发光二极管芯片级封装的一般匹配结果。

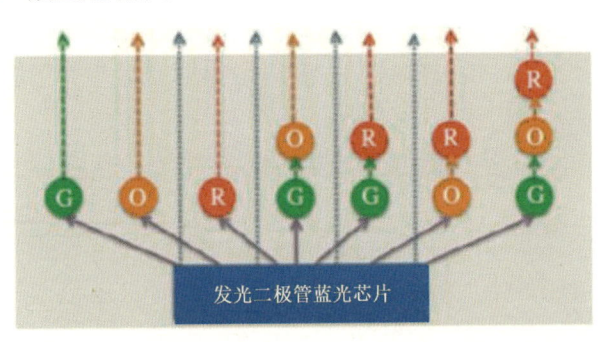

图 8-64 多色荧光粉（绿色：G525，橙色：O5544，红色：R6535，灰色部分代表有机硅树脂）薄膜的发光机理

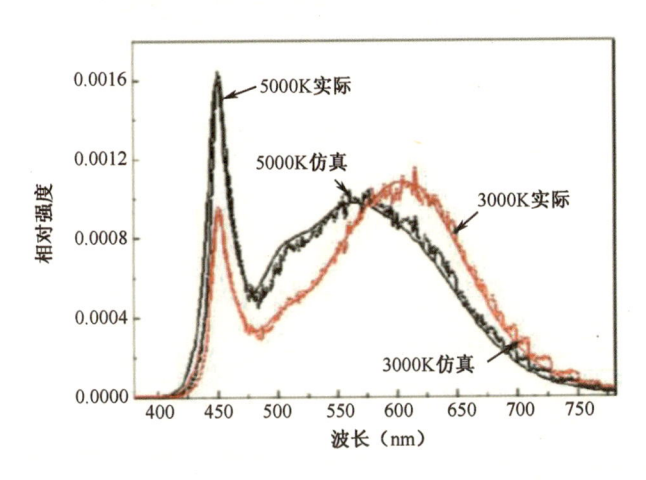

图 8-65 两个白色发光二极管芯片级封装的光谱功率分布的实际测量结果和仿真结果

2. 发光二极管封装级的故障分析

封装材料之间的任何退化或接口缺陷都会导致发光二极管封装失效。根据过去的研究成果，最常见的失效机制是界面脱层失效、环氧树脂透镜和硅树脂变暗、磷化层退化。

（1）界面脱层失效。

封装的发光二极管可能会受到界面脱层失效的威胁。有学者（Hu，2007）报道了发光二极管封装中的分层机制，并且比较了加速分层发展的两种失效驱动力（热—机械应力、湿—机械应力）。通过物理分析，得出了热力学诱导应力层间的热膨胀系数和不同材料的比热之间不匹配；不同的吸湿膨胀能力（湿膨胀系数）也会产生湿机械应力。总而言之，无论是热—机械应力还是湿—机械应力，都会在界面层内产生空隙。这会提高热阻，并最终阻断热通道，特别是对于芯片—基板层和基板—散热器层，这是传统封装方式的发光二极管的主要散热途径。

热—机械应力和湿—机械应力引起的分层程度分别由式（8.58）和式（8.59）计算：

$$\sigma_T = E\alpha(T - T_{ref}) \tag{8.58}$$

$$\sigma_M = E\beta(C - C_{ref}) \tag{8.59}$$

式中，E 是弹性模量；α、T 和 T_{ref} 分别是热膨胀系数、温度和参考温度；β、C 和 C_{ref} 分别是湿膨胀系数、水分浓度和相对水分浓度。

为了更好地鉴定白色发光二极管封装的热管理能力，本书引入了热阻（R_{th}），其定义为结温与环境的温差除以输入热功率，如式（8.60）所示。R_{th} 也可以理解为热源与周围环境之间的温度梯度。T_j 和 T_0 分别为最高结温和环境温度，Q 为输入热功率。这可能会引起热—机械应力，缩短白色发光二极管封装的寿命。有学者发现（Tan, et al.，2009），当黏合剂内存在空隙时，位于硅基座和铜散热器之间的芯片附件的热阻将增大。

$$R_{th} = \frac{T_j - T_0}{Q} = \sum_{i=0}^{n} R_{th,i} \tag{8.60}$$

（2）环氧树脂透镜和硅树脂变暗。

白色发光二极管封装的色度特性既取决于蓝色氮化镓基芯片产生的光输出稳定性，也取决于光的穿透能力，而光的穿透能力则是由透镜和硅树脂涂层的质量决定的。环氧树脂透镜用于发光二极管封装，目的是增加向前方发射的光量。由于暴露在空气中，环氧树脂透镜在使用过程中会出现热和湿循环老化，在老化测试中观察到裂缝或絮状物，这会降低基于氮化镓的芯片的光输出能力。同样，在发光二极管封装中引入透明硅胶涂层不仅是为了保护和包围发光二极管芯片、金球互连和键合线，同样是为了充当透镜，从而实现光束准直。然而，这种聚合物封装在高温下或在高正向偏压老化期间是热不稳定的，可能会影响光学输出和波长偏移。为了提高发光二极管封装中透镜和硅胶涂层的使用寿命，选择具有最适合的热、机械和化学品质的材料，是封装设计最关键的一步。

（3）磷化层退化。

市场上最常见的白色发光二极管是蓝色发光二极管芯片和黄色荧光粉（YAG：Ce^{3+}）薄膜与有机树脂的组合。根据相关研究，主要有两个可能的原因：一个原因是，荧光粉薄膜和树脂之间的折射率不匹配，荧光粉薄膜会对芯片发出的光线产生散射；另一个原因是，聚合物树脂的热退化可能导致聚合物基荧光粉薄膜在老化过程中退化。为了解决这个问题，使用了一种玻璃陶瓷荧光粉，与树脂基的荧光粉相比，其具有更高的量子效率、更好的水稳定性和出色的耐热性，并且热膨胀系数与氮化镓基芯片相匹配，是未来有前景的替代材料。

8.4.3 发光二极管系统级的建模和故障分析

为了满足特殊应用需求，如指示器、照明和显示器，需要多个发光二极管安装在一起并形成阵列，从而增加光通量和色度类型，但此时热管理是面临的一个挑战。发光二极管照明系统通常由安装在印刷电路板上的发光二极管阵列、冷却系统和电子驱动模块组成，如图 8-65（a）所示的大功率白色发光二极管灯，就详细组装技术而言，发光二极管阵列需要安装在具有高导热性的铝基板上，并且引入主动冷却系统，通过对流到周围环境的方式来保持结温，从而符合规范要求。最后，为了稳定电源，在电极和主动冷却系统之间还需要封装一个电子驱动器。为了分析整个发光二极管系统的退化机制，本节对该系统采用了分层分析方法，重点分析发光二极管模块（安装在铝制印刷电路板上的发光二极管阵列）和主动冷却系统的退化。

（1）发光二极管模块的退化。

根据光学设计要求，多个高功率白色发光二极管单元通过现在广泛使用的表面贴装焊接技术安装在铝制印刷电路板上。对于发光二极管模块而言，前文已经总结了芯片级和封装级的故障机制，因此额外的故障点可能是引线框架和铝制印刷电路板之间的互连。互连有两个目的：①在部件和衬底之间形成电气连接；②将部件固定在衬底上的机械结合。在发光二极管模块中，互连还需要充当从发光二极管封装到衬底的散热路径。在产品全寿命周期中，由于衬底和发光二极管封装之间的热膨胀系数不匹配，周期性的温度变化会引起周期性的位移，从而导致焊接互连发生热疲劳故障。如图 8-65（b）、图 8-65（c）所示为仿真的发光二极管模块的热耗散与热分布。热疲劳故障有两种情况：产生疲劳裂纹；疲劳裂纹在循环负载条件下发生扩展。这两种情况都可能突然导致开路和断电。虽然这对照明系统来说似乎是灾难性的故障，但在热和湿循环老化的情况下，焊接互连内部还会发生与时间有关的退化。因此，为预测系统寿命而进行监测的负载之一应设置在焊接互连处，而不仅集中在输出光通量上。

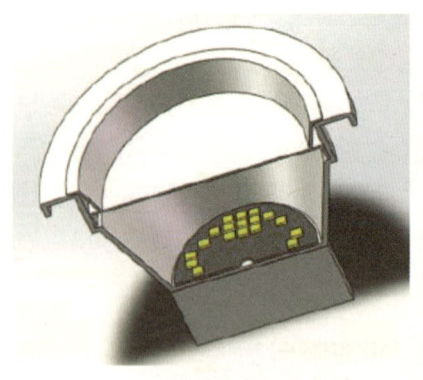

（a）大功率白色发光二极管灯　　　　　　（b）热耗散仿真

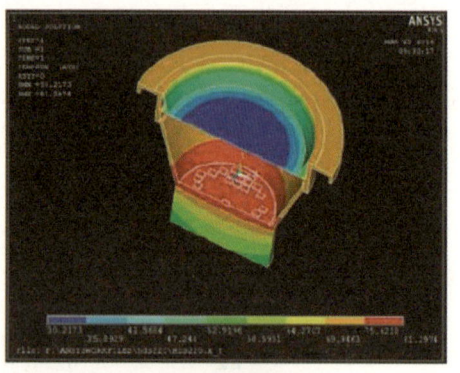

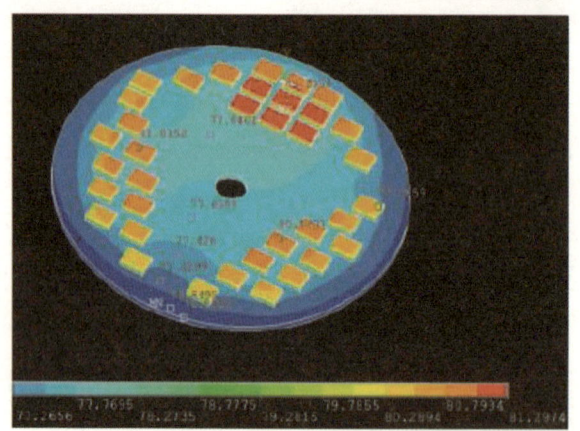

（c）发光二极管模块的热分布仿真

图 8-65　大功率白色发光二极管灯及其热耗散、热分布仿真

（2）主动冷却系统的退化。

有学者研究提到（Song, et al., 2010），降低发光二极管芯片结温的一个实用方法是应用先进的主动冷却技术和潜在的主动热管理技术，其中包括热电偶、压电风扇、合成射流和小尺寸风扇。为了提高整个系统的使用寿命，主动冷却系统的可靠性必须大于发光二极管阵列（大于 50000 小时）。根据这一原则，他们选择了一种更可靠的冷却系统（合成射流），其由两个较薄的压电驱动装置组成，并由柔顺橡胶环隔开。与主动冷却系统老化有关的两种退化机制是：①压电陶瓷去极化；②柔顺橡胶的弹性模量发生变化。主动冷却系统对整个照明系统的

贡献在于能够消除发光二极管模块产生的热量并降低结温，其可以定量地表示为一个增强因子，并且有助于建立整个系统的热诱导失效物理模型，即

$$\text{EF}\left(P_{\text{cooling-systems}}\right) = \frac{Q_{\text{active}}}{Q_{\text{nc}}} \quad (8.61)$$

式中，Q_{active}、Q_{nc}分别为主动冷却系统、自然对流排出的热量；$P_{\text{cooling-systems}}$是主动冷却系统的性能。

然而，上述系统级退化分析并没有考虑封装级退化，因为假设芯片直接安装在衬底上，所以系统级退化仅与热诱导的芯片级失效相关。在考虑未来的维护和修理问题时，我们还应考虑发光二极管模块的封装级退化问题。

8.4.4 结论

故障预测与健康管理技术可以预测产品未来的可靠性，或者通过评估产品与预期正常工作条件之间的偏差或退化程度来确定其剩余使用寿命。因此，提高可靠性预测和剩余使用寿命评估的准确性、优化发光二极管系统设计、缩短鉴定测试时间、实现基于发光二极管系统的状态维修，以及为投资回报率分析提供信息，发光二极管的开发商和用户均可以从中受益。为了进一步促进和扩大发光二极管的应用，业界必须开发适当的故障预测方法。本章给出了与大功率白色发光二极管故障预测，以及发光二极管物理模型和故障分析有关的最新信息。本章的目的是提高发光二极管故障预测方法的性能。

此外，发光二极管行业需要在发光二极管照明系统的可靠性基础上，采用故障预测与健康管理方法，实现投资回报率的最大化。投资回报率最初小于零，但在第一次维护活动中就能开始节省维护费用。随着维护事件的数量增加，故障预测与健康管理系统会逐渐实现收支平衡，原因在于缩短停机时间和降低维护成本能够节省资金。如果发光二极管照明系统故障较多，并且在指数和正常故障分布下会发生更多的维护事件，则具有系统健康管理能力的故障预测与健康管理方法就具有更大的优势。在发光二极管照明系统中实施故障预测与健康管理，是目前发光二极管照明行业的一项新兴技术。在研究这项新兴技术时，如果使用发光二极管照明行业数据的实际故障预测与健康管理投资成本，来评估将健康监测用于发光二极管照明系统的投资回报率（包括故障预测与健康管理的非经常性成本、经常性成本、基础设施成本）存在一定的局限性。对发光二极管照明行业开展进一步的投资回报率研究，需要实时现场数据，以及对特定地点和环境条件下主要故障分布的了解。在现实系统中，多种故障机制都可能导

致故障分布与本章使用的假设指数和正态故障分布不同。然而，本章内容仍有助于对发光二极管照明系统开展健康管理研究，使发光二极管照明行业实现成本效益最大化，并且投资回报率与可靠性信息无关。

附录 A

美国政府及军事领域中的故障预测与健康管理

附录 A 对当前美国政府及军事领域中的故障预测与健康管理技术、方法，以及相关的政策和出版物进行梳理，涉及的单位包括美国国家航空航天局、美国桑迪亚国家实验室、美国空军、美国陆军、美国海军。

A.1 美国国家航空航天局

美国国家航空航天局是美国联邦政府中负责国家公共航空航天计划的机构。美国国家航空航天局是由美国国家航空咨询委员会发展而来的，该委员会研究飞行技术已有超过 40 年的历史。如今，美国国家航空航天局在 4 个主要组织（也称为任务局）中开展工作，包括航空、探测系统、科学、空间行动。美国国家航空航天局有 10 个下属机构，包括艾姆斯研究中心、德莱顿飞行研究中心、格伦研究中心、戈达德太空飞行中心、喷气推进实验室、约翰逊太空中心、肯尼迪太空中心、兰利研究中心、马歇尔太空飞行中心、斯滕尼斯太空中心。

美国国家航空航天局艾姆斯研究中心位于加利福尼亚州莫菲特机场，成立于 1939 年 12 月 20 日，当时是美国国家航空航天局下属的一个飞机研究实验室，于 1958 年成为美国国家航空航天局的一部分。艾姆斯研究中心拥有价值超过 30 亿美元的资产、2300 名研究人员和 6 亿美元的年度预算，在美国国家航空航天局的几乎所有任务中都发挥着关键作用，能够为美国的航天和航空计划提供支持。

A.1.1 故障预测与健康管理方法

在美国国家航空航天局艾姆斯研究中心，健康管理概念和技术在太空探索的新视野中发挥着关键作用。虽然目前对载人系统的故障排除大部分是在地面上由常备专家部队进行的，但是随着人类需要冒险走出近地轨道，将健康管理功能转移到载人系统就变得非常重要。这样可以使乘员安全和任务执行不会因与地球通信距离的延长而受到不利影响。为了实现上述功能转移，人们有必要了解用于勘探航天器和目的地的健康管理技术。健康管理技术的适用性并不限于载人系统，任何复杂工程系统都有可能通过纳入健康管理概念和技术在经济可负担性、可靠性和有效性方面得到改进。

美国国家航空航天局艾姆斯研究中心的智能数据理解团队开发了一套数据驱动的故障预测方法。该方法能够使用无监督、半监督和有监督等学习方式，还包括高斯混合模型、隐马尔可夫模型、卡尔曼滤波和虚拟传感器。上述方法对名义行为进行表征，并将其用于非名义行为检测。智能数据理解团队使用普莱特和惠特尼洛克达因有限公司（Pratt & Whitney Rocketdyne, Inc.）提供的航天飞机主发动机试验台数据设计算法，帮助在运行期间尽早发现即将发生的故障。在航天飞机主发动机数据中实施的方法需要进行改进和拓展，然后用于未来的美国国家航空航天局平台，如载人探索飞船和载人发射飞船。

先进诊断和故障预测试验台是美国国家航空航天局艾姆斯研究中心开发的设备，主要用于为诊断和故障预测模型的开发提供支持、评估先进警报系统，以及在标准化试验台上对诊断工具和算法进行测试。该试验台的硬件由发电、储电、配电等部件组成，超过 100 个传感器能够向监测系统健康状态的测试对象进行报告。该试验台提供了一个受控的环境，通过软件或硬件能够按照可重复的方式注入故障。

目前部署的健康管理应用程序是混合诊断引擎。混合诊断引擎是一个基于模型的、用于系统诊断的软件。该软件能够提供在线系统模式跟踪和故障检测功能，还能够将故障隔离到部件一级。该软件本身就是一个通用的推理引擎，能够通过加载系统模型的方式适应特定系统。未来，混合诊断引擎应与来自工业界、学术界和政府中使用其他技术的健康管理应用程序进行整合和测试。混合诊断引擎可以是基于物理模型或数据驱动的，应能够解决故障检测、隔离和恢复、预测、变量自治或数据和诊断融合等方面的问题。混合诊断引擎在表现出优点的同时也会表现出缺点，因此在为某一特定系统构建健康管理解决方案时需要对其加以考虑。

美国国家航空航天局艾姆斯研究中心其他正在进行的项目包括对特定航空安全执行机构的损伤传播机制研究、对飞机线路绝缘的损伤机制研究，以及对特定航空电子设备中关键电气元件损伤传播机制的研究。

A.1.2 相关出版物

（1）Ren F, Yu J. Fault Diagnosis Methods for Advanced Diagnostics and Prognostics Testbed (ADAPT): A review[C]//IEEE International Conference on Electronic Measurement & Instruments, IEEE, 2016.

（2）Schwabacher M. A. A Survey of Data-Driven Prognostics[C]//Proceedings of the AIAA Conference, AIAA, 2005.

（3）Sriastava A N. Discovering System Health Anomalies Using Data Mining Techniques[C]//Proceedings of the Joint Army Navy NASA Air Force Conference on Propulsion, NASA Ames Research Center, 2005.

（4）Tumer K, Agogino A. Complexity Signatures for System Health Monitoring[C]//Aerospace Conference, IEEE, 2005.

（5）Schwabacher M. Machine Learning for Rocket Propulsion Health Monitoring[J]. Sae World Aerospace Congress, 2005, 114(1): 57-63.

（6）Barszcz E, Mosher M, Huff E M. Healthwatch-2 System Overview[C]//American Helicopter Society Annual Forum, American Helicopter Society, 2004.

（7）Gross A R. Integrated System Healh Management for In-Space Transportation Systems[C]//The 54th International Astronautical Congress of the International Astronautical Federation, the International Academy of Astronautics, and the International Institute of Space Law, 2003.

（8）Schwabacher M, Samuels J, Brownston L. The NASA Integrated Vehicle Health Management Technology Experiment for X-37[C]//Component and Systems Diagnostics, Prognostics, and Health Management II, NASA Ames Research Center, MS 269-3, Moffett Field, CA 94035, 2022.

（9）Tumer I Y, Huff E M, Norvig P. Using Triaxial Accelerometer Data for Vibration Monitoring of Helicopter Gearboxes[C]//18th Biennial Conference on Mechanical Vibration and Noise Pt.C, Computational Sciences NASA Ames Research Center, Moffett Field, California 94035, 2001.

（10）Patterson-Hine A, Hindson W, Sanderfer D, et al. A Model-based Health

Monitoring and Diagnostic System for the UH-60 Helicopter[C]//The 57th American Helicopter Society Annual Forum, American Helicopter Society, 2001.

（11）Bardina J, Mcdermott W J, Follen G J, et al. Integrated Airplane Health Management System[C]//The 1st JANAF Modeling and Simulation Subcommittee Meeting, NASA Ames Research Center, 2000.

（12）Rabenoro T, J Lacaille, Cottrell M, et al. A Methodology for the Diagnostic of Aircraft Engine Based on Indicators Aggregation[C]//Industrial Conference on Data Mining, Springer, Cham, 2014.

A.2 美国桑迪亚国家实验室

美国桑迪亚国家实验室是一个多项目的政府实验室，主要参与国防研发、能源和环境项目。美国桑迪亚国家实验室最初的使命是为美国核武器中的所有非核部件提供工程设计服务，现在美国桑迪亚国家实验室也执行各种各样的安全研发工作。美国桑迪亚国家实验室的任务是满足 5 个关键领域的美国国家需求：核武器、不扩散和评估、军事技术和应用、能源和基础设施保障、国土安全。

A.2.1 故障预测与健康管理方法

美国桑迪亚国家实验室的优化和不确定性评估部门正在与洛克希德·马丁公司合作，为 F-16 飞机附属驱动变速箱开发预测算法，以实现成本较低的预测性维修。F-16 飞机的附属驱动变速箱位于发动机正前方，主要负责多翼面和尾翼控制，并且提供发动机起动动力。美国桑迪亚国家实验室的故障预测与健康管理团队开发了相应的数学公式来操作传感器数据，以解答在各种情况下"该部件的健康状况如何，最好采取何种措施"等问题。团队的研究人员在阿尔伯克基和堪萨斯城的能源部工厂上安装了微型传感器，并且利用传感器收集数据开发了寿命预测算法，从而实现了故障预测与健康管理。

美国桑迪亚国家实验室一直在考虑与美国能源部、美国国防部、工业界和学术界合作建立一个故障预测与健康管理卓越中心，建立卓越中心的目的是为技术开发、技术测试与验证能力提供支持。美国桑迪亚国家实验室表示，该卓越中心能够通过试验分析和相关研究，通过全面的科学建模、模拟、试验和技术转让等方式实现最先进的故障预测与健康管理。

2004年12月6日至8日，美国桑迪亚国家实验室故障预测与健康管理卓越中心举行了第一阶段咨询委员会会议，并向故障预测与健康管理研究组织的所有成员开放。

A.2.2　相关出版物

美国桑迪亚国家实验室的出版物均为内部出版物，非本单位人员不可查阅。

A.3　美国陆军

美国陆军是美国武装部队的一个分支，主要负责陆地军事行动。美国陆军计划在武器平台、支援车辆和弹药等领域中广泛使用故障预测技术。

A.3.1　故障预测与健康管理方法

故障预测是指预测系统未来的状态。故障预测系统包括传感器、数据采集系统，以及基于微处理器的软件，主要用于在很少或没有人为干预的情况下实时或接近实时地执行传感器融合、分析和结果解释。美国陆军计划在武器平台、支援车辆，甚至弹药等领域中广泛应用故障预测技术。

在美国西北太平洋国家实验室的技术支持下，美国陆军后勤综合局一直在评估最先进的故障预测技术和扩展该技术的能力范围，并且研究相关实现方法，以便从故障预测数据中为美国陆军提供最大帮助。美国西北太平洋国家实验室研究了几种美国陆军车辆的故障预测应用，以及实时车载预测/发动机寿命预测方法，并且为 M1 主战坦克上使用的燃气涡轮发动机开发了一个可行性论证车载故障预测与健康管理原型系统，其中包括安装在燃气涡轮发动机上的一组传感器、数据采集系统和处理信息的计算机。该原型系统能够使用人工神经网络、基于规则的算法和预测趋势分析对燃气涡轮发动机状况进行诊断和预测。

在对 M1 主战坦克 AGT1500 燃气涡轮发动机进行的分析中，美国西北太平洋国家实验室考虑了几种不同的部署方案。例如，基于候选传感器提供数据的值（用于诊断和预测故障）和传感器安装的成本及易用性等要素，对不同传感器集进行了评估。上述分析形成了一个最初的原型系统，称为基于人工神经网络的涡轮发动机诊断系统。该系统后来进行了拓展，包括预测更多潜在故障信息，其新版本称为实时发动机诊断与故障预测系统。

实时发动机诊断与故障预测系统能够接收来自安装在 AGT1500 燃气涡轮发动机上的 38 个传感器的输入。在上述传感器中，25 个传感器是工厂安装的，

故障预测与健康管理技术及应用案例分析

主要用于发动机控制和发动机控制单元执行的基本诊断；其余 13 个传感器使用线束改装到发动机上，包括压力传感器、温度传感器和振动传感器，此类传感器安装在发动机上的战略位置上，目的是提供关于发动机的更详细的热力学信息。实时发动机诊断与故障预测系统架构包括实时数据采集、传感器验证、振动波形数字信号处理、人工神经网络和基于规则的诊断算法进行发动机健康分析，以及执行发动机健康预测的故障预测分析。虽然人工神经网络和基于规则的诊断算法是 AGT1500 燃气涡轮发动机特有的，但是实时发动机诊断与故障预测系统所采用的方法和体系结构具有普遍的适用性，将该系统用于预测分析的预期寿命预测方法时也是如此。

实时发动机诊断与故障预测系统的体积比普通公文包还小，其中包含数据采集、定制信号调理和多用途计算机系统的电子设备。实时发动机诊断与故障预测系统已经进行了有限的野战测试。目前，将实时发动机诊断与故障预测系统的板载预测能力集成到 M1 主战坦克上，还具有很大的不确定性。

此外，驻北卡罗来纳州研究三角园区的美国陆军装备司令部陆军研究办公室正在领导美国陆军努力开发传感器，以检测结构和机械系统故障。该研究办公室之前的一些工作包括：利用压电传感器对行星齿轮传动系统损伤进行健康检测，研究光纤传感器在智能结构中的应用，分析复合材料结构中损伤的可控振动响应，穿越桥的交叉检测，基于阻抗的定性健康检测，基于微机电系统的智能燃气涡轮发动机检测，微机电技术在智能涡轮发动机中的应用。

美国陆军正在实施的另一个故障预测与健康管理项目是美国陆军诊断改进计划。该计划的目的是通过在多个系统中应用通用技术来提升美国陆军所有武器系统和装备的故障诊断和预测能力。美国陆军诊断改进计划涉及美国陆军所有的装备和系统，是美国国防部现有装备维修改进计划中涉及范围最广的。根据执行工作所需的时间框架，该计划分为 3 个阶段。

（1）短期：立即实施技术引进，改进诊断工作。

（2）中期：发展地面车辆和直升机的预期维修能力。

（3）长期：针对通用体系结构和方法，开发嵌入式诊断概念（类似于美国空军联合攻击战斗机故障预测与健康管理的嵌入式体系结构设计目标）。

美国陆军诊断改进计划的概念是，使用便携式维修辅助装置作为主要的数据收集和通信工具，并且基于此获取数据。便携式维修辅助装置能够进行传感器健康检查，传感器耦合交互式电子技术系统则能够自动收集数据并将其传输给美国陆军全球战斗支援系统。

便携式维修辅助装置能够通过一个通用的多针连接器直接读取车辆传感器数据，或者通过连接到数据总线并从车载发动机控制单元处理过的传感器获取数据来读取车辆传感器数据。便携式维修辅助装置能够通过健康检查这个独立过程来收集传感器数据，或者使用传感器耦合交互式电子技术系统来选择性地询问那些适合故障排除会话的传感器，以了解已知故障现象。在完成传感器数据采集之后，可将采集数据存储在数据库中，以便进行后续的趋势分析。

A.3.2　扩展的基于状态的维修

基于状态的维修是一项计划，提供了广泛的指导意见、可衡量的里程碑，以及美国航空业在 2015 年年底前过渡到扩展的基于状态的维修的愿景。

在战略层面上，扩展的基于状态的维修是一组基于从嵌入式传感器或便携式设备执行的外部测量或测试获得的设备状态的实时或近实时评估的维修措施。其从嵌入式传感器或便携式设备上收集数据，再转化为预测性趋势和指标，从而根据实际运行环境对部件的故障发生时间进行预测。

在体系层面上，扩展的基于状态的维修可实现预测性后勤，即在部件发生故障之前，主动获取和交付执行维修措施所需备件的能力。

在战役/战术层面上，扩展的基于状态的维修是将飞机状态数据和使用情况转化为主动维修措施的能力，基层维修人员基于其能够实现并保持更高的飞机作战可用性；扩展的基于状态的维修还能够为指挥官提供一种任务规划工具。使用故障预测技术，可以实现飞机剩余任务可用性或故障时间预测，为指挥官提供有价值的信息，从而确定哪些飞机可以参加战斗、哪些飞机需要维修。

扩展的基于状态的维修的愿景是未来具有预测性和前瞻性的维修环境。部件更换指标是由美国航空工程局工程师与原始设备制造商工程师根据环境调整之后的实际武器系统/部件使用情况，以及使用嵌入式（板载）自动健康检测系统收集到的系统健康数据得出的。上述系统应能够根据特定使用环境下武器系统/部件的实际使用情况和系统健康状况制定相应的部件更换方案。

A.3.3　美国陆军装备系统分析局

美国陆军装备系统分析局是美国陆军的一个分析机构。美国陆军装备系统分析局的总体目标是为美国陆军部队提供最好的军用物资。美国陆军装备系统分析局主要通过系统和工程分析的方式为美国陆军提供所需支持，包括相关技术、物资采办和陆军武器系统设计、开发和保障有关的决策。

故障预测与健康管理技术及应用案例分析

美国陆军装备系统分析局依靠高水平的工程师、运筹分析员、数学家和计算机科学家进行广泛的关键分析，可以为美国陆军和美国国防部提供支持。美国陆军装备系统分析局能够为美国陆军研发工程司令部的任务提供直接支持，从而使正确的集成技术能够更快地交付到作战部队。

在阿伯丁试验测试中心的大力支持下，美国陆军装备系统分析局向"伊拉克自由"行动和美国陆军训练中心提供了基于状态的维修的工具箱、软件，以及基于状态的维修的模板和热仪器。上述实际装备可以基本做到实时对车辆运行、士兵热环境（安全）和车辆健康状况进行评估。

此外，美国陆军装备系统分析局还利用车辆维修和使用历史开展维修算法的预测性研究。美国陆军装备系统分析局与驻阿伯丁试验场的阿伯丁试验测试中心联合设计了一种车载系统。该系统能够收集来自车载传感器、数据总线、地形传感器和 GPS 的数据，并对数据进行分析以确定车辆状态。

在实施基于状态的维修的第一阶段，美国陆军装备系统分析局为健康与使用监测系统工程样机确定了适当的硬件和软件，并且完成了数据采集系统的初步安装使用。第二阶段包括开发一个稳定的军用级健康与使用监测系统工程样机，设计一个数据分析过程，在美国本土的训练环境下对该工程样机进行测试，并且开始在美国海外作战部队中部署该监测系统工程样机，目前美国陆军装备系统分析局正在利用 nCodes 库软件为信息管理过程制定相应的临时解决方案。第三阶段正在进行中，具体包括确定相对于车辆成本的小型、廉价的健康与使用监测系统。第四阶段包括由原始设备制造商在制造时将成熟的系统硬件集成到作战平台上，或者将开发的算法集成到其他已安装的基于状态的维修的硬件中。

美国陆军装备系统分析局已经成功演示了该系统的硬件和软件能力、数据质量检查和基本的使用特性。许多车辆已经安装了完整的仪器，并且正在从 80 多个模拟通道、多个汽车工程师协会 SAE J-1708 总线通道或汽车工程师协会 SAE J-1939 总线通道和 GPS 中获取数据。美国陆军装备系统分析局还在收集加速度数据，以便在未来能够识别部件故障，并且更准确地表示车辆经过的地形。目前，只有一个加速度计能够基于地形识别算法对弹簧下的质量数据进行收集。美国陆军装备系统分析局与一家传感器公司合作，开发了一种健壮性较高的军用环境传感器，与目前的实验室传感器相比，这种传感器具有成本优势和更好的耐用性。安装该传感器的车辆已经多次在阿伯丁试验场进行测试，这为预测算法的开发提供了详细数据。阿伯丁试验测试中心和美国陆军装备系统分析局还对在伊拉克使用的 3 种不同类型的 20 辆轮式车辆数据进行了测量和分析，提供了大量的车辆使用数据和操作参数，这对于车辆管理改进、工程设计改进和优化测试极为有用。此外，可以用上述数据与维修记录进行比对，以确定特定的预测算法。

自 2006 年 6 月以来，美国陆军装备系统分析局一直在进行健康与使用监测系统工程样机测试。美国陆军装备系统分析局已在各陆军训练中心为战术轮式车辆安装了健康与使用监测系统工程样机，并且将其作为在支持"伊拉克自由"行动之前开发和测试系统的试验平台，便于美军收集、整理和分析数据，以便向车队管理人员、工程师和维修人员提供相关报告。诊断/预测算法的使用特征和初始版本已安装并正在完善。2006 年 12 月，美国安装了 5 套健康与使用监测系统工程样机系统，以支持法语国家组织成员，2007 年 2 月又为法语国家组织成员安装了 5 套该系统。

美国陆军装备系统分析局已经能够实现的部分分析包括开机时间、燃油消耗、人员热环境、行驶时间，以及部分基本的地形识别。美国陆军装备系统分析局的目标是使用板载算法来生成上述信息，这将有助于减少离线处理的数据量。信息应能够按照图形方式加以显示，或者能够使用少量的车辆使用总结报告（一般在两页之内）将数据处理成有用的信息报告（使用 nCode 软件）。

A.3.4　美国陆军研究实验室车辆技术局

美国陆军研究实验室车辆技术局在过去的 40 年一直设在美国国家航空航天局格伦研究中心。该车辆技术局和美国国家航空航天局材料与结构部门的机械分部一起，多年来一直在进行驱动系统研究，其成果主要应用于旋翼机，研究目标是减小质量、提高寿命、降低噪声、降低驱动系统的成本，其中的重点研究内容是驱动系统中的齿轮传动。自 1989 年以来，该车辆技术局一直致力于开发齿轮系统的故障检测、诊断和预测技术。

目前，美国陆军研究实验室车辆技术局所开展的故障诊断/预测活动的目标是：开发先进的健康管理技术以可靠、准确地检测和量化航空航天驱动系统中关键机械部件的损伤情况，重点检测和量化驱动系统中齿轮的损伤情况。通过开发集成不同测量技术/诊断技术的多传感器智能系统，进行基本的故障进展研究试验，并且将试验结果与飞行数据关联，即可实现上述目标。

美国陆军研究实验室车辆技术局的活动涉及以下方面：①圆锥滚子轴承损伤检测试验；②开发混合轴承试验设备；③利用碎片颗粒分布检测齿轮和轴承损伤情况；④直升机变速器行星齿轮故障检测；⑤对试验台和飞行数据进行振

动算法阈值评估；⑥面齿轮故障检测；⑦OH-58A 直升机变速器多传感器故障检测；⑧为美国陆军的基于状态的维修计划提供支持。

1. 圆锥滚子轴承损伤检测试验

美国陆军研究实验室车辆技术局开发了圆锥滚子轴承损伤诊断工具。圆锥滚子轴承用于直升机传动，并且有可能用于高旁路先进燃气涡轮飞机发动机。通过收集健康监测硬件在故障进展测试中的油屑数据，美国陆军研究实验室车辆技术局开发了一种诊断工具，进行了试验评估，即在模拟发动机负载条件下，使用圆锥滚子轴承进行了故障发展试验。对 1 个健康轴承和 3 个预先损坏的轴承进行了试验，在每次试验过程中，监测并记录了一个电感式油屑传感器和 3 个加速度计的数据，以确定轴承的故障情况。在整个试验过程中，轴承需要定期拆下并检查损伤发展情况。利用数据融合技术，将油屑分析和振动分析这两种不同的监测技术集成到轴承表面疲劳点蚀损伤的健康监测系统中。在模拟发动机负载条件下的轴承故障发展试验中，对数据融合诊断工具进行了评估。与单独使用健康监测技术相比，该集成系统对圆锥滚子轴承的损伤检测和健康评估效果更好。

2. 开发混合轴承试验设备

美国陆军研究实验室车辆技术局开发了一种新型混合轴承试验设备，主要用于评估航空和空间应用滚动轴承故障预测传感器和算法的性能。该试验设备还可以评估不同润滑剂对轴承寿命的影响。在试验过程中监测和记录的试验条件包括负载、油温、振动和油屑。美国陆军研究实验室车辆技术局还评估了新的诊断研究仪器，并将其用于混合轴承损伤检测。

3. 利用碎片颗粒分布检测齿轮和轴承损伤情况

美国陆军研究实验室车辆技术局开发了一种诊断工具，可将其用于检测正齿轮、螺旋锥齿轮和滚动轴承的疲劳损伤。该诊断工具是通过在美国国家航空航天局格伦研究中心正齿轮疲劳试验台、螺旋锥齿轮试验设备和 500 马力直升机变速器试验台上进行的疲劳试验中所收集的油屑数据进行开发和评估的。在每次测试过程中，电感式油屑传感器数据均需要进行监测并记录，以确定点蚀损伤的发生情况。结果表明，仅根据油屑数据并不能检测轴承和齿轮的疲劳损伤情况。

4. 直升机变速器行星齿轮故障检测

美国陆军研究实验室车辆技术局提出了一种检测和诊断直升机变速器行星齿轮故障的方法，该诊断方法基于约束自适应提升算法。约束自适应提升算法由贝尔实验室开发，其基础是小波变换时域分析、故障预测误差实现，目的是能够更加灵活地构建小波基础。经典的约束自适应提升算法能够分析给定的信号，并且使用从单一基函数中导出的小波。许多研究人员提出了约束自适应提升算法适应性技术，可允许小波变换从一组基函数中选择最适合的信号基。这种特性对行星齿轮诊断是有益的，因为该特性允许通过选择一组最能代表齿轮箱在健康状态下工作时获得的振动信号的小波来进行调整，以适应特定的变速器。然而，要提高对某些类型齿轮损伤所引起的局部波形变化的检测能力，必须对某些基特征进行约束。约束的方法是从健康状态的齿轮箱振动信号中分析得出单个齿网波形，该信号可利用振动分离（同步信号平均）算法生成。每个波形都可以使用自身斜率和曲率零点进行分析域分离。在每个分析域中选择的基，应能够保证预测误差最小，并且约束为具有与原始信号相同符号的局部斜率和曲率的基。利用得到的基组对未来状态的振动信号进行分析，并且对约束自适应提升算法的故障预测误差进行检验。约束能够进行变换，目的是有效适应全局幅度变化，从而产生较小的预测误差。但是，该方法并不能很好地适应与某些类型齿轮损伤相关的局部波形变化情况，从而可能导致预测误差发生明显变化。

5. 对试验台和飞行数据进行振动算法阈值评估

对试验台和飞行数据进行振动算法阈值评估项目由美国联邦航空管理局通过该局与美国国家航空航天局签订的《空间法》协议提供资金。项目的目标是，定义一种能够为传输诊断算法定义相关阈值的方法，该方法能够在保持传输损伤敏感性的同时实现最少的误报次数。由于飞行中的损伤数据有限，因此必须在受控地面试验环境中开发诊断工具损伤检测能力。为不同类型的故障定义阈值，是预测未来直升机部件故障所必需的。项目的目的是利用在试验台环境中定义的阈值，对基于振动的诊断工具在飞行数据和试验台数据上的性能进行评估。阈值评估用于美国国家航空航天局格伦研究中心试验台在正常条件和损伤进展条件下收集的试验数据，以及在直升机上正常条件下收集的数据。

对统计方法进行审查，确定获取的信号数据是否与在正常情况下飞机的数据相似。通过使用由最小算法和最大算法确定的直方图相对频率估计概率的方式，分析和比较试验台数据和飞行数据。确定假设检验和决策矩阵，并且确定可能的故障检测/误报组合，将误报概率与检测概率进行比较，确定算法的最佳阈值。

6. 面齿轮故障检测

几年前，美国陆军资助了一项名为"先进旋翼机传动"的项目研究，目标是对改进概念进行研究，从而减小直升机驱动系统的质量和噪声，并且提高使用寿命。在变速器中使用面齿轮是实现上述目标的方法之一。在过去的 15 年中，美国陆军研究实验室车辆技术局一直在进行面齿轮研究。最新的研究成果是在未来的 AH-64 阿帕奇直升机上安装面齿轮以提供支持。最近，美国陆军研究实验室在美国国家航空航天局格伦研究中心对 24 组齿轮进行了疲劳试验，目的是确定圆锥直齿渐开线齿轮啮合面齿轮的表面耐久性寿命。试验安装并使用了最先进的基于振动的齿轮故障检测仪器，并试图确定上述技术在检测面齿轮故障方面的有效性。

7. OH-58A 直升机变速器多传感器故障检测

OH-58A 直升机变速器多传感器故障检测项目是美国陆军研究实验室车辆技术局、美国国家航空航天局格伦研究中心和马里兰大学的合作项目，目的是研究直升机变速器中变速器齿轮和轴承的故障检测能力。试验在 OH-58A 直升机主旋翼传动装置上使用美国国家航空航天局格伦研究中心开发的 500 马力直升机传动装置测试设备进行，计划通过各种试验对各种故障检测方案进行验证。首先，对新的、未损坏的部件进行测试，以建立"健康"部件的基线特征；其次，利用以前测试过的部件进行试验，此类部件已经存在齿轮和轴承疲劳剥落等多种故障，此类试验将用于验证故障检测能力；最后，进行故障和加速疲劳试验，检验使用多传感器的故障检测方案的有效性。在试验过程中，对传输振动、声学、声强、传输误差（通过加速度计）、油屑监测情况进行记录和处理。上述数据将与基于计算机的健康监测系统共同在线使用，以在试验期间评估故障检测和进展情况。

8. 为美国陆军的基于状态的维修计划提供支持

2013—2015 年之前，美国陆军航空兵计划从定期和不定期维修方法转型到基于状态的维修方法，这也是其最具挑战性的举措之一。转型能否成功取决于能否将先进技术纳入现有的美国陆军航空兵项目中，以及是否能够将上述能力嵌入未来对现有武器系统的新的改装或重大改装中。如果能够引入这种方法，就可以提高系统的可靠性和安全性，从而提高装备的作战可用性。

美国国家航空航天局格伦研究中心已完成了基于状态的维修方法的相关测试，目的是为美国陆军航空兵的基于状态的维修计划提供支持。本次工作的范围是对阿帕奇直升机尾架组件所用的 5 个轴承进行一系列测试。用于测试的轴承是通过美国联邦总务局购买的，一般视为处于"新的"状态。为了正确配置试验台，首先进行安定试验，并进行一系列试验以记录轴承的振动特征；随后，上述轴承将提供给南卡罗来纳大学，以进行与基于状态的维修有关的额外测试。上述系列试验的振动数据旨在建立一个基线，并将其与实验室故障条件下轴承振动特征数据进行比较。

A.3.5 相关出版物

（1）Rodriguez H, Hallman D, Lewicki D G. A Resonant Synchronous Vibration Based Approach for Rotor Imbalance Detection[C]//The 47th Structure, Structural Dynamics, and Materials Conference, IEEE, 2006.

（2）Aviation A. Condition based Maintenance Plus (CBM+) Plan[EB/OL]. (2004-6-8) [2021-6-19].

（3）Dempsey P J , Morales W, CERTD J M. Current Status of Hybrid Bearing Damage Detection[J]. Tribology Transactions, 2005, 3: 370-376.

（4）Dempsey P J, Lewicki D G, Decker H J. Investigation of Gear and Bearing Fatigue Damage Using Debris Particle Distributions[R]. 2004.

（5）Lewicki D G, Samuel P D, Conroy J K, et al. Planetary Transmission Diagnostics[J]. Nasa Cr Nasa Glenn Research, 2004.

（6）Dempsey P J, Mosher M, Huff E M. Threshold Assessment of Gear Diagnostic Tools on Flight and Test Rig Data[R]. 2003.

（7）Decker H J, Lewicki D G. Spiral Bevel Pinion Crack Detection in a Helicopter Gearbox[J]. ARL-TR-2958, U.S. Army Research laboratory, NASA, 2003.

（8）Decker H J . Effects on Diagnostic Parameters After Removing Additional Synchronous Gear Meshes[C]//Impact of Prognostic on Organizational Success, U.S. Army Research Laboratory, 2003.

（9）Dempsey P J. Integrating Oil Debris and Vibration Measurements for Intelligent Machine Health Monitoring[D]. Ohioan: The University of Toledo, 2002.

（10）Dempsey P J, Morales W, Afjeh A A. Investigation of Spur Gear Fatigue

Damage Using Wear Debris[J]. Lubrication Engineering, 2003, 58(11): 18-22.

（11）Araiza M L, Kent R, Espinosa R. Real-time, Embedded Diagnostics and Prognostics in Advanced Artillery Systems[C]//Autotestcon, IEEE, 2002.

（12）Dempsey P J, Afjeh A A. NASA/TM—2002-211126 Integrating Oil Debris and Vibration Gear Damage Detection Technologies Using Fuzzy Logic[J]. Journal of the American Helicopter Society, 2002, 49(2): 11-13.

（13）Decker H J. Gear Crack Detection Using Tooth Analysis[C]//Failure Prevention Technology to Improve the Bottom Line, U.S. Army Research Laboratory, 2002.

（14）Decker H J. Crack Detection for Aerospace Quality Spur Gears[C]//The 58th Annual Forum of the American Helicopter Society, American Helicopter Society, 2002.

（15）Dempsey P J, Handschuh R F, Afjeh A A. Spiral Bevel Gear Damage Detection Using Decision Fusion Analysis[C]. The 5th International Conference on Information Fusion, IEEE, 2002.

（16）Suryavanashi A, Wang S, Gao R, et al. Condition Monitoring of Helicopter Gearboxes by Embedded Sensors[C]//The 58th American Helicopter Society International Forum, American Helicopter Society, 2002.

（17）Lin L, Pines D J. The Influence of Gear Design Parameters on Gear Tooth Damage Detection Sensitivity[J]. Journal of Mechanical Design, 2002, 124(4): 794-804.

（18）Greitzer F L, Pawlowski R A. Embedded Prognostics Health Monitoring[J]. Proceedings of the International Instrumentation Symposium, 2002(48): 301-310.

（19）Pryor A H, Mosher M, Lewicki D G, et al. The Application of Time-Frequency Methods to HUMS[C]//The 57th American Helicopter Society International Forum, American Helicopter Society, 2001.

（20）Grabill P, Berry J, Amcomamrdec U A, et al. Automated Helicopter Vibration Diagnostics for the US Army and National Guard[C]//The 57th American Helicopter Society International Forum, American Helicopter Society, 2001.

（21）Dempsey P J, Zakrajsek J J. Minimizing Load Effects on NA4 Gear Vibration Diagnostic Parameter[J]. NASA TM-2001-210671, U.S. Army Research laboratory, NASA, 2001.

（22）Dempsey P J. Gear Damage Detection Using Oil Debris Analysis[R]. National Aeronautics and Space Administration Glenn Research Center Cleveland, Ohio, 2001.

（23）Samuel P D, Pines D J, Lewicki D G. A Comparison of Stationary and Non-Stationary Metrics for Detecting Faults in Helicopter Gearboxes[J]. Journal of the American Helicopter Society, 2000, 45(2): 125-136.

（24）Dempsey P J, Afjeh A A. Integrating Oil Debris and Vibration Gear Damage Detection Technologies Using Fuzzy Logic[J]. Journal of the American Helicopter Society, 2002, 49(2): 34-70.

（25）Wang K, Tang D, Danai K. Model-based Selection of Accelerometer Locations for Helicopter Gearbox Monitoring[J]. Journal of the American Helicopter Society, 1999, 44(4): 269-275.

（26）Roemer M J, Kacprzynski G J. Advanced Diagnostics and Prognostics for Gas Turbine Engine Risk Assessment[C]//IEEE Aerospace Conference, IEEE, 2000.

（27）Kobayashi M H, Pereira J C F. Numerical Comparison of Momentum Interpolation Methods and Pressure—Velocity Algorithms Using Non-staggered Grids[J]. Communications in Applied Numerical Methods, 1991, 7(3): 173-186.

（28）Jammu V B, Danai K, Lewicki D G. Structure-based Connectionist Network for Fault Diagnosis of Helicopter Gearboxes[J]. Journal of Mechanical Design, 1998, 120(1): 100-105.

（29）Zakrajsek J J, Lewicki D G. Detecting Gear Tooth Fatigue Cracks in Advance of Complete Fracture[J]. Tribotest, 1998, 4(4): 407-442.

（30）Samuel P D, Pines D J, Lewicki D G. A Comparison of Stationary and Non-stationary Metrics for Detecting Faults in Helicopter Gearboxes[J]. Journal of the American Helicopter Society, 2000, 45(2): 125-136.

（31）Samuel P D, Maryland U O, Pines D J, et al. A Comparison of Stationary and Non-stationary Transforms for Early Fault Detection in the OH-58A Main Transmission[C]//The 54th American Helicopter Society International Forum, American Helicopter Society, 1998.

（32）Chan L L, Celler B G, Lovell N H. Development of A Smart Health Monitoring and Evaluation System[C]//TENCON 2006, 2006 IEEE Region 10 Conference, 2006.

（33）Jammu V B, Danai K, Lewicki D G. Unsupervised Pattern Classifier for Abnormality-scaling of Vibration Features for Helicopter Gearbox Fault Diagnosis[J]. Machine Vibration, 1996(5): 154-162.

（34）Jammu V B, Danai K, Lewicki D G. Diagnosis of Helicopter Gearboxes Using Structure-based Network[C]//American Control Conference, Proceedings of the IEEE, 1995.

（35）Romero R, Summers H, Cronkhite J. Feasibility Study of a Rotorcraft Health and Usage Monitoring System (HUMS): Results of Operator's Evaluation[J]. NASA-CR 198446, ARL-CR-289, U.S. Army Research laboratory, NASA, 1996.

（36）Dickson B, Cronkhite J, Bielefeld S, et al. Feasibility Study of a Rotorcraft Health and Usage Monitoring System (HUMS): Usage and Structural Life Monitoring Evaluation. NASA-CR 198447, ARL-CR-290, U.S. Army Research Laboratory, NASA, 1996.

（37）Choy F K, Polyshchuk V, Zakrajsek J J, Handschuh R F, Townsend D P. Analysis of The Effects of Surface Pitting and Wear on The Vibration of A Gear Transmission System[J]. Tribology International, 1996, 29(1): 77-83.

（38）Choy F K, Huang S, Zakrajsek J J, et al. Vibration Signature Analysis of A Faulted Gear Transmission System[J]. Journal of Propulsion and Power, 1996, 12(2): 289-295.

（39）Jammu V B, Danai K, Lewicki D G. Unsupervised Pattern Classifier for Abnormality-scaling of Vibration Features for Helicopter Gearbox Fault Diagnosis[J]. Machine Vibration, 1996(5): 154-162.

（40）Zakrajsek J J, Handschuh R F, Lewicki D G, et al. Detecting Gear Tooth Fracture in A High Contact Ratio Face Gear Mesh[C]//The 49th Meeting Society for Machinery Failure Prevention Technology, IEEE, 1995.

（41）Zakrajsek J J, Townsend D P, Lewicki D G, et al. Transmission Diagnostic Research at NASA Lewis Research Center[C]//The Institution of Mechanical Engineers 2nd International Conference, Institution of Mechanical Engineers, 1995.

（42）Jammu V B, Danai K, Lewicki D G. Diagnosis of helicopter gearboxes using structure-based network[C]//American Control Conference, Proceedings of the IEEE, 1995.

（43）Chin H, Danai K, Lewicki D G. Fault Detection of Helicopter Gearboxes

Using the Multi-valued Influence Matrix Method[J]. Journal of Mechanical Design, 1995, 117(2): 248-253.

（44）Deckeer H J, Handschuh R F, Zakrajsek J J. An Enhancement to the NA4 Gear Vibration Diagnostic Parameter[J]. NASA TM 106553, ARL-TR 389, U.S. Army Research laboratory, NASA, 1994.

（45）Choy F K, Huang S, Zakrajsek J J, et al. Vibration Signature Analysis of A Faulted Gear Transmission System[J]. NASA TM-106623, ARL-TR-475, AIAA-94-2937, U.S. Army Research laboratory, NASA, 1994.

（46）Midzak A, Papadopoulos V. Analysis of The Effects of Surface Pitting and Wear on The Vibration of A Gear Transmission System[J]. Traffic, 2015, 15(9): 895-914.

（47）Cho F K, Ruan Y F, Zakrajsek J J, et al. Modal Simulation of Gearbox Vibration with Experimental Correlation[J]. Journal of Propulsion and Power, 1993, 9(2): 301-306.

（48）Chin H, Danai K, Lewicki D G. Pattern Classifier for Fault Diagnosis of Helicopter Gearboxes[J]. Control Engineering Practice, 1993, 1(5): 771-778.

（49）Hin H, Danai K, Lewicki D G. Efficient Fault Diagnosis of Helicopter Gearboxes[J]. IFAC Proceedings Volumes, 1993, 26(2): 135-147.

A.4 美国海军

美国海军是美国武装部队的一个分支，主要负责海上作战行动，具体包括水面舰艇（船）、潜艇、海军航空兵，以及辅助支援、通信、训练等领域的行动。截至 2021 年，美国海军拥有 296 艘舰艇，其中包括由 12 艘航母组成的舰队，以及 3700 余架飞机。

A.4.1 故障预测与健康管理方法

在美国国防高级研究计划局的支持下，美国海军于 2004 年启动了一项战略，旨在开发、集成和演示推进机械系统的诊断、预测、健康监测和寿命管理。

SH-60 "海鹰" 直升机项目在战略中首次进行概念验证，目的是开发、演示和集成现有的先进机械诊断技术，并且将其用于推进动力驱动系统监测。相关技术包括各种基于规则和模型的分析技术，目的是演示和验证诊断和趋势分析

故障预测与健康管理技术及应用案例分析

能力。此后，美国海军越来越重视故障预测能力，已经可以在早期监测部件或电子元件故障前兆或初发故障状态，并对故障状态向部件故障的发展情况进行管理和预测，其目的是在飞机全寿命周期内提高其安全性并显著降低保障成本。

美国海军水面作战中心正在与美国陆军合作开展一个名为联合先进健康与使用监测系统的项目。联合先进健康与使用监测系统的目标是演示和验证先进健康与使用监测系统技术的作战价值及其实现方法。联合先进健康与使用监测系统的结构包括 1 个主处理器单元、1 个数据传输单元、1 个远程数据集中器、1 个板载显示器和 1 个地面站。该监测系统能够实现旋翼、发动机和机械系统的飞行中监测，并且能够提供地面诊断和维修管理系统接口。联合先进健康与使用监测系统的研发测试工作在美国马里兰州帕图森特河海军空战中心和亚拉巴马州拉克堡进行。联合先进健康与使用监测系统涉及的技术目前正在两架海军 SH-60B 型直升机上使用，预计不久将应用于更多的美国海军/陆军飞机上，以支持作战价值评估和数据收集。

美国海军的综合状态评估系统作为舰载机械健康监测的记录程序，使用了一种经过修改的现成商用产品进行故障预测与健康管理中的维修管理。综合状态评估系统是一个基于 Microsoft Windows NT 的维修程序，能够将性能监测技术与计算机化维修管理技术结合起来。综合状态评估系统能够使用图形来显示机器、系统和传感器状态，并且通过将在线的、便携的及手动的传感器数据与建立的工程性能标准进行比较，来监测和预测机械故障模式。如果机器的实际性能不满足规定限制，就会发出警报。综合状态评估系统能够自动记录性能数据，并且将其存储在数据库文件夹中，以备将来评估使用，还可以可视消息或可听消息的形式向操作人员发出警报。目前，综合状态评估系统已安装在"弗吉尼亚号""诺福克号""孟菲斯号"等美国海军舰艇上。此外，美国海军海上系统司令部已授权使用综合状态评估系统来监测潜艇和核动力航空母舰上的主要反应堆和备用反应堆。

美国海军提出了 FORCEnet 构想①，其目的是开发美国海军联合部队和多国部队系统通信的体系结构，以及支持基于该通信网络的后勤保障。通过查看跨作战任务领域，确定并最大限度地提高当前作战能力，同时在安全环境中适应网络化的战术数据传输等方式，美国海军期望在海上协同作战环境中有效实现多种来源信息的收集，简言之，就是要在各种作战场景中采用并能够向各参战

---

① FORCEnet（部队网）构想是美国海军为使其部队由平台中心战向网络中心战转型而在 IT-21 和 NMCI 计划基础上提出的一种发展构想。

平台提供通信系统。

为了收集和传播有关电磁和故障预测与健康管理的信息，美国海军航空系统司令部创建了故障预测、先进诊断与健康管理系统，这是一个在线协同环境，可实现各部队和相关部门的交流。故障预测、先进诊断与健康管理系统还能够作为信息的中央储存库，能够支持故障预测与健康管理过程，具备确定部件状态以执行相关功能，以及基于诊断/预测信息、可用资源和作战需求对维修做出适当决策的能力。故障预测、先进诊断与健康管理系统能够为用户提供在安全环境中共享文件及演示文稿、文档和其他相关材料的能力。

另外，美国海军正在积极参与美国国防部小型企业创新研究计划。2005年，美国用于小型企业创新研究计划的资金约为10.79亿美元，分别由10个机构供资：美国陆军、美国海军、美国空军、美国导弹防御局、美国国防高级研究计划局、美国化学生物防御局、美国特种作战司令部、美国国防威胁压制局、美国国家地理空间情报局、美国国防部部长办公室。小型企业创新研究计划是美国早期技术融资的最大来源。2004年，美国小型企业创新研究计划/小企业技术转让供资总额为20亿美元，美国国防部出资占小型企业创新研究/小企业技术转让供资总数的近一半。

A.4.2　相关出版物

（1）Finley B, Schneider E A, Willett P K, et al. ICAS: The Center of Diagnostics and Prognostics for The United States Navy[J]. International Society for Optics and Photonics, 2001(4389): 186-193.

（2）DiUlio M, Savage C, Finley B, et al. Taking the Integrated Condition Assessment System to the Year 2010[C]//The 13th International Ship Control Systems Symposium (SCSS), 2003.

（3）Savage C, Phila N, Diulio M, et al. Enterprise Remote Monitoring (ICAS & Distance Support), Tomorrow's Vision being Executed Everyday[C]//The 2005 American Society of Naval Engineers (ASNE) Fleet Maintenance Symposium, ASNE, 2005.

A.5　美国空军

美国空军是美国武装部队的航空力量。美国空军的职责是，通过空中和太空力量保卫美国并保护美国的利益。1947年9月18日，美国空军作为美国政府的一个独立分支机构正式成立。美国空军是世界上规模最大的现代化空军之一，拥有超过 7000 架现役飞机，在世界多地设有空军基地。

A.5.1　故障预测与健康管理方法

美军在 F35 飞机的研制中，规划了如图 A.1 所示的以 PHM 系统为基础的自主式保障系统，通过发展 PHM 系统大幅提升保障效能，通过更好的诊断方式识别系统故障的原因，并在可能的情况下识别即将发生的系统故障（故障预测），以便在实际故障发生之前进行部件修理，从而缩短现有型号飞机的停机时间。自主式保障系统对故障诊断和预测过程所涉及各个领域进行研究，并将重点放在可提供最佳投资回报的改进方面。运用自主式保障系统后，与 F16 飞机相比，F35 飞机的保障效能大幅提高：可用度提高超过 15%，出动架次率提高 25%，保障规模缩小 50%，维护人员、人力减少 20%～40%，保障费用减少 50%，如图 A.2 所示。

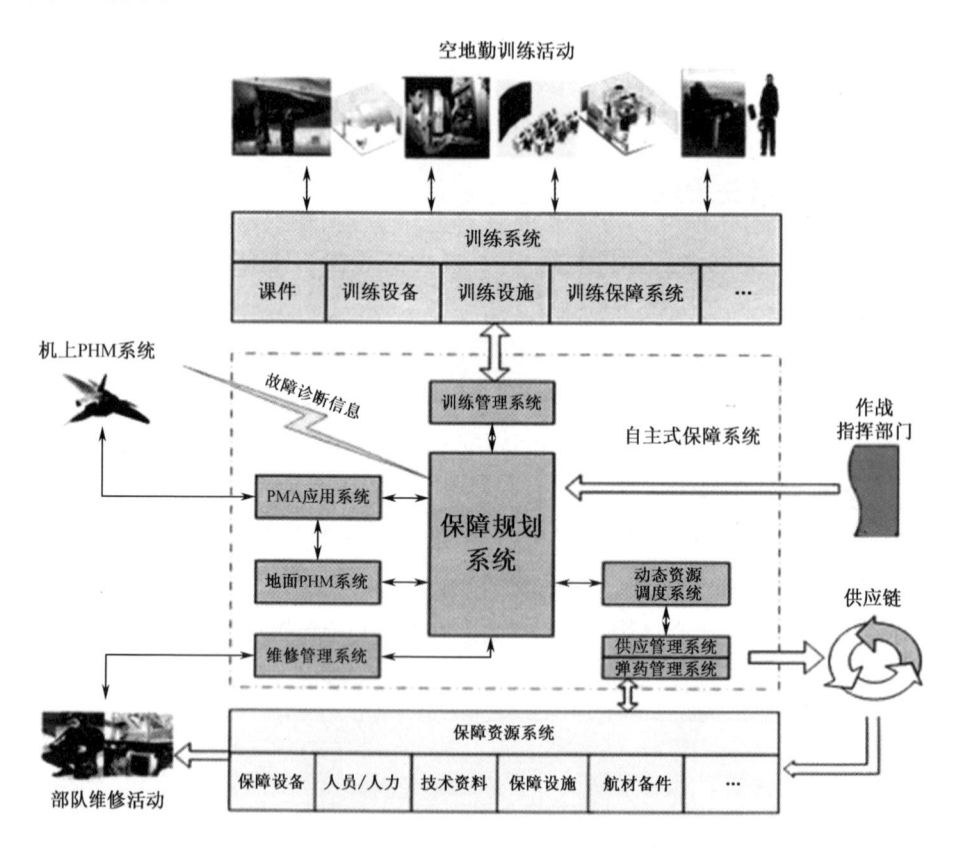

图 A.1　F35 飞机自主式保障系统

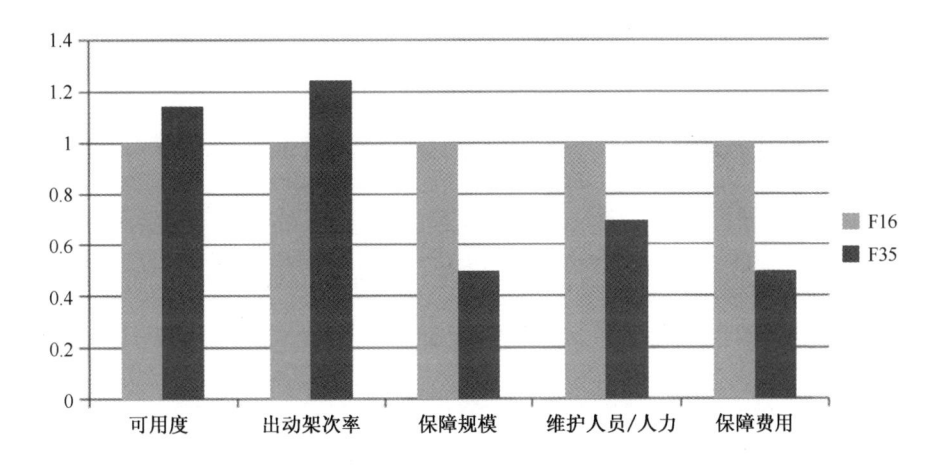

图 A.2　F35 飞机与 F16 飞机保障效能对比

初步工作包括分析诊断过程、确定用于诊断故障的变量、确定可获得数据的其他变量（如内置测试传感器数据），以及确定历史信息（如特定飞机和部件，以及机队飞机和部件的故障率和部件故障历史）。上述数据随后将用于开发先进诊断算法，该算法将采用最先进的模式识别技术、数据挖掘技术、智能代理和自适应人工智能技术。

在诊断领域的工作基础上，开展飞机故障预测技术研究。一个完整的预测性故障和先进诊断系统将在使用概念和系统架构报告中定义，然后开发和测试预测性故障和先进诊断工具套件的子集。美国空军希望预测性故障和先进诊断系统能够大大提高技术人员诊断系统故障原因的准确性，从而使飞机能够更快地恢复到可用状态，并且减少零配件的消耗量。故障预测能力使美国空军有可能在部件发生故障之前对其进行更换，从而减少系统故障、飞行中止事件和飞机事故。

美国空军研究实验室与洛克希德·马丁公司合作，进行了综合故障预测与健康管理控制系统的演示。该团队在回路中通过实时仿真进行了综合故障预测与健康管理控制系统演示。工程师将空间飞行器控制面执行装置表示集成到仿真环境中，然后在综合故障预测与健康管理控制系统中补偿仿真执行装置故障的能力，如对热退化和功率损失进行了评估。在各种情况下（包括起飞、飞行和着陆），综合故障预测与健康管理系统均成功补偿了所有引入故障。这次演示首次证明了综合故障预测与健康管理控制系统具备对飞行关键系统进行调整的能力。综合故障预测与健康管理系统能够确定飞机各个部件的运行状态，并且帮助纠正部件故障。美国空军研究实验室称，综合故障预测与健康管理技术有助于实现飞机快速周转，因为其能够很容易诊断出子系统问题和部件退化，并且能够给出所需的纠正措施。

A.5.2 相关出版物

Blasdel A. Using PHM to Measure Equipment Usable Life on the Air Force's Next Generation Reusable Space Booster[C]//Aerospace Conference, IEEE, 2013.

附录 B

故障预测与健康管理相关的期刊和会议清单

故障预测与健康管理领域涉及的知识包括传感器、信号处理工具、应力和损伤模型、统计方法、机器学习技术、监督预测方法和非监督预测方法，以及各种维修方法和后勤方法的整合。目前，业界还没有一个单一的期刊或会议能够涵盖故障预测与健康管理的所有内容。为方便读者查阅，本附录编制了一份故障预测与健康管理相关的期刊和会议清单。该清单涵盖了大部分故障预测与健康管理有关的期刊和会议，涉及土木与机械结构、航空电子、机械与电子产品、预测算法与模型、传感器及其应用、健康监测、基于故障预测的维修和后勤等领域的研究与开发情况。

B.1 期刊

- *Aerospace Science and Technology*
- *ASCE Journal of Structural Engineering*
- *IEEE Aerospace and Electronic Systems Magazine*
- *IEEE Transactions on Components and Packaging Technology*
- *IEEE Transactions on Control Systems Technology*
- *IEEE Transactions on Industrial Electronics*
- *IEEE Transactions on Reliability*
- *INSIGHT: Non-Destructive Testing and Condition Monitoring* (*Journal of the British Institute of Non-Destructive Testing*)
- *International Journal of COMADEM*

- *International Journal of Fatigue*
- *International Journal of Machine Tools & Manufacture*
- *International Journal on Quality and Reliability Engineering*
- *International Journal of Structural Health Monitoring*
- *Journal of the Acoustical Society of America*
- *Journal of Intelligent Material Systems and Structures*
- *Journal of Materials*
- *Journal of Optical Diagnostics in Engineering*
- *Journal of Sound and Vibration*
- *Journal of Structural Control and Health Monitoring*
- *Journal of Testing and Evaluation*
- *Maintenance Journal*
- *Measurement Science & Technology*
- *Mechanical Systems and Signal Processing*
- *NDT & E International*
- *Nuclear Technology*
- *Reliability Engineering and Safety Systems*
- *Sensors and Actuators*
- *Smart Materials and Structures*
- *Structural Engineering and Mechanics*
- *Journal of Vibration and Acoustics-Transactions of the ASME*

B.2 会议论文集

- *AAAI Symposium on Artificial Intelligence for Prognostics*
- *AIAA/IEEE Digital Avionics Systems Conference*
- *Aircraft Airborne Condition Monitoring Conference*
- *American Society of Civil Engineers—Structural Health Monitoring Division*
- *American Control Conference*
- *Annual Forum Proceedings—American Helicopter Society*
- *Annual Reliability and Maintainability Symposium*
- *ESC Division Mini-Conference*

- *IEEE Aerospace Applications Conference*
- *IEEE Aerospace Conference*
- *IEEE Autotestcon Conference*
- *IEEE Control Theory and Applications Conference*
- *IEEE Instrumentation and Measurement Technology Conference*
- *Government Microcircuit Applications and Critical Technology Conference*
- *Maintenance and Reliability Conference* (*MRC*)
- *Society for Optical Engineering* (*SPIE*)
- *Society for Machinery Failure Prevention Technology* (*MFPT*)

参考文献

[1] Kulkarni C S, Kai G. Joint Special Issue on PHM for Aerospace Systems[J]. International journal of Prognostics and health Management, 2021, 12(3).

[2] Jang G, Cho S B. Anomaly Detection of 2.4L Diesel Engine Using One-Class SVM with Variational Autoencoder[C]//Annual Conference of the Prognostics and Health Management Society, Gnostics and Health Management Society, 2019.

[3] Meissner R, Reichel P, Schlick P, et al. Engine Load Prediction during Take-off for the V2500 Engine[C]//The 5th European Conference of the Prognostics and Health Management Society, 2020.

[4] Romero N, Medrano R, Garces K, et al. XRepo 2.0: A Big Data Information System for Education in Prognostics and Health Management[J]. International Journal of Prognostics and Health Management, 2021, 12(1): 112-116.

[5] Mukherjee R. Modified Energy Statistic for Unsupervised Anomaly Detection[J]. International Journal of Prognostics and Health Management, 2021, 12(1): 12-17.

[6] Michau G, Fink O. Domain Adaptation for One-Class Classification: Monitoring the Health of Critical Systems Under Limited Information[J]. International Journal of Prognostics and Health Management, 2019(28): 1-11.

[7] Levy B, Mansori M E, Hadrouz M E, et al. Smart Tribo-Peening Process for Surface Functionalization through Digital Twin Concept[J]. The International Journal of Advanced Manufacturing Technology, 2021(5): 1-23.

[8] Shahid N, Ghosh A. TrajecNets: Online Failure Evolution Analysis in 2D Space[J]. International Journal of Prognostics and Health Management, 2019(29): 10-17.

[9] Sprong J P, Jiang X, Polinder H. Deployment of Prognostics to Optimize Aircraft Maintenance-A Literature Review[J]. Annual Conference of the Prognostics and Health Management Society, 2019, 11(1): 20-32.

[10] Chen Y, Chaudhry Z, J Mantese. A Low Quiescent Power Wireless Rotating Machinery Condition Monitoring System[J]. Annual Conference of the Prognostics and Health Management Society, 2020(1): 1-7.

[11] Deutsch J, D He. Using Deep Learning-based Approach to Predict Remaining Useful Life of Rotating Components[J]. IEEE Transactions on Systems, Man, and Cybernetics: Systems, 2017, 48(99): 11-20.

[12] Wang S, Jin S, Bai D, et al. A Critical Review of Improved Deep Learning Methods for the Remaining Useful Life Prediction of Lithium-Ion Batteries[J]. Energy Reports, 2021(7): 5562-5574.

[13] Butler K L. An expert system based framework for an incipient failure detection and predictive maintenance system[C]//Proceedings of International Conference on Intelligent System Application to Power Systems, IEEE, 2002.

[14] Chaoub A, Voisin A, Cerisara C, et al. Learning Representations with End-to-End Models for Improved Remaining Useful Life Prognostics[J]. Proceedings of the 6th European Conference of the Prognostics

and Health Management Society, 2021, 4(13): 14-23.

[15] Du X, Mai L, Kazemi H, et al. Fault Detection and Isolation for Brake Rotor Thickness Variation[J]. Annual Conference of the Prognostics and Health Management Society, 2019(1): 6-14.

[16] Ellefsen A L, Asoy V, Ushakov S, et al. A Comprehensive Survey of Prognostics and Health Management based on Deep Learning for Autonomous Ships[J]. IEEE Transactions on Reliability, 2019: 1-21.

[17] Valant C, Nenadic N G, Wheaton J, et al. Evaluation of 1D CNN Autoencoders for Lithium-Ion Battery Condition Assessment Using Synthetic Data[C]// Proceedings of the Annual Conference of the PHM Society, 2019.

[18] Desai A, Guo Y, Sheng S, et al. Prognosis of Wind Turbine Gearbox Bearing Failures Using SCADA and Modeled Data[J]. Annual Conference of the Prognostics and Health Management Society, 2020, 12(1): 10-20.

[19] M Mürken, D Kübel, Thanheiser A, et al. Analysis of automotive lead-acid batteries exchange rate on the base of field data acquisition[C]//2018 IEEE International Conference on Electrical Systems for Aircraft, Railway, Ship Propulsion and Road Vehicles & International Transportation Electrification Conference (ESARS-ITEC) IEEE, 2019.

[20] Forest F, Cochard Q, Noyer C, et al. Large-Scale Vibration Monitoring of Aircraft Engines from Operational Data using Self-Organized Models[C]// Annual Conference of the PHM Society 2020, 2020.

[21] Du X, Mai L, Kazemi H, et al. Fault Detection and Isolation for Brake Rotor Thickness Variation[J]. Annual Conference of Theprognostics and Health Management Society, 2020, 12(1): 60-68.

[22] Thomas D S. Advanced Maintenance in Manufacturing: Costs and Benefits[C]//Annual Conference of the PHM Society 2018, 2018.

[23] Singh K. Anomaly Detection and Diagnosis in Manufacturing Systems: A Comparative Study of Statistical, Machine Learning and Deep Learning Techniques[C]//Proceedings of the Annual Conference of the PHM Society 2019, 2019.

[24] Alabsi M, Mohammad A S, Sammoud A. A Study of Convolutional Neural Networks Learning Mechanisms for Machine Health Monitoring Applications[J]. Annual Conference of the Prognostics and Health Management Society, 2019(12): 5-13.

[25] Kudva V, Prasad K, Guruvare S. Automation of Detection of Cervical Cancer Using Convolutional Neural Networks[J]. Critical Reviews in Biomedical Engineering, 2018, 46(2): 135-145.

[26] Lee N, Azarian M, Pecht M. Octave-Band Filtering for Convolutional Neural Network-based Diagnostics for Rotating Machinery[J]. Annual Conference of the Prognostics and Health Management Society, 2020(12): 17-28.

[27] Bompelly R K, Lieuwen T, Seitzman J M. Lean Blowout and its Sensing in the Presence of Combustion Dynamics in A Premixed Swirl Combustor[C]//47th AIAA Aerospace Sciences Meeting including The New Horizons Forum and Aerospace Exposition, 2013.

[28] Huseb A B, Kandukuri S T, Klausen A, et al. Rapid Diagnosis of Induction Motor Electrical Faults Using Convolutional Autoencoder Feature Extraction[C]//Proceedings of the European Conference of the Prognostics and Health Management Society (PHME), 2020.

[29] Chong Z, Lim P, Qin A K, et al. Multiobjective Deep Belief Networks Ensemble for Remaining Useful Life Estimation in Prognostics[J]. IEEE Trans Neural Network Learn System, 2017, 28(10): 2306-2318.

[30] Wang J, Liu S, Wang S, et al. Multiple Indicators-based Health Diagnostics and Prognostics for Energy Storage Technologies Using Fuzzy Comprehensive Evaluation and Improved Multivariate Grey Model[J]. IEEE Transactions on Power Electronics, 2021, 36(11): 12309-12320.

[31] Bourgana T, R Brijder, Ooijevaar T, et al. Wavelet Scattering Network Based Bearing Fault Detection[C]//PHM Society European Conference, 2021.

[32] Pasa G D, Medeiros I, Yoneyama T. Operating Condition-Invariant Neural Network-based Prognostics Methods Applied on Turbofan Aircraft Engines[J]. Annual Conference of the Prognostics and Health Management Society, 2019.

[33] Rao M, Yang X, Wei D, et al. Structure Fatigue Crack Length Estimation and Prediction Using Ultrasonic Wave Data based on Ensemble Linear Regression and Paris's Law[J]. International Journal of Prognostics and Health Management, 2021, 11(2): 53-67.

[34] Ooijevaar T, Pichler K, Yuan D, et al. A Comparison of Vibration based Bearing Fault Diagnostic Methods[J]. International Journal of Prognostics and Health Management, 2019, 10(8): 132-143.

[35] Youn M, Kim Y, Lee D, et al. A Fatigue Crack Length Estimation and Prediction Using Trans-Fitting with Support Vector Regression[C]//The Annual Conference of the PHM Society 2019, 2019.

[36] Liu C, Gryllias K. Unsupervised Domain Adaptation based Remaining Useful Life Prediction of Rolling Element Bearings[C]//2020 European Conference of the PHM Society, 2020.

[37] Lecakes G D, Morris J A, Schmalzel J L, et al. Virtual Reality Environments for Integrated Systems Health Management of Rocket Engine Tests[J]. IEEE Transactions on Instrumentation & Measurement, 2009, 58(9): 3050-3057.

[38] Blesa J, Quevedo J, Puig V, et al. Fault Diagnosis and Prognosis of A Brushless DC Motor Using A Model-based Approach[C]//5th European Conference of the Prognostics and Health Management Society (PHME 2020), 2020.

[39] Close G F, Jong G D. Model-based Progressive Design and Verification of An Integrated CMOS Magnetic Sensor for Automotive Applications[C]// Specification & Design Languages. IEEE, 2012: 239-245.

[40] Tv V, Diksha, Malhotra P, et al. Data-Driven Prognostics with Predictive Uncertainty Estimation Using Ensemble of Deep Ordinal Regression Models[J]. International Journal of Prognostics and Health Management, 2019.

[41] Zhao J, Ouyang D T, Wang X Y, et al. The Modeling Procedures for Model-based Diagnosis of Slowly Changing Fault in Hybrid System[J]. Advanced Materials Research, 2011, 186: 403-407.

[42] Deng L, Zhao R. Fault Feature Extraction of A Rotor System based on Local Mean Decomposition and Teager Energy Kurtosis[J]. Journal of Mechanical Science & Technology, 2014, 28(4): 1161-1169.

[43] Hsiao K J, Xu K S, Calder J, et al. Multicriteria Similarity-based Anomaly Detection Using Pareto Depth Analysis[J]. Neural Networks & Learning Systems IEEE Transactions, 2016, 27(6): 1307-1321.

[44] Jaramillo F, Martín Valderrama, Quintero V, et al. Time-of-Failure Probability Mass Function Computation Using the First-Passage-Time Method Applied to Particle Filter-based Prognostics[C]// Annual Conference

of the Prognostics and Health Management Society, 2020.

[45] Knig F, Marheineke J, Jacobs G, et al. Data-Driven Wear Monitoring for Sliding Bearings Using Acoustic Emission Signals and Long Short-Term Memory Neural Networks[J]. Wear, 2021, 476(3): 203616.

[46] Park G, Lee S, Gogu C, et al. Special Issue on Prognostics and Health Management (PHM) in Smart Structures and Systems[J]. Smart Structures and Systems, 2018, 22(2): 1-1.

[47] Li L, Zhao Z, X Zhao, et al. Gated Recurrent Unit Networks for Remaining Useful Life Prediction[J]. IFAC-Papers on Line, 2020, 53(2): 10498-10504.

[48] Ferrari P, Rinaldi S, Sisinni E, et al. Performance Evaluation of Full-Cloud and Edge-Cloud Architectures for Industrial IoT Anomaly Detection based on Deep Learning[C]//2019 II Workshop on Metrology for Industry 4.0 and IoT (MetroInd4.0&IoT), 2019.

[49] Senanayaka J, Kandukuri S T, Khang H V, et al. Early Detection and Classification of Bearing Faults using Support Vector Machine Algorithm[C]//Electrical Machines Design, Control & Diagnosis IEEE, 2017.

[50] Jin Y, Gu H, Rui K. A New Electronic Product PHM Analytical Object Identifying Method based on Failure of Physics and Simulation[C]// Prognostics & System Health Management IEEE, 2012.

[51] Wang W C, Kou L, Yuan Q D, et al. An Intelligent Fault Diagnosis Method for Open-Circuit Faults in Power-Electronics Energy Conversion System[J]. IEEE Access, 2020(8): 221039-221050.

[52] Jung J C, Oluwasegun A. The Application of Machine Learning for The Prognostics and Health Management of Control Element Drive System[J]. Nuclear Engineering and Technology, 2020, 52(10): 2262-2273.

[53] Brahimi M, Medjaher K, Leouatni M, et al. Prognostics and Health Management for Overhead Contact Line System—A Review[J]. International Journal of Prognostics and Health Management, 2017, 8 (Special Issue on Railways & Mass): 58.

[54] Adiga D T, Bhave D, Powar N, et al. Remaining Useful Life Prediction of Turbo Actuators for Predictive Maintenance of Diesel Engines[C]//PHM Society European Conference, 2021.

[55] Rosero J, Espinosa A G, Cusido J, et al. Simulation and Fault Detection of Short Circuit Winding in A Permanent Magnet Synchronous Machine (PMSM) by Means of Fourier and Wavelet Transform[C]// Instrumentation & Measurement Technology Conference IEEE, 2008.

[56] Ma Z, Survival A. Survival Analysis Approach to Reliability, Survivability and Prognostics and Health Management (PHM)[C]//Aerospace Conference IEEE, 2008.

[57] Ma Z, Survival A. Survival Analysis Approach to Reliability, Survivability and Prognostics and Health Management (PHM)[C]//Aerospace Conference IEEE, 2008.

[58] Kong H, Jo S H, Jung J H, et al. A Hybrid Approach of Data-Driven and Physics-based Methods for Estimation and Prediction of Fatigue Crack Growth[C]//The Annual Conference of the PHM Society 2019, 2019.

[59] Millar R C. A Systems Engineering Approach to PHM for Military Aircraft Propulsion Systems[C]// Aerospace Conference IEEE, 2007.

[60] Lan F, Jiang Y, Wang H. Performance Prediction Method of Prognostics and Health Management of Marine Diesel Engine[J]. Journal of Physics: Conference Series, 2020, 1670(1): 12-20.

[61] Sai S V A, Long B, Pecht M. Diagnostics and Prognostics Method for Analog Electronic Circuits[J]. IEEE

[61] Transactions on Industrial Electronics, 2013, 60(11): 5277-5291.

[62] Ma H, Pang X, Feng R, et al. Improved Time-Varying Mesh Stiffness Model of Cracked Spur Gears[J]. Engineering Failure Analysis, 2015(55): 271-287.

[63] Lee S W, Lee S G, Shin J W, et al. Fatigue Test and Evaluation of Landing Gear[J]. Transactions of the Korean Society of Mechanical Engineers A, 2012, 36(10): 1181-1187.

[64] Park J, Jeon B, Park J, et al. Failure Prediction of a Motor-Driven Gearbox in A Pulverizer under External Noise and Disturbance[J]. Smart Structures & Systems, 2018, 22(2): 185-192.

[65] Degrenne N, Mollov S. Diagnostics and Prognostics of Wire-Bonded Power Semi-Conductor Modules Subject to DC Power Cycling with Physically-Inspired Models and Particle Filter[C]//PHME 2018, 2018.

[66] Peairs D M, Inman D J. Reducing the cost of Impedance-based Structural Health Monitoring[C]//Smart Nondestructive Evaluation for Health Monitoring of Structural and Biological Systems. Center for Intelligent Materials Systems and Structures, Virginia Polytechnic Institute and State University, Blacksburg, 2002.

[67] Eele A, Maciejowski J, Chau T, et al. Parallelisation of Sequential Monte Carlo for real-time control in air traffic management[C]//Decision & Control IEEE, 2013.

[68] Bougacha O, Varnier C, Zerhouni N. A Review of Post-Prognostics Decision-Making in Prognostics and Health Management[J]. International Journal of Prognostics and Health Management, 2020, 11(2): 31-62.

[69] Tang L, Decastro J, Kacprzynski G, et al. Filtering and Prediction Techniques for Model-based Prognosis and Uncertainty Management[C]//Prognostics & Health Management Conference IEEE, 2010.

[70] Heidingsfeld M, Kimmerle U, Tarin C, et al. Model-based Sensor Fault Diagnosis for The Stuttgart Smart Shell[C]//IEEE International Conference on Automation Science & Engineering, 2014.

[71] Calabrese F, Regattieri A, Bortolini M, et al. Predictive Maintenance: A Novel Framework for A Data-Driven, Semi-Supervised, and Partially Online Prognostic Health Management Application in Industries[J]. Applied Sciences, 2021, 11(8): 3380.

[72] Zhang L, Lin J, Liu B, et al. A Review on Deep Learning Applications in Prognostics and Health Management[J]. IEEE Access, 2019, 7(1): 162415-162438.

[73] Liu C, Mauricio A M R, Qi J, et al. Domain Adaptation Digital Twin for Rolling Element Bearing Prognostics[C]//Annual Conference of the PHM Society 2020, 2020.

[74] Rf A, Mek A, Mm A. Cloud Computing for Industrial Predictive Maintenance based on Prognostics and Health Management-Science Direct[J]. Procedia Computer Science, 2020(177): 631-638.

[75] Lall, Pradeep, Islam, et al. Prognostics and Health Management of Electronic Packaging[J]. IEEE Transactions on Components & Packaging Technologies, 2006, 29(3): 666-677.

[76] Michael G. Pecht. Prognostics and Health Management of Electronics[D]. Washington: University of Maryland, 2008.

[77] Kim N H, An D, Choi J H. Prognostics and Health Management of Engineering Systems[M]. Heidelberg: Springer International Publishing, 2017.

[78] Ahmadzadeh F. Remaining Useful Life Prediction of Grinding Mill Liners Using An Artificial Neural Network[J]. Minerals Engineering, 2013(53): 1-8.

[79] An D, Choi J H, Kim N H. Prognostics 101: A Tutorial for Particle Filter-based Prognostics Algorithm

Using Matlab[J]. Reliability Engineering & System Safety, 2013(115): 161-169.

[80] Bechhoe E, Morton B. Condition Monitoring Architecture: To Reduce Total Cost of Ownership[C]// Prognostics and Health Management (PHM) 2012 IEEE Conference on IEEE, 2012.

[81] Benkedjouh T, Medjaher K, Zerhouni N, et al. Health Assessment and Life Prediction of Cutting Tools based on Support Vector Regression[J]. Journal of Intelligent Manufacturing, 2013, 26(2): 213-223.

[82] Callan R, Larder B, Sandiford J. An Integrated Approach to the Development of An Intelligent Prognostic Health Management System[C]//Aerospace Conference, 2006.

[83] Cheng S, Azarian M H, Pecht M G. Sensor Systems for Prognostics and Health Management[J]. Sensors, 2010, 10(6): 5774-5797.

[84] Gang D, Choi J, Joo-Ho. MCMC Approach for Parameter Estimation in The Structural Analysis and Prognosis[J]. Journal of the Computational Structural Engineering Institute of Korea, 2010, 23(6): 641-649.

[85] Persi, Diaconis. Sequential Monte Carlo Methods in Practice[J]. Journal of the American Statistical Association, 2003, 98(462): 496-497.

[86] Li Y G, Nilkitsaranont P. Gas Path Prognostic Analysis for An Industrial Gas Turbine[J]. Insight-Non-Destructive Testing and Condition Monitoring, 2008, 50(8): 428-435.

[87] Liao L, F Kottig. Review of Hybrid Prognostics Approaches for Remaining Useful Life Prediction of Engineered Systems, and An Application to Battery Life Prediction[J]. IEEE Transactions on Reliability, 2014, 63(1): 191-207.

[88] Liao L, Lee J. Design of A Reconfigurable Prognostics Platform for Machine Tools[J]. Expert Systems with Applications, 2010, 37(1): 240-252.

[89] Ling Y, Mahadevan S. Quantitative Model Validation Techniques: New Insights[J]. Reliability Engineering & System Safety, 2013, 111(3): 217-231.

[90] Murakami T, Saigo T, Ohkura Y, et al. Development of Vehicle Health Monitoring System (VHMS/WebCARE) for Large-Sized Construction Machine[J]. Journal of the Institute of Electronics Information & Communication Engineers, 2004, 87(12): 1016-1021.

[91] Peng Y, D Ming, Zuo M J. Current Status of Machine Prognostics in Condition-based Maintenance: A Review[J]. The International Journal of Advanced Manufacturing Technology, 2010, 50(1-4): 297-313.

[92] Vian J L. Aerospace and Electronic Systems Prognostic Health Management[C]// The 2nd Electronics System-Integration Technology Conference IEEE, 2008.

[93] Sheppard J W, Kaufman M A, Wilmer T J. IEEE Standards for Prognostics and Health Management[J]. IEEE Aerospace and Electronic Systems Magazine, 2009, 24(9): 34-41.

[94] Si X S, Wang W, Hu C H, et al. Remaining Useful Life Estimation—A review on the Statistical Data Driven Approaches[J]. European Journal of Operational Research, 2011, 213(1): 1-14.

[95] Si X S, Wang W, Hu C H, et al. A Wiener-Process-based Degradation Model with A Recursive Filter Algorithm for Remaining Useful Life Estimation[J]. Mechanical Systems & Signal Processing, 2013, 35(1-2): 219-237.

[96] Siegel D, Zhao W, Lapira E, et al. A Comparative Study on Vibration-based Condition Monitoring Algorithms for Wind Turbine Drive Trains[J]. Wind Energy, 2014, 17(5): 695-714.

[97] Sikorska J Z, Hodkiewicz M, Ma L. Prognostic Modelling Options for Remaining Useful Life Estimation by Industry[J]. Mechanical Systems & Signal Processing, 2011, 25(5): 1803-1836.

[98] Galerkin Y, Drozdov A. New Generation of Universal Modeling for Centrifugal Compressors Calculation[J]. British Food Journal, 2015, 90(1): 1-10.

[99] Space Daily. Prognosis Program Begins at DARPA[EB/OL]. (2003-12-8)[20215-19].

[100] Sun B. Benefits and Challenges of System Prognostics[J]. IEEE Transactions on Reliability, 2012, 61(2): 323-335.

[101] Cawley G C, Talbot N L C. Sparse Bayesian Learning and The Relevance Multi-Layer Perceptron Network[C]//Neural Networks, 2005 IEEE International Joint Conference, IEEE, 2005.

[102] Man Z, D Wang. Introduction to The Special Issue on Fault Diagnosis and Prognosis for Engineering Systems[J]. Computers & Electrical Engineering, 2014, 40(7): 2151-2153.

[103] Vichare N, Rodgers P, Eveloy V, et al. In Situ Temperature Measurement of A Notebook Computer—A Case Study in Health and Usage Monitoring of Electronics[J]. IEEE Transactions on Device and Materials Reliability, 2005, 4(4): 658-663.

[104] Wang W, Scarf P A, Smith M. On The Application of A Model of Condition-based Maintenance[J]. Journal of the Operational Research Society, 2000, 51(11): 1218-1227.

[105] Wang H, Lee J, Ueda T, et al. Engine Health Assessment and Prediction Using the Group Method of Data Handling and The Method of Match Matrix: Autoregressive Moving Average[C]//Asme Turbo Expo: Power for Land, Sea & Air, 2007.

[106] Yin S, Ding S X, Zhou D. Diagnosis and Prognosis for Complicated Industrial Systems—Part I[J]. IEEE Transactions on Industrial Electronics, 2016, 63(4): 2501-2505.

[107] Zio E, Maio F D. A Data-Driven Fuzzy Approach for Predicting the Remaining Useful Life in Dynamic Failure Scenarios of A Nuclear Power Plant[J]. Reliability Engineering & System Safety, 2010, 95(1): 49-57.

[108] Abouelseoud S A, Elmorsy M S, Dyab E S. Robust Prognostics Concept for Gearbox with Artificially Induced Gear Crack Utilizing Acoustic Emission[J]. Energy & Environment Research, 2011, 1(1): 81-93.

[109] An D, Choi J H, Schmitz T L, et al. In Situ Monitoring and Prediction of Progressive Joint Wear Using Bayesian Statistics[J]. WEAR-LAUSANNE, 270(11-12): 828-838.

[110] An D, Choi J H, Kim N H. Prognostics 101: A Tutorial for Particle Filter-based Prognostics Algorithm Using Matlab[J]. Reliability Engineering & System Safety, 2013(115): 161-169.

[111] Andrieu C, Freitas N D, Doucet A, et al. An Introduction to MCMC for Machine Learning[J]. Machine Learning, 2003, 50(1): 5-43.

[112] Casella G, Wells R. Generalized Accept-Reject Sampling Schemes[J]. Lecture Notes-Monograph Series, 2004(45): 342-347.

[113] Da Igle M, Kai G. Multiple Damage Progression Paths in Model-based Prognostics[C]//Aerospace Conference. IEEE, 2011.

[114] Doncent A, Freitas N D, N Gordon. Sequential Monte Carlo Methods in Practice[M]. Berlin: Springer, 2001.

[115] Grego J. Bayesian Data Analysis[J]. Computing in Science & Engineering, 2010, 46(3): 363-364.

[116] Kai G, Saha B, Saxena A, et al. Prognostics in Battery Health Management[J]. IEEE Instrumentation & Measurement Magazine, 2008, 11(4): 33-40.

参考文献

[117] Jie G, Azarian, Pecht. Failure Prognostics of Multilayer Ceramic Capacitors in Temperature-Humidity-Bias Conditions[C]//International Conference on Prognostics & Health Management IEEE, 2008.

[118] Guan X, Giffin A, R Jha, et al. Maximum Relative Entropy-based Probabilistic Inference in Fatigue Crack Damage Prognostics[J]. Probabilistic Engineering Mechanics, 2012, 29: 157-166.

[119] Yang F, Wang D, Xing Y, et al. Prognostics of Li (NiMnCo) O_2-based Lithium-Ion Batteries Using A Novel Battery Degradation Model[J]. Microelectronics Reliability, 2017, 70(3): 70-78.

[120] Julier S J. Unscented Filtering and Nonlinear Estimation[J]. Proceedings of the IEEE, 2004, 92(3): 401-422.

[121] Kim S, Park J S. Sequential Monte Carlo Filters for Abruptly Changing State Estimation[J]. Probabilistic Engineering Mechanics, 2011, 26(2): 194-201.

[122] Ling Y, Mahadevan S. Quantitative Model Validation Techniques: New Insights[J]. Reliability Engineering & System Safety, 2013, 111(3): 217-231.

[123] Oden J T, Prudencio E E. Bauman P T. Virtual Model Validation of Complex Multiscale Systems: Applications to Nonlinear Elastostatics[J]. Computer Methods in Applied Mechanics & Engineering, 2013, 266(1): 162-184.

[124] Orchard M E, Vachtsevanos G J. A Particle Filtering Approach for On-Line Failure Prognosis in A Planetary Carrier Plate[J]. International Journal of Fuzzy Logic & Intelligent Systems, 2007, 7(4): 221-227.

[125] Hai Q, Lee J, Jing L, et al. Robust Performance Degradation Assessment Methods for Enhanced Rolling Element Bearing Prognostics[J]. Advanced Engineering Informatics, 2003, 17(3-4): 127-140.

[126] Rebba R, Mahadevan S, Huang S. Validation and Error Estimation of Computational Models[J]. Reliability Engineering & System Safety, 2006, 91(10-11): 1390-1397.

[127] Risfic B, Arulampalam S, Gordon N. Beyond the Kalman Filter-Book Review[J]. Aerospace & Electronic Systems Magazine IEEE, 2004, 19(7): 37-38.

[128] Sargent R G. Verification and Validation of Simulation Models[J]. Journal of Simulation, 2013, 7(1): 12-24.

[129] Zhang B, Khawaja T, Patrick R, et al. Application of Blind Deconvolution Denoising in Failure Prognosis[J]. IEEE Transactions on Instrumentation and Measurement, 2009, 58(2): 303-310.

[130] Zio E, Peloni G. Particle Filtering Prognostic Estimation of The Remaining Useful Life of Nonlinear Components[J]. Reliability Engineering & System Safety, 2011, 96(3): 403-409.

[131] Ahmadzadeh F. Remaining Useful Life Prediction of Grinding Mill Liners Using An Artificial Neural Network[J]. Minerals Engineering, 2013(53): 1-8.

[132] An D, Choi J H. Efficient Reliability Analysis based on Bayesian Framework Under Input Variable and Metamodel Uncertainties[J]. Structural & Multidisciplinary Optimization, 2012, 46(4): 533-547.

[133] Andrianakis I, Challenor P G. The Effect of The Nugget on Gaussian Process Emulators of Computer Models[J]. Computational Stats & Data Analysis, 2012, 56(12): 4215-4228.

[134] Benkedjouh T, Medjaher K, Zerhouni N, et al. Health Assessment and Life Prediction of Cutting Tools based on Support Vector Regression[J]. Journal of Intelligent Manufacturing, 2013, 26(2): 213-223.

[135] Brahim-Belhouari S, Bermak A. Gaussian Process for Nonstationary Time Series Prediction[J]. Computational Statistics & Data Analysis, 2004, 47(4): 705-712.

[136] Fang J, Chang, Yu P, et al. Particle Swarm Optimization based on Back Propagation Network Forecasting

Exchange Rates[J]. International Journal of Innovative Computing Information & Control, 2011, 7(12): 6837-6847.

[137] Meng C, Sun Z H, Liu S M. Neural Network Ensembles based on Copula Methods and Distributed Multiobjective Central Force Optimization Algorithm[J]. Engineering Applications of Artificial Intelligence, 2014, 32(2): 203-212.

[138] Chen S C, Lin S W, Tseng T Y, et al. Optimization of Back-Propagation Network Using Simulated Annealing Approach[C]//Systems, Man and Cybernetics, 2006.

[139] Coppe A, Haftka R T, Kim N H. Uncertainty Identification of Damage Growth Parameters Using Nonlinear Regression[J]. Aiaa Journal, 2015, 49(12): 2818-2821.

[140] Kim H E, Hwang S S, Tan A, et al. Integrated Approach for Diagnostics and Prognostics of HP LNG Pump based on Health State Probability Estimation[J]. Journal of Mechanical Science & Technology, 2012, 26(11): 3571-3585.

[141] Iván Gómez, Franco L, José L, et al. Neural Network Architecture Selection: Size Depends on Function Complexity[C]//Artificial Neural Networks—ICANN 2006, 16th International Conference, Athens, Greece, September 10-14, 2006.

[142] Gramacy R B, Lee H. Cases for The Nugget in Modeling Computer Experiments[J]. Statistics and Computing, 2012, 22(3): 713-722.

[143] Guo Z, Zhao W, Lu H, et al. Multi-Step Forecasting for Wind Speed Using A Modified EMD-based Artificial Neural Network Model[J]. Renewable Energy, 2012, 37(1): 241-249.

[144] Happel B L M, Murre J M J. Design and Evolution of Modular Neural Network Architectures[J]. Neural Networks, 1994, 7(6-7): 985-1004.

[145] He Y, Tan Y, Sun Y. Wavelet Neural Network Approach for Fault Diagnosis of Analogue Circuits[J]. IEEE Proceedings—Circuits Devices and Systems, 2004, 151(4): 379-384.

[146] Hodhod O A, Ahmed H I. Developing An Artificial Neural Network Model to Evaluate Chloride Diffusivity in High Performance Concrete[J]. HBRC Journal, 2013, 9(1): 15-21.

[147] Jacobs R A. Methods for Combining Experts' Probability Assessments[J]. Neural Computation, 1995, 7(5): 867-888.

[148] Kang L W, Zhao X, Ma J. A New Neural Network Model for The State-of-Charge Estimation in The Battery Degradation Process[J]. Applied Energy, 2014, 121 (May 15): 20-27.

[149] Khosravi A, Nahavandi S, Creighton D, et al. Comprehensive Review of Neural Network-based Prediction Intervals and New Advances[J]. IEEE Transactions on Neural Networks, 2011, 22(9): 1341-1356.

[150] Khosravi A, Nahavandi S, Creighton D. Quantifying Uncertainties of Neural Network-based Electricity Price Forecasts—ScienceDirect[J]. Applied Energy, 2013, 112(4): 120-129.

[151] Krogh A, Vedelsby J. Neural Network Ensembles, Cross Validation, and Active Learning[J]. Advances in Neural Information Processing Systems, 1995, 7(11): 231-238.

[152] Lawrence N, Seeger M, Herbrich R. Fast Sparse Gaussian Process Methods: The Information Vector Machine[J]. Advances in Neural Information Processing Systems, 2003, 15: 625-632.

[153] Lawrence S, Giles C L, Tsoi AC. What Size Neural Network Gives Optimal Generalization? Convergence Properties of Back Propagation[J]. Technical Report Institute for Advanced Computer Studies, 1996, 1(1): 151-160.

[154] Li D, Wang W, Ismail F. Enhanced Fuzzy-Filtered Neural Networks for Material Fatigue Prognosis[J].

Applied Soft Computing Journal, 2013, 13(1): 283-291.

[155] Peng D Y. A Novel Method for Online Health Prognosis of Equipment based on Hidden Semi-Markov Model Using Sequential Monte Carlo Methods[J]. Mechanical Systems and Signal Processing, 2012,32(6): 331-348.

[156] Liu D, Luo Y, Liu J, et al. Lithium-Ion Battery Remaining Useful Life Estimation based on Fusion Nonlinear Degradation AR Model and RPF Algorithm[J]. Neural Computing and Applications, 2014, 25(3): 557-572.

[157] Mao, K. Z, Tan, et al. Probabilistic Neural-Network Structure Determination for Pattern Classification[J]. IEEE Trans Neural Networks, 2000, 4(12): 1009-1016.

[158] Melkumyan A, Ramos F. A Sparse Covariance Function for Exact Gaussian Process Inference in Large Datasets[C]//International Joint Conference on Ijcai DBLP, 2009.

[159] Mohanty S, Das S, Chattopadhyay A, et al. Gaussian Process Time Series Model for Life Prognosis of Metallic Structures[J]. Journal of Intelligent Material Systems and Structures, 2009, 20(8): 887-896.

[160] Naftaly U, Intrator N, Horn D. Optimal Ensemble Averaging of Neural Networks[J]. Network, 1997, 8(3): 283-296.

[161] Nawi N M, Ransing R S, Ransing M R. An Improved Conjugate Gradient based Learning Algorithm for Back Propagation Neural Networks[J]. International Journal of Computational Intelligence, 2013(1): 46-55.

[162] Paciorek C J, Schervish M J. Nonstationary Covariance Functions for Gaussian Process Regression[J]. Advances in Neural Information Processing Systems, 2004, 16(4): 273-280.

[163] Rasmussen C E, Williams C. Gaussian Processes for Machine Learning[M]. Massachusetts: The MIT Press, 2006.

[164] Rovithakis GA, Maniadakis M, Zervakis M. A Hybrid Neural Network/Genetic Algorithm Approach to Optimizing Feature Extraction for Signal Classification[J]. IEEE Trans on Syst Man Cybernetics-Part B: Cybernet, 2004, 34(1): 695-702.

[165] Sang H, Huang J Z. A Full Scale Approximation of Covariance Functions for Large Spatial Data Sets[J]. Statistical Methodology, 2012, 74(1): 111-132.

[166] Rasmussen C E, Nickisch H. Gaussian Processes for Machine Learning (GPML) Toolbox[J]. Journal of Machine Learning Research, 2010, 11(6): 3011-3015.

[167] Sheela K G, Deepa S N. Review on Methods to Fix Number of Hidden Neurons in Neural Networks[J]. Mathematical Problems in Engineering, 2013(7): 1-11.

[168] Si X S, Wang W, Hu C H, et al. Remaining Useful Life Estimation—A Review on The Statistical Data Driven Approaches[J]. European Journal of Operational Research, 2011, 213(1): 1-14.

[169] Si X S, Wang W, Hu C H, et al. A Wiener-Process-based Degradation Model with A Recursive Filter Algorithm for Remaining Useful Life Estimation[J]. Mechanical Systems & Signal Processing, 2013, 35(1-2): 219-237.

[170] Silva R E, Gouriveau R, Jemei S, et al. Proton Exchange Membrane Fuel Cell Degradation Prediction based on Adaptive Neuro-Fuzzy Inference Systems[J]. International Journal of Hydrogen Energy, 2014, 39(21): 11128-11144.

[171] Soares S, Antunes C H, Araujo R. Comparison of A Genetic Algorithm and Simulated Annealing for

Automatic Neural Network Ensemble Development[J]. Neurocomputing, 2013, 121(Dec.9): 498-511.

[172] Subudhi B, Jena D, Gupta M M. Memetic Differential Evolution Trained Neural Networks for Nonlinear System Identification[C]//Industrial and Information Systems, 2008.

[173] Cawley G C, Talbot N L C. Sparse Bayesian Learning and The Relevance Multi-Layer Perceptron Network[C]//Neural Networks, 2005.

[174] Toal D, Bressloff N W, Keane A J. Kriging Hyperparameter Tuning Strategies[J]. AIAA Journal, 2008, 46(5): 1240-1252.

[175] Carney J G, Bhagwan U. Confidence and Prediction Intervals for Neural Network Ensembles[C]// IJCNN'99. International Joint Conference on Neural Network, 2002.

[176] Kaynak B. An Algorithm for Fast Convergence in Training Neural Networks[C]// IJCNN'01. International Joint Conference on Neural Networks, 2002.

[177] Xiong Y, Chen W, Apley D, et al. A Non-stationary Covariance-based Kriging Method for Metamodelling in Engineering Design[J]. International Journal for Numerical Methods in Engineering, 2010, 71(6): 733-756.

[178] Wilamowski B M, Yu H. Improved Computation for Levenberg-Marquardt Training[J]. IEEE Transactions on Neural Networks, 2010, 21(6): 930-937.

[179] Zio E, Maio F D. A Data-Driven Fuzzy Approach for Predicting the Remaining Useful Life in Dynamic Failure Scenarios of A Nuclear Power Plant[J]. Reliability Engineering & System Safety, 2010, 95(1): 49-57.

[180] Zhang G, Yuen K. Toward A Hybrid Approach of Primitive Cognitive Network Process and Particle Swarm Optimization Neural Network for Forecasting[J]. Procedia Computer Science, 2013(17): 441-448.

[181] Adlouni S E, Favre A C, Bernard Bobée. Comparison of Methodologies to Assess the Convergence of Markov Chain Monte Carlo Methods[J]. Computational Statistics & Data Analysis, 2006, 50(10): 2685-2701.

[182] Andrieu C, Freitas N D, Doucet A, et al. An Introduction to MCMC for Machine Learning[J]. Machine Learning, 2003, 50(1): 5-43.

[183] Bao T F, Peng Y, Cong P J, et al. Analysis of Crack Propagation in Concrete Structures with Structural Information Entropy[J]. Science China Technological Sciences, 2010, 53(07): 1943-1948.

[184] Yu H L, Meng L, Downey A, et al. Physics-based Prognostics of Implantable-Grade Lithium-Ion Battery for Remaining Useful Life Prediction[J]. Journal of Power Sources, 2021, 485(6273): 229-327.

[185] Boskoski P, Gasperin M, Petelin D. Bearing Fault Prognostics based on Signal Complexity and Gaussian Process Models[C]//Prognostics and Health Management (PHM), 2012.

[186] Cantizano A, Carnicero A, Zavarise G. Numerical Simulation of Wear-Mechanism Maps[J]. Computational Materials Science, 2002, 25(1): 54-60.

[187] Carpinteri A, Paggi M. Are the Paris' Law Parameters Dependent on Each Other?[J]. Frattura Ed Integrità Strutturale, 2007, 1(2): 10-16.

[188] Celaya J R, Saxena A, Saha S, et al. Prognostics of Power MOSFETs under Thermal Stress Accelerated Aging Using Data-driven and Model-based Methodologies[C]//The Annual Conference of The Prognostics and Health Management Society, 2011.

[189] Frigg R, Werndl C. Entropy—A Guide for The Perplexed. In: Beisbart C, Hartmann S (eds). Probabilities

in physics[M]. Oxford: Oxford University Press, 2010.

[190] He D, Bechhoefer E. Development and Validation of Bearing Diagnostic and Prognostic Tools using HUMS Condition Indicators[C]//Aerospace Conference, 2015.

[191] Kim NH, Won D, Buris D, et al, Finite Element Analysis and Validation of Metal Wear in Oscillatory Contacts[J]. Wear, 2005, 258(11-12): 1787-1793.

[192] Kim H E, Tan A, Mathew J, et al. Bearing Fault Prognosis based on Health State Probability Estimation[J]. Expert Syst Appl, 2012, 39(5): 5200-5213.

[193] Li R, Sopon P, He D. Fault Features Extraction for Bearing Prognostics[J]. Intell Manuf, 2012, 23(2): 313-321.

[194] Martín J, Pérez C J. Bayesian Analysis of A Generalized Lognormal distribution[J]. Computational Statistics & Data Analysis, 2009, 53(4): 1377-1387.

[195] Mukras S, Kim N H, Mauntlre N A, et al. Analysis of Planar Multibody Systems with Revolute Joint Wear[J]. Wear, 2010, 268(5-6): 643-652.

[196] Nectoux P, Gouriveau R, Medjaher K, et al. PRONOSTIA: An Experimental Platform for Bearings Accelerated Degradation Tests[C]//IEEE International Conference on Prognostics and Health Management, 2012.

[197] Shea J J. Accelerated Testing-Statistical Models, Test Plans, and Data Analysis—Book Review[J]. IEEE Electrical Insulation Magazine, 2005, 21(3): 61-62.

[198] Park J I, Bae S J. Direct Prediction Methods on Lifetime Distribution of Organic Light-Emitting Diodes from Accelerated Degradation Tests[J]. IEEE Transactions on Reliability, 2010, 59(1): 74-90.

[199] Plummer M, Best N, Cowles K, et al. CODA: Convergence Diagnosis and Output Analysis for MCMC[J]. R News, 2006, 6(1): 7-11.

[200] Hai Q, Lee J, Jing L, et al. Wavelet Filter-based Weak Signature Detection Method and Its Application on Rolling Element Bearing Prognostics[J]. Journal of Sound & Vibration, 2006, 289(4-5): 1066-1090.

[201] Schmitz T L, Action J E, Burris D L, et al. Wear-Rate Uncertainty Analysis[J]. Journal of Tribology, 2004, 126(4): 802-808.

[202] Skima H, Medjaher K, Zerhouni N. Accelerated Life Tests for Prognostic and Health Management of MEMS Devices[C]//Phm Society, 2014.

[203] Mba D, Ruiz, Cristobal. Fault Detection and Remaining Useful Life Estimation Using Switching Kalman Filters[C]//7th World Congress on Engineering Asset Management (WCEAM), 2012.

[204] Masreliez C J, Martin R D. Robust Bayesian Estimation for the Linear Model and Robustifying the Kalman Filter[J]. IEEE Transactions on Automatic Control, 1977, 22(3): 361-371.

[205] Wang Z, Nakamura T. Simulations of Crack Propagation in Elastic-Plastic Graded Materials[J]. Mech Mater, 2004, 36(7): 601-622.

[206] Chang L, Ma T H, Zhou B B, et al. Comprehensive Investigation of Fatigue Behavior and A New Strain-Life Model for CP-Ti under Different Loading Conditions[J]. International Journal of Fatigue, 2019(129): 105-220.

[207] Gupta P, Prakash O, Gupta K. On-Line Fatigue Crack Monitoring in A Shaft by Potential Drop Technique and Remaining Life Prediction[C]//International Conference on Condition Monitoring, 2005.

[208] Shetty V. Remaining Life Assessment Process of Electronic Systems[D]. Washington: University of Maryland College Park, 2004.

[209] Valentin R, Cunningham J, Osterman M, et al. Virtual Life Assessment of Electronic Hardware Used in The Advanced Amphibious Assault Vehicle (AAAV)[J]. Proceedings of the Winter Simulation Conference, 2002(1): 948-953.

[210] Searls D, Dishongh T, Dujari P. A Strategy for Enabling Data-Driven Product Decisions Through a Comprehensive Understanding of the Usage Environment[C]//Advances in Electronic Packaging 2001 Vol.2: Thermal Management Reliability. Intel Corporation 5200 NE Elam Young Pkwy. Hillsboro, OR 97124, 2001.

[211] Vichare N, Rodgers P, Eveloy V, et al. In Situ Temperature Measurement of A Notebook Computer—A Case Study in Health and Usage Monitoring of Electronics[J]. IEEE Transactions on Device and Materials Reliability, 2005, 4(4): 658-663.

[212] Hendricks C, Williard N, Mathew S, et al. A Failure Modes, Mechanisms, and Effects Analysis (FMMEA) of Lithium-Ion Batteries[J]. Journal of Power Sources, 2015, 297: 113-120.

[213] Jie G, Barker D, Pecht M. Prognostics Implementation of Electronics Under Vibration Loading[J]. Microelectronics Reliability, 2007, 47(12): 1849-1856.

[214] Steinberg D. Vibration Analysis for Electronic Equipment[M]. 3rd Edition. New York: John Wiley & Sons, Inc, 2000.

[215] Vichare, Nikhil M, Pecth, et al. Prognostics and Health Management of Electronics[J]. IEEE Transactions on Components & Packaging Technologies, 2006.

[216] Linping W, Dan M, Wen G, et al. A Proactive Fault-Detection Mechanism in Large-Scale Cluster Systems[C]//Parallel and Distributed Processing Symposium, 2006.

[217] Wegerich S W, Pipke R M. Residual Signal Alert Generation for Condition Monitoring Using Approximated SPRT Distribution[P]. United States, 2005.

[218] Myung I J. Tutorial on Maximum Likelihood Estimation[J]. Journal of Mathematical Psychology, 2003, 47(1): 90-100.

[219] Lindgren B. Statistical Theory[M]. 4th Edition. Massachusetts: CRC Press, 1998.

[220] Goonatilake R, Herath A, Herath S, et al. Intrusion Detection Using the Chi-Square Goodness-of-Fit Test for Information Assuranc, Network, Forensics and Software Security[J]. Journal of Computing in Small Colleges, 2007,23(5): 255-263.

[221] Zhang H Y, Ye Y J, Chan C W, et al. Fuzzy Artmap Neural Network and Its Application to Fault Diagnosis of Integrated Navigation Systems[J]. IFAC Proceedings Volumes, 1998, 31(21): 243-248.

[222] Ye N, Chen Q. An Anomaly Detection Technique based on a Chi-Square Statistic for Detecting Intrusions into Information Systems[J]. Quality and Reliability Engineering International, 2001, 17(2): 105-112.

[223] Alpaydin E. Introduction to Machine Learning[J]. Igaku Butsuri: Nihon Igaku Butsuri Gakkai Kikanshi (Japanese Journal of Medical Physics: An Official Journal of Japan Society of Medical Physics), 2004.

[224] Bosch A, Zisserman A, Muoz X. Scene Classification Using A Hybrid Generative/Discriminative Approach[J]. IEEE Transactions on Pattern Analysis and Machine Intelligence, 2008, 30(4): 712-727.

[225] Ng A, Jordan M. On Discriminative vs. Generative Classifiers：A Comparison of Logistic Regression and

Naive Bayes[J]. Advances in Neural Information Processing Systems, 2002, 14(4): 245-261.

[226] Epstein B R, Czigler M, Miller S R. Fault Detection and Classification in Linear Integrated Circuits: An Application of Discrimination Analysis and Hypothesis Testing[J]. IEEE Press, 2006.

[227] Yoshida H, Nappi J. Three-Dimensional Computer-Aided Diagnosis Scheme for Detection of Colonic Polyps[J]. Medical Imaging IEEE Transactions, 2001, 20(12): 1261-1274.

[228] Goodlin B, Boning D, Sawin H, et al. Simultaneous Fault Detection and Classification for Semiconductor Manufacturing Tools[J]. Journal of The Electrochemical Society, 2003, 150(3): 778-784.

[229] Markou M, Singh S. Novelty Detection: A Review—part 2: Neural Network based Approaches-Science Direct[J]. Signal Processing, 2003, 83(12): 2499-2521.

[230] Sarmiento T, Hong S J, May G S. Fault Detection in Reactive Ion Etching Systems Using One-Class Support Vector Machines[C]//Advanced Semiconductor Manufacturing Conference and Workshop, 2005.

[231] Poeyhoenen S, Negrea M, Jover P, et al. Numerical Magnetic Field Analysis and Signal Processing for Fault Diagnostics of Electrical Machines[J]. COMPEL International Journal of Computations and Mathematics in Electrical, 2003, 22(4): 969-981.

[232] Chen M, Zheng A X, Lloyd J, et al. Failure Diagnosis Using Decision Trees[J]. International Conference on Autonomic Computing, 2004: 36-43.

[233] Stein G, Chen B, Wu A S, et al. Decision Tree Classifier for Network Intrusion Detection with GA-based Feature Selection[J]. ACM, 2005.

[234] Lucas P, van der Gaag L, Abu-Hanna A. Bayesian Networks in Biomedicine and Health Care[J]. Artificial Intelligence in Medicine, 2004(30): 201-214.

[235] Lerner B. Bayesian Fluorescence in Situ Hybridisation Signal Classification[J]. Artificial Intelligence in Medicine, 2004, 30(3): 301-316.

[236] Bishop C. Pattern Recognition and Machine Learning[M]. New York: Springer, 2006.

[237] Smyth P. Hidden Markov Models and Neural Networks for Fault Detection in Dynamic Systems[C]// Neural Networks for Processing, 1994.

[238] Bouzida Y, Cuppens F, Cuppens-Boulahia N, et al. Efficient Intrusion Detection Using Principal Component Analysis[C]//SAR Conference, 2004.

[239] Zhou S, Zhang J, Wang S. Fault Diagnosis in Industrial Processes Using Principal Component Analysis and Hidden Markov Model[C]//American Control Conference, 2004.

[240] Liang J, Ning W. Faults Diagnosis in Industrial Reheating Furnace Using Principal Component Analysis[C]//International Conference on Neural Networks & Signal Processing IEEE, 2003.

[241] Lee T W. Independent Component Analysis: Theory and Application[M]. London: Springer, 1998.

[242] Jung T P, Makeig S, Mckeown M J, et al. Imaging Brain Dynamics Using Independent Component Analysis[J]. Proceedings of the IEEE Institute of Electrical & Electronics Engineers, 2001, 89(7): 1107-1122.

[243] Gao P, Khor L C, Woo W L, et al. Extraction of Unique Independent Components for Nonlinear Mixture of Sources[J]. Journal of Computers, 2007, 2(6): 9-16.

[244] Ma S, Sclaroff S, Ikizler-Cinbis N. Unsupervised Learning of Discriminative Relative Visual Attributes[C]// International Conference on Computer Vision, Springer-Verlag, 2012.

[245] Yong S, Tian Y, Gang K, et al. Unsupervised and Semi-Supervised Support Vector Machines[M]. London: Springer, 2011.

[246] Saha B, Kai G, Poll S, et al. A Bayesian Framework for Remaining Useful Life Estimation[C]//Aaai Fall Symposium: AI for Prognostics, 2010.

[247] Freitas N D. Rao-Blackwellised Particle Filtering for Fault Diagnosis[C]// Aerospace Conference IEEE, 2002.

[248] Alpaydin E, Introduction to Machine Learning[M]. Cambridge: MIT Press, 2004.

[249] Yavuz T, Guvenir H A, Application of k-Nearest Neighbor on Feature Projections Classifier to Text Categorization[C]//Proceedings of the 13th International Symposium on Computer and Information Sciences, International Symposium on Computer and Information, 1999.

[250] He Q P, Wang J. Fault Detection Using the k-Nearest Neighbor Rule for Semiconductor Manufacturing Processes[J]. IEEE Transactions on-Semi conductor Manufacturing, 2007, 20(4): 345-354.

[251] Bezdek J C, Keller J, Krisnapuram R, et al. Fuzzy Models and Algorithms for Pattern Recognition and Image Processing[C]//Springer-Verlag New York, Inc., 2005.

[252] Osareh A, Mirmehdi M, Thomas B, et al. Automatic Recognition of Exudative Maculopathy Using Fuzzy C-Means Clustering and Neural Networks[J]. Medical Image Understanding and Analysis, 2001, 49-52.

[253] Chen W, Giger M L. A Fuzzy C-Means (FCM) based Algorithm for Intensity Inhomogeneity Correction and Segmentation of MR Images[C]//IEEE International Symposium on Biomedical Imaging: Nano to Macro, 2004.

[254] Schubert E, Kim J. Solid-State Light Sources Getting Smart[J]. Science, 2005, 308(5726): 1274-1278.

[255] Mottier P. LEDs for Lighting Applications[M]. New York: Wiley, 2009.

[256] Lenk R, Lenk C. Practical Lighting Design with LEDs[M]. New York: Wiley, 2011.

[257] Driel W V. Solid State Lighting Reliability: Components to Systems[M]. New York: Springer, 2012.

[258] Sun B. Benefits and Challenges of System Prognostics[J]. IEEE Transactions on Reliability, 2012, 61(2): 323-335.

[259] Zio E. Reliability Engineering: Old Problems and New Challenges[J]. Reliability Engineering & System Safety, 2009, 94(2): 125-141.

[260] Vichare N M, Pecht M G. Prognostics and Health Management of Electronics[M]. New York: Wiley, 2008.

[261] D An, Choi J H, Kim N H. Options for Prognostics Methods: A Review of Data-Driven and Physics-based Prognostics[C]//Aiaa/asme/asce/ahs/asc Structures, Structural Dynamics, & Materials Conference, 2013.

[262] Baraldi P, Cadini F, Mangili F, et al. Model-based and Data-Driven Prognostics Under Different Available Information[J]. Probabilistic Engineering Mechanics, 2013, 32(apr.): 66-79.

[263] Yin S, Ding S X, Xie X, et al. A Review on Basic Data-Driven Approaches for Industrial Process Monitoring[J]. IEEE Transactions on Industrial Electronics, 2014, 61(11): 6418-6428.

[264] Hendricks C, Williard N, Mathew S, et al. A Failure Modes, Mechanisms, and Effects Analysis (FMMEA) of Lithium-Ion Batteries[J]. Journal of Power Sources, 2015, 297: 113-120.

[265] Vetter J, P Nov á k, Wagner M R, et al. Ageing Mechanisms in Lithium-Ion Batteries[J]. Journal of Power Sources, 2005, 147(1-2): 269-281.

[266] Broussely M, Biensan P, Bonhomme F, et al. Main Aging Mechanisms in Li Ion Batteries[J]. Journal of Power Sources, 2005, 146(1-2): 90-96.

[267] Christensen J, Newman J. Stress Generation and Fracture in Lithium Insertion Materials[J]. Journal of Solid State Electrochemistry, 2006, 10(5): 293-319.

[268] Topham J, Scott A. Boeing Dreamliners Grounded Worldwide on Battery Checks[EB/OL]. (2013-1-7) [2021-5-9].

[269] Pecht M, Hendricks C, Wei H, et al. Lessons Learned from the 787 Dreamliner Issue on Lithium-Ion Battery Reliability[J]. Energies, 2013, 6(9): 4682-4695.

[270] Chaturvedi N A, Klein R, Christensen J, et al. Algorithms for Advanced Battery-Management Systems[J]. IEEE Control Systems, 2010, 30(3): 49-68.

[271] Doyle, Marc. Modeling of Galvanostatic Charge and Discharge of The Lithium/Polymer/Insertion Cell[J]. Journal of The Electrochemical Society, 1993, 140(6): 1526-1526.

[272] Fuller T F. Simulation and Optimization of the Dual Lithium Ion Insertion Cell[J]. Journal of The Electrochemical Society, 1994, 141(1): 1-10.

[273] Doyle N J. The Use of Mathematical Modeling in The Design of Lithium/Polymer Battery Systems[J]. Electrochimica Acta, 1995, 40(13-14): 2191-2196.

[274] He W, Williard N, Chen C, et al. State of Charge Estimation for Li-Ion Batteries Using Neural Network Modeling and Unscented Kalman Filter-based Error Cancellation[J]. International Journal of Electrical Power & Energy Systems, 2014, 62: 783-791.

[275] Wei H, Williard N, Osterman M, et al. Prognostics of Lithium-Ion Batteries based on Dempster-Shafer Theory and the Bayesian Monte Carlo Method[J]. Journal of Power Sources, 2011, 196(23): 10314-10321.

[276] Xing Y, Wei H, Pecht M, et al. State of Charge Estimation of Lithium-Ion Batteries Using The Open-Circuit Voltage at Various Ambient Temperatures[J]. Applied Energy, 2014, 113(1): 106-115.

[277] Sun F, Hu X, Yuan Z, et al. Adaptive Unscented Kalman Filtering for State of Charge Estimation of A Lithium-Ion Battery for Electric Vehicles[J]. Fuel and Energy Abstracts, 2014, 36(5): 3531-3540.

[278] He H, Zhang X, Xiong R, et al. Online Model-based Estimation of State-of-Charge and Open-Circuit Voltage of Lithium-Ion Batteries in Electric Vehicles[J]. Energy, 2012, 39(1): 310-318.

[279] Wang J, Guo J, Lei D. An Adaptive Kalman Filtering based State of Charge Combined Estimator for Electric Vehicle Battery Pack[J]. Energy Conversion & Management, 2009, 50(12): 3182-3186.

[280] Ng K S, Moo C S, Chen Y P, et al. Enhanced Coulomb Counting Method for Estimating State-of-Charge and State-of-Health of Lithium-Ion Batteries[J]. Applied Energy, 2009, 86(9): 1506-1511.

[281] Li I H, Wang W Y, Su S F, et al. A Merged Fuzzy Neural Network and Its Applications in Battery State-of-Charge Estimation[J]. IEEE Transactions on Energy Conversion, 2007, 22(3): 697-708.

[282] Hansen T, Wang C J. Support Vector based Battery State of Charge Estimator[J]. Journal of Power Sources, 2005, 141(2): 351-358.

[283] Plett G L. Extended Kalman Filtering for Battery Management Systems of LiPB-based HEV Battery Packs: Part 2[J]. Modeling and Identi Fication. Journal of Power Sources, 2004, 134(2): 262-276.

[284] Plett G L. Sigma-point Kalman Filtering for Battery Management Systems of LiPB-based HEV Battery Packs: Part 2: Simultaneous State and Parameter Estimation[J]. Journal of Power Sources, 2006, 161: 1369-1384.

[285] Hu X, Li S, Peng H. A Comparative Study of Equivalent Circuit Models for Li-Ion Batteries[J]. Journal

of Power Sources, 2012, 198(Jan.15): 359-367.

[286] Roscher M A, Sauer D U. Dynamic Electric Behavior and Open-Circuit-Voltage Modeling of LiFePO$_4$-based Lithium Ion Secondary Batteries[J]. Journal of Power Sources, 2011, 196(1): 331-336.

[287] He H, Rui X, Guo H. Online Estimation of Model Parameters and State-of-Charge of LiFePO$_4$ Batteries in Electric Vehicles[J]. Applied Energy, 2012, 89(1): 413-420.

[288] Lee S, Kim J, Lee J, et al. State-of-Charge and Capacity Estimation of Lithium-Ion Battery Using A New Open-Circuit Voltage Versus State-of-Charge[J]. Journal of Power Sources, 2008, 185(2): 1367-1373.

[289] He H, Xiong R, Zhang X, et al. State-of-Charge Estimation of the Lithium-Ion Battery Using An Adaptive Extended Kalman Filter based on An Improved Thevenin Model[J]. IEEE Transactions on Vehicular Technology, 2011, 60(4): 1461-1469.

[290] Wan E A, Merwe R. The Unscented Kalman Filter for Nonlinear Estimation[C]// Adaptive Systems for Signal Processing, Communications, and Control Symposium, 2000.

[291] Santhanagopalan S, White R E. State of Charge Estimation Using An Unscented Filter for High Power Lithium Ion Cells[J]. International Journal of Energy Research, 2010, 34(2): 152-163.

[292] Chen C W. Modeling and Control for Nonlinear Structural Systems via A NN-based Approach[J]. Expert Systems with Applications, 2009, 36(3p1): 4765-4772.

[293] Parthiban T, Ravi R, Kalaiselvi N. Exploration of Artificial Neural Network [ANN] to Predict The Electrochemical Characteristics of Lithium-Ion Cells[J]. Electrochimica Acta, 2008, 53(4): 1877-1882.

[294] Schlechtingen M, Santos I F. Comparative Analysis of Neural Network and Regression Based Condition Monitoring Approaches for Wind Turbine Fault Detection[J]. Mechanical Systems and Signal Processing, 2011, 25(5): 1849-1875.

[295] Chen C, Zhang B, Vachtsevanos G, et al. Machine Condition Prediction based on Adaptive Neuro-Fuzzy and High-Order Particle Filtering[J]. IEEE Transactions on Industrial Electronics, 2011, 58(9): 4353-4364.

[296] Giacinto G, Roli F. Design of Effective Neural Network Ensembles for Image Classification Purposes[J]. Image and Vision Computing, 2001, 19(9/10): 699-707.

[297] Basheer I A & Hajmeer M. Artificial Neural Networks: Fundamentals, Computing, Design, and Application[J]. Journal of Microbiological Methods, 2000, 43(1): 3-31.

[298] United States Council for Automotive Research. USABC Electric Vehicle Battery Test Procedures Manual[EB/OL]. (2018-6-5) [2021-6-4].

[299] United States Environmental Protection Agency. EPA US06 or Supplemental Federal Procedures [EB/OL]. (2020-11-10) [2021-7-19].

[300] Dai H, Wei X, Sun Z, et al. Online cell SOC Estimation of Li-Ion Battery Packs Using a Dual Time-Scale Kalman Filtering for EV Applications[J]. Applied Energy, 2012, 95: 227-237.

[301] Waag W, Kbitz S, Sauer D U. Experimental Investigation of The Lithium-ion Battery Impedance Characteristic at Various Conditions and Aging States and Its Influence on The Application[J]. Applied Energy, 2013(102): 885-897.

[302] Williard N, He W, Osterman M, et al. Comparative Analysis of Features for Determining State of Health in Lithium-Ion Batteries[J]. International Journal of Prognostics and Health Management, 2013, 4(1): 1-7.

[303] Pattipati B, Pattipati K, Christopherson J P, et al. Automotive Battery Management Systems[C]// AUTOTESTCON, 2008 IEEE. IEEE, 2008.

[304] Xing Y, Ma E, Tsui K L, et al. Battery Management Systems in Electric and Hybrid Vehicles[J]. Energies, 2011, 4(12): 1840-1857.

[305] Ayyub B M, Klir G J. Uncertainty Modeling and Analysis in Engineering and The Sciences[M]. Boca Raton, FL: Chapman & Hall/CRC, 2006.

[306] Shafer G. A Mathematical Theory of Evidence, Princeton[M]. New Jersey: Princeton University Press, 1976.

[307] Murphy R R. Dempster-Shafer Theory for Sensor Fusion in Autonomous Mobile Robots[J]. Robotics & Automation IEEE Transactions, 1998, 14(2): 197-206.

[308] Basir O, Yuan X. Engine Fault Diagnosis based on Multi-Sensor Information Fusion Using Dempster-Shafer Evidence Theory[J]. Information Fusion, 2007, 8(4): 379-386.

[309] Inagaki T. Interdependence Between Safety-Control Policy and Multiple Sensor Scheme via Dempster-Shafer Theory[J]. IEEE Transactions on Reliability, 1991, 40(2): 182-188.

[310] Beynon M, Curry B, Morgan P. The Dempster-Shafer Theory of Evidence: An Alternative Approach to Multicriteria Decision Modelling[J]. Omega, 2000, 28(1): 37-50.

[311] Beynon M, Cosker D, Marshall D. An Expert System for Multi-Criteria Decision Making Using Dempster Shafer Theory[J]. Expert Systems with Applications, 2001, 20(4): 357-367.

[312] Arulampalam M S, Maskell S, Gordon N, et al. A Tutorial on Particle Filters for Online Nonlinear/Non-Gaussian Bayesian Tracking[J]. IEEE Transactions on Signal Processing, 2002, 50(2): 174-188.

[313] Cadini F, Zio E, Avram D. Monte Carlo-based Filtering for Fatigue Crack Growth Estimation[J]. Probabilistic Engineering Mechanics, 2009, 24(3): 367-373.

[314] Doucet A, Godsill S J, Andrieu C. On Sequential Monte Carlo Sampling Methods for Bayesian Filtering[C]//Globecom Workshops IEEE, 2014.

[315] Dubarry M, Liaw B Y. Identify Capacity Fading Mechanism in A Commercial LiFePO$_4$ Cell[J]. Journal of Power Sources, 2009, 194(1): 541-549.

[316] Qi Z, White R E. Capacity Fade Analysis of A Lithium Ion Cell[J]. Journal of Power Sources, 2008, 179(2): 793-798.

[317] Kai G, Saha B, Saxena A, et al. Prognostics in Battery Health Management[J]. IEEE Instrumentation & Measurement Magazine, 2008, 11(4): 33-40.

[318] Wright R B, Motloch C G, Belt J R. Calendar and Cycle-Life Studies of Advanced Technology Development Program Generation 1 Lithium-Ion Batteries[J]. Journal of Power Sources, 2002, 110(2): 445-470.

[319] Pecht M & Jaai R. A prognostics and Health Management Roadmap for Information and Electronics Rich Systems[J]. Microelectronics Reliability, 2010, 50(3): 317-323.

[320] Vichare N. & Pecht M. Prognostics and Health Management of Electronics[J]. IEEE Transactions on Components Packaging Technology, 2006, 29(1): 291-296.

[321] Kirkeby S. Fault Diagnosis of Analog Circuits[J]. Microelectronics Reliability, 1986, 26(4): 785-786.

[322] Shrivastava. Reliability Evaluation of Liquid and Polymer Aluminum Electrolytic Capacitors[D].

Washington: University of Maryland, 2014.

[323] Patil N, Das D, Pecht M. A Prognostic Approach for Non-Punch through and Field Stop IGBTs[J]. Microelectronics Reliability, 2012, 52(3): 482-488.

[324] Alam M, Azarian M, Osterman M, et al. Prognostics of Failures in Embedded Planar Capacitors Using Model-based and Data-Driven Approaches[J]. Journal of Intelligent Material Systems and Structures, 2011, 22(12): 1293-1304.

[325] George E, Osterman M, Pecht M, et al. Effects of Extended Dwell Time on Thermal Fatigue Life of Ceramic Chip Resistors[J]. International Symposium on Microelectronics, 2012, 2012(1): 127-135.

[326] Harb S, Balog R S. Reliability of Candidate Photovoltaic Module-Integrated-Inverter （PV-MII） Topologies—A Usage Model Approach[J]. IEEE Transactions on Power Electronics, 2013, 28(6): 3019-3027.

[327] Ristow A, Begovic M, Pregelj A, et al. Development of A Methodology for Improving Photovoltaic Inverter Reliability[J]. IEEE Transactions on Industrial Electronics, 2008, (55): 2581-2592.

[328] Celaya J, Kulkarni C, Biswas G, et al. A Model-based Prognostics Methodology for Electrolytic Capacitors based on Electrical Overstress Accelerated Aging[C]// Proceedings of The Annual Conference of The PHM Society, PHM Society, 2011.

[329] Kulkarni C, Celaya J, Goebel K, et al. Bayesian Framework Approach for Prognostic Studies in Electrolytic Capacitor under Thermal Overstress Conditions[C]//Proceedings of The Annual Conference of The PHM Society, 2011.

[330] Celaya J, Saxena A, Saha S, et al. Prognostics of Power MOSFETs under Thermal Stress Accelerated Aging Using Data-Driven and Model-based Methodologies[C]//Proceedings of The Annual Conference of The PHM Society, 2011.

[331] Kwon D, Yoon J. A Model-based Prognostic Approach to Predict Interconnect Failure Using Impedance Analysis[J]. Journal of Mechanical Science and Technology, 2016, 30(10): 4447-4452.

[332] Wahba G. Soft and Hard Classification by Reproducing Kernel Hilbert Space Methods[J]. Proceedings of The National Academy of Science, 2002, 99(26): 16524-16530.

[333] Hofmann T, Scholkopf B, Smola A J. Kernel Methods in Machine Learning[J]. Annals of Statistics, 2008, 36(3): 1171-1220.

[334] Pillai J, Puertas M, Chellappa R. Cross-Sensor Iris Recognition through Kernel-Learning[J]. IEEE Transactions on Pattern Analysis and Machine Intelligence, 2014, 36(1): 73-85.

[335] Dos Santos G S, Luvizotto L G J, Mariani V C, et al. Least Squares Support Vector Machines with Tuning based on Chaotic Differential Evolution Approach Applied to The Identification of A Thermal Process[J]. Expert System with Applications, 2012(39): 4805-4812.

[336] Zhou E, Fu M C, Marcus S. Particle Filtering Framework for A Class of Randomized Optimization Algorithms[J]. IEEE Transactions on Automatic, 2014, 59(4): 1025-1030.

[337] Mathew S, Alam A, Pecht M. Identification of Failure Mechanisms to Enhance Prognostic Outcomes[J]. Journal of Failure Analysis and Prevention, 2012, (12): 66-73.